DAS REICHSGUT

IN DER LOMBARDEI UND PIEMONT.

DAS REICHSGUT

IN DER

LOMBARDEI UND PIEMONT

(568—1250).

VON

PAUL DARMSTÄDTER.

MIT EINER KARTE UND ZWEI KARTENSKIZZEN IM TEXT.

STRASSBURG.
VERLAG VON KARL J. TRÜBNER.
1896.

G. Otto's Hof-Buchdruckerei in Darmstadt.

HERRN

PROFESSOR DR. H. BRESSLAU

IN DANKBARER VEREHRUNG

ZUGEEIGNET.

VORWORT.

Die vorliegende Arbeit, deren zweiter Teil als Strassburger Inauguraldissertation erschienen ist, beruht hauptsächlich auf gedrucktem Material. Die Urkunden der Lombardei liegen im Codex diplomaticus Langobardiae bis zum Jahre 1000 nahezu vollständig vor, während der piemontesische Urkundenschatz des früheren Mittelalters in den ersten beiden Bänden der Chartae der Historiae patriae monumenta zum weitaus grössten Teile gedruckt ist. Immerhin fand ich in dem ungedruckten Material einige Ergänzungen, wenn es mir auch natürlich nicht möglich war in der Zeit, die mir zu Gebote stand, den riesigen Urkundenvorrat des elften, zwölften und dreizehnten Jahrhunderts vollständig durchzusehen. Den Verwaltungen der Staatsarchive zu Mailand, Turin und Brescia, der Kapitelarchive zu Bergamo und Novara, sowie der Universitäts- und Hofbibliothek zu Turin spreche ich hiermit meinen Dank aus. Zugleich ist es mir eine angenehme Pflicht an dieser Stelle meinem hochverehrten Lehrer Herrn Professor Bresslau für die Anregung und die mannigfache Förderung, die ich von ihm erfahren habe, aufrichtigen Dank zu sagen.

Berlin, im Oktober 1895.

Paul Darmstädter.

INHALT.

*

VERZEICHNIS DER GEBRAUCHTEN ABKÜRZUNGEN.

Amati = A. Amati, Dizionario corografico illustrato dell' Italia. Milano (ohne Jahreszahl).

B-F. = Böhmer-Ficker } Regesten des Kaiserreichs. Die
B-M. = Böhmer-Mühlbacher } Zahl bezeichnet das Regest.

Böhmer, acta = Joh. Fr. Böhmer, Acta imperii selecta. Innsbruck 1870. Die Zahl bezeichnet hier, wie in den anderen Urkundenwerken die Nummer der Urkunde.

BRK } = J. F. Böhmer, Regesta Karolorum. Frankfurt 1833.
Böhmer RK. } Die Zahl bezeichnet das Regest.

Brunner = H. Brunner, Deutsche Rechtsgeschichte. Leipzig 1887/92.

Ch. = Historiae patriae monumenta Chartae.

Chron. Nov. = Chronicon Novaliciense.

CL. = Historiae patriae monumenta 13, Codex diplomaticus Langobardiae. Turin 1873.

Const. = Monumenta Germaniae: Constitutiones regum et imperatorum. 4⁰ Ausgabe ed. L. Weiland. Hannover 1893.

DO. I. II. III. = Diploma Ottonis I. II. III. in der Monumenta-Ausgabe von Sickel.

Dümmler, Gesta = E. Dümmler, Gesta Berengarii, Halle 1871. Die p. 170 ff. verzeichneten Regesten Berengars, Widos, Lamberts, Ludwigs III. und Rudolfs sind zitiert Reg. Ber., Wido, etc.

Ficker = Julius Ficker, Forschungen zur Reichs- und Rechtsgeschichte Italiens. Innsbruck 1868 ff.

Forschungen = Forschungen zur deutschen Geschichte.

Gesta = Gesta Friderici in Lombardia auctore cive Mediolanensi ed. Holder-Egger. Hannover 1892.

Giesebrecht = W. v. Giesebrecht, Geschichte der deutschen Kaiserzeit. 5. Aufl. Leipzig 1881 ff.

Hidber = B. Hidber, Schweizerisches Urkundenregister. Bern 1863/70.

HPM. = Historiae patriae monumenta.

Lex (od. L.) Roth. Liutpr. Ratch. Aist. = Lex Rothari, Liutprand, Ratchis, Aistulf §.

Ll. = Monumenta Germaniae Leges.

Ll. Bor. = Monumenta Germaniae. Legum sectio II tomus I. ed. Alf. Boretius.

Matthäi = G. Matthäi, Die lombardische Politik Kaiser Friedrichs I. und die Gründung von Alessandria. Programm des Progymnasiums zu Grosslichterfelde. Gross-Lichterfelde 1889.

MG. = Monumenta Germaniae historica.

MIÖG. = Mitteilungen des Instituts für österreichische Geschichtsforschung.

Misc. = Miscellanea di storia italiana.

Mur. Antt. = L. A. Muratori, Antiquitates Italiae medii aevi. Mediolani 1738/44.

NA. = Neues Archiv der Gesellschaft für ältere deutsche Geschichtskunde.

Otto Fris. } Rahew. } = Ottonis et Rahewini Gesta Friderici imperatoris ed. G. Waitz. Hannover 1884.

PD. = Pauli historia Langobardorum ed. G. Waitz. Hannover 1878.

Pertile = Pertile, Storia del diritto italiano. Padova 1873 ff.

Provana = L. G. di Provana, Studi critici sopra la storia d'Italia a' tempi del re Ardoino. Torino 1844.

SB. = Sitzungsberichte (der Academien)

Schröder = R. Schröder, Deutsche Rechtsgeschichte. 2. Aufl. Leipzig 1894.

Schupfer = F. Schupfer, Delle istituzioni politiche langobardiche. Firenze 1863.

SS. = Scriptores.

St. = Stumpf, Die Reichskanzler, vornehmlich des 10., 11. und 12. Jahrhunderts. Innsbruck 1865/83. Die Zahl bezeichnet das Regest in Bd. 2.

St. acta = Stumpf, Acta imperii inedita (Bd. 3 des genannten Werks).

Tr. Troya = C. Troya, Codice diplomatico Longobardo. Napoli 1853/59.

Ughelli = Ferd. Ughelli, Italia sacra sive de episcopis Italiae. Editio secunda cura Nicolai Coleti. Venetiis 1717/22.

Waitz = G. Waitz, Deutsche Verfassungsgeschichte. Kiel 1844 ff. Bd. 1. 2 dritte Aufl. Bd. 3. 4 zweite Aufl.

Weise = Weise, Italien und die Langobardenherrscher 568—626. Halle 1887.

EINLEITUNG.

Im Haushalt der mittelalterlichen Staaten nehmen die Einkünfte aus dem Grundbesitz die erste Stelle ein. Um aber eine annähernde Vorstellung von der Bedeutung derselben zu gewinnen, handelt es sich darum die Zahl, Lage und den Umfang der einzelnen Güter in möglichster Vollständigkeit für eine längere Periode festzustellen. Die vorliegende Arbeit unterzieht sich dieser Aufgabe für die Lombardei und Piemont.[1] Diese Begrenzung wurde gewählt, da einerseits das urkundliche Material für diese Territorien in den früheren Epochen in den „Historiae patriae monumenta“ in annähernder Vollständigkeit enthalten ist, andrerseits aber gleichzeitig eine Bearbeitung des mathildischen Gutes vorgenommen wurde.[2] Zeitlich gingen wir von der Eroberung Italiens durch die Langobarden aus, die ja völlige Neubildungen schufen, als Endpunkt wählten wir den Tod Friedrichs II. im Jahre 1250. Schwieriger war die sachliche Abgrenzung des Begriffes „Krongut“. Wir verstehen darunter alle im Eigentum der Krone stehenden Grundstücke,

---

[1] Piemont: Provinzen Turin, Novara, Alessandria, Cuneo Lombardei: Sondrio, Como, Bergamo, Brescia, Mantua, Cremona, Mailand, Pavia. Davon waren indes einige heute zur Schweiz gehörige Gebiete nicht zu trennen, nämlich der Kanton Tessin und die zum Kanton Graubündten gehörigen Thäler Misox, Bergell und Puschlav. Auch sonst musste im Interesse des Zusammenhangs an einigen Stellen die Grenze überschritten werden.

[2] Vgl. Overmann, Gräfin Mathilde. Innsbruck 1895.

nicht aber nutzbare Rechte, schliessen also die Gerichtsbarkeit, Münze, Markt, Zölle, Fluss-, Strassen- und Bergrechte von unserer Betrachtung prinzipiell aus. Freilich lässt sich die Grenze nicht immer scharf ziehen, da oft zu den Regalien auch Grundstücke gehörten und umgekehrt. Ebenso ist die Scheidung zwischen Kron- und Kirchengut nicht immer mit voller Sicherheit vorzunehmen. Die Privatgüter der Herrscher haben wir, mit Ausnahme der Besitzungen des Markgrafen von Ivrea, in unsere Arbeit miteinbezogen.

Im Interesse der Übersichtlichkeit war es geboten, eine zwiefache Betrachtungsweise zu wählen. In dem einen Abschnitt versuchen wir eine kurze Geschichte der Entstehung, Entwicklung, Umbildung, des allmählichen Schwindens und der Neuentstehung des Reichsguts, im zweiten gedenken wir in möglichster Vollständigkeit eine Übersicht über das gesamte Krongut in territorialer Anordnung zu geben. Wir wählen dabei die Abgrenzung nach den heutigen Provinzen, nicht die an und für sich beste, aber die einzige sichere Einteilung. Innerhalb der einzelnen Provinz soll je nach ihrer Besonderheit verfahren werden. Die Ortsnamen geben wir, soweit als möglich, in der modernen italienischen Form wieder.[1] Besondere Beachtung schenkten wir der Identifizierung der mittelalterlichen Namen, wobei wir aber auf gütige Nachsicht rechnen. Sämtliche nachweisbare Orte sind auf der beiliegenden Kartenskizze verzeichnet, die neben der jedem Abschnitt beigegebenen Übersicht der Lokallitteratur die Brauchbarkeit der Arbeit, wie wir hoffen, erhöhen wird. Ein drittes Buch soll die Verwaltung, die Bewirtschaftung, und die rechtliche Stellung des Kronguts darstellen, wobei wir freilich vielfach die Verhältnisse anderer Höfe zur Ergänzung heranziehen müssen. Wir verhehlen uns nicht bei dieser Einteilung zu vielfachen Wiederholungen genötigt zu sein, glauben aber, dass ein fortwährendes Verweisen vom einen Teil auf den anderen den Zusammenhang im höchsten Grade stören würde.

---

[1] Die mittelalterlichen Namen geben wir daneben in Klammern. Deutsche Namen gebrauchen wir nur, soweit sie allgemein üblich sind.

Einige Worte müssen wir noch über die Beschaffenheit des Quellenmaterials hinzufügen. Mit Ausnahme eines Inventars aus dem 11. Jh. (Const. 440) und eines Verzeichnisses des Mailänder „curiae regales",[1] das aber leider korrumpiert ist, besitzen wir keine Inventare der königlichen Güter; wir sind daher zum grössten Teile auf Schenkungsurkunden angewiesen, mit deren Benützung für unsere Zwecke aber mehrere Übelstände verbunden sind. Erstens betrifft diese Gattung von Urkunden weitaus zum grössten Teile geistliche Empfänger, während die für Laien ausgestellten meist verloren sind, zweitens beweisen sie, soweit sie auf Vorurkunden zurückgehen, die wir nicht kennen, keineswegs, dass der Aussteller wirklich das betreffende Gut geschenkt hat, selbst nicht, wenn die Worte „donare et concedere" gebraucht sind, und endlich muss es, soweit nicht ergänzende Urkunden hinzukommen, dahingestellt bleiben, ob die Schenkungsurkunde wirklich ausgeführt worden ist. Zu den Urkunden dieser Art kommen dann eine grössere Anzahl Kauf- und Tauschurkunden, die den Bestand von Krongütern in der betreffenden Gegend oft sicher beweisen. Verhältnismässig geringe Ausbeute gaben die erzählenden Quellen. In Bezug auf die Urkundenkritik haben wir uns im wesentlichen an die Untersuchungen der besseren Ausgaben angeschlossen.[2]

Aus der Natur der Quellen geht hervor, dass wir über die Krongüter als solche nur wenig erfahren, womit die Arbeit einen mehr territorial- als wirtschaftsgeschichtlichen Charakter gewinnt. Dazu kommt noch der Umstand, dass wir nicht wissen, wann ein verschenktes Krongut vom König erworben worden ist, wenn wir auch in den meisten Fällen annehmen dürfen, dass es ein Krongut alten Bestandes war. Die zahlenmässigen Angaben, die wir noch

---

[1] Aus der Turiner Universitätsbibliothek, abgedruckt Buch 2, Provinz Mailand.

[2] Zitiert sind die gebräuchlichen Regestenwerke und sonst wo möglich die besten Ausgaben. Die kurzen Zitate geben wir der Übersichtlichkeit wegen im Text.

an dieser Stelle geben wollen, haben daher nur relativen Wert, werden aber doch für die ursprüngliche Masse des Kronguts in der langobardischen und selbst noch in der karolingischen Zeit Zeugnis ablegen.

Wir können neben den grossen Komplexen, dem Veltlin, Val Camonica, Bergell, den Thälern der Stura und Varaita, dem Gebiet um Pedona und dem Land zwischen Stura und Tanaro in der Zeit von 568—1093 im ganzen 205 Höfe nachweisen, von denen 100 auf die Lombardei (incl. Guastalla und Tessin) und 105 auf Piemont (incl. der aledramidischen Höfe in der Provinz Genua) entfallen. Am meisten konzentriert war der königliche Grundbesitz in der Umgebung von Bergamo und Brescia, im östlichen und südlichen Teile der Provinz Mantua, in der Gegend zwischen der unteren Adda und Pavia, in der Lomellina, der Umgebung von Biella und der Landschaft zwischen Scrivia und Orba. Beifolgende Tabelle, die natürlich nur relativen Wert hat, soll die Zahl der Königshöfe[1] in den einzelnen Provinzen angeben.

Provinz.	Flächeninhalt in □km.[2]	Höfe.	Ein Hof auf □km.
Sondrio . . .	3260	2	(1630)
Tessin . . .	2818	4	(705)
Como	2717	8	(340)
Bergamo . .	2660	6	(443)
Brescia . . .	5180	20	(259)
Mantova . .	2331	16	(146)
Cremona . .	2148	11	(195)
Milano . . .	2992	19	(158)
Pavia . . .	3477	14	(248)
Torino . . .	10270	15	(685)
Novara . . .	6543	27	(242)
Alessandria .	5055	49	(103)
Cuneo . . .	7136	14	(510)

[1] Für die Provinzen Sondrio, Cuneo und Brescia muss man die umfangreichen Komplexe hinzurechnen.

[2] Nach Amati, Dizionario.

Dazu kommen noch eine grosse Anzahl (54) einzelner Hufen, dann viele Besitzungen, deren Umfang man zahlenmässig schwer wiedergeben kann, ländliche und städtische Grundstücke, Forsten, Unfreie etc., und 6 Höfe, die wahrscheinlich in unserem Gebiet lagen, ohne dass wir sie in eine bestimmte Provinz einzureihen vermöchten, so dass der königliche Grundbesitz noch erheblich grösser war, als er in der Tabelle erscheint. Nun ist es sehr schwer, den Flächeninhalt dieses Territoriums auszurechnen. Ein Hof ist eben ein Mittelpunkt der Verwaltung für einen bestimmten Bezirk. Ebenso wie das Salland, das Wald- und Wiesenland sehr verschieden sein kann, so schwankend ist auch die Anzahl der Hufen, die von einem Hofe abhängen. Neben Höfen von 10—15 kennen wir solche von 100 und mehr Hufen und auch die Grösse der Hufe ist keineswegs feststehend.[1] Um aber eine annähernde Vorstellung von der Bedeutung des Reichsguts zu geben, haben wir eine Berechnung versucht, die aber natürlich nur rein hypothetisch sein kann, weshalb wir sie im einzelnen nicht wiedergeben wollen. Danach wäre etwa ein Neuntel des Bodens der von uns behandelten Provinzen in der langobardischen Epoche Eigentum der Krone gewesen. Von diesem Bestand ging nach unseren Berechnungen verloren in:

der langobardischen Epoche (—774) ca.	5 %
der Zeit 774—887	27 %
der Zeit 887—962 (incl. der Höfe der Adelheid)	41 %
der Zeit 962—1024	18 %
der Zeit 1024—1093	9 %

Diese Tabelle giebt freilich kein völlig richtiges Bild, da sie nur die in den Schenkungsurkunden vergabten Höfe berücksichtigt, während wir z. B. für die salische Zeit aus anderen Quellen wissen, dass noch erheblich mehr Höfe, als in den Schenkungsurkunden erwähnt werden, der Krone gehörten.

Wie dem auch sei, jedenfalls wird aus diesen einleitenden Betrachtungen mit Sicherheit erhellen, wie bedeutende und wichtige Machtmittel die Krone besessen hat.

---

[1] Vgl. Buch 3.

ERSTES BUCH.

ÜBERSICHT DER GESCHICHTE DES REICHSGUTS IN PIEMONT UND DER LOMBARDEI.

(568—1250.)

Neben der territorialen Aufzählung versuchen wir ein Bild der Entwicklung des gesamten Kronguts zu geben und die Politik der einzelnen Herrscher zu beleuchten. Freilich sind die Schwierigkeiten gross, da das dürftige Quellenmaterial uns nur selten die Beweggründe der Könige ahnen, geschweige denn mit Sicherheit erkennen lässt. Gewiss mögen oft die Herrscher ihres Seelenheils willen diese oder jene fromme Stiftung errichtet, das eine oder andere Gut einem Bistum oder Kloster verliehen haben; unverkennbar ist der grosse Einfluss, den die Lehre von den guten Werken auf die Vergeudung der Güter des Reichs ausgeübt hat. Nichtsdestoweniger sind es gewiss auch bei Schenkungen an geistliche Empfänger sehr häufig weltliche Beweggründe gewesen, die zur Vergabung von Gütern geführt haben. Da wir nun aber für die meisten Schenkungen keine anderen Zeugnisse als die Urkunden haben und diese uns den wahren Grund nicht mitteilen — denn aus den Phrasen der Arenga dürfen wir keine Schlüsse ziehen — so wissen wir von den meisten Vergabungen nicht mehr als die blosse Thatsache. Somit wird es erklärlich, wenn dieser erste Abschnitt vielfach aus einer Aufzählung von Schenkungen besteht, ohne dass wir über deren Motive näheres mitteilen könnten.

I.

DIE LANGOBARDISCHE ZEIT.

(568—774.)

Das mittelalterliche Reichsgut in Italien beruht durchaus auf den Einrichtungen der Langobarden. Mögen auch einige Pfalzen, wie die von Mailand, Pavia oder Monza römischen oder ostgothischen Ursprungs sein, so ist doch im allgemeinen ein Zusammenhang der römischen oder ostgothischen Domänen mit den langobardischen nicht nachweisbar. Es dürfte daher angemessen sein unsere Betrachtung mit dem Jahre 568 zu beginnen. Für das erste Jahrhundert der langobardischen Herrschaft fehlen urkundliche Belege, wir sind auf die Erzählung des Paulus Diaconus angewiesen, auf der die folgenden Ausführungen im wesentlichen beruhen.

Von König Alboin wurde die Eroberung Italiens begonnen, ohne dass wir über sein Verfahren gegenüber dem Krongut nähere Angaben machen könnten. Die alten ostgothischen Pfalzen zu Pavia und Verona scheint er für sich in Anspruch genommen zu haben. (PD. 2, 27, 28); manche Gebiete wie Verona und Friaul übertrug er Herzögen (PD. 2, 9, 28), der Kirche liess er in Treviso Schonung angedeihen (PD. 2, 12).[1] Ob er Massregeln zur Bildung eines Reichsguts getroffen hat, wissen wir nicht, doch ist es wahrscheinlich, dass er sich als Rechtsnachfolger des byzantinischen Fiskus betrachtet hat. Von Schenkungen Alboins ist uns nichts überliefert,[2] es sei denn die Nachricht des Paulus (2, 12), er sei „largissimus" gewesen.

---

[1] Langobardische Regesten von Bethmann und Holder-Egger im Neuen Archiv 3, 225 ff. Nr. 1, zitiert künftig B-H.

[2] Troya 5, B-H 2 für die Familie de Ruzzolo in Piacenza ist eine grobe Fälschung.

Nach der Ermordung Alboins nahm Rosamunde den Schatz des Königs nach Ravenna mit; vielleicht ist hierin der Grund für die grausamen Massregeln Klephs zu suchen, der durch Geldnot gedrängt, zu Konfiskationen der Güter der reichen Römer griff. „Viele vermögende Römer liess er, wie Paulus schreibt (2, 31) durchs Schwert umbringen, andere vertrieb er aus Italien". Nach Klephs Tode trat ein Interregnum ein, während dessen die Herzöge das Land regierten. In dieser Zeit bemächtigten sie sich des etwa vorhandenen Reichsgutes, und setzten die durch Kleph begonnenen Konfiskationen der römischen Latifundien fort. Doch die wachsende Habgier fand hierin noch nicht ihre Befriedigung: von der Konfiskation der weltlichen Güter schritt man zur Einziehung der reichen Kirchengüter (PD. 2, 32). Der römischen Kirche wurden ihre Liegenschaften im ligurischen Apennin (Alpes Cottiae) entrissen,[1] das Erzbistum Mailand, dessen Vorsteher nach Genua entflohen war, wurde seiner Güter beraubt, und musste von Sizilien aus dotiert werden,[2] dem Bischof von Turin wurden seine Besitztümer genommen, er selbst gefangen,[3] die Schenkungen und Testamente zu Gunsten der Kirche wurden nicht ausgeführt.[4] Mochte auch Habgier vielfach der Beweggrund für dies Vorgehen sein, so fehlte demselben doch nicht eine gewisse Berechtigung. War es doch die katholische Geistlichkeit, die beständig mit den Landesfeinden, den Byzantinern und Franken konspirierte. Ein gewisser Terrorismus war notwendig, da das Reich durch diese Allianz auf das äusserste gefährdet wurde, während im inneren infolge des beständigen Kriegs, der Vertreibung und Flucht vieler Landleute, eine Hungersnot wütete.[5] Die Franken hatten sich in den Thälern von Aosta, Susa und Ametegis (Frede-

---

[1] Paulus 6, 28. Liber pontificalis c. 88.

[2] Gregorii epistolae 11, 4.

[3] Greg. epist. 9, 115.

[4] Greg. epist. 13, 31. Vgl. Schupffer, istituzioni p. 45 und PD. 4, 6.

[5] Paulus 3, 11. erzählt nach den Briefen Gregors von der Hungersnot in Rom.

gar 4, 45)[1] festgesetzt, während Mauricius von Osten her das Reich bedrohte.

In dieser kritischen Lage mochten die Herzöge einsehen, dass die Vielherrschaft nicht mehr möglich war; nur bei einer einheitlichen Leitung eines kräftigen Königs durfte man auf die Behauptung des Reichs rechnen, die ausserordentliche Lage erforderte aber auch ausserordentliche Massregeln und machte die Herzöge zu grossen Opfern bereit. Indem Authari vom Volke zum König erhoben wurde, überlieferten die Herzöge die volle Hälfte ihrer Güter zum Unterhalt des Königs, seines Gefolges und seiner Beamten.[2] Über den Umfang der geteilten Güter und die Ausführung der Teilung wissen wir nichts, doch scheint nach dem späteren Besitzstand der Krone zu schliessen, dieselbe in Oberitalien durchgeführt worden zu sein. Der König erlangte dadurch in allen Teilen seines Gebietes einen bedeutenden Besitz, der die Grundlage des späteren Reichsguts geworden ist.[3]

König Authari (584—90) erfüllte die in ihn gesetzten Hoffnungen; nachdem er mit den Franken Frieden geschlossen hatte, setzte er den Krieg mit Byzanz mit glücklichem Erfolge fort. Er eroberte die Gebiete der verräterischen Herzöge von Piacenza, Parma, und Reggio (Tr. 46), zog ihre Güter ein und liess die genannten Gebiete fortan durch Gastalden verwalten. Ausserdem gelang es ihm Brescello (Brexillum) am Po (PD. 3, 18) und die noch wichtigere byzantinische Nordmark, mit dem Mittelpunkt Isola Comacina im Comer See, wo sich der magister militum Francio zwanzig Jahre lang gehalten hatte, einzunehmen und so wenigstens nach Norden hin eine gesicherte

---

[1] Wahrscheinlich Thal von Lanzo.

[2] Die Ansicht Schupffers (l. c. p. 269), die Herzöge hätten nicht die Hälfte ihres gesamten Grundbesitzes, sondern nur des während des Interregnums Erworbenen dem Könige übergeben, ist eine Hypothese, die nicht aus den Worten des Paulus heraus zu lesen ist. Paulus 3, 16 sagt: „duces omnem substantiarum suarum medietatem regalibus usibus tribuunt".

[3] Für uns handelt es sich um die Herzogtümer Asti, Turin, Ivrea, Novara (?), Mailand, Pavia, Bergamo und Brescia.

Grenze zu schaffen, was im Westen zum Schaden des Reichs nicht geglückt war (PD. 3, 27).[1]

Da Authari noch Arianer war, so war er natürlich nicht geneigt, der Kirche Schenkungen zu machen. Wir wissen von ihm nur, dass er in Fara Gera d'Adda (Prov. Bergamo) eine arianische Kirche errichtete, die nachmals in eine katholische umgewandelt wurde (B-M 1628, CL. 322).[2]

Sein Nachfolger Agilulf, Herzog von Turin, (590—616) fand nicht allgemeine Anerkennung. Die Rebellionen verschiedener Herzöge gaben ihm die Mittel in die Hand das Reichsgut durch Konfiskation ihrer Güter zu vermehren. Zuerst wurde Herzog Minulf, der S. Giulio d'Orta und vermutlich auch Novara beherrschte, wegen Landesverrats hingerichtet, seine Güter wahrscheinlich eingezogen[3] (PD. 4, 3). Das gleiche Schicksal widerfuhr wahrscheinlich den Herzögen von Treviso, Verona und Pavia, wogegen wir in Bergamo, dessen Herzog auch hingerichtet wurde (PD. 4, 13), späterhin (PD. 6, 20) duces nachweisen können.

Auch nach aussen erweiterte der König das Reich, indem er den Byzantinern die ihnen noch gehörigen Gebiete des venetianischen Festlands, wie Padua und Monselice (PD. 4, 23, 25) und in der Lombardei vor allem die wichtigen Festungen Mantua und Cremona und das am Po gelegene Valdoria entriss (Paulus 4, 28). Wahrscheinlich fielen bedeutende Teile dieser Eroberungen der Krone zu, die nachmals in der Umgebung von Cremona und Mantua weite Flächen inne hatte.

Auf der anderen Seite haben wir unter Agilulf zuerst grössere Schenkungen an die Kirche zu verzeichnen. Durch den heilsamen Einfluss der Königin Theudelinde bewogen, gab er viele Besitztümer der Kirche Christi und führte die Bischöfe zu gewohnter Würde und Ehre zurück, erzählt

---

[1] Über die byzantin. Nordmark vgl. Hartmann, Byzantinische Verwaltung in Italien, 1889, p. 53. Über die fränkischen Gebiete in Piemont s. u.

[2] „nominatur ecclesia Autareni ab Autari rege".

[3] Von Herzögen daselbst ist fernerhin nichts bekannt.

Paulus (4, 6). Indes vielleicht noch mehr als der Einfluss der Gattin, bestimmte den klugen König die Einsicht, dass ein gutes Verhältnis zum Klerus auch ein gutes Einvernehmen mit der Masse der Bevölkerung zur Folge haben, und dass dies gegenüber der noch drohenden franko-byzantinischen Allianz von grossem Vorteil sein müsse. Unter seinen Schenkungen erwähnen wir in erster Linie die Hergabe des Grund und Bodens im Appennin zum Bau des Klosters Bobbio, das 612 vom hl. Columban gegründet wurde.[1] Ferner wird die Gründung und Dotierung des Klosters Pedona in den Seealpen auf Agilulf zurückgeführt. Nach einem Fragment verlieh er 616 der Abtei die Gegend zwischen Stura und Gesso, bis zum Colle di Finestre und dem Col di Tenda einschliesslich des Vermenagnathals.[2] Mehrere fromme Stiftungen werden der Theudelinde zugeschrieben, so die berühmte Kirche S. Giovanni in der Residenz Monza[3] (PD. 4, 21), verschiedene Kirchen in der Brianza[4] und ein Baptisterium in Brescia (Tr. 287).

Wenig wissen wir von den Nachfolgern des tüchtigen und klugen Königs zu berichten. Von Adaloald (616—626) heisst es, dass unter ihm Kirchen wieder hergestellt und viele Schenkungen an ehrwürdige Stätten verteilt wurden (Paulus 4, 41). Die Wittwe des Königs machte eine Schenkung bei Soncino (Prov. Cremona), wo sie im Martinswalde, nahe am Oglio die Einsiedelei San Zeno gründete (CL. 492). Von Arioald (626—636) ist uns nichts überliefert und von seinem Nachfolger Rothari (636—652) wissen wir ausser der Eroberung der Gebiete Liguriens und von Oderzo (PD. 4, 45, Fredegar 4, 71), dass er eifriger Arianer war und deshalb wahrscheinlich für fromme Stif-

---

[1] Die Urkunden Tr. 246, 249 B—H 8. 11 sind falsch, aber in Ch. 1, 30 ist eine Schenkung Agilulfs erwähnt. Paulus erwähnt die Gründung irrtümlich bei der Erzählung der Regierung Arioalds 4, 41.

[2] HPM. 5, SS. 3 Praefatio cfr. Provinz Cuneo.

[3] Viel später ist die Inschrift in S. Michele zu Monza Tr. 301. Auch die Inschrift über die Gründung von Santhia (Prov. Novara) Tr. 288 ist zweifelhaft.

[4] so zu Cremella, Rovagnate, S. Martino a Perlodo nach Cantu, Vicende della Brianza, 1836, p. 45.

tungen nichts übrig hatte. Seine Gemahlin Gundiperga[1] errichtete zum Gedächtnis an ihre Mutter Theudelinde, die Johannes dem Täufer geweihte Kirche in Pavia, die sie mit Gold und Gewändern beschenkte (PD. 4, 47). Durch diese Stiftung war der Anfang gemacht mit den zahlreichen Gründungen von Kirchen und Klöstern, mit denen die langobardischen Herrscher ihre Hauptstadt ausschmückten. So gründete König Aripert I. (653—661), der als Sohn Gundoalds, des Herzogs von Asti, wahrscheinlich die Güter dieses Ducats dem Krongut zuführte, das Oraculum Salvatoris vor der Porta Marenca und beschenkte es reichlich (PD. 4, 48); Grimoald (662—671), der einige seiner beneventanischen Grossen, mit deren Hilfe er die Krone usurpierte, mit reichen Liegenschaften ausstattete[2], baute die Kirche S. Ambrogio (PD. 5, 33). Perctarit (672—688), der als ein frommer, sich zum katholischen Glauben bekennender und mildthätiger Herrscher geschildert wird (PD. 5, 33), baute am Tessinfluss das monasterium Novum, der hl. Jungfrau und der hl. Agathe geweiht, während seine Gattin Rodelinde ausserhalb der Mauern die prachtvoll geschmückte Kirche „Ad perticas“ stiftete (PD. 5, 34). Ferner soll Perctarit, ebenso wie seine Nachfolger Cunincpert und Ansprand dem Bistum Como Schenkungen gemacht haben, ohne dass wir sie im Einzelnen nachweisen könnten (B-M. 987). Cunincpert (688—700) beschenkte in der Reichshauptstadt das berühmte Kloster S. Maria Theodotis della Posterla (B-H. 32. Tr. 354. DO. I. 274) und gründete zur Erinnerung an seinen Sieg bei Coronate das St. Georgskloster auf dem dortigen Schlachtfelde (PD. 6, 17).

Es sei gestattet einige allgemeine Bemerkungen an diese leider sehr dürftigen Nachrichten aus dem siebenten Jahrhundert zu knüpfen. Die bisher besprochenen Schenkungen befinden sich fast alle in der Residenz oder tragen einen Gelegenheitscharakter (z. B. Coronate), sie dienen zur

---

[1] Sie war Gemahlin des Arioald und Rothari. Vgl. Paulus (Schulausgabe von Waitz) p. 172 Anm. 1.

[2] „Aliquantos tamen . . . retenuit largissimas eis tribuens possessiones.“ Paulus 5, 1.

Erinnerung an Verstorbene oder zur Grabstätte des Stifters. Welche Güter an diese Stiftungen verschenkt wurden, vermögen wir nicht anzugeben, doch es ist wohl denkbar, dass manche der reichen Besitzungen, die die genannten Kirchen und Klöster später inne hatten, ihnen schon von den Gründern zugewiesen worden waren. Von Schenkungen an Bischöfe unseres Gebiets[1] oder an Laien ist uns — mit Ausnahme Grimoalds — nichts überliefert.

Auf König Cunincpert folgte nach einer achtmonatlichen Regierungszeit Liutperts Raginpert, Herzog von Turin, der vielleicht die Güter dieses Herzogtums der Krone zuführte, und auf ihn sein Sohn Aripert II. (701—712), der den Herzog von Bergamo besiegte (PD. 6, 20), wahrscheinlich dessen Güter einzog, und einem Gastalden zur Verwaltung übertrug. Der König, dessen Familie auf unrechtmässige Weise auf den Thron gekommen war, suchte sich die Geistlichkeit durch nicht unbedeutende Schenkungen geneigt zu machen.[2] Er stellte dem römischen Stuhl die Güter im ligurischen Appennin zurück[3] und bestätigte dem Bischof Emilian II. von Vercelli eine Schenkung in der Nähe von Ronsecco.[4] Der Kirche S. Lorenzo in Bergamo überwies er ein Haus in Calcinate (B-H. 45, Tr. 693), das er vielleicht durch den Sieg über Rotharit von Bergamo erworben hatte.[5]

Nach der kurzen Regierung Ansprands, der die Kirche S. Adriano in Pavia stiftete (Tr. 392), bestieg sein Sohn Liutprand (712—744) den königlichen Thron, der auch in der Gesetzgebung sein lebhaftes Interesse für das Domänenwesen bewies und die Veräusserung der Krongüter durch

[1] Ausserhalb desselben kennen wir eine Schenkung Cunincperts für den Bischof von Modena B-M. 725.

[2] An Frömmigkeit ist bei dem Charakter des Königs kaum zu denken. Vgl. Paulus 6, 20. 22.

[3] Lib. pont. c. 88, B-H. 42.

[4] Troya 377. B-H. 41. Die Urkunde ist interpoliert.

[5] Ferner soll er Alpepiana S. Pietro in Cielo d'Oro geschenkt haben (CL. 529, B-H. 44), das nach anderen Nachrichten erst Liutprand gegründet hat.

ungetreue Beamte, durch Inventarisierung, einen Diensteid und längere Verjährungsfrist zu verhindern suchte.[1] Unter ihm kam die Geistlichkeit, vielleicht durch den Einfluss seines Verwandten, des Bischofs Petrus von Pavia,[2] zu grösserer Bedeutung. Er hielt sich eine Hofkapelle, um ihm täglich die Messe zu lesen, eine Einrichtung, die vor ihm nicht üblich gewesen war. In der Hauptstadt gründete er das berühmte Kloster S. Pietro in Cielo d'Oro, dem er, wie aus späteren Urkunden hervorgeht, manche Güter schenkte.[3] Bei der Pfalz Olonna baute er ein dem hl. Anastasius gewidmetes Kloster und auf der Höhe des Appennins verdankte ihm die Abtei Berceto ihre Entstehung. Von bestehenden Klöstern war es Pedona[4], das er mit den Orten Germanicia, Boves, Vernante, Robilante etc., Bobbio, das er mit einer vom Hofe Garda zu leistenden Abgabe[5] dotierte. Das Bistum Vercelli beschenkte er mit Torcello (DO. III. 323 B-H. 146) und auch das Erzbistum Mailand scheint er bedacht zu haben (Tr. 531). Dass er verdiente Beamte des Reichs nicht unbelohnt ausgehen liess, zeigen seine Urkunden für den Gastalden Picco (Tr. 556) und für den Griechen Gregor (Tr. 535 B-H. 147).

Liutprands zweiter Nachfolger Ratchis (744—49), der dem Presbyter Limeno von Bergamo Grundstücke in Sorisole schenkte (Tr. 609, B-H. 187), soll in seinen letzten Jahren reiche Stiftungen für römische Klöster gemacht haben, wodurch er den Zorn des langobardischen Volkes erregte,[6] das, wie wir hieraus sehen, noch immer keinen ausgeprägten kirchlichen Sinn besass. So war es denn auch die erste Regierungshandlung König Aistulfs (749—57) diese Schen-

[1] Vgl. Notitia de actoribus im Edictus Langobardorum bei Bluhme p. 149 ff.

[2] Über das folgende vgl. Paulus 6, 58.

[3] Z. B. in Bizozzero bei Varese, im Val d'Intelvi etc. Nach anderen Nachrichten ist Liutprand nicht der Gründer des Klosters. cf. oben.

[4] Auch Cunincpert dotierte Pedona. HPM. 5. Praefatio.

[5] Ch. 1, 30.

[6] Vgl. Abel, Untergang des Langobardenreichs, 1859, p. 23.

kungen für ungültig zu erklären.[1] Dieser König selbst stiftete das Kloster Pagno bei Saluzzo[2] und beschenkte Nonantola.[3] Sein Nachfolger Desiderius (757—774) verdankte ihm Güter in und um Brescia (Tr. 727), die dieser seiner Lieblingsstiftung S. Salvatore in Brescia zum Geschenk machte. Dies Kloster erhielt später Güter in Roncadello, in Temoline, Piscilesse, Cicognara u. s. w. Auch die konfiszierten Besitztümer des Mörders Cunimund und des Verräters Angino überwies Desiderius dem Kloster.[4] Abgesehen davon gründete Desiderius mit seiner Gemahlin noch die kleinen Klöster S. Peter und Paul in Pavia (Tr. 747), S. Salvatore in Sermione (CL. 52), und beschenkte Kloster Leno.

Fassen wir kurz das Ergebnis dieser Periode zusammen, so kommen wir zu dem Resultat, dass die Krone beständig Güter erworben und nach und nach das Eigentum der meisten Herzöge Oberitaliens an sich zu reissen verstanden hatte. Am Ende der langobardischen Zeit kennen wir in dem von uns berücksichtigten Gebiet, nur ein Herzogtum in Ivrea, dagegen Gastalden in Bergamo, Asti, später auch in Mailand, Sospiro, Como und Seprio. Zu den herzoglichen Gütern hatte der König noch in dem vormals byzantischen Gebiete weite Ländereien gewonnen, so dass ein sehr bedeutender Teil des Territoriums sich in den Händen der Krone befand, dem gegenüber Schenkungen, wie sie die Langobardenherrscher zu machen pflegten, nicht viel zu bedeuten hatten.

---

[1] Lex. Aist. 1.
[2] Chron. Nov. 3, 26.
[3] Ficker, Forschungen 4, Nr. 9 p. 13.
[4] Troya 727, 747, 838, 848, 851, 878, 962, 985. Cf. Provinz. Brescia, Mantua und Cremona.

II.

DIE KAROLINGISCHE ZEIT.

(774—962.)

Als Karl 774 das langobardische Reich eroberte, war er nicht gesonnen dasselbe lediglich zur fränkischen Provinz zu machen. Er betrachtete sich als den Nachfolger des Desiderius, dessen gesamtes Eigentum er sich aneignete, liess aber vorläufig die alte Staats- und Domänenverwaltung bestehen und das Reich durch Herzöge und Gastalden regieren. Indes nach wenigen Jahren wurde dieser einer Personalunion ähnliche Zustand völlig geändert. Die Grafschaftsverfassung wurde in Italien eingeführt und auch das Lehnswesen auf das langobardische Reich übertragen. Da der Graf in der Regel mit Amtsgütern ausgestattet war, so gingen diese dadurch, dass das Grafenamt Lehen wurde, dem Reiche verloren. Auch sonst nahmen die Vergabungen in dieser Epoche bedeutend zu. Ganze Territorien wurden an Laien und Geistliche in der Zeit Karls und seiner Nachfolger verschenkt. Die Gründe hierfür sind verschiedener Art: Der König war nicht wie die Langobardenherrscher einheimisch, er konnte seinen Unterhalt aus seinen gallischen oder deutschen Gütern bestreiten und hatte einen umfassenden Domänenkomplex in Italien nicht nötig. Als zweiten Grund möchten wir die engere Verbindung mit der Kirche im fränkischen Reich anführen. Da die Bischöfe und Äbte hier durchaus als Verwaltungsbeamte des Reichs angesehen wurden, was im langobardischen Reich nicht in dem Masse der Fall gewesen war, so waren die Herrscher geneigt, ihnen Krongüter in grosser Menge zu übertragen; einmal brauchte man in diesem Falle weniger Beamte, an denen entschieden Mangel war, zweitens entzog man die Güter in unruhigen Zeiten dem habgierigen

Laienadel, und drittens erwarb man durch das gute Werk noch Anspruch auf die Seligkeit. Endlich bedeutete die Schenkung eines Königs an eine Kirche noch keineswegs einen vollständigen Verzicht auf das Gut; denn nicht nur die Abgaben oder ein Teil derselben floss weiter in die königlichen Kassen, sondern unter Umständen scheute sich der König durchaus nicht, die Güter zurückzunehmen oder anderweitig über sie zu verfügen. Als dritten Grund für die vermehrten Schenkungen der karolingischen Epoche müssen wir noch anführen, dass der ausgedehnte Domanialbesitz ein vorzügliches Mittel abgab, sich eine dem Könige geneigte Partei im Lande zu schaffen. Man konnte durch Schenkungen die einheimischen Grossen gewinnen, dann aber auch vermittelst des grossen Krongutbestandes, wie die Merovinger in Gallien gethan hatten, eine Klasse von fränkischen Grundbesitzern in Italien schaffen. Vielleicht weist auf solche Massregeln, von denen wir sonst nichts wissen, die grosse Masse fränkischer und schwäbischer Grundbesitzer hin, die uns selbst bei einer flüchtigen Durchsicht der Urkunden des 9. Jahrhunderts auffällt. So lernen wir, um einige Beispiele aus unserem Gebiete heranzuziehen, Franken und Schwaben in Pinerolo (Ch. 1, 15), Asti (Ch. 1, 20, 40, 55, 57, 60, 68. 2, 4)[1], Piomba (Ch. 1, 23), Novara (Ch. 1, 27), Biella (Ch. 2, 39), Campione (CL. 73), Brescia (CL. 84), Bergamo (CL. 111), Mailand (CL. 102), Carpiano (CL. 87) kennen.

Wieviel an diese Leute zu freiem Eigen, wieviel zu Lehen vergabt worden war, wissen wir nicht; doch einige königliche vassi sind uns schon im 9. Jahrhundert bekannt.[2]

Ebenso wie fränkische Laien, erhielt auch die fränkische Kirche Güter in Italien geschenkt. Schon am 14. Juli 774 schenkte Karl die königlichen Besitzungen in dem an Eisen reichen Val Camonica nördlich vom Iseosee, die Höfe zu

[1] Vgl. Misc. 27, 283 über Asti und Umgebung. Dazu kommen noch die recht zahlreichen Leute, die nach fremdem Recht leben.

[2] Vgl. die Zusammenstellung im dritten Buch.

Peschiera, Lonato (oder Liona?) und Sermione am Gardasee nebst einigen kleinen Klöstern der Abtei St. Martin zu Tours (B-M. 163). Die Gründe, die für diese Schenkung massgebend waren, vermögen wir nicht mit Sicherheit zu bestimmen. Wahrscheinlich waren es die Eisenbergwerke des Val Camonica, die Abt Wulfard, der selbst wiederholt als Gesandter in Italien gewesen war,[1] für sein Kloster begehrte. Mit St. Martin in Tours wetteiferte St. Denis bei Paris, das nach einer Urkunde Karls des Grossen vom 14. März 775 (B-M. 177) gleichfalls Güter in der Lombardei erhielt. Karl schenkte dieser Abtei die Reichsgüter in dem dem Val Camonica benachbarten, von der Adda durchströmten Veltlin (Val Tellina).[2] Als drittes fränkisches Kloster nennen wir Novalese bei Susa, in dem der Frankenkönig wahrscheinlich auf dem Zuge nach Italien 773 verweilt hat. Die Abtei erhielt neben zwei savoyischen Gütern den tausend Bauernstellen zählenden Hof zu Gabiana in Montferrat.[3] Von den einheimischen Klöstern erhielt Bobbio einen grossen Reichsforst im Apennin (B-M. 161), Pedona den Hof Quaranta (Quadraginta) bei Cuneo,[4] Kloster Leno den Hof Sabbioneta,[5] S. Pietro in Lodi 50 Joch am Lambro.[6] Von den Bistümern wurde Cremona mit verschiedenen in der Nähe der Stadt liegenden Orten,[7] Reggio, mit einem Walde in der Grafschaft Parma dotiert (B-M. 229).[8] Eine Reihe von Gütern, die wir im einzelnen nicht kennen, wurden der Königin Hildegard überwiesen, nach ihrem Tode aber wieder

---

[1] Simson, Jahrbücher Karls des Grossen. 2. Aufl. 1, 140 Anm. 4.

[2] Vielleicht hatte Fardulf, ein eifriger Anhänger des gestürzten Königs, der nach St. Denis verbannt wurde (Simson a. a. O. 1, 186. 2, 145), die Mönche des Klosters auf das weinreiche Thal aufmerksam gemacht.

[3] Chron. Noval. 3, 26. Die Nachricht ist verdächtig.

[4] HPM SS. 3, Praef.

[5] Urk. Berengars II. vor 958 CL. 626.

[6] Vignati, Codex Diplomaticus Laudensis 1. no. 7 p. 13. Urk. Widos von 892.

[7] Urk. Lothars von 841 B-M. 1050.

[8] Die Urkunde für Como B-M. 397 ist an der Hauptstelle interpoliert und deshalb hier nicht angeführt.

für das Reich eingezogen. Eine genaue Inventarisierung ordnet ein Capitular Pippins von 790 an (B-M. 494). Ebenso wenig können wir Schenkungen an weltliche Herren im einzelnen nachweisen, da keine Urkunden hierüber erhalten sind.

Diesen nicht unbeträchtlichen Schenkungen stehen grosse Konfiskationen besonders in Friaul gegenüber (cf. B-M. 198, 339, 602; im Bistum Reggio 429). Ob indes diese Einziehungen sich auch auf die Lombardei und Piemont erstreckten, vermögen wir nicht anzugeben.

So sehr auch Karl die Bedeutung der Fiskalgüter für den Staat zu schätzen wusste,[1] so müssen wir für unsere Gebiete doch eine erhebliche Abnahme der Domänen in seiner Regierung konstatieren. Veltlin und Val Camonica sind die ersten grossen Gebiete, die aus dem Krongute verschenkt wurden.

Ludwig der Fromme kümmerte sich nicht viel um die Verhältnisse Italiens, nur wenige Urkunden des Herrschers sind für dies Land ausgestellt. Wir wissen von ihm, dass er wichtige Plätze (Bard und Bardonnêche), mit Karl zusammen an Novalese gab[2] und einen Tausch mit seinem Getreuen Boso abschloss (B-M. 805), der einige piemontesische Hufen betrifft, die er gegen Güter in den Niederlanden eintauschte;[3] auch wurde von ihm eine Inventarisierung der königlichen Forsten angeordnet. (Leges 4, 538, § 47).

In der Hauptsache war die Regierung Italiens die Sache Lothars I. Da die Geistlichkeit, damals die eifrigste Verfechterin der Reichseinheit, ihn am thätigsten unterstützte,[4] so sah er sich auch genötigt sich ihr gegenüber freigebig zu erweisen. Auch die Laien-Aristokratie begann eben in jener Zeit, besonders infolge der Bürgerkriege, einen bedeutenden Einfluss im Staatsleben des karolingischen Reichs zu gewinnen. Dagegen konnte sich das Königtum

[1] Vgl. Capit. de villis B-M. 458.
[2] Chron. Nov. 3, 26. B-M. 1088.
[3] B-M. 677 für Como ist gefälscht.
[4] Vgl. Dümmler, Ostfränk. Reich, 2. Aufl. 1, 394.

in Italien nicht, wie in den anderen Reichen, durch Konfiskationen der Güter aufrührerischer Grossen schadlos halten, da dort der Krieg nicht tobte; ja im Gegenteil forderten die italienischen Kirchen noch Ersatz für das, was sie in den anderen Reichsteilen verloren hatten.[1] und das Kloster St. Denis, das in Italien Güter besass (s. o.), erhielt seinen Besitz freilich, nachdem ihn Lothar einige Jahre dem Kloster entzogen hatte,[2] durch ihn selbst zurück (B-M. 1003, 1076, 1098). — Unter den Bistümern unseres Gebiets, die Lothar dotierte, kennen wir nur die von Novara und Cremona. Ersteres erhielt 840 die Abtei Lucedio in der Grafschaft Vercelli (B-M. 1031), die Priester des letzteren wurden von Vorspanndiensten für die kaiserliche Kammer befreit (B-M. 1015). Eigentliche Reichsgutverleihungen für Bistümer sind nicht nachzuweisen. Von den Abteien Piemonts erhielt Novalese die Abtei Pagno bei Saluzzo (B-M. 989), in der Lombardei bekam S. Maria Theodotis im Jahre 834 das Recht Bau- und Brennholz aus dem Reichsforst Carbonaria bei Pavia zu holen und 839 ein Grundstück in Pavia (B-M. 1011, 1027), und S. Ambrogio in Mailand das olivenreiche Limonta am Comersee mit ausgedehnten Pertinenzen (B-M. 1012). Einige Grundstücke erhielt 846 der Diakon Godepert von Ivrea (B-M. 1091).

Von weltlichen Grossen müssem wir vor allem Lothars Schwiegervater und ersten Berater Hugo von Tours erwähnen, der nicht näher bekannte Güter in der Grafschaft Mailand erhielt.[3] Seine Gattin Aba oder Ava bekam nach seinem Ableben den Hof Locáte am Lambro im Jahre 836 (B-M. 1019). Der Getreue Erembert, von dem wir sonst nichts wissen, erhielt 839 den Hof Eburlas in der Grafschaft Asti (B-M. 1026). Ein lebhaftes Interesse für die Krongüter bekundete Lothar im Capitulare Missorum vom Februar 832.[4]

[1] Dümmler a. a. O., p. 212.

[2] Auch dem Bistum Reggio entzog Lothar Besitzungen in Luzzara. B-M. 1028.

[3] Dümmler a. a. O. 1, 213.

[4] Ll. Bor. 1, No. 202, 6. 7.

Im § 6 dieser Verordnung befiehlt der König in jeder Grafschaft nach königlichen villae und curtes zu forschen, und in § 7 ordnet er ein Inventar der königlichen Pfalzen und Gebäude an.

Von 850 ab war Ludwig II. thatsächlich alleiniger Herrscher in Italien. Gleich bei seinem Regierungsantritt ordnete er eine Restauration der Pfalzen und öffentlichen Gebäude, die in grossem Schmutz und in schlimmer Vernachlässigung sich befänden,[1] an; 865 wird die Anordnung wiederholt[2] („ut restaurent palatia"). Ob sie freilich etwas genützt hat, sei dahingestellt.

Ludwig war seit Desiderius wieder der erste König, der Italien allein besass, und da sein Thron von keiner Seite bedroht war, so hatte er nicht nötig, seine Unterthanen durch grosse Schenkungen zu gewinnen. Er hätte es auch nicht in dem Masse gekonnt, wie es seine Vorgänger und Nachfolger zum Teil thaten, da das Königtum jetzt allein auf die italienischen Domänen angewiesen war. Die einzige Stiftung Ludwigs II. in unserem Gebiete ist die Abtei S. Ruffino in Monimello bei Mantua, die er am 1. November 874 gründete, und mit Gütern in Unteritalien dotierte (MIÖG. 1, 434 ff.). Von den Bistümern und Abteien erhielt keine eine Vergrösserung ihres Güterbesitzes durch den Kaiser,[3] wenn wir von S. Sisto in Piacenza absehen, das aber nur indirekt durch Ludwig vergrössert wurde.[4] Auch Vergabungen an weltliche Machthaber sind in unserem Gebiet, soweit unser Urkundenmaterial reicht, nicht nachweisbar. Ausserordentlich freigebig zeigte er sich aber seiner Gemahlin Angilberga gegenüber. Schon frühere Herrscher hatten ihre Gattinnen beschenkt, so gab Karl der Grosse der Hildegard Güter (s. o.), und auch Waldrada wurde von Lothar II. bedacht.[5] Ganz enorm war

[1] Cap. Ludovici II. Leges Bor. 1, No. 213.
[2] Ll. Bor. 1, No. 216, 217.
[3] Vielleicht ist die Schenkung des Hofes Canava bei Rivarolo auf Ludwig II. zurückzuführen. DO. III. 323.
[4] B-M. 1221 ist falsch.
[5] Vgl. Dümmler a. a. O. 2, 5.

aber die Dotierung der Kaiserin Angilberga. Sie wird von allen Zeitgenossen als habgierige und geizige Frau geschildert, die einen ungemeinen Einfluss auf Ludwig ausübte, den sie stets auf seinen Zügen begleitete.[1] Etwa ein Fünftel aller erhaltenen Urkunden Ludwigs sind für seine Gemahlin ausgestellt.[2] Als Mitgift erhielt sie am 5. Oktober 851 bereits Campo Miliaco im Gebiet von Modena und Curtis nova bei Reggio (B-M. 1148). Am 2. November 864 schenkte ihr Ludwig Guastalla und Luzzara am unteren Po (B-M. 1192), am 4. Juli 866 Sesto bei Cremona, Locarno am Lago Maggiore, Antignano in der Grafschaft Alba (B-M. 1201), und Inverno bei Olona, das Lothar II. aus den Besitzungen des Bistums Lüttich seinem Bruder geschenkt hatte, um es seiner Gemahlin zu geben (B-M. 1202, 1276); damit wollte sich Lothar die Gunst der mächtigen Schwägerin gewinnen, deren schwache Seite, ihre Habsucht, er wohl kannte. 867 erhielt sie das Kloster S. Salvatore in Brescia (B-M. 1206), 868 den Hof Sesilla in comitatu Toresiano (Sezello bei Tortona?), Dovanelli in der Grafschaft Tortona, Palmata in der Grafschaft Alba, Viarriggi und Cinaglio in der Grafschaft Asti (B-M. 1207), 870 Paladana bei Guastalla (B-M. 1211). In ihrem Testament vom März 877 verfügte Angilberga über folgende Güter in unserem Gebiet zu Gunsten von S. Sisto in Piacenza (CL. 270):

1. in der Grafschaft Lodi.
   a. Prata bei Lodi.
   b. Montesano = Montemalo (?).
   c. Cortis Mediolanensis (unbekannt).
2. in der Grafschaft Cremona.
   a. Sesto.
   b. Tenchera.
3. im Gebiet von Mantua und Reggio.
   a. Pegognaga.
   b. Guastalla.
   c. Luzzara.
   d. Villola.

---

[1] Vgl. Dümmler 2, 70. 74. 237. 272. 342. 386.

[2] 12 von 64.

4. in der Grafschaft Stazona.
   a. Caprino (Cabroi) bei Anghera oder Cabbio bei Mendrisio.
   b. Masino bei Arona.
5. im Gebiet von Mailand.
   a. Octavo = St. Christoforo Occhiate (?) bei Monza.
6. in der Grafschaft Bulgaro.
   a. Bornago (Brunago), Prov. Novara.
   b. Trecate, Prov. Novara.

Diese Schenkungen an Angilberga bezeichneten den ersten grossen Stoss, den das Reichsgut erhielt. Mehr als zwanzig Höfe waren für die Krone verloren.

Eine weitere bedeutende Erschütterung erfuhr das Königtum und seine materielle Macht in den Erbfolgekämpfen, die auf den Tod Ludwigs II. folgten. Fast ein Jahrhundert lang gab es in Italien keine fest begründete Staatsgewalt, immer wieder erhoben sich neue Prätendenten, die in blutigen Kämpfen die Krone zu erringen suchten. Natürlich strebte ein jeder von diesen danach, die weltlichen und geistlichen Grossen für sich zu gewinnen und meistens bemühten sie sich dies durch Güterverleihungen aus dem schier unerschöpflich scheinenden Krongut zu erreichen. Mancher Reichshof mag freilich in den vielen Kämpfen auch auf unrechtmässige Weise von den Grossen usurpiert worden sein.

Nach Ludwigs II. Tode traten Ludwig der Deutsche und seine Söhne einerseits und Karl der Kahle andererseits als Prätendenten auf. Wahrscheinlich um Angilberga zu gewinnen, hatte der ostfränkische König schon am 26. Februar 875 ihrer Tochter Irmgard die drei Höfe Murgula und Almenno bei Bergamo und Olcia (Aucia) bei Cremona zum Geschenk gemacht[1] (CL. 262). Indes der westfränkische Herrscher war früher zur Stelle.

Sofort nach des Kaisers Tode war Karl der Kahle in Italien eingerückt. Er erfreute sich der besonderen

[1] Es handelt sich wohl um eine Eventualschenkung, da Ludwig sich als Erbe ansah.

Protektion des Papstes und der westitalienischen Geistlichkeit und sah sich deshalb genötigt, diese besonders zu dotieren.[1] Vor allem war der Erzbischof Ansbert von Mailand Parteigänger des französischen Königs.[2] Noch während des ersten Römerzugs, am 26. Januar 876 (Böhmer RK. 1791) verlieh dieser dem Erzbischof Güter in Cavenago und Ornago nordöstlich von Monza. Vielleicht sind auf Karl noch mehr Schenkungen zurückzuführen; da seine Nachfolger seine Herrschaft nicht anerkannten, so ist es wahrscheinlich, dass man die Urkunden Karls nicht behielt und nur die Bestätigung durch die späteren Könige, die von Karls Schenkungen nichts erwähnten.

Schon mit ihm zugleich war Karl von Schwaben, von den Italienern „Carlito" genannt, nach Italien gekommen, war aber dann vor seinem Oheim zurückgewichen, und der tapfere Karlmann wurde von demselben durch Lug und Trug zum Rückzug über die Alpen bewogen.[3] Als aber Karl der Kahle zum zweitenmale im Herbst 877 die Alpen überschritt, trat ihm Karlmann mit einem starken Heere entgegen und zwang den westfränkischen König sich über den Mt. Cenis nach Savoyen zurückzuziehen, wo er am 6. Oktober 877 starb. Das Reich fiel nun ohne weitere Kämpfe dem Sohne Ludwigs des Deutschen, Karlmann von Bayern (877—879) zu, der in Italien allgemein anerkannt wurde, obwohl ihn schwere Krankheit schon nach kurzer Zeit zur Rückkehr nach Bayern zwang. Während seines Siechtums scheint er aber Einflüssen der Geistlichkeit sehr zugänglich gewesen zu sein, da er ihr ausserordentlich bedeutende Schenkungen machte. So verlieh er dem der Angilberga gehörigen Kloster S. Salvatore in Brescia eine Reihe von Höfen in der Nähe des Iseosees (Bogonago, Canella u. a. B-M. 1503), wahrscheinlich als Entschädigung für die Unbill, die das Kloster 876 durch das Heer Karls

---

[1] So dotierte er auch den Bischof Johann von Arezzo. Böhmer R. K. 1737, 1793, 1803.

[2] Dümmler, Ostfränkisches Reich 2, 402.

[3] Dümmler l. c. p. 389, 390.

von Schwaben erlitten hatte;[1] ferner gab er der von der Kaiserin gegründeten Abtei S. Sisto bei Piacenza das zwischen der unteren Adda und dem Po gelegene Land (B-M. 1504), dem in Verona gelegenen Kloster S. Zeno den Hof Desenzano (Prov. Brescia) mit dem ganzen Südwestufer des Gardasees (B-M. 1494) und der bei Olona gelegenen Abtei Sta. Christina 150 Joch Wald in der Nähe von Olona (B-M. 1498). Wahrscheinlich ist auch auf Karlmann eine Schenkung an das schwäbische Kloster Reichenau zurückzuführen (B-M. 1567). Dasselbe erhielt nämlich am Comer See die Höfe Tremezzo und Gravedona, wahrscheinlich für seinen Ölbedarf, gleichwie auch Fulda einen Olivenwald früher bekommen hatte. (Forsch. z. Deutschen Geschichte 5, 374.)

Von weltlichen Herren bekam der Getreue Hillo vierzehn Hufen zwischen Oglio und Lara und dazu gehörigen Wald in der Grafschaft Brescia (B-M. 1502). — Dagegen scheint es, dass die von Ludwig dem Deutschen der Irmgard verliehenen 3 Höfe Murgula, Almenno und Olza wieder für das Reich eingezogen wurden. Wahrscheinlich geschah dies infolge der Entführung der Kaisertochter durch den Karlmann feindlichen Herzog, späteren König Boso, ein Ereignis, das Ende 877 stattfand.[2]

Noch bedeutendere Schenkungen sind von Karl III. zu erwähnen, zu dessen Gunsten Karlmann 879 auf die Krone verzichtete. Karl war ausserordentlich gutmütig,[3] und wenn er auch keine neue Stiftung machte, so bereicherte er doch die bestehenden. Von den Bischöfen stand ihm sein Kanzler Liutward von Vercelli am nächsten, dem er im Jahre 882 eine äusserst umfangreiche Schenkung machte. Das Bistum erhielt den Königshof Corteregia mit Foglisso und dem Val Chiusella in der Gegend von Ivrea, Biella, Trecate, und andere Reichsgüter in der Umgebung von

---

[1] Dümmler 3, 48.

[2] Dümmler 3, 78. Restitution und Bestätigung der Güter Irmgards durch Karl III. B-M. 1702.

[3] Dümmler 3, 291.

Vercelli und Novara (B-M. 1592).[1] Sehr nahe stand dem König auch Wibod von Parma, der schon von Karlmann beschenkt worden war. Karl überwies ihm drei zu Olona gehörige Mansi in Vigonzone bei Landriano (B-M. 1574) und später den Königshof zu Parma (B-M. 1651). Der Bischof von Reggio bekam Suzzara im rechts vom Po gelegenen Teil der Provinz Mantua (B-M. 1550), der Bischof von Bergamo nach dem Ableben des Autprand das kleine Kloster Monasterolo am Oglio (B-M. 1626). Weniger freigebig erwies sich Karl den Abteien gegenüber. Wie Reichenau, so erhielt jetzt auch das mit ihm rivalisierende St. Gallen ein Gut an den Seen der Lombardei. Es bekam — allerdings erst nach dem Ableben Liutwards — die Abtei Massino am Lago Maggiore (Dümmler, ostfränkisches Reich 3, 220, 282), während S. Ambrogio zu Mailand Besitzungen zu Melianico und Capiate unweit Lecco erhielt. Von Laien wurde Autprand mit Monasterolo (B-M. 1626), und der Kapellan Berengars Petrus mit drei Hufen in Suvinate dotiert (B-M. 1575). Der Gastalde Johann vom Königshofe Murgula bei Bergamo, auf dem Karl von seiner schweren Krankheit 883 Genesung gefunden hatte, erhielt zum Hofe Sospiro gehörige Güter in Fontana (B-M. 1625).

Nach der Absetzung Karls III. lebte der Thronstreit in noch verderblicherer Weise als vor 10 Jahren wieder auf. Gegen Berengar I. (von Friaul), der besonders im Osten Oberitaliens reich begütert war und sich der Unterstützung der Ostfranken erfreute, trat Wido von Spoleto ins Feld, den 889 die meisten Bischöfe der Lombardei zu Pavia zum König erkoren. Die Geistlichkeit beginnt nun die massgebende Rolle im Staatsleben Italiens zu spielen; die in Gebrauch der Rosse und Waffen[2] gewandten Kleriker

---

[1] Vgl. die Wien. S. B. 92, 400 und von Cipolla edierte Notiz (Atti della R. accademia di Torino Bd. 26 p. 670 ff. 1890 91.) Cipolla nimmt noch eine verlorene Schenkungsurkunde für Liutward an, in der Victimulo, Cavaglia, Collubiano u. a. Orte geschenkt werden. Vgl. Provinz Novara.

[2] cfr. Dümmler, Gesta p. 103 Vers 102. Dresdner, Kultur- und Sittengeschichte der italienischen Geistlichkeit p. 86 ff.

rückten mit dem Könige in die Schlacht und liessen sich durch grosse Schenkungen für ihre Dienste belohnen. Dazu kommen jetzt die zahlreichen Einfälle der Ungarn, die auf ungeahnte Weise zur Steigerung der Macht der lokalen Gewalten führten. Das Königtum zeigte sich unfähig das Land zu schützen; die Folge war, dass es die lokalen Machthaber, insbesondere die Bischöfe mit soviel Hoheitsrechten ausstatten musste, um den Schutz ihres Gebiets mit Erfolg vornehmen zu können. Verhältnismässig sparsam mit Verleihungen waren die beiden Kaiser Wido und Lambert (889—898), die, wenn sie auch der Wahl der Bischöfe ihre Würde verdankten, die Herrschaft doch durch ihr Schwert errungen hatten. In ihrem Gebiet, das sich über Mittelitalien, Piemont und die Lombardei erstreckte (seit 896 bis zur Adda), war der Bischof von Modena sehr einflussreich, der mit den Befestigungen seiner Stadt dotiert wurde. (Dümmler Reg. Wido 9). In dem von uns zu behandelnden Gebiet erhielt der Bischof Bodo vom Acqui am 14. Mai 890 die Vigilskirche auf dem Königshof zu Orba. (Dümmler Reg. Wido 7). Eine Reihe von Klöstern und Gütern, von denen wir besonders Murgula und Corana (Prov. Pavia) nennen, bekam die Kaiserin Angeltrud nach der Sitte der Zeit (Reg. Wido 3-6, 18. Lambert 5), was ihr Berengar I. 898 bestätigte (Reg. Ber. 21). Später kamen beide Höfe wieder an das Reich zurück. Ferner sind noch eine Reihe kleiner Schenkungen zu erwähnen. So bekamen die Kanoniker von Parma von Lambert 10 Joch in der Grafschaft Lodi (CL. 583), der Mailänder Archipresbyter Autpald ein Stück der Mauer zu Mailand und ein an sie angrenzendes Grundstück (CL. 342), der Markgraf Konrad 892 den ehemals der Irmingard gehörigen Hof Almenno bei Bergamo (Reg. Wido 11), der Getreue Fulchrod auf Bitten des Bischofs Wibod von Parma die im Mailändischen gelegenen kleinen Höfe Marnate und Mozzate, und Rottino bei Pavia (Reg. Wido 14). Endlich verlieh noch Lambert dem Vassallen des Grafen von Tortona Heurard die Höfe Viguzzuolo, Dernice und Cusinasco im Gebiete von Tortona (Reg. Lambert 3). Wie wir sehen, sind diese Schenkungen nicht gerade sehr bedeutend gewesen. In einem Capitular ordnete Lambert an, dass, wo die öffentliche Gewalt in das Recht der Kirche übergegangen sei, dieselbe die Leistungen für den König in dem Umfang vermehren müsste, als durch jene Abtretung das Eigentum des Staates gemindert war.[1]

Weniger haushälterisch als Wido und Lambert ging Berengar I. mit dem Krongute um. Er beherrschte nach seiner Besiegung durch Wido fast nur Venetien, dann seit 896 auch die Lombardei bis zur Adda, also die Gebiete von Brescia, Bergamo, Mantua und Cremona. Seit 898 gehörte ihm das ganze Königreich. Indes beständig war er von Gefahren umringt. Von Norden drohte Kaiser Arnulf, von Osten seit 899 die Ungarn, von Westen trachtete Ludwig von Burgund, und später Rudolf, ihm die Krone zu rauben. Während Wido und Lambert noch Reichsgesetze zum Schutze des Friedens nach aussen und innen erlassen hatten, fehlte davon bei Berengar jede Spur. Er stützte sich durchaus auf die lombardischen Bischöfe, und ihnen wurde schon damals eine bedeutende Selbständigkeit verliehen. Insbesondere im Anschluss an den Ungarnkrieg bekamen sie die Stadtbefestigungen und die königlichen Gefälle und zum Teil auch die Höfe im Stadtgebiet.[2]

In den ersten Jahren seiner Regierung (888 – 898) betreffen die Schenkungsurkunden des Königs vorzugsweise Besitzungen im Venetianischen, besonders bei Verona. So erhielt der Getreue Atto 889 einen Garten und eine Scheune daselbst (Reg. Ber. 6), 893 das Zenokloster Teile des Hofes Meleto am Gardasee und Albareto an der Esch (Reg. 10), der Getreue Ingilfred 897 einen Garten in Verona (Reg. 14), der Priester Bonipert im November 896 30 Joch zu Ronco in der Veroneser Grafschaft, (Reg. 16). Daneben kennen wir auch einige Verleihungen für die Lombardei: 889 erhielt der Getreue Folkoin den Hof Groppello in der Lomellina (MIÖG. 7, 452), 896 Agino, Vassall des Grafen Siginfred,

[1] Dümmler, Ostfr. Reich 3, 431. Vielleicht beruhen auf dieser Bestimmung die später oft vorkommenden Leistungen der Kirchen.

[2] Vgl. Dümmler, Gesta p. 56 f.

5 Hufen bei Sermide in der Grafschaft Mantua (Reg. 15), 898 der Getreue Ermenulf Unfreie in Lugano (Reg. 19). Von den Bistümern erhielt Mantua 894 ein sehr ausgedehntes Privileg (Reg. 11), das Kloster S. Giulia in Brescia 889 eine Hufe in der Grafschaft Brescia (Reg. 5), S. Ambrogio bei Mailand eine Hufe in Cornaleto (Reg. 12).

Wenig folgenreich für die Geschichte des Kronguts war die kurze Herrschaft, die Arnulf in Italien ausübte. S. Ambrogio erhielt von ihm ausser einem Mauerstück zu Pavia eine Bestätigung von Palazzolo (B-M. 1849), das schon in einer Urkunde von 879 als Geschenk Arnulfs an das Mailänder Erzbistum erwähnt wird (CL. 287).[1] Die bei der Erstürmung Bergamos konfiszierten Güter des Klerikers Gottfried schenkte Arnulf sogleich dem Vincenzstift (B-M. 1842).

Seit 898 war Berengar Alleinherrscher in Italien. Auch die westliche Lombardei gehörte nun zu seinem Machtbereich. Doch schon 900 brach eine neue Gefahr über ihn durch den Einfall des Burgunderkönigs Ludwig III. herein, der sich besonders in den Besitz des seinem Stammland benachbarten Piemont zu setzen wusste. Hier gab er, wahrscheinlich um die Verbindung mit der Provence in sicheren Händen zu sehen, dem Bischof Eilulf von Asti sehr ausgedehnte Besitzungen zwischen Tanaro, Stura und dem ligurischen Appennin, nach der Urkunde (Reg. Ludw. III. 12) über 100,000 Joch, was aber übertrieben sein dürfte. Der Bischof Liutward von Como, der Erzkanzler des Königs, wurde 901 durch ein umfangreiches Privileg ausgezeichnet, in dem er zu den Markteinkünften von Lugano die Abtei Cornate empfing. (Reg. 14), Bischof Adelbert von Bergamo bekam den Hof Murgula, der einst der Mutter des Königs und dann der Kaiserin Angeltrud gehört hatte (Reg. 10), Bischof Lando von Cremona wurde mit einem Teile der Mauer der Stadt bedacht (Reg. 18). Das Kloster Theodotis zu Pavia erhielt Stücke des alten Königshofes Marengo am Tanaro (CL. 414. 415). Auch einige weltliche Herren wurden von dem Bur-

[1] Der Erzbischof verlieh Palazzolo an S. Ambrogio. Vgl. Buch II.

gunderkönig beschenkt. Der Getreue Hercad bekam sechs Hufen in Lavaggio in der Grafschaft Tortona (Reg. 13), der Getreue Hildeger einige Besitzungen in der Grafschaft Vercelli (Reg. 17).

Nach dem unglücklichen Ausgang der ersten Expedition Ludwigs (902) hatten diese Schenkungen natürlich keine Giltigkeit, doch scheint es den meisten Privilegierten gelungen zu sein durch den schwachen Berengar, den sie eben erst treulos verlassen hatten, eine Bestätigung ihrer Schenkungsurkunden zu erlangen. So erreichte es Bischof Adelbert von Bergamo 903 eine Bestätigung von Murgula sich zu verschaffen (Reg. Ber. 38), wobei freilich der Satz der Vorurkunde, der von der ausgezeichneten Treue des Bischofs handelte, von der Kanzlei fortgelassen wurde; Sta. Maria Theodotis bekam 920 eine Bestätigung von „Orti" (Reg. 94). Asti bekam zwar keine ausdrückliche Bestätigung, scheint aber doch wenigstens einen Teil der Besitzungen behauptet zu haben.

In der nun folgenden Zeit Berengars wuchs die Zahl der Verleihungen von Gütern und Hoheitsrechten immer mehr. Neben Schenkungen bestehender Castelle verlieh Berengar Bischöfen und Äbten in grossem Umfang das Recht, Befestigungen anzulegen.[1] Das Königtum vermochte nicht mehr das Reich durch eigene Festungen wie ehemals zu decken. Doch auch in Güterschenkungen war Berengar nicht sparsam: Von den Bischöfen wurde des Königs Kanzler Johann von Cremona 916 mit Rechten zu Sospiro (Reg. 81), 918 mit einem Grundstück bei Cremona (Reg. 89) und einer Wiese in der Grafschaft Verona dotiert (Reg. 86). Der Bischof von Como erhielt das Marktrecht (Reg. 62), der Bischof von Novara Hufen in der Grafschaft Piomba und das Recht Castelle in Galliate und Bernate anzulegen (MIÖG. 2, 451 f.), dazu das Marktrecht (Reg. 85), der Bischof von Bergamo ein Grundstück mit Haus zu Pavia (DO. II. 212). Der Bischof von Tortona bekam etwa noch vorhandenes Königsland bei Voghera (Reg. 73), die Kanoniker

[1] cfr. Dümmler, Gesta p. 52.

von Vercelli den Königshof in der Stadt Vercelli (Durandi Marca d'Ivrea p. 128). Von den grossen Klöstern erhielt S. Zeno zu Verona Pertinenzen von Garda (Reg. 39) und einen konfiszierten Hof in Verona (Reg. 31), Sta. Maria Theodotis einen Teil der Stadtmauer zu Pavia (Reg. 70) und das Recht Castelle anzulegen (Reg. 66), S. Giovanni in Monza Höfe in der Brianza (Reg. 91) und Sta. Christina d'Olona verschiedene Güter am Lambro (CL. 381. 400). Recht bedeutend sind auch die Schenkungen an Einzelne. Wie die früheren Herrscher, so gab auch Berengar seiner Gemahlin einige Höfe, nämlich Riva bei Chiavenna und Mariaga in der Brianza (CL. 549); der Graf Grimald, ein treuer Anhänger des Königs, wurde mit Ronco in der Grafschaft Lodi (CL. 455), Graf Anselm von Verona mit den Höfen Duae Robores und Rovescalla in der Grafschaft Verona (Reg. 59), der Vicegraf Autbert mit einer Hufe in der Lomellina dotiert (MIÖG. 2, a. a. O.). Der Neffe des Bischofs von Novara Heruin bekam eine Hufe bei Domo d'Ossola (MIÖG. 2, 453), der Diakon Fulcher von Pavia eine Hufe in der Grafschaft Burgaria (cf. Buch II). — Auch ausserhalb der Lombardei sind Berengar's Verleihungen sehr zahlreich,[1] so dass wir unter ihm eine sehr erhebliche Abnahme der Krongüter zu verzeichnen haben.

Von der kurzen Regierung Rudolfs haben wir wenig zu erwähnen. Seine Macht war so gering, dass man sich kaum um Urkunden von ihm sehr bemüht haben wird. Er verlieh dem Bischof Aickard von Parma den Hof Sabbioneta (Reg. Rud. 1), dem Bischof Wido von Piacenza ein Grundstück in Pavia (Reg. 11) und seinem Getreuen Otbert das Castell zu Asti (Reg. 10).

Auf Rudolfs kurze und erfolglose Regierung folgte die Gewaltherrschaft Hugos, der später mit seinem Sohne Lothar Italien regierte. Auf seine Waffen gestützt, sah er sich erst später, als die Treue seiner Unterthanen zu

[1] Besonders in Venetien und der Grafschaft Reggio verschenkte Berengar sehr viele Krongüter, in Venetien (bes. in den Grafschaften Verona und Treviso) Reg. 9, 30, 49, 50, 51, 52, 56, 76, 102, 104, 105 in Reggio 7, 34, 37, 72.

wanken anfing, genötigt, dieselben durch Schenkungen an sich zu ketten. Das kurze Regiment Lothars war dann ganz von der Gunst der Grossen abhängig. Man machte Hugo grossen Nepotismus, insbesondere Schenkungen an seine unehelichen Söhne zum Vorwurf.[1]

Während wir von Urkunden für seine Söhne nichts mehr wissen, kennen wir dagegen die Höfe, die er seiner Tochter Rotlind oder Rolend schenkte.[2] 945 verliehen die Könige Hugo und Lothar der Gräfin Rotrud, der Gräfin Rotlind (filia nostra), und ihrem Gatten Elisiard die Höfe Garbagna, Pietranera und Besemuntio in der Grafschaft Tortona, und 3 Mühlen am Caronabach bei Pavia (CL. 575). Rotlind erhielt aber noch mehr, denn die Güter, die Otto II.

[1] Giesebrecht 1, 315. Gingins Le Sarraz, Mémoires pour servir à l'histoire des royaumes de Bourgogne et de l'Italie" Archiv f. Schweizer Geschichte Bd. 19. 1853.

[2] Die Identität der „Filia nostra Rotlind" in CL. 575 mit der Gattin des Grafen Bernhard in DO. II. 130 ergiebt sich aus der Urkunde DO. III. 411, in der Rolend als Gemahlin des Grafen Bernhard und Tochter Hugos erscheint. Im Index zum Band Diplomata II ist dies übersehen worden, obwohl bereits Robolini, Memorie 2, 246 darauf hinweist. Dümmler, Otto I. p. 135 nennt Rotlind die uneheliche Tochter Hugos. Sie war in erster Ehe mit dem Grafen Elisiard vermählt, in zweiter Ehe mit dem Grafen Bernhard, der 966 das Trinitatisstift zu Pavia gründete (Romoaldo, Pavia sacra p. 38) und demselben 9 perticae 14 tavolae in der Stadt schenkte. Er wurde bei Otto I. wegen Hochverrats verdächtigt: seine Güter wurden eingezogen, doch von Otto II. 976 zurückgegeben. Um 980 soll er gestorben sein (Robolini 2, 244). Seine Gattin überlebte ihn, und führt mit ihrem Sohne Hubert, Diacon des Bistums Pavia, 1001 einen Prozess gegen den Fiskus um das monasterium Reginae, das dem Bernhard gehört hatte, ja geradzu monasterium Bernhardi hiess. (Muratori Antiquitates 3, 741). Sie verlor indes den Prozess (DO. III. 411). Ein anderer Sohn Bernhards war ihm gleichnamig. Er hatte zwei Gemahlinnen: Helene, die 1007 dem Bischof von Cremona den sechsten Teil von Sospiro schenkt (Rep. dipl. Crem. 130) und Adelheid. Für beider Seelenheil macht er 1045 dem Trinitatisstift eine Schenkung von 5 Hufen in Casale, Bonago und Groppello (Robolini 2, 110). Angeblich sollen die Grafen von Rovescalla von Bernhard abstammen (cf. Robolini a. a. O. Romoaldo p. 38). Wahrscheinlich ist der DO. I. 416 genannt Benadus zu Bonate mit dem Grafen Bernhard dem Älteren identisch, der CL. 948 erwähnte Graf Bernhard von Pavia vielleicht mit dem jüngeren Bernhard.

ihrem zweiten Gemahl, dem Grafen Bernhard, 976 restituiert, hatte dieser von seiner Gattin (predium quod tenebat ex parte uxoris sue). Es sind die Höfe Sospiro, Brignano, Vailate, Farinate, Pianengo im Cremonesischen, Bonate bei Bergamo, Lavena im Gebiet von Como, Groppello bei Pavia, Tiglia bei Novara, Sarnico am Iseosee, ein Haus in Como und einzelne Hufen in den Grafschaften Mailand, Brescia und Bergamo (DO. II. 130).

Weniger wichtig sind die Schenkungen, die Hugo und Lothar den Bischöfen unseres Gebiets zuwandten. In Piemont wurde Bruning von Asti, später königlicher Erzkanzler, 938 mit dem Castell in Asti und angrenzenden Grundstücken (Ch. 1, 87), der Bischof von Vercelli 943 mit einem Grundstück und einem Haus in seinem Bischofssitz (Ch. 1, 91), und die Kanoniker 945 mit den Flussläufen der Sesia und des Elvo (Ch. 1, 95) bedacht. 950 schenkte Lothar dem Bischof von Novara ein Grundstück in der Stadt und Hufen in der Umgebung. In der Lombardei erhielt vor allem der Bischof von Como und königliche Erzkanzler Azzo 937 die Brücke und die Clusae zu Chiavenna (CL. 550), und 946 der einflussreiche Bischof Adelhard von Reggio ein Grundstück in der Reichshauptstadt (CL. 577). Von den Klöstern bekam 939 das St. Martinskloster in Pavia ein Stück vom Tessinufer (CL. 555), 942 S. Ambrogio zu Mailand die Höfe Pasiliano, Felizzano und Monte (CL. 570), und 947 S. Senatore ein Grundstück in der Hauptstadt (CL. 581), das S. Martinskloster zu Tortona erhielt Besitzungen in Mte. Alfeo und Cagnano (B-F. 420), die Kanoniker von Piacenza wurden mit 49 Joch in der Grafschaft Lodi bedacht (CL. 583).

Ausserordentlich reich war die Mitgift, die für die Bräute der Könige ausgesetzt wurde. Bertha, die Braut Hugos, erhielt den lombardischen Königshof Senna und vier grosse Höfe im Tanarogebiet, Sezze, Gamondo, Orba und Retorto, die zusammen mehr als 1000 Hufen zählten. Rechnen wir die Hufe zu $22^1/_2$ ha, so kämen wir auf eine Fläche von 225 qkm. Dazu bekam Bertha noch Güter in den Grafschaften Lucca, Pisa, Pistoja und Luni, im ganzen

2160 Hufen (CL. 553). Adelheid, die junge Braut Lothars, wurde nicht minder reich bedacht. Sie bekam den alten Königshof Olona, östlich von Pavia, Corana in Oltre Po Pavese und die Pfalz Marengo am Tanaro, mit zusammen 1000 Hufen. Dazu kamen Höfe und Abteien in den Grafschaften Cornino, Lucca, Siena und Chiusi, alles zusammen 4580 Hufen,[1] so dass damals an die beiden Königinnen nicht weniger als 6740 Hufen kamen (CL. 552). 947 schenkte Lothar seiner Gattin noch einige Pertinenzen zu Corana (Ch. 1, 97).

Von anderen Schenkungen an einzelne Personen erwähnen wir noch die folgenden: Graf Aledram, der ein sehr einflussreicher Herr gewesen sein muss, bekam 934 den Hof Auriola (Prov. Genua) mit dem Lande zwischen Ampiotta und Stura (Ch. 1, 84), 935 den Hof Foro und das Land zwischen Tanaro und Bormida (Muratori SS. 23, 326), 936 erhielt der Vassall Lanfranc's Garibert eine Unfreie mit fünf Kindern in Buscate (CL. 546), 945 der Graf Ricard Hufen im Sesiathal (Böhmer RK. 1417). Ein Diakon von Brescia wurde mit Grundstücken in den Brescianer Voralpen, (CL. 572), ein Kaufmann Nazarius in Como mit einem Stück der Stadtmauer daselbst bedacht (MIÖG. 5, 392).

Die Verleihungen in dieser Regierung sind zwar nicht so umfangreich, wie unter Berengar, immerhin aber sehr beträchtlich.[2] Den Verlusten steht die Einziehung der Güter Berengars von Ivrea[3] entgegen, die aber nichts für die Gestaltung des Kronguts austrug, da Berengar II. wahrscheinlich schon bei seiner Rückkehr alle seine Besitzungen zurück erhielt und dazu noch nach Lothars Tod 950 selbst den Thron einnahm.

[1] Ebenso viele mansi verschenkt Adelheid in ihrem Testament an S. Salvatore, so dass sämtliche in demselben geschenkte Orte ihr schon von Hugo vorher verliehen wurden. cf. CL. 997 col. 1757.

[2] Auch sonst in Italien bedeutende Schenkungen: z. B. Grafschaft Piacenza Böhmer R. K. 1413. 18. 21. Parma 1423. 26. 27. Comacchio 1424. Lucca 1389. 1404. Arezzo 1390. 1401.

[3] Bresslau, Konrad II. Bd. 1, 366.

Von ihm und seinem Sohne Adalbert sind uns wenige Urkunden erhalten. Sie hatten sehr reiche Familiengüter, die indes nur in geringem Masse zur Vermehrung des Kronguts beitrugen. Denn soweit sie nicht Kirchen und Klöstern geschenkt wurden, fielen sie den Erben Berengars zu, die später im Besitze der Markgrafschaft Ivrea erscheinen. Durch Gewalt erwarb Adalbert das Thal von Aosta und den dazu gehörigen Zoll,[1] doch auch diese Erwerbung trug einen vorübergehenden Charakter. Von Schenkungen Berengars haben wir wenig zu erwähnen. Die Königin Willa, Gattin Berengars, bekam den konfiszierten Hof Obiano in der Landschaft Canavese (CL. 640), das Kloster S. Bartolomeo d'Azzano ein Grundstück bei Annone, das ein Erbgut Berengars war, und ein Stück des Tanaroufers (Misc. 11 p. 121).

Während seines ersten Aufenthalts in Italien stellte auch schon Otto I. einige Schenkungsurkunden aus. Der Priester Eistulf in Vercelli erhielt den Hof Campagnola (St. 196, DO. I. 136), und S. Ambrogio Grundstücke in der Stadt Mailand (St. 207, DO. I. 145). Wahrscheinlich durch Vertrag mit Berengar erwarb Otto das wichtige Bergell, das er 960 gegen Kirchheim am Neckar dem Bischof von Chur überwies (St. 271, DO. I. 209).

Als Gesamtergebnis der karolingischen Epoche haben wir eine ausserordentlich starke Verminderung des Kronguts zu konstatieren.[2] Die meisten alten Höfe der Lombardei, die grossen Alpenthäler Veltlin, Valcamonica und Bergell, der ausserordentlich reiche Besitz in der Grafschaft Brescia, der grosse Hof Murgula, der Komplex um Guastalla, war definitiv für das Reich verloren, während sich andere bedeutende Höfe wie Olona, Corana und Marengo in den

[1] Vgl. Dümmler, Otto I. p. 286 und Buch II. Thal von Aosta (Provinz Turin).

[2] Selbst wenn wir die Schenkungen an Adelheid und die ersten Ottonischen Schenkungen (bis 962) nicht mitrechnen, entfallen auf die karolingische Zeit 118 verschenkte Höfe von 227 überhaupt (in der Zeit bis 1093).

Händen der Königin Adelheid befanden. In der Lombardei war der königliche Besitz nicht mehr sehr gross. Einige Güter in der Umgebung von Bergamo, je ein Hof in den Grafschaften Brescia und Mantua und geringe Reste in der Umgebung von Mailand stellten die Überbleibsel des einst kompakten Domänenbestandes in diesen Provinzen dar. Die Castelle zu Bellinzona und Chiavenna waren noch fiskalisch, und auch in der Lomellina waren noch eine Reihe von Reichshöfen erhalten. Weit günstiger ist das Ergebnis für Piemont. Zwar war hier das weite Gebiet der Seealpen und die Grafschaft Bra der Krone entfremdet worden, zahlreiche Höfe an Orba und Scrivia befanden sich in den Händen Adelheids. Dagegen war das Reichsgut zwischen Bormida und dem oberen Tanaro noch sehr erheblich, ein Teil der Alpen an der burgundischen Grenze gehörte dem Könige, und auch in den Grafschaften Vercelli und Piomba stossen wir auf ansehnliche Reste des alten Bestandes.

III.

DIE ZEIT DER OTTONEN UND SALIER BIS ZUM AUFSTANDE KONRADS.

(962—1093).

Mit dem zwar stark zusammengeschrumpften, immerhin aber noch ansehnlichen Krongut, wurden durch Otto I. die Privatbesitzungen Berengars und Adalberts vereinigt, doch scheint es Otto nicht gelungen zu sein, die Konfiskation völlig durchzuführen. Die Güter der Söhne des abgesetzten Königs in den Grafschaften Modena, Bologna und Reggio übertrug Otto 963 an den Bischof Wido von Modena (DO. I. 260), die Hufen im Gebiet von Bergamo an acht verschiedenen Plätzen an den Bischof Odelrich von Bergamo (DO. I. 272). Auch sonst haben wir von Konfiskationen

Ottos Kunde (DO. I. 341. DO. II. 130); allein zur Mehrung des Kronguts scheint sie der Kaiser nicht benutzt zu haben.

Ein sehr bedeutender Teil des noch vorhandenen Reichsguts befand sich, wie wir oben sahen, in der Hand der Kaiserin Adelheid. Für ihren Besitz kommen im ganzen 6 Urkunden in Betracht:

1.—3. Die drei Schenkungsurkunden der Adelheid CL. 997. col. 1754. 1759. 1762.

4. Urkunde Ottos II. vom 30. September 982. CL. 803, St. 807, DO. II. 281.

5. Urkunde Ottos III. vom 6. Juli 1000. CL. 983, St. 1237, DO. III. 375.

6. Die Dotationsurkunde Adelheids CL. 552.

Die Urkunden sind sämmtlich echt, doch sind bei DO. II. 281 Interpolationen wahrscheinlich vorhanden. Aber wir können die Richtigkeit der Angaben noch durch St. 1599 von 1014 und St. 1921 und 2799 kontrolieren. Im folgenden werden bei jedem Ort sämtliche Urkunden aus der ottonischen Zeit und soweit es nötig ist, auch die späteren angeführt werden.[1]

Es sind folgende Güter:

Lombardei.

a. Provinz Mantua.

1. Melara am Po. 997. DO. II. (Meliaria) Besitz von S. Salvatore hier bezeugt Visi, Notizie di Mantova 2, 189. Der Hof ist 6000 Joch gross.

b. Gebiet von Lodi-Olona.

2. Olona 997. (Kloster S. Anastasio) DO. II. DO. III. CL. 552.

3. Bissone bei Corteolona 997. DO. II. St. 1599 ist Pertinenz von Olona.

4. Roncaro b. Olona (Runchalia) 997. DO. II. ebenfalls Pertinenz von Olona.

[1] Abkürzungen 997 = Urkunde CL. 997. DO. II. = DO. II. 281. DO. III. = DO. III. 375. Nachweise über die einzelnen Güter im territorialen Teil.

5. Monticelli am Po. 997. DO. II. DO. III.
6. Mezzano (Muciano) 997. DO. II.
7. Vicolongo 997. DO. II. } in der Grafschaft
8. Arasicumana 997. } Lodi.
9. Offanengo 997. DO. II. } in der Insula
10. Graffignana 997. DO. II. } Fulcherii.
11. Porto Morone (Morancha) 997. DO. II.

c. Provinz Como.
12. Moratica in der Brianza 997. DO. II. St. 1599.

d. Pavia.
13. Viridarium in Pavia 997. DO. II. DO. III. St. 1599.
14. Garlasco (Lomellina) 997. DO. II. DO. III.
15. Corana (Oltre Po pavese), 997. DO. II. CL. 552 und St. 1599.
16. Vigevano (Vergemini) 997. DO. II.

Piemont.

a. Gebiet von Novara.
17. S. Nazzaro 997. DO. II.

b. Tortona.
18. Marengo 997. DO. II. CL. 552. St. 1599.
19. Lagoscuro 997. Pertinenz v. Marengo.
20. Frugarolo 997. DO. II. St. 1599.
21. Orba 997. DO. II. CL. 553 (für Bertha)
22. Bosco 997. DO. II. St. 1599.
23. Basaluzzo 997. DO. II. DO. III.
24. Fresonara 997. DO. II. DO. III.
25. Riocervino 997. DO. II. DO. III.
26. Pozzolo 997. DO. II.
27. Novi 997. St. 1599.
28. Pasturana 997. DO. II. DO. III.

c. Asti.
29. Gaja (bei Montafia?) 997. St. 1599.
30. Bionzi (?) 997. DO. II. DO. III. St. 1616.
31. Cocconato 997. DO. II. St. 1599.

Vielleicht noch in unserem Gebiet liegend:
32. Centasco 997. St. 1599.
33. Tuliano 997. DO. II. DO. III.

34. **Barla** (Barolo?).
35. **Caselle** (Prov. Mailand?).
36. **Mentana.**
37. **Campanea.**

Dieser grosse Bestand von Gütern ging durch Verleihungen Adelheids an S. Salvatore in Pavia über.

Ausserdem besass die Kaiserin noch den 7000 Joch grossen Hof Carisiana im Novaresischen, den 995 der Bischof von Vercelli erhielt (Ch. 1, 180). Sehr zweifelhaft ist es freilich, ob diese Schenkungen Adelheids wirklich vollzogen wurden.

Ebenso wie man ihre Schenkungen an Selz nicht anerkannte,[1] wie Konrad II. Güter Kunigundens als Krongut betrachtete,[2] so ist es auch möglich, dass Adelheids Verfügungen in Italien nicht als bindend betrachtet wurden und dass S. Salvatore nicht in den Besitz aller genannten Höfe gelangt ist. Auch ist wirklich ein Teil der von Adelheid verschenkten Höfe, wie Corana, Marengo, Basaluzzo, nachmals wieder als Reichsgut nachweisbar (s. u.).

Doch auch abgesehen von den Gütern Adelheids gab es noch beträchtliche Besitzungen des Reichs. Allerdings kann man nicht sagen, dass die drei Ottonen gerade sparsam mit diesen Resten verfahren wären. Es handelte sich eben für sie wie einst für Karl den Grossen darum, sich eine Partei im Lande zu schaffen, und hierzu boten die Domänenschenkungen geeignete Mittel.

Beginnen wir die Reihe der Verleihungen mit denen an geistliche Empfänger. Am 22. Juli 962 erhielten die Kanoniker von San Giulio d'Orta die ihnen von Berengar und Adalbert entrissene Insel San Giulio zurück mit dem daselbst befindlichen Castell und bekamen die beiden Höfe Baraggia (Barazzola) und Agrate (Agredade) in der Grafschaft Piomba mit zusammen 40 Bauernstellen um die Schädigung durch Berengar zu ersetzen. (St. 309, DO. I. 243). Der Bischof Odelrich von Bergamo erhielt die Hufen

---

[1] Cfr. Zeitschrift für Geschichte des Oberrheins Bd. 7, 16 no. 2.
[2] Bresslau, Konrad II. Bd. 1 p. 63 Anm. 2, p. 215.

Berengars und Willas in der Grafschaft Bergamo (s. o.). Von Schenkungen an Abteien kennen wir nur die Verleihung eines Hofes, wahrscheinlich in der Umgebung von Pavia, an Cluny (DO. I. 415); die in den Urkunden für Cielo d'Oro genannten Güter wurden von Otto wahrscheinlich nur bestätigt. Weniger sparsam zeigte sich Otto dem Klerus gegenüber im übrigen Italien.[1] Der Grund ist vielleicht darin zu suchen, dass in Piemont der Einfluss des Laienadels schon überwog. Während man im übrigen Italien die Bischöfe gegen denselben noch benutzen konnte, blieb in Piemont dem Kaiser nur die Wahl, sich unter den Herren eine ihm wohlgesinnte Partei zu schaffen. So erklärt sich vielleicht die auffallende Begünstigung der beiden Grafen Aimo und Aledram. Graf Aimo erhielt von Otto 962 die zwei Höfe Andorno und Molinara in der Grafschaft Vercelli (St. 329 DO. I. 251) und, wie wir einem Diplom Ottos III. von 988 entnehmen, (St. 919, DO. III. 50) später noch 6 Höfe, die sämmtlich in den Voralpen von Vercelli liegen (Gaglianico, Muzzano, Ponderano, Cossila, Candelo, Triverio). Noch umfassender als diese Schenkung war die an Aledram von 967 (St. 419, DO. I. 339), die diesem Grafen die Königshöfe in dem weiten Gebiet zwischen Orba, Tanaro und dem Meer, d. h. in einem Gebiet, das ca. 55 Kilom. von West nach Ost und 60 von Nord nach Süd Ausdehnung hat, überweist. Nun wurde zwar nicht dies ganze Territorium, das als „deserti loca“ bezeichnet wird, geschenkt, sondern nur die königlichen Güter in demselben, immerhin 15 Höfe, meist im westlichen Teile des Bezirks.[2]

Mit den Schenkungen von Krongütern gehen Verleihungen von Regalien und insbesondere von Grafschaftsrechten

---

[1] Vgl. für **Romagna** St. 434 (für Kloster Classe 1 Hof), St. 332 (für Bist. Modena Güter der Söhne Berengars), St. 318 (Antoniano). Für **Venetien** St. 310 (Bist. Ceneda), St. 331 (Bist. Belluno 3 Castelle), St. 472 (Bist. Treviso Castell), St. 431 (für S. Zeno), 343 a (Incisas für Aquileja). **Unteritalien** St. 490 (für Monte Cassino).

[2] Cf. Provinz Alessandria im zweiten Buch.

Hand in Hand,[1] wodurch die oft als Pertinenzen zugehörigen Reichsbesitzungen auch verloren gingen.

Gehen wir zu den Schenkungen der späteren Ottonen über, so vergabte Otto II. an den Kaufmann Baribert (St. 858 a, DO. II. 312) ein Stück der Stadtmauer von Como. Der Bischof von Chur erhielt zuerst den Zoll auf der Brücke zu Chiavenna mit den Knechten, die zur kaiserlichen Villa Chiavenna gehörten (St. 782, DO. II. 237), später das Castell daselbst mit den Lehen des Grafen Amizo (DO. III. 175). Bedeutender sind die Schenkungen Ottos III. Die treffliche Gelegenheit, die die Unruhen in Oberitalien 999 boten, wollte oder konnte man nicht ausbeuten. Mit den konfiszierten Gütern wurde der königliche Kanzler Bischof Leo von Vercelli dotiert (St. 1190, 1243. DO. III. 323, 383). Doch nicht genug damit. Bischof Leo erhielt, ausser den Grafschaftsrechten in Vercelli und Santia (St. 1191. DO. III. 324), im Jahre 1000 noch den grossen Reichsforst zwischen Bona und Stura im Süden der Grafschaft Vercelli (St. 1242, DO. III. 384) und die mansi in Carezzano, von denen Honig für den Fiskus geliefert wurde, den Forst Mortigliengo und die Goldwäscherei. 1001 erhielt er noch die 2 Höfe Bioglio und Chiavazza (St. 1247, DO. III. 388). Der Bischof von Turin bekam die grossen an der burgundischen Grenze gelegenen Thäler der Varaita und Stura mit den Klausen in den See-Alpen (St. 1167, DO. III. 302). Das Nonnenkloster St. Felix in Pavia wurde mit zwei Königshöfen Gamondo und Corvetula und dem bereits von Adelheid verschenkten Marengo dotiert (St. 1273, DO. III. 415).[2]

Nach Ottos Tode wurde Arduin, Markgraf von Ivrea, König, der selbst beträchtliche Güter im nördlichen Piemont besass. Ausserdem nahm er Besitzungen des Bistums Vercelli, aus denen er das Kloster Fruttuaria beschenkte.[3] Eben-

---

[1] Es ist nicht unsere Aufgabe, dies im einzelnen zu verfolgen, cf. Ficker, Forschungen § 220. Bd. 2 p. 15 ff.

[2] Auch im übrigen Italien kennen wir eine Reihe von Schenkungen Ottos III. St. 1025 1282 1295 Treviso, 1163 Verona, 1260 Aquileja, 1090 Lucca, 1279 Arezzo, 1268 Pisa. DO. III. 421—423 in Toscana.

[3] Vgl. Löwenfeld, Leo von Vercelli, 1877, p. 27.

falls aus Verelleser Gut dotierte er den Diakon Teudevert von Ivrea mit dem Hofe Orco im Gebiet von Ivrea (St. 1846); das Bistum Pavia erhielt von seinem Sohn 175 Joch bei Gravellona, wahrscheinlich aus dem Privatgut der Markgrafen, von Arduin selbst aus dem Reichsgute Hof und Burg Rosasco in der Lomellina und die Hälfte von Pontesello und Sellenigia (St. 1850. 51). Ebenfalls aus dem Reichsgut rührt die Schenkung vom Castell zu Bellinzona her, die Arduin 1002 dem Bischof Peter von Como (St. 1842) machte.

Heinrich II. konfiszierte sämtliche Güter Arduins und seiner Anhänger. Doch den grössten Teil gab er den Erben Arduins zurück, die konfiszierten Besitzungen benutzte er dazu um die ihm befreundeten Bischöfe zu dotieren. So erhielt der durch Arduin besonders schwer geschädigte Bischof von Vercelli 1014 die Güter einer grossen Anzahl von Anhängern Arduins (St. 1634), der Bischof von Pavia die Güter des Markgrafen Otbert, des Grafen Hubert u. a. (St. 1633), die nach § 1 der Lex Rothari konfisziert worden waren. Der Bischof von Como erhielt neben der Bestätigung des von Arduin geschenkten Castells Bellinzona (St. 1383) das dem Grafen Sigfried gehörige Barzano in der Brianza (St. 1655) und das Kloster S. Abondio bei Como, die Güter des Albert von Parma und seiner Söhne zu Talamona im Veltlin (St. 1656). Auch in Toskana fanden Konfiskationen statt (St. 1669). Dabei ist es nicht ausgeschlossen, dass auch einige Güter in der Hand des Königs blieben. Wahrscheinlich ist dies bei Montiglio, das dem Arduin gehört hatte und in der salischen Zeit Reichsgut war, möglich auch bei Trumello, Settimo, S. Giorgio u. a.[1]. Verleihungen von alten Reichsgütern in unserem Gebiet fanden unter der Regierung Heinrichs gar nicht statt.[2]

Die Rekuperationen von Reichsgut setzten Konrad II. und Heinrich III. in nachdrücklicher Weise fort. Welchen

[1] Die Konfiskationen Heinrichs II. waren so gefürchtet, dass man sich ihnen sogar durch Scheinverkäufe zu entziehen suchte. Vgl. Bresslau, Konrad II. 1 p. 374.

[2] Für Toscana cf. St. 1557, Treviso St. 1691.

Anteil Konrad, welchen Anteil Heinrich an diesen Erwerbungen gehabt haben, lässt sich nicht näher nachweisen. Jedenfalls wissen wir, dass unter Heinrich IV. eine grössere Anzahl von Höfen wieder königlich ist, die es unter den Ottonen nicht gewesen war. Von einem Ort, Foro, erfahren wir ausdrücklich, dass Heinrich III. ihn erworben hat (St. 2735) und von einigen anderen können wir es daraus schliessen, dass Heinrich III. allein dem Kloster S. Salvatore zu Pavia, dem eine Reihe Güter an Tanaro und Orba gehörten (s. o.), kein Privileg erteilt hat. Doch ist es sehr wahrscheinlich, dass auch Konrad II., der in Deutschland auf den Domänenbestand so grosses Gewicht legte (vgl. Bresslau, Konrad II. Bd. 2 p. 354 ff.), denselben auch in Italien wieder hergestellt und vermehrt hat. Eine Rekuperation von Burgen und Orten, im südöstlichen und südlichen Piemont und eine Feststellung ihrer Leistungen mag im Zusammenhang mit der Expedition nach Orba im Frühjahr 1026 (vgl. Bresslau 1, 125) erfolgt sein. Zu Rekuperationen im westlichen Piemont mögen die Kreuz- und Querzüge des Königs im Herbst 1026 Anlass gegeben haben (Bresslau 1, 134). Wahrscheinlich ist die Wiedererwerbung von Marengo, wo 1043 der Königsbote Adalgar am 6. Juli in der Loggia vor dem Haus des Königs urkundet (Ficker 4 no. 59), schon unter Konrad II. erfolgt, da Heinrich erst 1046 zum ersten Male nach Italien gekommen ist. Durch die Verlobung Heinrichs IV. mit Bertha mögen auch einige Höfe als Mitgift Berthas an den deutschen König gekommen sein. Matthäi (Lomb. Politik p. 13 Anm. 1) führt dagegen an, dass das Verzeichnis der Königsgüter, unsere Hauptquelle für diese Verhältnisse, von Besitzungen des römischen Königs spricht, nicht von Hausgütern; doch so streng wurde die Scheidung in einem in Deutschland angelegten Verzeichnis, in dem es doch hauptsächlich auf die Einkünfte ankam, kaum durchgeführt. Der zweite Grund, das Verzeichnis sei vor der Verheiratung Heinrichs, die am 13. Juli 1066 in Tribur erfolgte, angelegt worden, fällt hinweg, wenn wir annehmen, dass schon bei der Verlobung bestimmte Burgen an den König ausgeliefert worden waren. Von einigen Orten, wie Susa, Saluzzo, Avigliana, Piossasco, ist es sehr wahrscheinlich, wenn nicht sicher, dass sie aus dem Gute der Grafen von Turin stammten.

Eine weitere bedeutende Erwerbung machte Heinrich III. in Chiavenna, das er einem Grafen Eberhard übertrug (St. 2665). Damit war der wichtige Ort wieder Reichsbesitzung, während der frühere Graf Rudolf wohl ein Lehnsmann des Bischofs von Como war (vgl. Bresslau Bd. 2 p. 441 und Anm. 1). Beachtenswert ist auch, dass Heinrich III. den Ort weder Chur noch Como bestätigt hat.

Diesen Erwerbungen stehen sehr wenige Schenkungen in den Regierungen der beiden ersten Salier gegenüber. Sehen wir von der wahrscheinlich falschen Misox betreffenden Urkunde (St. 1905 Vergl. Bresslau 2 p. 440 f.) ab, so kennen wir für unser Gebiet nur eine Schenkungsurkunde fürs Bistum Brescia, dem Konrad II. 1037 (St. 2096) den Hof Castenedolo verlieh. Konfiszierte Güter in Chiavenna und Plurs schenkte er 1038 den Kanonikern und dem Marienstift in Chur (St. 2101, 2112), Güter der aufständigen Cremonesen dem Bischof der Stadt (St. 2129). Von Heinrich III. kennen wir keine einzige unser Gebiet betreffende Schenkungsurkunde, wenn wir von den Dotationen der Agnes, die Marengo und Gamondo (St. 2666, 67) Peccorara und Pontecurone (St. 2851 a) zu ihren zahlreichen deutschen Höfen erhielt, absehen.[2]

Kurz nach dem Tode Heinrichs III. wurde eine Zusammenstellung der Königsgüter in Deutschland angelegt (Böhmer Fontes 3, 397 f. Const. no. 440. Vgl. Matthäi p. 12 f. 36 f. Waitz 8, 230), in der sich auch 28 lombardische Königshöfe finden, von denen nur 2, Savona und

[1] So meint Bresslau, Konrad II. Bd. 1, 378. Dass das Verzeichnis vor 1065 angefertigt wurde, steht allerdings nach den Ausführungen Weilands Const. p. 646 f. fest. Doch liegt die Möglichkeit vor, dass Nachtragungen stattgefunden haben.

[2] Aus Venetien kennen wir aus der Regierungszeit Konrads Schenkungsurkunden St. 2133 a im Gebiet von Ceneda, St. 1983 in Krain, St. 2019 in Verona. Vgl. auch Bresslau, Konrad II. Bd. I, 491.

Albenga nicht in unser Gebiet hineinfallen. Leider ist das Verzeichnis so schlecht erhalten, dass sich etwa ein Viertel nicht bestimmt ermitteln lässt (Carvalar, Rubiniacum, Viguila, Tronibal nicht sicher zu ermitteln, S. Giorgio und Septimo lassen mehrfache Deutung zu). Ferner ist das Verzeichnis nicht vollständig, da wir auch mehrere Orte ausserhalb desselben kennen, die zum Reichsgut gehörten. Versuchen wir nach Const. 440 und den sonstigen Quellen die Reichsgüter um 1056 zu rekonstruieren.[1]

A. Lombardei.

a) Provinz Brescia.

1. Darfo im Val Camonica St. 2336.

b) Provinz Sondrio.

2. Chiavenna St. 2665. 1065 von Heinrich IV. verschenkt.

c) Provinz Pavia.

3. Lomello (Lombel) Cr. noch unter Friedrich I. „imperiale oppidum" Otto Fris. 2, 25.
4. Trumello (?) (Tronibal) Cr.
5. Corana Cr. Gut von S. Salvatore CL. 997.
6. S. Giorgio (?) Cr. = San Giorgio zwischen Asti und Casale nach Const. oder in der Lomellina.
7. Vigevano (St. 2653 mit Pertinenzen) vielleicht identisch mit dem Viguila der curiae regales. Nach Const. ist Viggiù Prov. Como, nach Matthäi Vigol bei Tortona in Cr. gemeint.

d) Provinz Mantua.

8. Mantua „palatium" St. 2481.
9. Castellaro St. 2847. Von Heinrich IV. 1082 an's Bistum Trient verschenkt.

B. Piemont.

a) Gebiet von Tortona.

10. Pontecurone (Bypont Cr. Ponti Prov. Alessandria nach Const.)
11. Peccorara bei Tortona.

---

[1] Nähere Nachweise im territorialen Teil. Für das Verzeichnis der Curiae Regales ist die Abkürzung Cr. gebraucht.

12. Villa sicca.
Die drei Orte, Höfe der Agnes, später dem Bistum Tortona gehörig St. 2851a.
13. Marengo (Marona) Cr. St. 2667 Gut der Agnes.
14. Basaluzzo (Basiliadus Cr. Basiglio Prov. Mailand nach Const.) — 13 und 14. sind Güter von S. Salvatore, s. o.

b) Gebiet von Acqui und Asti.
15. Villa del Foro (St. 2735) fehlt im Verzeichnis der Curiae.
16. Sezze (Zeca) Cr. cf. CL. 553.
17. Retorto (Retor) Cr. und St. 2658. (1065 von Heinrich IV. verschenkt. Damit ist der terminus ad quem des Verzeichnisses bestimmt nach Const.). cf. CL. 553.
18. Gamondo (Gamunda) Cr. St. 2666 CL. 553. DO. III. 415. Gut der Agnes.
19. Ruvignano (Rubiniacum Cr. Robbiano Prov. Mailand nach Const., oder Rubbiano Prov. Cremona).
20. Canelli Cr.
21. Annone (Naum Cr. None Prov. Torino nach Const.).

c) Gebiet von Montferrat.
22. Torcello (Tarcul) Cr. altes Gut des Bistums Vercelli.
23. Montiglio (Montilin) Cr. cf. St. 1841/43. (Montilio bei Bobbio Matthäi).
24. Casale St. 2737.
25. Redena St. 2737 (od. Redengo b. Asti).
26. Odalengo St. 2737.
27. Mirabello St. 2721.
28. Pecetto St. 2721.

d) Gebiet von Vercelli.
29. Albalengo St. 2737.
30. Olcenengo „ „
31. Momolerium „ „
32. Selvolina „ „

e) Gebiet von Turin.
33. Settimo Cr.

34. Susa Cr. } wahrscheinlich aus dem Gut der
35. Avigliana Cr. } Bertha.
36. Testona Cr. } Turiner Kirchengüter.
37. Chieri Cr. }
38. Turin Cr. („allodium suum“).
39. Rivoli Cr. (od. Revello bei Saluzzo Const.) Turiner Kirchengut.
40. Piossasco Cr. Gut der Bertha?

f) Südwestliches Piemont.

41. Saluzzo Cr. Gut der Bertha.
42. 1/2 Lavezzole St. 2992 a.
43. Carassone St. 2917.
44. Cornegliano b. Alba vgl. Böhmer AJ. sel. no. 158.
45. Cavallermaggiore (Cavallar) Cr.

Wie man sieht, war dies ein recht beträchtlicher Domänenbesitz, der 1056—1065 sich in der Hand der Krone befand. Allein aus den im Verzeichnis genannten 28 Höfen bekam der König 5700 Mark (davon Savona und Albenga zus. 400, allein in unserem Gebiet 5300), und 49 servitia. Leider wissen wir nicht wie gross das Servitium in Italien gewesen ist.[1]

Sehr wahrscheinlich ist es, dass die grossen Dynastengeschlechter Piemonts sich schon während der Kindheit Heinrichs in den Besitz von Reichsgütern gesetzt haben. Doch auch Heinrich IV. selbst verschenkte eine grössere Anzahl der von seinen Vorfahren gemachten Erwerbungen. Besonders reich bedachte er seinen italienischen Kanzler Gregor von Vercelli, der von ihm 1069/70 in 2 Schenkungen die beiden in Montferrat gelegenen Castelle Mirabello und Pecetto und dann 7 Höfe in Montferrat und der Grafschaft Vercelli mit Servitien und Grafschaftsrechten erhielt (St. 2721, 2737). Dem Bischof von Como gab Heinrich am 20. Mai 1065 die Klausen und Brücken von Chiavenna zurück, den Grafen Eberhard mit Hochfelden im Elsass entschädigend (St. 2658). Später, im Jahre 1093 erhielt der Bischof von Asti die beiden Burgen Lavezzole und Carassone

[1] Vgl. Buch III

(St. 2917, 2992 a), der Bischof von Tortona von der Kaiserin Agnes Pontecurone, Peccorara und Villasicca eine Schenkung, die Heinrich ihm bestätigte (St. 2851 a), der Bischof von Trient wurde 1082 mit Castellaro in der Grafschaft Mantua investiert (St. 2847). Von Klöstern bekam S. Salvatore zu Pavia ausser einer Bestätigung[1] seiner Güter, zu denen Marengo, Corana und Basaluzzo gehörten (St. 2799), am 3. April 1077 noch eine besondere Urkunde, die die Martinskirche zu Marengo bestätigte (St. 2799 a). Vielleicht wurde nur diese, nicht aber der Hof dem Kloster wirklich restituiert. Zwei Schenkungen Heinrichs wurden dem Kloster Fruttuaria zwischen Turin und Ivrea zugedacht, dem Heinrichs Mutter sehr nahe stand (vgl. Giesebrecht 3 p. 83, 96), 1065 erhielt es Retorto, 1070 Villa del Foro (St. 2658, 2735).[2]

Der Reichsgutbestand nahm so unter Heinrich IV. sehr stark ab und Benzo hatte Recht mit seinen Worten: „quasi unus ex nobis mendices cum videas alios tuis vectigalibus felices“ (MG. SS. 11, 602). Da eröffneten sich für die Bildung eines Reichsterritoriums im oberen Italien 1090 und 91 die besten Aussichten. 1090 zog Heinrich zum dritten Male über die Alpen und begann den Kampf mit der grossen Gräfin; es gelang ihm im Sommer bereits ihr Gebiet links vom Po mit den wichtigen Burgen Rivalta und Governolo und 1091 auch die Stadt Mantua zu gewinnen (cfr. Giesebrecht 3, 645 (Overmann, Gräfin Mathilde 157).

Noch glänzendere Aussichten eröffneten sich zu Ende des Jahres 1091 in Piemont. Am 19. Dezember starb die neben Mathilde mächtigste Dynastin Oberitaliens, die Markgräfin Adelheid von Turin. Der Markgraf von Turin war 1021 auf 1 000 000[3] Joch (d. h. 7859 □km, ein Gebiet so gross wie das Grossherzogthum Hessen 7682 □km) geschätzt worden; wenn auch Adelheid viel verschenkt hatte,

---

[1] Hierauf wäre nicht viel zu geben, da die Vorurkunde gedankenlos wiederholt ist.

[2] Ferner Privileg für Vigevano St. 2653, Schenkung in Tuscien St. 2895.

[3] Vgl. Bresslau, Konrad II. Bd. 1, p. 70.

so war ihre Erbschaft, die sich über die Gebiete von Savoyen, Turin, Susa, Ivrea, Pinerolo, Saluzzo, Asti erstreckte, noch sehr bedeutend. Ansprüche hatte nun Konrad, der Sohn Heinrichs und Berthas, der Enkel Adelheids; der Kaiser sandte ihn mit einem Heere aus, um sich in den Besitz der Erbschaft zu setzen. Dies Gebiet hätte sich viel leichter behaupten lassen als das Mathildische, da es mit dem Reiche in weit näherer Verbindung stand und nicht zu Konflikten mit der Kirche Anlass gegeben hätte. Dazu wäre die Beherrschung der Alpenpässe, des Mt. Cenis, des grossen und kleinen Bernhard, der Besitz der Strassen nach Genua ungemein wichtig gewesen. Konrad hatte auch Erfolg; es gelang ihm Turin, Asti und Chieri zu besetzen, die wichtigsten Städte in Adelheids Land.[1]

Da erreichte es die kirchliche Partei im Frühjahr 1093, unter besonderer Mitwirkung der bedrohten Grossgräfin, den Kaisersohn zum Verrat am Vater zu bewegen.[2] Dies wurde auch für die Schicksale des Reichsguts und die Pläne Heinrichs entscheidend. (Vgl. Matthäi p. 18). Ebenso wenig wie sich der Kaiser ohne Konrad gegenüber Mathilde zu halten vermochte, ebensowenig konnte es Konrad den Prätendenten gegenüber, die die Erbschaft Adelheids an sich zu reissen suchten. Die Krone ging nicht nur leer aus, sondern verlor auch den Rest, den sie noch besessen hatte. Die Krisis von 1093 wurde für das alte lombardische Reichsgut entscheidend.

---

[1] Vgl. Muletti, Saluzzo 1, 391 ff. — Wurstemberger, Peter 1, 31 — Cibrario, Savoia 1, 165 ff.

[2] Vgl. Overmann p. 160.

IV.

VOM AUFSTAND KONRADS (1093) BIS ZUM TODE FRIEDRICHS II. (1250).

A. BIS ZUR THRONBESTEIGUNG FRIEDRICHS I.

(1093—1152.)

Im Laufe des 11. Jahrhunderts vollzog sich in Oberitalien die Bildung communaler Organisationen. Doch im Gegensatz zu Deutschland giebt es in Italien nur wenige Kommunen, die sich auf Reichsgut entwickelt haben. Zwar werden in einer grösseren Anzahl von Gemeinden, z. B. in Chieri, Susa, Turin Reichshöfe genannt, doch dies besagt nur, dass das Reich in der betreffenden Stadt Gut hatte, nicht dass es die Stadt besass. In einigen dieser Orte mögen sich die Bürger auf gewaltsamem Wege des Reichsguts bemächtigt haben,[1] in anderen wurde durch königliche Urkunde die Verlegung der Pfalz aus der Stadt hinaus verfügt, so z. B. in Mantua, Cremona, Lucca (vgl. Bresslau, Konrad II Bd. 1, 67). In anderen Orten wie z. B. in Turin blieb die Pfalz innerhalb der Mauern.

Dagegen gab es auch einige wenige Communen, die auf Reichsboden erwachsen sind. Wie aus dem Verzeichnis der Curiae hervorgeht, waren die meisten Höfe zu festen Leistungen verpflichtet; daraus ergab sich, dass der Hof als ganzes eine Korporation bildete, aus der die Commune entstanden ist. Ein solcher Ort ist Gamondo, wo schon 1106 ein populus Gamondiensis erwähnt wird, der eine Schenkung von einem gewissen Bruno entgegennimmt (Lib. crucis no. 29 p. 38). Der Schwesterort Marengo erscheint 1135 als Commune (Lib. iur. gen. 1, 49), mag es aber auch schon früher gewesen sein. Wahrscheinlich sind auch Vigevano

---

[1] So z. B. wurde in Pavia die Pfalz zerstört.

in der Lomellina, und vielleicht Menaggio (St. 3149) solche auf Reichsgut erwachsene Orte.

Diese Gemeinden blieben trotz ihrer communalen Organisation de iure Reichsgut und nach wie vor zu den Leistungen eines solchen verpflichtet. Der König blieb befugt die Orte zu verschenken oder zu Lehen zu geben; thatsächlich aber nehmen sie doch eine freiere Stellung ein als die ländlichen Domänen. Auch einige Thalgemeinden, wie z. B. das Val Camonica erlangten eine ähnliche Stellung, wie die städtischen Communen.

Die städtische Entwickelung wurde von den späteren Saliern begünstigt. Heinrich V., der später sich den Communen besonders geneigt zeigte (Giesebrecht 3, 874), dachte nicht daran, die verlorenen Reichsgüter im Westen der Lombardei zu rekuperieren, da sich ihm im Osten die glänzendsten Aussichten boten. 1115 war die Grossgräfin gestorben und im folgenden Jahre zog der Kaiser nach Italien um sich in den Besitz ihrer Erbschaft zu setzen; es ist nicht unsere Aufgabe die Schicksale der Mathildischen Güter zu verfolgen,[1] doch wollen wir erwähnen, dass ihr in unserem Gebiete grosse Güter gehörten. Es handelt sich insbesondere um Orte in der Umgebung von Mantua (Governolo, Scorzarolo u. a.), Nogara, Guastalla, Luzzara, Gonzaga, Pegognaga und Bondeno, Besitzungen, die auf Heinrich V. übergingen. Während seines ersten Aufenthalts in den canusinischen Gebieten — er war im April in Canossa (St. 3135), im Mai in Governolo (St. 3136/40 — traf er schon Verfügungen über ehemals Mathildische Güter. So erhielt das Kloster S. Benedetto in Polirone eine Wiese mit Haus in Gonzaga (dazu Wälder im Gebiet von Reggio. St. 3138) und die Stadt Mantua das wichtige Kastell zu Rivalta am Mincio (St. 3137). Sonst kennen wir keine Verleihungen Heinrichs in unserem Gebiet.[2] Dass der Aufenthalt des Kaisers in piemontesischen Orten, wie

[1] Vgl. Overmann, Gräfin Mathilde von Tuscien. Innsbruck 1895.

[2] Die Herren von Bulgaro erhielten 30 ℔ von den Sesiaüberfahrtsgebühren zu Palestro. St. 3057.

Pasiliano und Bergoglio (St. 3142, 3147) darauf schliessen lässt, dass dort von ihm Güter in Anspruch genommen wurden, möchten wir nicht behaupten (vgl. Matthäi p. 19. 20). Eher möchten wir aus dem Aufenthalt in der alten Reichsburg Garda (St. 3063) schliessen, dass dieser Ort damals zum Reichsgut gehört hat.

Wie sein Vorgänger, so legte auch Lothar III. das Hauptgewicht auf das Mathildische Gut. So nahm er 1136 die widerspänstige Stadt Guastalla ein, die wohl auch gern die freie Stadt spielen wollte, und gab sie Heinrich dem Stolzen zu Lehen (Bernhardi, Lothar p. 651). Doch auch in Piemont wahrte Lothar die Rechte des Königtums gegen die aufrührerischen Communen. So griff er das auf Reichsboden liegende Gamondo an und demütigte die Stadt, wie er auch Turin besiegte und eroberte. Lothar oder Konrad ist es gewesen, der Gamondo und das benachbarte Marengo dem Markgrafen von Montferrat zu Lehen gegeben hat, in dessen Besitz wir später die beiden Orte finden (vgl. Matthäi p. 20).

Von Schenkungen Lothars ist nur eine an das Kloster S. Benedetto di Polirone zu erwähnen, das Grundstücke in dem zum Mathildischen Gut gehörigen Pegognaga erhielt (St. 3421 von Konrad III bestätigt). Der gleichen Abtei schenkte Konrad III. 1146 acht Hufen in Paladana und 3 Ackerstreifen in Gonzaga ebenfalls aus dem Mathildischen Gut (St. 3517). Den Ort Nogara schenkte er dem Kloster Nonantola (St. 3477), erhielt ihn aber von dieser als Lehen gegen Jahreszins zurück (Overmann p. 55). Eine Belehnung von 1142 an den Mailänder Otto Visconti, der dem König wichtige Dienste geleistet hatte, betraf Massino am Lago maggiore (St. 3438).[1]

B. FRIEDRICH I. 1152—1167.

BIS ZUR BILDUNG DES LOMBARDENBUNDES.

Während es — abgesehen vom Mathildischen Gut — um die Mitte des 12. Jahrhunderts nur wenige Reichs-

---

[1] Vgl. Buch II.

besitzungen in unserem Gebiete gab, gelang es Friedrich I. einen beträchtlichen Domänenbesitz in Oberitalien wieder zu begründen, der sich zwar während seiner Regierung oft veränderte, am Schlusse derselben aber ein beträchtliches Territorium umfasste. Die Gesichtspunkte, die Friedrich dabei verfolgte, waren zu verschiedenen Zeiten verschiedene und richteten sich durchaus nach der allgemeinen Politik des Kaisers. In der ersten Hälfte seiner Regierung dachte er daran ein grosses zusammenhängendes kaiserliches Territorium in der lombardischen Ebene zu bilden, Pläne, die mit der grossen Katastrophe von 1167 endgültig scheiterten. Später, da seine Politik überhaupt mehr mit den realen Verhältnissen rechnete, als sich in ungeheuren Projekten zu verlieren, ging Friedrichs Bestreben darauf hin, sich eine Anzahl für die Beherrschung des Landes wichtiger strategischer Punkte zu sichern und ländliche Gebiete nur in so weit hinzuzunehmen, als sie zur Verproviantierung der Burgen und festen Plätze notwendig erschienen. Die Entwicklung des Reichsguts und den Gang von Friedrichs Domanialpolitik im einzelnen zu verfolgen, wollen wir in den nachstehenden Betrachtungen versuchen.[1]

Auf dem ersten Römerzuge (1154/55) entspann sich sofort der Konflikt mit Mailand. Der König, der über den Brenner in die Lombardei eingerückt war, umging die Stadt im Süden und wandte sich gegen einige mailändische Burgen am Tessin, die die Strassen nach Pavia und Novara beherrschten. Er brach hier die Castelle von Rosate, Trecate, Torre di Momo und das erzbischöfliche mit 4 Türmen und Mauer versehene Castell von Galliate (Gesta Frid. p. 17, Otto Fris. 2, 18). Wahrscheinlich wurde der Grund und Boden dieser Orte Reichsland, bis die Mailänder die Orte

[1] Die Domänenpolitik Friedrichs I. ist bereits ausführlich behandelt in dem bereits oft angeführten Aufsatz von Matthäi p. 21 – 36. Trotzdem kann ich des Zusammenhangs wegen nicht darauf verzichten auf diesen Teil der Geschichte des Reichsguts näher einzugehen, zumal ich nicht in allen Punkten mit dem Verfasser der Schrift einverstanden bin.

1157 wieder eroberten. (Gesta p. 28). Dann zog der König gegen die südöstlich von Turin gelegenen Städte Chieri und Asti, die auf Antrag des Markgrafen von Montferrat gebannt worden waren. (Über den Prozess vgl. Ficker 1, § 86). Chieri wurde dem Bischof von Turin überlassen, der seinerseits den Grafen von Biandrate mit der Stadt belehnte (St. 3833). Asti und Gebiet zog Friedrich wahrscheinlich für den Fiskus ein. Doch die Bewohner kehrten später wieder in die Stadt zurück und machten 1159 ihren Frieden mit dem Kaiser. Die Rechtslage von Asti und einigen anderen Städten, die noch zu besprechen sein werden, wurde eine ähnliche wie die von Gamondo und Marengo, da Asti nun als eine auf Reichsboden gebaute Stadt galt. Die Bürger verpflichteten sich jährlich zu St. Martin 140 Mark Silber, die Hälfte für die Stadt, die Hälfte für ihr Gebiet, und noch besonders 50 Mark für die Überlassung der Burg Annone an den kaiserlichen Fiskus zu zahlen. (St. 3844). Nach der Bezwingung Astis wandte sich Friedrich gegen das mit Mailand verbündete Tortona, das ebenfalls geächtet worden war. Auch diese Stadt wurde erobert, zerstört und ihr Gebiet für den Fiskus eingezogen, (vgl. St. 4755 a. Const. 284 ff. „Reconciliatio Tortonae"). Wahrscheinlich fand auch damals bereits die Rekuperation von Marengo statt.

Die Erfolge, die der Kaiser so in Piemont erreicht hatte, waren sehr bedeutend zu nennen, doch es fehlte eine feste Organisation, eine gute nach militärischen Rücksichten geordnete Verwaltung, um das gewonnene zu behaupten. So nimmt es uns denn nicht Wunder, dass in den Jahren 1155—57 ein grosser Teil des 1154/55 eroberten Gebiets wieder verloren ging. Die Mailänder machten Einfälle in das Territorium von Tortona (vgl. Gesta p. 18 ff.), stellten die Castelle Galliate und Trecate wieder her, bauten Tortona und Lomello wieder auf (Gesta p. 28) und spotteten aller vom Kaiser getroffenen Anordnungen.

Nachdem die von Friedrich ausgesandten Boten durch Verhandlung die wichtige zur Grafschaft Garda gehörige Burg Rivoli an der Etsch gewonnen hatten (Rahew. 3, 20), konnte der Kaiser im Sommer 1158 den Brenner sicher überschreiten und zum zweiten Male in die lombardische Ebene einrücken. Sofort begann er den Kampf gegen das aufrührerische Mailand, das feierlich geächtet wurde. Zuerst nahm er die mailändische Burg Trezzo, den Brückenkopf an der Adda, an der Strasse nach Bergamo, und liess hier eine Besatzung zurück (Rahew. 3, 32). Dann schritt er zur Neugründung des von den Mailändern zerstörten Lodi, dessen Boden er mit der Fahne den Consuln zu Lehen gab. (Giesebr. 5, 157). Am 7. September 1158 kam der Friede mit Mailand zustande (St. 3818. Const. 174). Für uns kommt von den Bestimmungen von allem in Betracht, dass die Mailänder sich verpflichteten in der Stadt eine kaiserliche Pfalz zu errichten und zu erhalten, wogegen sich gerade die oberitalienischen Städte seit mehr als 100 Jahren so sehr gesträubt hatten (man denke an Pavia und die Privilegien Heinrichs IV. und V.). Die Grafschaften Martesana und Seprio wurden von Mailand losgelöst[1] und Gozwin von Heinsberg als Reichslehen übertragen, vermutlich mit den mailändischen Gemeindegütern und Castellen in diesen nördlichen Distrikten des Mailänder Territoriums (Gesta p. 34). Nach Trezzo, einer Hauptstütze der kaiserlichen Macht im nordöstlichen Gebiet von Mailand, legte der Kaiser eine Besatzung von 100 Rittern (milites) unter Konrad de Maze und Rodeger.[2] Der Stadt Monza wurde ihre Reichsunmittelbarkeit wieder hergestellt und die Pfalz mit grossen Kosten renoviert. (Rahew. 3, 50 u, 4, 86). Monza selbst wurde in einem besonderen Prozess, den der Kaiser gegen Mailand einleitete, als Reichsdomäne erstritten. (Rahew. 4. 11). So wurde die mächtige Commune auf allen Seiten von

---

[1] cf. Giesebrecht 5, 167 Ficker Forschungen § 295, 7.

[2] Konrad de Maze ist sicher identisch mit dem Schenk des Kaisers Konrad Kolbo von Schipf. cf. Ficker: Reichshofbeamte SB. der Wien. Akad. Hist.-phil. Klasse 40. p. 486—488. Vgl. Const. 251. „de la Mace". Später heisst er auch Konrad v. Klingenberg. Rodeger ist vielleicht der Kämmerer des Kaisers Rüdiger. Ficker a. a. O. p. 502. Vgl. auch Giesebrecht 5, 170.

Reichsgütern eingeschlossen, politisch und wirtschaftlich hatte der Kaiser Mailand in seiner Hand.

So ist es denn ganz natürlich, dass sich die Stadt, da die ronkalischen Beschlüsse ihr weitere Befugnisse entzogen, darnach strebte, das äusserste zu wagen, um sich von der verhassten kaiserlichen Herrschaft zu befreien. Da war besonders die Burg Trezzo den Mailändern ein Dorn im Auge, da sie die Verbindungen mit Bergamo und Brescia beherrschte. Von dieser Burg aus verwüsteten die deutschen Ritter die an der Adda gelegenen Güter der Bürger bis nach Segrate und bedrückten die Bauern. (Gesta p. 35). Die Mailänder zogen in der Osterzeit vor die wichtige Reichsburg, worauf gegen sie der Bann wiederum verkündet wurde. Nach wenigen Tagen fiel die Veste (Giesebrecht 5, 192). Der Krieg begann von neuem und wurde mit wechselndem Glück geführt. Schliesslich wurde das Gebiet von Friedrich zurückerobert und 1162 musste sich Mailand selbst ergeben.

Nun wurde die Stadt und ihr Territorium in Domanialland verwandelt, dessen Oberleitung zuerst Rainald von Dassel erhielt, [1] (vgl. Ficker § 278). Heinrich von Lüttich wurde kaiserlicher Statthalter im ehemaligen Stadtgebiet von Mailand, im August 1162 wurde Peter de Cumino [2] sein Vertreter, dem dann der „Schulmeister" genannte Geistliche Friedrich folgte (Gesta p. 54, 56). Sein Amtsbezirk reichte von Busto Garolfo und Legnano bis Seveso. Die Mailänder wurden als Zinsbauern betrachtet (Gesta p. 55. Vgl. Buch 3). In dem südöstlichen Gebiet von Mailand führte Heinrich der Schwabe, der in Lodi seinen Sitz hatte, die gleichen Massregeln durch, in der Burg Trezzo residierte Marquard von Grumbach, [3] dessen Bezirk bis zur Morgora reichte. Seprio und Martesana verwaltete Gozwin von Heinsberg. [4] Die nordöstlichen Landschaften, insbesondere

[1] Vgl. Prov. Mailand und Buch 3. Staufische Verwaltung.

[2] Er scheint einer Mailänder Familie zu entstammen. Ein Opizo de Cumino kommt 1198 vor. St. Acta ined. Nr. 423.

[3] Vgl. über ihn Ficker Forsch. § 296, 3. 39; 297, 10. 11.

[4] Vgl. Ficker 295, 7. 296, 38.

die Mailänder Güter im Bistum Como regierte der Meister Paganus, der auf dem Mt. Baradello hauste.[1] Am Comer See schalt der Vogt von Augsburg, der die Güter der Capitäne in Mandello besass (Gesta p. 56).[2]

Zur Befestigung der kaiserlichen Herrschaft liess Friedrich einen Turm zu Noceto, und Pfalzen zu Monza, Lodi, Vegentino und Landriano bauen. Die Verwaltung der Domänen, über die wir unten des näheren zu sprechen haben, wurde mit grösster Härte durchgeführt. Von August 1164 an wurde Markward von Grumbach zunächst Nachfolger des Bischofs von Lüttich, dann im November der oberste Beamte im Mailänder Distrikte. (Gesta p. 58 59). Er ernannte für Mailand selbst mehrere Unterbeamte, die die Abgaben einforderten. 1166 wurde Graf Heinrich von Dietz Statthalter. Im folgenden Jahre brach das ganze von Friedrich I. hier eingeführte System mit einem Schlage zusammen.

Im Bezirk von Lodi liess Friedrich Mombrione an der Strasse von Mailand nach Piacenza 1161 besetzen und erbaute an dieser Stelle eine neue Festung S. Colombano. Ein eigentümliches Schlaglicht wirft auch auf die Domänenpolitik Friedrichs der Umstand, dass er von dem Kloster Chiaravalle, vermutlich vor 1167, Land zu Inverno, nördlich von Olona kaufte, das er, als es durch die Ereignisse von 1167 wertlos geworden war, 1176 den Johannitern schenkte. (St. 4181a). Das Kloster Morimund erhielt 1174 den ebenfalls wertlos gewordenen Besitz Fara Vetula und den Erlass der Abgaben von Fara Basiliana gegen die jährliche Entrichtung eines aureus (St. 4172). Die westlich vom Tessin gelegenen Mailänder Orte und einen grossen Teil des nachmaligen Herzogtums Burgaria mit der Burg Dairaga übertrug

---

[1] Vgl. Ficker § 296, 16. 35; 297, 5. Vielleicht ist er identisch mit Andreas Paganus, der in der Liste der Mailänder Verräter genannt wird. Turin. Univ.-Bibl. Cod. H. V. 37 f. 231.

[2] Der Name des Vogtes ist Adelgoz von Schwabeck. Mandello liegt am See von Lecco. „Hostiensis" bezieht sich nicht, wie Holder-Egger Gesta p. 102 meint auf Osteno, sondern auf Augsburg. cf. Ficker § 296, 13.

Friedrich 1164 seinem verdienten Kanzler Rainald von Dassel zu Lehen[1] (St. 4018).

In der östlichen Lombardei bildete sich ein umfangreicher Domanialbesitz aus im Anschluss an den Krieg mit Crema. Am 17. Mai 1159 gab Friedrich dem Bischof von Cremona die Erlaubnis, die Güter seiner mit Crema verbündeten Vassallen, falls sie nicht zum Gehorsam zurückkehren würden, einzuziehen (St. 3855), am 18. September wurde Crema geächtet, die Allodien der freien Cremasken sollten dem Kaiser zufallen (St. 3866, Const. 191, cf. Ficker § 99). Am 26. November 1159 gab der Kaiser die Allodien der Cremasken in Hof und Veste Gabiano dem Bischof Obert von Cremona (St. 3872). In dem übrigen Gebiet von Crema, in der sogenannten Insula Fulcherii, die Reichsland wurde, verlieh er die Grafschaftsrechte seinem verdienten Architekten und Ingenieur Tinto Mussa di Gatta aus Cremona zu rechtem Lehen. Das Gebiet reichte von der Adda bis zum Serio, von Pontirolo bis Pizzighettone und umfasste noch die mailändischen Besitzungen östlich der Adda, insbesondere die Burg Prada. Herzog Welf gab die Zustimmung, da hier die Grafenrechte ehemals der Gräfin Mathilde gehört hatten (St. 3876). Es scheint sich dabei nur um die Gerichtsbarkeit und die zum Grafengut gehörigen Ländereien zu handeln, nicht aber um die Güter der Cremasken. Besitzungen dieser zu Bariano, Corenzo, Mozzanica und Rivoltella verlieh Friedrich am 14. Februar 1160 dem Bischof von Cremona (St. 3890). Die Stadt Crema und die übrigen Güter der Bewohner auf der Insula blieben unmittelbar in kaiserlicher Gewalt. Am 7. März 1162 schenkte der Kaiser die Festung und den Ort Crema (castrum cum burgo) der Gemeinde Cremona, den Wiederaufbau der Befestigungen verbietend (St. 3931), ohne etwas vom Gebiete zu erwähnen, über das damals wahrscheinlich Unterhandlungen geführt wurden. Am 13. Juni 1162 kam ein Vertrag

[1] Ein Verzeichnis der Curiae regales im Mailänder Gebiet aus staufischer Zeit findet sich im Cod. H. V. 37 der Turiner Universitätsbibliothek. Vgl. darüber den Teil II Provinz Mailand.

mit Cremona zu Stande (St. 3952, Const. 212), in dem die Stadt die vier Castelle Soncino, S. Bassiano, Pizzighettone und Castellum novum erhielt gegen die Zahlung von 200 Mark jährlich, die wir als Pachtsumme für die überwiesenen kaiserlichen Ländereien betrachten können.[1] Zugleich wurde Crema selbst bestätigt. Die Höfe der Cremasken auf dem Land behielt sich aber der Kaiser selbst vor,[2] die Bauern sollten indes den Cremonesen schwören, keine Befestigungen anzulegen und das Eigentum und die Personen derselben zu schützen. Im Jahr 1164 gab Friedrich dem Bischof von Cremona noch einige Besitzungen aus dem bei Crema angesammelten Reichsgut, nämlich die Burgen Malco, Platena, Mota Castri Franchi und den Hof Lamo. (St. 4011. 4012). Die übrigen Güter auf der Insula Fulcherii blieben Reichsgut bis zur Erhebung von Cremona. Über die Verwaltung dieses Gebiets ist näheres nicht bekannt.

In den weiter östlich gelegenen Provinzen der Lombardei machte der Kaiser wenige Erwerbungen. Im Gebiete von Bergamo, in Calosco schenkte er 1159 der Kirche S. Alessandro zwei Arimanni (St. 3864), in Viadana am Po verlieh er dem Markgrafen Cavolcabò nur die Gerichtsbarkeit über den Ort (St. 3817). Dagegen scheint es, dass der Kaiser Guastalla und Luzzara damals besessen hat. 1159 bestanden hier kaiserliche Zollstätten (Affò, Guastalla I, 343), in Luzzara hielt er sich im März 1159 selbst auf. (St. 3849). Auch andere mathildische Orte, wie Ficarolo, Governolo, Scorzarolo kamen wieder in den Besitz des Reiches (vgl. Overmann p. 63.)

Im Piemont hatte Friedrich schon auf dem ersten Zuge die Grundlage zu einem Domanialbesitz gelegt (s. o.) Doch hielt er seit 1159 denselben für minder wichtig als den mailändisehen, der den Mittelpunkt des kaiserlichen Territoriums bilden sollte. 1159 kam der Vertrag mit Asti

[1] Ebenso wie im Vertrag mit Asti St. 3844.

[2] „Villas autem omnes, quas habebant Cremenses, in nostro habebimus domnicatu et potestate atque dominio, excepto castello et burgo Creme."

zu Stande (St. 3841), und im Gebiet von Tortona überliess Friedrich die Regalien der Gemeinde Pavia (vgl. Böhmer Acta No. 121). Wie es sich mit den Landbesitzungen der Tortonesen verhielt, erfahren wir nicht. Doch scheinen sie sich, nach der Reconciliatio Tortonae, in der Hand des Reichs befunden zu haben. Unzweifelhaft war Marengo Reichsbesitzung, da Rahewin den Ort ausdrücklich „villa regia nennt, (4,27), vielleicht auch Gamondo. Friedrich hielt sich 1159 und 1160 (St. 3842. 44. 46. (Gräf, Gründung von Alessandria p. 28) in diesen Gegenden auf, scheint aber dann die beiden Orte wieder dem Markgrafen von Montferrat zu Lehen gegeben zu haben, in dessen Besitz sie 1164 erscheinen (St. 4031).

In der Landschaft nördlich vom Tanaro erzählt Rahewin (4,29), dass Friedrich die Kastelle Verrua, Serralonga und Lù 1159 ausgerüstet haben soll.[1] Dazu scheint der Kaiser noch eine ganze Reihe von Orten in der Landschaft Montferrat beansprucht, vielleicht auch okkupiert zu haben. Dies musste indes den Argwohn des Markgrafen von Montferrat erregen und da Friedrich wohl einsehen musste, dass er Güter in diesen Bezirken nicht gegen den Markgrafen behaupten konnte und ihm die Hilfe desselben sehr wertvoll war, so entschloss er sich 1164 alle Erwerbungen zwischen Po und Tanaro ihm zu überlassen. Am 23. September 1164 schenkte er ihm zunächst die beiden am Po bei Brusasco gelegenen Kastelle Vesterna und Cavagnolo (St. 4027), am 5. Oktober des gleichen Jahres bestätigte er dem Markgrafen sehr zahlreiche alte Lehen, unter denen sich auch Marengo, Gamondo (die ihm schon 1145 als Reichslehen gehört hatten cfr. Gräf p. 29), Villa del Foro, Novi, Lù, finden, und belehnte ihn mit einer Reihe von Orten dazu, unter denen wir Mirabello, S. Giorgio, Torcello, Montiglio, Cocconato, Marcorengo hervorheben, meist frühere Güter der Bistümer Vercelli und Turin. (St. 4031).

[1] „castella et munitiones utpote Verrucam, Serralongam, Lou (Rezension C), et caetera quae in terra illa magis inexpugnabilia nec aggressione facile capi videbantur, suscepta, in discrimen hostium et ad suorum presidium sapienter providit."

In den piemontesischen Gebieten links vom Po, den Bistümern Novara, Ivrea, Vercelli und Turin war an grosse Erwerbungen nicht zu denken, da hier mächtige Herren, wie die Grafen von Savoyen, von Biandrate, die Herren von Bulgaro und von Romagnano, von Lomello und Casalgualone das Land beherrschten. Für die von Casalgualone ist eine Lehensurkunde von 1152 erhalten (St. 3647), die anderen Herren erhielten Bestätigungsurkunden (St. 3652. 3660. 3976. 4022. für Savoyen sind keine Urkunden erhalten.) In diesen Gebieten machte der Kaiser bis 1167 nur eine Erwerbung, nämlich die herrenlos gewordenen Orte Castelvecchio, Castelnuovo und Valle di Canal, die er als Lehen seinem Bruder, dem Rheinpfalzgrafen Konrad übertrug. Dieser gab sie seinerseits dem Grafen Guido von Biandrate zu Lehen, in einer Urkunde, die Friedrich 1162 bestätigte (St. 3926).

Endlich müssen wir noch erwähnen, dass der Kaiser die Burg Annone der Stadt Asti wieder entzog, sei es dass die Stadt ihre Zahlungen nicht leistete, sei es dass die Burg dem Kaiser für die Behauptung des Landes notwendig erschien. Im Januar 1167 gab er Burg und Ort Annone dem Arnold von Dorstadt mit dem Beinamen Barbavaria, nach deutscher Sitte, zu rechtem Lehen. Ein guter Falke jährlich sollte als Rekognitionszins dienen (St. 4080).

Ganz besonders[1] war aber Friedrich darauf bedacht, die Zugänge nach Italien, die Alpenpässe, sich zu sichern. Schon vor 1167 können wir eine Reihe von Massnahmen nachweisen, die auf die unmittelbare Beherrschung der Alpen und ihrer Vorlande hindeuten. Am Ausgange des Etschthales machte besonders die Veroneser Klause Schwierigkeiten, die eine Pertinenz der Grafschaft Garda war. Diese alte Reichsburg — Rahewin nennt sie regale castrum — hatte 1158 der Veronese Turisindus besetzt. Als die Burg in die Gewalt des Kaisers kam, gab er sie 1163 dem Pfalzgrafen Otto von Wittelsbach, dann nach einem nochmaligen Verlust im Jahre 1165, 1167 dem Bischof Albert von Trient als Reichslehen, behielt aber dem Reiche das Besatzungsrecht

[1] Vgl. Ficker 2, 196 ff.

vor und befahl dem Bischof eine ständige Mannschaft in der Burg zu unterhalten, von der indes Lombarden ausgeschlossen sein sollten (St. 4082.)[1] Ausserdem griff Friedrich gerade in den Alpenvorlanden zu dem Mittel Gemeinden und auch grössere Gebiete für reichsunmittelbar zu erklären und so den Durchgang durch diese Gebiete sich zu sichern. Am Gardasee wurden 1158 die Leute im Orte Sermione, einer alten Besitzung von St. Martin in Tours, unter den kaiserlichen Schutz gestellt und von jeder Gerichtsbarkeit, die vom Reiche ausgenommen, befreit; dafür mussten die einzelnen Feuerstellen dem Reiche eine Abgabe zahlen. (St. 3814).

Das gleiche Mittel wandte der Kaiser der grossen Thalgemeinde des Val Camonica gegenüber an, das auch eine alte Besitzung von St. Martin in Tours war, wo indes zur Zeit Heinrichs III. Reichsbesitz nachweisbar ist. Durch das Thal führte eine Durchgangsstrasse nach der mittleren Lombardei, die bei Sperrung der Veroneser Klause besonders wichtig war, und somit erklärt es sich, wenn der Kaiser 1164 auch dies Thal für ein Reichsland erklärte, das er nie veräussern oder verpfänden zu wollen versprach (St. 4030).

Im Veltlin bemächtigte sich Friedrich des Thurms Olonio in der Nähe des Comersees, den er aber 1164 der Gemeinde und dem Bistum Como schenkte (St. 4032a). Noch wichtiger waren die Massnahmen in Chiavenna, das den Septimer, Splüger und Maloja beherrscht. Schon 1152 hatte er die Gemeinde als reichsunmittelbar erklärt und ihr die Grafenrechte übertragen (St. 3616). Hierüber beklagte sich dann der Bischof von Como, er zeigte die alten Privilegien vor und nach erneuter Prüfung entschied sich Friedrich 1153 dafür den Ort dem Bistum Como zu bestätigen. (St. 3667). Denn ist es zu weiteren Verhandlungen gekommen, bis am 2. Februar 1165 der Kaiser auf dem Ulmer Reichstag auf Antrag der schwäbischen Grafen, insbesondere des Gottfried von Holta und Ulrich von Pfullendorf den Ort Chiavenna mit dem Walde von Mezzola dem Herzogtum Schwaben ein-

---

[1] Vgl. Scheffer-Boichorst im NA. 19, 575 ff. Bonelli, notizie istorico-critiche intorno al Adalpreto vescovo di Trento 2, 442.

verleibte, die Grafschaftsrechte aber den Rektoren der Stadt übertrug (St. 4536. Mohr, Codex dipl. Rhaetiae 1, 229), was noch Heinrich VI. bestätigte (St. 4735).

Bei Como selbst lag die starke Burg Baradello, die die südlichen Zugänge zur Stadt beherrschte. (cf. Ficker Bd. 3 p. 434, § 297,6). Der Kaiser liess sie 1159 wieder herstellen und mit deutschen Rittern besetzen. 1160 hielt er sich selbst hier auf. Dann diente sie dem Magister Paganus als Amtssitz. Als die Stadt Como anfing schwierig zu werden, gab Friedrich ihr und dem Bistum die wichtige Burg (St. 4032a). Im Comersee selbst bezwang der Kaiser 1159 die stark befestigte Insel Comacina (Rahewin 4,30), wir wissen aber nicht, wie er über dieselbe verfügt hat. Zwischen den Seen besass er die oberhalb Varese gelegene Burg Belforte, in der er sich 1164 aufhielt. (St. 4030).

So sehen wir, wie Friedrich bis 1162 beständig ein Territorium nach dem anderen erobert. Das ganze Mailänder Gebiet, das Land zwischen Adda und Serio, die Gebiete von Tortona und Teile von Montferrat waren direkte Reichsgüter, doch konnte der Kaiser die Gebiete behaupten? Schon er selbst sah die Unmöglichkeit ein und gab grosse Teile schon selbst aus der Hand. Er belehnte den Rheingrafen mit Gebieten um Vercelli, Rainald von Dassel im Mailändischen, Arnold von Dorstadt mit Annone, Albert v. Trient mit Garda, und verschenkte bedeutende Gebiete an die Städte Pavia und Como und an den Markgrafen von Montferrat. Nur um Mailand selbst und auf der Insula Fulcherii blieb die unmittelbare Reichsverwaltung bestehen, doch die Erhebung der lombardischen Städte von 1167 warf hier alles über den Haufen. Selbst die mit Friedrich verbündeten Städte sahen sich durch das grosse kaiserliche Territorium im Zentrum der Lombardei bedroht, das System Friedrichs erwies sich als eine Unmöglichkeit.

C. FRIEDRICH I. 1167—1190.

Im Frühjahr 1167 entstand das grosse Bündnis der lombardischen Städte, die zunächst Mailand wiederherstellten und damit das Zentrum des kaiserlichen Territoriums vernichteten. Die Cremonesen bemächtigten sich der Insula Fulcherii, die Friedrich ihnen nicht überlassen hatte, und im Mai musste auch Ruinus, der von Friedrich eingesetzte Statthalter der Martesana, die Veste Trezzo, in der ein grosser Teil der kaiserlichen Gelder und Kleinodien lag, den Verbündeten überliefern. (Giesebr. 5, 579). Der Kaiser machte zwar im Herbst noch verschiedene Versuche das Verlorene wieder zu gewinnen, doch er scheiterte; das Gebiet von Mailand war endgiltig dem Reich entrissen.[1]

Nun brach das Verhängnis auch über die kaiserlichen Besitzungen in Piemont herein. Während die Mailänder die kaiserlichen Burgen in Seprio und Martesana insbesondere das starke Belforte (Giesebr. 5, 599) eroberten und Como für den Bund gewannen, stellten die Piacentiner und Parmesen Tortona wieder her. Am 1. Mai 1168 wurde dann Alessandria gegründet. Über die Bedeutung der Massregel ist viel gestritten worden. Auf die Gestaltung des Reichsgutes — und nur dies geht uns hier an — hatte die Gründung keinen Einfluss. Der Schwerpunkt der Domänenpolitik Friedrichs von 1167 lag durchaus in der Lombardei. In Piemont hatte der Kaiser fast alle Reichsbesitzungen dem Markgrafen von Montferrat überlassen und die ihm gehörigen Orte Marengo und Gamondo, die allerdings Reichslehen waren, wirkten bei der Gründung von Alessandria mit. Die Worte des Gottfried v. Viterbo v. 847: „fisci circumdatur agris“ sind also für 1167 unrichtig. Freilich ist zuzugeben, dass das Reich durch die Gründung von Alessandria verletzt wurde, da eben Marengo und Gamondo Lehen des Reiches waren. Doch vermögen wir einen Rückschlag gegen piemontesische Revindikationen des Kaisers nicht in der Massregel zu erkennen, da es seit 1164 in dieser Gegend kein Reichsgut mehr gab. (Vgl. dagegen Matthäi p. 30). Freilich ist es wiederum vollkommen verständlich, wenn der Kaiser die Stadt reklamierte, eben als Oberlehnsherr der Orte Gamondo und Marengo.

---

[1] Für den Zusammenbruch der Reichsgewalt im mathild. Gut vgl. Overmann p. 67 ff.

Selbstverständlich wurden nun die anderen piemontesischen Lehensgebiete des Kaisers, das Arnolds von Dorstadt und Rainalds von Dassel, auch von den Lombarden in Besitz genommen. da sich auch Asti, Vercelli und Novara dem Bunde anschlossen, der in den folgenden Jahren in Oberitalien dominierte und auch dem mächtigen Markgrafen von Montferrat sein Gebot auferlegte.

Schon oben sahen wir, einen wie grossen Wert Friedrich auf die Alpenpässe legte, wie er Chiavenna ans Herzogtum Schwaben brachte. Damit im Zusammenhang steht, dass er 1170 für seinen Sohn Friedrich auch die Vogtei des Bistums Chur, dem das Bergell und Puschlav gehörte, erwarb (St. 4113). Trotzdem zog Friedrich es 1174 vor, nicht in die Lombardei einzurücken, sondern über den Mont Cenis in Piemont einzufallen. Dies ist charakteristisch für die Politik Friedrichs, dass er nunmehr das Hauptgewicht auf Piemont legte, insbesondere auf die Verbindungen mit Burgund. Die früher auf Gewinn grosser Territorien gerichtete Politik tritt zurück hinter der planmässig berechneten Erwerbung fester Plätze und kleinerer wichtiger Gebiete an grossen Strassenzügen.

Nach der Vernichtung der dem Grafen Humbert von Savoyen gehörigen Stadt Susa rückte Friedrich über Turin gegen Asti vor. Die Bewohner der Stadt unterwarfen sich dem Kaiser, mussten indes Annone ausliefern, das fortan der festeste Stützpunkt der kaiserlichen Macht im Tanarogebiet blieb. (Zweimal hielt sich der Kaiser selbst hier auf St. 4183, 4423). Friedrich gab den Ort, zu dem auch ein kleines Gebiet gehörte, nicht wieder zu Lehen aus, sondern setzte einen kaiserlichen Castellan hier ein. Am 7. Juli 1178 kam ein Abkommen mit der Stadt Asti zustande, das das Verhältnis Asti's zum Castellan von Annone regelte (St. 4251. Const. 276). Mit der Burg zugleich scheint der Kaiser auch die Herrschaft Serralonga, die als Grafschaft bezeichnet wird, reklamiert zu haben. (Vgl. Buch II). Ferner nahm er am Ausgang der Dorathäler, zu Turin und Ivrea, kaiserliche Pfalzen in Anspruch, die wahrscheinlich auch befestigt waren. Besonders in der Turiner Pfalz hielt er sich in den folgenden Jahren öfters auf (St. 4182, 4248—53, 4420—22). Auch am Ortasee behielt sich Friedrich 1178 das Castell Arto vor, aus den Gütern des verstorbenen Markgrafen Heinrich, während er dessen andere Besitzungen dem Grafen Rainer von Biandrate zu Lehen gab (St. 4214).

Dagegen vermochte der Kaiser im östlichen Piemont und in der Lombardei nichts auszurichten. Berühmt ist der Widerstand Alessandrias, das dem Kaiser den Vormarsch versperrte. Friedrich versuchte nun einzelne Glieder vom Bunde abzuziehen, dadurch dass er alte Rechte, die er freilich thatsächlich nicht mehr besass, preisgab. So überliess er 1175 Gravedona und die Insula an Como (St. 4177), und traf am 23. Juli 1176 ein Abkommen mit der Stadt Cremona (St. 4181), wonach er dieser die Rechte des Reichs in Crema und zwischen Adda und Oglio, d. h. die Insula Fulcherii und ein Drittel von Guastalla und Luzzara abtrat.

So war der Kaiser im Wesentlichen auf einige Punkte Piemonts beschränkt, bis der Konstanzer Frieden ihm wieder eine energische Territorialpolitik ermöglichte. Zwar verzichtete er im Abkommen mit Mailand am 11. Februar 1185 (St. 4409. Const. 303) auf alle Erwerbungen in den Grafschaften Seprio, Martesana, Stazona, Lecco und Burgaria gegen eine jährliche Zahlung von 300 ₶, wofür die Mailänder auch ihrerseits dem Kaiser seinen Besitzstand garantierten.[1]

In den anderen Teilen aber ging Friedrich nach 1183 energisch vor. Alessandria anerkannte noch vor dem Konstanzer Frieden in der sogenannten Reconciliatio (St. 4357) selbst, dass es dem Reich gehöre. Der Kaiser bekam die „iura et possessiones, quas marchiones ab imperio tenuerunt". Alessandria trat damit in eine Stellung ein, wie sie im deutschen Reich etwa Frankfurt, in Italien bisher Asti ein-

---

[1] „et manutenere omnes possessiones, iustitias, iura et rationes quas habemus in Lombardia, Marchia, Romaniola, et nominatim de terra quondam comitisse Matildis; si quas etiam possessiones . . . amiserimus, adiuvabunt nos bona fide recuperare."

genommen hatte, es wurde eine auf kaiserlichem Territorium errichtete Stadt, die in dem Eigentum des Kaisers stand. In die gleiche Lage kam auch Tortona durch ein Sonderabkommen, in dem der Kaiser versprach, die Stadt nicht zu veräussern, eine Bestimmung aus der erhellt, dass das Eigentum Friedrichs anerkannt wurde (St. 4795a). In ein ähnliches Verhältnis scheint auch 1186 Casale getreten zu sein (St. 4451), von den ländlichen Ortschaften Cornegliano bei Alba, das zu sehr bedeutenden Abgaben verpflichtet war (St. 4501), die noch in die Zeit der Ottonen zurückreichten. In der Umgebung Tortonas behielt aber der Kaiser noch Castelnuovo und Villa Aurea mit Ackerland und Weinland für sich (St. 4755a). Dagegen gelang es Friedrich einige direkte Erwerbungen noch zu machen. Wahrscheinlich durch die Ächtung des Markgrafen wegen Strassenraubs erwarb er 1185 [1] die Burg Gavi (cfr. St. 4416, 4439) an der wichtigsten nach Genua führenden Strasse, wo auch ein kaiserlicher Castellan eingesetzt wurde; durch Kauf von der Abtei Fruttuaria gewann er Airasca (Erasco) südwestlich von Turin im Zentrum der oberpiemontesischen Ebene gelegen (B-F. 300), und ebenso durch Kauf für 1750 Mk. Silber und 20 Mk. Gold das Sturathal, durch das eine wichtige Strasse von Piemont ins Durancethal führt, vom Markgrafen von Saluzzo (St. 4605). 1187 wurde sogar der mächtigste der Fürsten Piemonts, Humbert von Savoyen geächtet und seiner Güter beraubt, doch schon 1189 wurden seinem Sohne Thomas die Besitzungen wieder zurückgegeben (Wurstemberger, Peter 4, Nr. 34).

Hatte so das Kaisertum in Piemont sich eine mächtige Stellung wieder erobert, so gewann es zugleich in der Lombardei ein grosses Territorium. Im Mailändischen waren zwar Erwerbungen ausgeschlossen. Dafür musste nun Cremona büssen, zumal es den Kaiser durch seinen Abfall 1167 besonders erbittert hatte. 1176 hatte er der Stadt, wie wir sahen, die Insula Fulcherii, Crema und Guastalla

[1] Vgl. den territorialen Teil.

überlassen. Nun wurde die Stadt Crema 1185 als Reichsstadt restituiert (St. 4418), gegen Cremona sprach sich der Kaiser in einer ausführlichen Klageschrift 1185 aus (Const. 304); am 8. Juli 1186 kam dann ein Vertrag mit Cremona zustande (St. 4455, 4456. Const. 306—312). Die Cremonesen verzichteten auf Guastalla, Luzzara und die Insula Fulcherii. Von letzterer wurden am 9. Juni 20 Castelle der Stadt Mailand abgetreten, wogegen diese sich verpflichtete, dem Kaiser bei der Wiedereroberung des mathildischen Gutes beizustehen,[1] während der südliche Teil in kaiserlicher Verwaltung blieb.

In den Alpengegenden waren Chiavenna und Garda kaiserlich geblieben. In Chiavenna verfügte Friedrich 1185 über Grundstücke zu Gunsten des Klosters zu Dona und über ein Haus (St. 4423). Auch Sorico am Südrand des Sees von Mezzola scheint kaiserlich gewesen zu sein (St. 4678). Schliesslich müssen wir noch erwähnen, dass auch Locarno durch Privileg von 1186 und Gravedona am Comersee reichsunmittelbar wurden (vgl. Ficker § 300 2 p. 197, 198).

Versuchen wir eine Zusammenstellung des Reichsguts im Jahre 1190.

A. Piemont.

1. Pfalz in Turin mit Land.
2. Pfalz in Ivrea.
3. Burg Annone mit Pertinenzen.
4. Grafschaft Serralonga.
5. Burg Gavi mit Pertinenzen.
6. Burg Arto am Ortasee.
7. Airasca (Prov. Turin).
8. Val Stura (Prov. Cuneo).
9. Cornegliano bei Alba.
10. Castelnuovo bei Tortona.

Reichsstädte:[2] Casale, Cesarea, Tortona, (vielleicht Chieri u. Testona).

---

[1] Über die Revindikation des mathild. Gutes cf. Overmann p. 72 ff.

[2] Als solche betrachte ich Communen, die im Eigentum des Reichs standen.

B. Lombardei.

11. Palast in Pavia.
12. Chiavenna (zum Herzogtum Schwaben gehörig).
13. Sorico bei Chiavenna.
14. Insula Fulcherii mit 19 Ortschaften.
15. Guastalla.
16. Luzzara.

Reichsstädte: Crema, Locarno, Sermione, Gravedona. Reichsland Val Camonica.[1]

Wie man sieht waren es stattliche Gebiete, doch ausser der Insula Fulcherii und dem Sturathal keine Complexe, sondern einzelne wichtige Burgen mit Pertinenzen, nach strategischen Rücksichten ausgewählt. Dass die ligurischen Reichsbesitzungen von den Quellen des Po bis Pavia gereicht hätten, ist nicht zu beweisen (vgl. Matthäi p. 35.) Allerdings bildeten die Orte Annone, Turin, Ivrea den Mittelpunkt der kaiserlichen Landesverwaltung, nicht aber einer Domänenverwaltung, die, die Insula Fulcherii ausgenommen, überflüssig war. Hatte 1159—67 ein grosser Komplex landwirtschaftlicher Güter bestanden, so gab es jetzt nur einzelne Burgen, zu deren Verpflegung die umliegenden Güter herangezogen wurden.

So hatte Friedrich I. nach vielen wechselvollen Kämpfen doch eine beträchtliche, besonders militärische Machtstellung in Oberitalien erworben.

D. HEINRICH VI., PHILIPP, OTTO IV. UND FRIEDRICH II.

1190—1250.

Heinrich VI. schlug eine der Politik seines Vaters schnurstracks entgegenlaufende Politik in Oberitalien ein. Der Schwerpunkt wurde nunmehr nach Unteritalien verlegt, und zu dessen Erwerb diente die Veräusserung der von

[1] Dazu kommen noch eine Reihe mathildischer Orte wie Gonzaga, Bondeno, Pegognaga, Suzzara.

Friedrich in langen Kämpfen erworbenen Besitzungen. So vernichtete die unteritalienische Politik, die dem Hause der Staufer so verhängnisvoll wurde, auch die territorialen Besitzungen des Reichs in Oberitalien.

Schon am 21. Januar 1191 verpfändete er für 1000 Pfund die alten Reichsbesitzungen Borgo S. Donnino und Bargone an die Stadt Piacenza (St. 4670), am 11. Februar belehnte er den Markgrafen Bonifaz von Montferrat mit den Gütern des Markgrafen von Incisa, der wegen Strassenraubs geächtet worden war (St. 4676), in einer Urkunde für Como vom 12. Februar betont er zwar die Rechte des Herzogtums Schwaben auf die Stadt Chiavenna (St. 4678), gab Como aber dafür ausser Baradello und Olonio, die bereits Friedrich geschenkt hatte, auch noch Sorico und die Regalien in Domaso und Gravedona (St. 4679), im Jahre 1192 unterstellte er der Stadt Como die Leute von Isola Comacina, Lenno, Caviano, Bellinzona, Locarno, Bormio und Teglio, von denen wenigstens Locarno reichsunmittelbar gewesen war (St. 4753).

Um von Genua Schiffe zu erhalten für die sizilische Expedition, belehnte er die Stadt mit dem wichtigen Castell Gavi (St. 4701. Const. 337), den Markgrafen von Montferrat 1191 mit Gamondo und Marengo (St. 4729) und 1193 auch mit der Reichsstadt Cesarea (St. 4839); dem Bischof von Vercelli wurde die Reichsstadt Casale zugesprochen, dem Bischof von Tortona schenkte er die letzten Reichsbesitzungen im Gebiete seiner Stadt (St. 4755 a), die von Friedrich gekaufte Reichsbesitzung Airasca vertauschte Heinrich mit dem Grafen von Biandrate gegen ein Gut in Tuscien (B-F. 300), und das Sturathal befand sich auch 1197 in den Händen des Markgrafen von Montferrat. So blieben in Piemont nur noch Turin und Ivrea, Annone und Serralonga übrig,[1] die dem getreuen Thomas de None unterstanden. Nicht weniger gründlich räumte Heinrich mit dem Reichsgut in der Lombardei auf. Am 25. November 1191 versprach er der Stadt Cremona, Crema und die Insula Fulcherii zu übergeben,

[1] Die Schicksale von Arto und Cornegliano kennen wir nicht.

wofür er 3000 ℔ erhielt; 1000 Pfund[1] davon versprach er zurückzuzahlen, wofür er noch Guastalla und Luzzara verpfändete (St. 4719. Const. 338—340). Mit diesen Orten wurde Cremona sofort belehnt (St. 4720). Am 5. März 1192 zu Hagenau wurde öffentlich die Abtretung der Insula Fulcherii ausgesprochen (St. 4740), doch erst Ende des Jahres 1193 ergriffen die Cremonesen von der Insula Besitz (Töche p. 627), am 6. Juni 1195 investierte Heinrich selbst zu Como die Cremonesen mit Fahne und Lanze mit Crema (St. 4948). Eine weitere grössere Reichsbesitzung, die Grafschaft Garda, verkaufte Heinrich im Jahre 1193 für 1000 Mk. Silber an die Stadt Verona (St. 4828—29), so dass auch in der Lombardei ausser Chiavenna (vgl. St. 4735) kaum noch etwas vom Reichsgut übrig blieb.

Nach Heinrichs Tod gingen auch die letzten Reichsgüter verloren. Die Astesen setzten sich in den Besitz von Annone und Serralonga (Cod. Astensis 639), die Bewohner von Reggio und Mantua haderten um Gonzaga, Pegognaga, Bondeno und Luzzara, die Reste des mathildischen Guts in der Lombardei (cf. Overmann p. 97). Den Bischof von Como finden wir 1205 im Besitz von Chiavenna, die Pfalz in Ivrea, die Trushard v. Kestenburg gehabt hatte, kam an Rainer v. Biandrate, während sich in Turin die Familie des Thomas de None zu behaupten vermochte.

In der Folgezeit finden sich noch wiederholt Ansätze zur Bildung eines Reichsguts und Rekuperationen einzelner Burgen. Doch diese Bestrebungen haben keinen dauernden Erfolg mehr gehabt. In den nächsten 10 Jahren griff die Reichsgewalt in Italien kaum ein. Das lange Doppelkönigtum und der Bürgerkrieg in Deutschland machte dies unmöglich. Von König Philipp haben wir nur eine Urkunde, die uns hier angeht. Am 1. Juni 1207 belehnte er den Grafen Thomas von Savoyen mit den Städten Chieri und Testona (B-F. 48). Doch handelt es sich hier sicher um eine Schenkung von Städten, die Philipp nicht besass.

[1] $155^1/_2$ Lire nach Töche p. 619 Nr. 21 = 30 Mark Silber, so dass die Mark = 5,018 Lire ist.

Dem Grafen mochte es überlassen sein, die Schenkung auszuführen.

Kräftig griff dagegen Otto IV. auf dem Römerzuge von 1209 in die oberitalienischen Dinge ein. Gleich nach dem Betreten des italienischen Bodens fand er Gelegenheit die Reichsburg Garda, die Heinrich VI. verkauft hatte, von Verona zurückzufordern und eine Besatzung hineinzulegen. (Otto v. St. Blasien MG. SS. 20, 333). Dann zog der Kaiser südwärts nach Rom und erst im Frühjahr 1210 erschien er wieder in der Lombardei. In Mailand anerkannte er die Herren von Locarno (B-F. 380) und die Gemeinde Treviglio als reichsunmittelbar. (Winkelmann, Otto p. 224). Von Asti forderte Otto die Reichsburg Annone zurück (B-F. 418), verzichtete aber auf den während der 12 Jahre von der Commune Asti aus dieser widerrechtlich okkupierten Reichsbesitzung gezogenen Nutzen. Nachdem der Konflikt mit dem Papst ausgebrochen war, entschloss sich der Kaiser zu verschiedenen Massregeln in Oberitalien, um sich die ihm noch Getreuen zu erhalten. So erhielten am 24. Januar und am 16. Februar 1212 die Städte Crema und Chieri die Reichsunmittelbarkeit (B-F. 461, 466) und am 22. Februar wurde der Graf von Casaloldo, der schon 1210 Nogara erhalten hatte, mit dem Varisius von Montechiaro zusammen mit den mathildischen Gütern Gonzaga, Bondeno und Roncello belehnt, unter der Bedingung, dass der letztere auch Treue schwöre, widrigenfalls das Lehen nur an den Grafen von Casaloldo fallen sollte (B-F. 469). Damit meinte Otto Brescia auf seiner Seite halten zu können (Winkelmann, Otto p. 287).

Noch im Sommer 1212 kam Friedrich II. in die Lombardei, der Cremona die Insula Fulcherii und Crema wieder bestätigte (B-F. 670). Die mathildischen Güter, von denen immer noch Reste in der Lombardei vorhanden waren, erhielt die römische Kirche durch die Egerer Goldbulle. Eine Reihe von Orten, wie Bondeno und Pegognaga, befanden sich allerdings schon seit 1208 in städtischer Gewalt (cf. Overmann p. 104, 106). Annone blieb noch einstweilen königlich, was aber mit Garda geschah, wissen wir nicht. Vermutlich haben sich die Otto feindlichen Veronesen nach dem Abzuge des Kaisers aus Italien der Burg wieder bemächtigt.

Vom Hoftage zu Basel aus wurde dann 1214 die Burg Annone den Astensern verpfändet für 1000 M. Silber (B-F. 754), doch es dauerte noch sechs Jahre, bis nach einer abermaligen Zahlung von 800 M. die Burg von Berthold de None wirklich übergeben wurde (B-F. 1224/25). Dieser hatte ausserdem den kaiserlichen Palast in Turin und die Arimannen von Celle, Wiesen- und Ackerland in Turin noch aus Heinrichs VI. Zeit als Lehen, was ihm Friedrich bestätigte (B-F. 778). Im November 1220 erhielten indes die Herren von Revigliasco und Trofarello den Ort Celle (B-F. 1211).

Sonst ist aus der Zeit von 1212—20, in der Friedrich in Deutschland weilte, wenig zu berichten; es gab kein Reichsgut, und wenn z. B. 1219 der König dem Markgraf von Montferrat Pasiliano, Torcello und Cuniolo schenkt, so ist dies auch eine Verleihung von Orten, die der Markgraf sich erst mit dem Schwert erobern musste (B-F. 981). Ebenso verhält es sich wahrscheinlich mit der Schenkung von Vigevano an Pavia (B-F. 1039). Die übrigen Urkunden sind nur Bestätigungen: Cremona erhielt Crema und die Insula Fulcherii (B-F. 1041), die Edlen von Locarno ihr Reichslehen (B-F. 1044), der Graf von Biandrate Ivrea und Airasca (B-F. 1132), Genua die Burg Gavi (B-F. 1179), das Evasienstift in Casale die angeblichen Schenkungen Liutprands bestätigt (B-F. 1190). Als Friedrich selbst nach Italien kam, suchte er für die Abtretung von Gonzaga und Bondeno, Orten, die Otto dem Grafen von Casaloldo übertragen hatte, an die Kirche mit allen Mitteln zu wirken. (Vgl. Winkelmann, Friedrich II. p. 102 B-F. 12622). Über Vigevano ergingen die widersprechendsten Verfügungen, in dem die eine Urkunde den Ort für reichsfrei erklärte, die andere ihn Pavia schenkte (cf. Winkelmann p. 100). Dagegen wurde die Reichsunmittelbarkeit der Stadt Casale von Friedrich anerkannt (B-F. 1189).

In den folgenden Jahren war der Kaiser in seinem sizilianischen Königreich vollauf beschäftigt und fand wenig

Gelegenheit in die Dinge in der Lombardei und Piemont einzugreifen. Er liess sich hier durch Legaten vertreten. Energisch griff 1221 der Bischof Konrad von Metz und Speyer ein, der der Stadt Asti den Befehl erteilte, die Grafschaft Loreto herauszugeben und Castagnole dem Berthold de None zu restituieren. Asti kam dem nicht nach und wurde gebannt (B-F. 1338). Freilich fehlte die Macht den Bann zu vollstrecken. Dem Grafen von Biandrate verlieh Friedrich 1221 die Stadt Chieri (B-F. 1341), dem Markgrafen von Montferrat eine Reihe von Gütern u. a. Ponzano, Val Orba, Pecetto (B-F. 1471), die aber der Kaiser kaum besessen hat. Sehr interessant ist eine Urkunde von 1224, in der Wilhelm von Montferrat für 9000 M. Silber dem Kaiser eine grosse Zahl von Gütern, u. a. Novi, Moncalvo, Pontestura, Gabiano, Tonco, Odalengo, Chivasso, 1/2 Felizzano, 1/2 Sezze, 1/2 Retorto zum Fruchtgenuss verpfändet und dann auch bis zum Betrage von 7200 M. eine Reihe von Orten, die der Kaiser von den Gläubigern des Markgrafen auszulösen berechtigt ist, z. B. Vallenza, Lù, Monbaruzzo, Rocca Val Orba (B-F. 1524).[1] Damit bekam der Kaiser die Erträge eines grossen Gebiets in Piemont, doch ist es fraglich, wie viel er in Wirklichkeit davon erhalten hat. 1226 machte der Kaiser einen vergeblichen Versuch in die Lombardei einzudringen. Nach dessen Scheitern hielt er sich bis 1236 von Einmischungen in die Dinge Oberitaliens fern.

Dagegen griff Friedrich von 1236 ab hier energisch ein, und von nun an sehen wir wieder Bestrebungen, die auf einen unmittelbaren Reichsbesitz gerichtet sind. 1236 wurde das östliche Oberitalien, 1237 ein grosser Teil der Lombardei und 1238 Piemont vollständig unterworfen. In dem letztgenannten Lande blieb auch die Organisation des Kaisers bis 1250 bestehen.

Im östlichen Oberitalien müssen wir zunächst erwähnen, dass die Bistümer Brixen und Trient, die für den Brenner besondere Wichtigkeit hatten, in unmittelbarer kaiserlicher

---

[1] Zweck war die Wiedereroberung von Thessalonich. Vgl. B-F. 12877.

Verwaltung sich befanden (cf. Ficker § 406 B-F. 13208a). Wichtiger aber waren die Erwerbungen des Kaisers im Gebiete von Como. Die Stadt selbst unterwarf sich 1239 und wurde dem Berthold v. Hohenburg, 1241 dem Masnerio de Burgo unterstellt (cf. Ficker § 403). Von Como aus gelang es nun Güter der Stadt und des Erzbistums Mailand in kaiserliche Gewalt zu bringen, die Friedrich auch am 20. November 1239 seinem Capitän Berthold übertrug (B-F. 2596). 1240 belehnte Friedrich die Stadt Como mit Porlezza, Val Solda, Val d'Intelvi, die wegen Hochverrats der Mailänder konfisziert worden waren (B-F. 3109). Andere Besitzungen dagegen behielt er fürs Reich. So sollte die Burg Sessa der Curie jederzeit zur Verfügung stehen; besonderes Gewicht legte aber der Kaiser auch auf die Burgen Bellinzona und Mte. Cenere. In dieser Zeit war der Gotthardpass eröffnet worden, und Friedrich strebte danach, dass die ganze Gotthardstrasse durch Reichsland ging. So wurden Uri und Schwyz reichsunmittelbar und ebenso erscheinen südlich der Alpen die beiden Thäler Blegno und Leventina als reichsunmittelbare „universitates", die der Kaiser sich weigert Como zu überliefern. Die Thäler sollten zu Leistungen für die Burgen auf dem Mte. Cenere und zu Bellinzona nach dem Befehl des Kaisers herangezogen werden (B-F. 3157, 3183). Sie unterstanden mit Lecco dem kaiserlichen Capitän Johann de Andito. Später trat Smaliade de Belottis in Lecco und der Riviera des Sees an seine Stelle. In Como selbst befand sich eine deutsche Besatzung. Indes im Jahre 1242 nehmen die Mailänder die Burg Bellinzona ein und seitdem hören wir nichts mehr über kaiserliche Besitzungen in diesen Gebieten (B-F. 13422. Winkelmann, Acta no. 678. Muratori SS. 11, 679).

Ferner machte der Kaiser auch im Südosten der Lombardei Eroberungen; das Castell Roncarolo mit einigen Pertinenzen übergab König Enzio 1242 den Cremonesen (Ficker 4 no. 380. B-F. 13423), was Friedrich selbst 1244 bestätigte (B-F. 3410). Einige wohlgelegene mathildische Güter, wie Pegognaga und Bondeno zog der Kaiser für das Reich ein (s. o.). Bedeutende Schenkungen im Gebiete von

Cremona neben solchen in Parma und Piacenza machte Friedrich 1249 (B-F. 3774) dem Grafen Pallavicini. Es sind die Orte Busceto, Zibello, Sta. Croce, Ragazzola, Lagoscuro, Tolarolo, Polesine.

Bedeutender waren die Erfolge des Kaisers in Piemont, wo Friedrich viele Erwerbungen machte, indes zum grossen Teile nur zum Nutzen des Grafen von Savoyen, der schliesslich alles für sich bekam. Fast alle Städte Piemonts stellten sich 1238 unter den Schutz des Kaisers und wurden kaiserlichen Capitänen unterstellt, so Turin und Moncalieri, Savigliano, Chieri, Ivrea und Acqui (Ficker § 401). Bonifaz von Montferrat bekam zwar 1245 eine Bestätigung aller seiner Reichslehen (B-F. 3492), doch am 26. Januar 1247 musste er sich verpflichten, dem Capitän Guido Marrachus die Burgen Chivasso, Virolengo, S. Sebastiano, Loriano, Montacuto, Cavagnolo, Brusasco, Mercorengo, Cocconato, Monale, Cunengo, Codcavallo, Arbugnano, Pigno, Murolo, Monticestino, Gabiano, Camino, Pontestura, Cuniolo, S. Salvatore und Lù zu überliefern (B-F. 13597. Ch. 2, 1866), so dass der Kaiser Gewalt über das ganze Gebiet von Montferrat erlangte. Mit einer Reihe von Gütern in Montferrat z. B. Occimiano, Vignale, Valenza, Monbaruzzo, Pomario, Pecetto, Lù hatte der Kaiser 1240 (oder 1238) einige Edele von Pavia belehnt (B-F. 3131).

Im Gebiet von Turin finden wir Friedrich im Besitz des Reichspalasts zu Turin, der Brücke, an der er ein Castell anlegte, von Moncalieri, Cavoretto, Castelvecchio, Montesolo, Collegno und von Rivoli, ferner von Lanzo, Canavese und Ivrea.[1] Aber diese Orte trat Friedrich an den Grafen Thomas von Savoyen ab (vgl. B-F. 3626, 3732 - 3741, 3813, 13599, 13603), doch sollte sie bis zum Frieden noch der Schwiegersohn des Kaisers Jakob de Carretto behalten. Nach drei Jahren musste indes Ivrea, Canavese und Lanzo, nach weiteren fünf Jahren das übrige abgetreten werden (Winkelmann no. 412). Endlich hören wir noch von einzelnen Ein-

---

[1] Auf Avigliana scheint Friedrich II. Absichten gehabt zu haben, cf. B-F. 13508.

ziehungen, so z. B. von mail. Kirchengütern im Gebiet von Tortona (Winkelmann no. 370), von heimgefallenen Reichslehen in Mantua (Winkelmann no. 708) und von Vercelleser Kirchengütern (B-F. 3744 49). Auch im Gebiet des Markgrafen von Montferrat machte Friedrich Erwerbungen, als dieser abfiel (B-F. 3717 a), gab ihm aber, als er sich unterwarf, alles zurück und fügte noch Verrua hinzu (B-F. 3744).

So sehen wir am Ende der Herrschaft des Reichs in Italien gerade in unserem Gebiet eine nicht unansehnliche territoriale Macht in der Gewalt des Herrschers, die derselbe freilich noch bei Lebzeiten aus seiner Hand gab. Die letzten Reste kamen nach dem Tode des Kaisers wieder in die Gewalt ihrer ehemaligen Inhaber. Nach Friedrichs Tode sind wohl noch vorübergehend Rekuperationen versucht worden, ohne indes irgend dauernden Erfolg zu haben. Mit 1250 ist die wirkliche Herrschaft Deutschlands über Italien verschwunden und somit können wir die Geschichte des Reichsguts mit diesem Jahre abschliessen.

ZWEITES BUCH.

ÜBERSICHT DES TERRITORIALBESTANDS DES REICHSGUTS IN DER LOMBARDEI UND IN PIEMONT.

LOMBARDEI.

I.

PROVINZ SONDRIO

MIT BERGELL UND PUSCHLAV.

Litteratur: Th. v. Mohr, Codex diplomaticus ad historiam Raeticam. Chur 1848/52. — Memorie della societa per la storia dell' antica diocesi die Como enthalten in Bd. 1—9 einen „Codice diplomatico della Rhezia", der vorwiegend Urkunden für Chiavenna giebt. —

Veltlin: Quadrio, Dissertazione intorno la Valtellina 1755. — G. Romegialli, Storia della Valtellina. Sondrio 1834. — U. C. v. Salis, Fragmente der Staatsgeschichte des Thales Veltlin und der Grafschaften Cleven und Worms. Zürich 1792/93.

Chiavenna: Crollalanza, Storia di Chiavenna. Milano 1870.

Graubündten: v. Planta, Die churrätischen Herrschaften in der Feudalzeit. Bern 1881. — Schweizerische Geschichtsforscher 4, 169 ff.

Bergell: Lechner, Das Thal Bergell. Leipzig 1874. — Meyer v. Knonau im Jahrbuch des Schweizer Alpenklubs, Bd. 15 p. 377 ff. Bern 1879/80.

Die Provinz Sondrio setzt sich aus zwei scharf von einander geschiedenen Gebieten zusammen, dem oberen Addathale oder Veltlin, das sich vom Wormser- und

Stilfser Joch bis zum Comersee erstreckt mit dem bedeutenden vom Berninapasse kommenden schweizerischen Seitenthale von Puschlav, und dem Thale von Chiavenna, das sich bei dieser Stadt nördlich zum Splügen und östlich zum Septimer und Maloja verzweigt.

1. Veltlin (Valtellina).

Wie in den meisten Alpenthälern lagen in Veltlin in langobardischer Zeit umfangreiche königliche Besitzungen, die sich wahrscheinlich an Befestigungen anschlossen, die in römischer oder ostgothischer Zeit zum Schutze Italiens an den Alpenpässen angelegt waren. Aus der langobardischen Zeit haben wir nur eine Nachricht vom Jahre 761, in dem die Königstochter Anselperga mit der Gattin des Gastalden [1] von Lodi Güter austauschte (Tr. 770. CL. 25). Unter diesen befand sich auch ein Hof im Veltlin im Werte von 550 solidi mit 4 Aldionen, die mit ihrem Vermögen auf 340 sol. geschätzt wurden. Wahrscheinlich stammte dieser Hof aus dem Krongut, obwohl es nicht mit Sicherheit nachzuweisen ist.

Als Karl der Grosse das Langobardenreich eroberte, verlor natürlich das Veltlin seine einstige Wichtigkeit, da nun nördlich und südlich der Alpen der gleiche Herrscher gebot. Wie der Frankenkönig das benachbarte Val Camonica dem Martinskloster in Tours schenkte, so verlieh er dem zweiten grossen Kloster Galliens, St. Denis das Veltlin im Jahre 775 (B-M. 177). Vielleicht hatte der spätere Abt Fardulf, der damals aus dem Langobardenreich nach Frankreich kam, die Mönche auf das schöne fruchtbare Thal aufmerksam gemacht. Doch das Veltlin war sehr entlegen, die benachbarten Herren, insbesondere der Bischof von Como, machten auch Ansprüche. Noch unter Karl selbst kam es zu einem Prozess zwischen Waldo von St. Denis und dem Bischof Peter von Como, in welchem das Klösterlein St. Fedele und die drei Pfarrkirchen von Mazzo (Amatia),

---

[1] CL. 25 hat die Lesart gasindio.

Bormio (Burmis) und Poschiavo (Postclave) der Kirche von Como zugesprochen wurden. Lothar bestätigte diese Entscheidung am 3. Januar 824 (B-M. 987. CL. 104). Neun Jahre später, am 7. Oktober 833, bewilligte Lothar dem Kloster St. Denis das Recht im Orte Haenohim (?) am Comer See im Thale Veltlin einen Markt zu errichten und befreite zwölf freie und dem Kloster nützliche Leute vom öffentlichen Dienst (B-M. 1003). Am 21. Oktober 843 bestätigte er die Immunität für die Besitzungen des Klosters in Bormio, Poschiavo, Marcellisco, und Milinianum (B-M. 1076). Bei den Kämpfen mit dem Vater hatte Lothar Güter der Abtei entzogen und seinem Ministerialen, dem Grafen Matfried, zu Lehen gegeben. In einer neuen Urkunde vom 3. Januar 848 restituirte nun der Kaiser einem früheren Versprechen gemäss (B-M. 1097, 4) dem Kloster die Veltliner Besitzungen (B-M. 1098). In späterer Zeit ist von Rechten von St. Denis in Veltlin nicht mehr die Rede. Dagegen scheint der Kaiser über Güter im Thale, sei es über die von St. Denis, sei es über andere, weiter verfügt zu haben. Im Jahre 864 wird ein kaiserlicher Vassall fränkischen Geschlechts namens Godiprand und ein kaiserlicher Ministerial namens Gerulf erwähnt, die über ein Gut in Cescino[1] im Veltlin einen Vertrag schliessen (CL. 230). Die Ansprüche des Bistums Como fanden eine Bestätigung durch Heinrich II., der 1006 die Hälfte der Vizegrafschaft im Thal dem Bischof Alberich übertrug (St. 1432. Tatti 2, 827). Dieser verfügte im gleichen Jahre über mehrere Besitztümer im Thal, so über die Kirche von Bormio, das Castell von Castenate (vielleicht Castione), und die Fischerei in Puschlav (Tatti 2, 828). Kurze Zeit war der Ort Talamona östlich von Morbegno Krongut. Er gehörte dem Grafen Albert von Parma, wurde von Heinrich II. eingezogen, doch schon 1015 S. Abondio in Como verliehen (St. 1656).

Noch in staufischer Zeit gehörte die am Eingang des Thales, auf einem Hügel bei Fuentes gelegene Burg von

[1] Vielleicht Cercino am rechten Addaufer westlich von Morbegno; 3 km. westlich liegt Mantello, wo die Urkunde ausgestellt ist.

Olonio, deren Mauern bis zum See von Mezzola reichten[1] und eine Art Thalsperre bildeten, zum Reichsgut. Doch ist es auch möglich, dass die Burg erst durch Rekuperation Friedrichs I. eingezogen wurde. Als Como dem Kaiser weniger zuverlässig zu sein schien, schenkte er, um sich die Treue der Stadt zu sichern, am 25. Oktober 1164 mit dem wichtigeren Baradello auch den Thurm von Olonio der Stadt und Kirche von Como (St. 4032 a).[2]

Die beiden Orte Delebio (Alebio) und Morbegno (in den Urkunden Morsegia od. Morciutia) im unteren Veltlin werden angeblich von Liutprand S. Carpoforo in Como geschenkt (Tr. 445). Friedrich I. bestätigte sie dem Kloster (St. 3857), doch dürfen wir nicht daraus schliessen, dass die Orte je Reichsgut gewesen sind. Später verfügte noch Heinrich VII. über das Veltlin, das er mit der Burg Tresivio bei Sondrio dem Ritter Egeno v. Matsch aus dem Vintschgau für 400 Mk. verpfändete.[3] 1335 kam das Thal an die Visconti und ging damit endgiltig der Krone verloren.[4]

2. Chiavenna und Nebenthäler.

Während aus dem Veltlin nur Wege von geringerer Wichtigkeit über die Alpen führen, beherrschte Chiavenna (Cleven) zwei der bedeutendsten Alpenstrassen, den Splügen und den Septimer.[5] Wahrscheinlich befand sich hier schon in römischer oder in ostgothischer Zeit ein Castell, das die Nordgrenze militärisch schützte und zugleich als Zollstätte diente. Auch bei Chiavenna finden sich wie in den Dorathälern und im Sturathal sog. „Clusae". Wahrscheinlich

---

[1] Amati 5, 698. Olonio ist nicht Olona, wie Quadrio p. 123 annimmt.

[2] Heinrich VI. bestätigt Olonio St. 4678, und befiehlt Bormio und Teglio Como zu gehorchen. St. 4753.

[3] Mohr 1, Nr. 160 p. 226.

[4] v. Salis 2, 144.

[5] Der Maloja kommt für unsere Zeit weniger in Betracht.

wurden diese Festungsanlagen Eigentum der langobardischen Herrscher, ohne dass wir über diese Zeit nähere Aufschlüsse erhielten. Paulus berichtet nur, dass Ansbrand auf der Flucht nach Chur Chiavenna berührte (PD. 6, 21).

Die erste urkundliche Nachricht über die Stadt erhielten wir aus dem Jahre 803, aus einer Urkunde Karls des Grossen (B-M. 397). Nach dieser schenkte der Kaiser die Grafschaft, die Klausen und die Brücke von Chiavenna den Klerikern von Como. Dies ist jedenfalls eine Interpolation; zweifelhaft kann es erscheinen, ob auch die Schenkung der Brücke und der Klausen („clusas et pontem iuris nostri de Clavenna"), die sich in den Urkunden Lothars von 824 (B-M. 987) und Ludwigs III. (CL. 281 u. 388 sind die gleiche Urkunde in zwei Fassungen) findet, später eingeschoben ist. Der Grund für die Interpolation wäre in dem späteren Streite Comos mit Chur zu suchen; man bestrebte sich auf diese Weise den Besitz von Chiavenna schon in eine entfernte Vergangenheit zu versetzen. Die wirkliche Schenkung der Klausen und der Brücke fand wahrscheinlich erst 937 durch Hugo und Lothar statt (CL. 550), wogegen von der Grafschaft nicht die Rede ist.[1] Die Schenkung wurde dann durch Lothar im Jahre 950 (CL. 593) und durch Otto II. im Jahre 977 (St. 717. DO. II. 166) bestätigt. Indes scheint es diesem Herrscher gut geschienen zu haben, an dem wichtigen Platz an der Grenze auch einem deutschen Fürsten Besitztümer anzuvertrauen. So entschloss sich Otto im Jahre 980 den Zoll der Mairabrücke[2] bei Chiavenna, den Wächter der Brücke Leo mit dessen Familie und anderen zur kaiserlichen villa Chiavenna gehörigen Knechten, dem Bischof Hildibold von Chur zu schenken. Die Klausen scheinen bei Como geblieben zu sein, während in Chiavenna selbst noch eine kaiserliche Domäne bestehen blieb (St. 782. DO. II. 237). Ausgedehnter

[1] „clusas et pontem iuris regni nostri de Clavenna cum omni reditu et exibitione."

[2] Es wäre denkbar, wenn auch nicht gerade wahrscheinlich, dass diese Brücke nicht mit der Como geschenkten identisch wäre.

wird dann eine spätere Schenkung Ottos II.[1] gewesen sein, die Otto III. im Jahre 995 dem Bischof Waldo von Chur bestätigte (DO. III. 175. St. 1047). In dieser Urkunde verlieh Otto alle Rechte im Castell von Chiavenna und ausserhalb desselben, die vorher ein Graf Amizo zu Lehen gehabt hatte. Das Castell hatte wie aus der Urkunde hervorgeht, bedeutende Pertinenzen, die vermutlich zum Unterhalt der Besatzung dienten. Im folgenden Jahre, am 26. April 996 bestätigte Otto III. die Klausen und die Brücke von Chiavenna wieder dem Klerus von Como (DO. III. 207. St. 1077a). Diese Bestätigung für Como wurde von Arduin (St. 1843), Heinrich II. (St. 1384) und Konrad II. (St. 1906) wiederholt. Erst der letztere bestätigte dann auch wieder die Besitzungen des Churer Bistums (St. 2007) und vermehrte dieselben durch die konfiszierten Güter Wilhelms und Rogers in Chiavenna, und durch den Ort Plurs, Besitzungen, die die Kanoniker und das Marienstift zu Chur erhielten (St. 2101, 2112). Von Heinrich III., von dem wir keine Bestätigungsurkunde zu verzeichnen haben, wurden wahrscheinlich Brücke, Klausen und Castell wieder für das Reich eingezogen und dem dortigen Grafen — auch unter Konrad II. ist ein Graf Rudolf nachweisbar[2] — zur Verwaltung übertragen. Heinrich IV. restituirte 1065 dem Bistum Como seine Besitzungen und entschädigte den Grafen Eberhard von Sponheim durch die elsässischen Güter Schweighausen und Hochfelden (St. 2665. 2668).

Im zwölften Jahrhundert erhob sich Chiavenna, das sich nun auch zu einer Kommune herausgebildet hatte und behauptete reichsunmittelbar zu sein. Im Juli 1152 belehnte Friedrich I. die Konsuln der Stadt mit der Grafschaft (St. 3616).[3] Hierüber beschwerte sich der Bischof von Como.

[1] Ich nehme eine zweite Schenkung Ottos II. an, da DO. II. 237 nur die Brücke mit Zubehör schenkt, während DO. III. 175 sich auf das Castell Chiavenna selbst bezieht, von dem in DO. II. 137 gar nicht die Rede ist. Vgl. Planta p. 74, Anm. 1.

[2] Dieser ist nach Bresslau, Konrad II., Bd. 2, 441 wahrscheinlich Lehnsmann des Bischofs von Como gewesen, während Eberhard kaiserlicher Graf war.

[3] Vgl. Ficker, Forschungen 2, 197.

Die Streitsache wurde auch in der Pfalz zu Bamberg verhandelt und schliesslich durch Spruch des Kaisers und der Fürsten dahin entschieden (St. 3667), dass die Grafschaft nach Urkunden Karls des Grossen und seiner Nachfolger — vielleicht fällt die obenerwähnte Interpolation erst in diese Zeit — dem Bischof gebühre. Doch damit war der Streit noch nicht beendet. Friedrich erkannte die Wichtigkeit von Chiavenna und ordnete die Neuaufnahme der Sache an. Auf einem Reichstage zu Ulm bekundeten die Grossen des Schwabenlandes, insbesondere Gottfried von Holta und Ulrich von Pfullendorf, dass Chiavenna seit Alters her zum Herzogtum Schwaben gehöre.[1] Friedrich schlug hierauf die Stadt zum Herzogtum d. h. zu seinem unmittelbaren Hausgut, und übertrug die Verwaltung der Grafschaft den Rectoren der Kommune, um die Landschaft vor den Mailändern, wie vor den andern Lombarden zu schützen (St. 4536). Hierdurch kennzeichnet sich der Richterspruch als eine gegen Mailand gerichtete strategische[2] Massnahme. Als Heinrich VI. 1191 die Jurisdiktion und Regalien in Chiavenna der Stadt Como übertrug, wahrte er doch die Rechte des Herzogtums Schwaben (St. 4678) und bestätigte 1192 ausdrücklich die Entscheidung des Ulmer Tages (St. 4735).

Doch die Herrschaft des Herzogtums Schwaben bezw. des Reichs über Chiavenna war von kurzer Dauer. 1203 behaupteten die Konsuln zwar noch ihr Recht direkt vom Kaiser ableiten zu können.[3] Doch schon 1205 legte der Bischof von Como den Bewohnern von Chiavenna eine Steuer von 15 Pfund auf und behielt sich das Pedagium vor, während er den Zoll an der Mairabrücke der Stadt für 10 Pfund jährlich überliess.[4] 1219 ist die Stadt Como im Besitz von

---

[1] Das erste Zeugnis für die Zugehörigkeit Chiavennas zu Deutschland datiert von 1065. Vgl. Stumpf in den Forschungen 15, 160.

[2] So erwarb Friedrich 1170 die Vogtei im Bistum Chur (Mohr 1, Nr. 142) für seinen Sohn.

[3] Memorie della societa 6, p. 214.

[4] ebendaselbst 7, p. 152.

Chiavenna und Plurs.[1] 1335 fiel Chiavenna an die Visconti.[2]

In der Grafschaft Chiavenna haben wir folgende Reichsbesitzungen zu erwähnen:

Riva di Chiavenna (frazione der Gemeinde Samolaco), südlich von Chiavenna. Berengar I. verlieh neben Mauriatica in der Brianza (oder im Bergell?) den Hof in Samolaco, der Ripa genannt wird, seiner Gattin Anna, eine Schenkung die Hugo und Lothar am 17. Mai 937 bestätigten (CL. 549). Was später aus dem Königshof wurde, ist unbekannt.

Ronca. Friedrich I. verlieh am 3. Juli 1185 dem Wipert aus Chiavenna, für das zu erbauende Kloster zu Dona bei Chiavenna, ein Grundstück in Ronca, an die Strasse, an Klosterland und an die Allmend angrenzend, und einen Acker dazu; da die Clavennaten die Nutzung dieses zu den Regalien gehörigen Landes hatten, wurden sie durch Wiperts Haus in der Stadt entschädigt (St. 4423). — Sorico am Südrand des Sees von Mezzola; die kaiserlichen Rechte hier wurden mit Olonio und Baradello von Heinrich VI. 1191 der Stadt Como übergeben bezw. bestätigt (St. 4678).

Von Chiavenna zieht sich das Val Giacomo nordwärts zum Splügen hin, über dessen Verhältnisse wir indes nicht unterrichtet sind. Vermutlich gehörte es zum Gebiete von Chiavenna.[3] Eigene Schicksale aber hatte das von der Maira durchströmte:

Bergell oder Val Bregaglia, das sich östlich zum Maloja und Septimer hinzieht. Die Grenze gegen das Gebiet von Chiavenna bildete der Luverbach oder Lovere, der noch heute den Kanton Graubündten vom Königreich Italien scheidet. Die erste Nachricht über das Bergell verdanken

---

[1] Mohr 1, Nr. 186.

[2] Planta p. 77. Noch Kaiser Max belehnte den Bischof von Chur mit Chiavenna 16. Okt. 1516 (Staatsarchiv Mailand feuda Valtellina) und noch im 18. Jh. bekam der Bischof aus dem Zolle zu Cleven jährlich 573 fl. 24 Kreuzer. Berghaus, Deutschland vor 100 Jahren, Bd. 1, 127.

[3] Planta a. a. O. p. 71.

wir einer Urkunde Otto's des Grossen von 960 (St. 271. DO. I. 209), in der er das Thal Bergell (Vallem Pergalliae) mit der Gerichtsbarkeit, den zu dieser „Mark“ gehörigen Abgaben, dem Zoll und den Forsten gegen das Gut Kirchheim im Neckargau mit dem Bischof Hartbert von Chur vertauscht. Darnach war entweder das Bergell schon bei einer früheren Gelegenheit ans deutsche Reich gekommen, oder was wir für wahrscheinlicher halten, von Berengar II. zugleich mit der Mark Verona an Otto abgetreten worden. Seit 960 gehörte das bis dahin fiskalische Bergell unbestritten zum Bistum Chur, dem es von Otto II. (DO. II. 124), Otto III. (St. 917. DO. III. 48), Heinrich II. (St. 1423)[1] und Heinrich III. (St. 2170) bestätigt wurde. In der Urkunde Otto's III. von 988 wird auch eine Burg und eine Kirche in Bergell angeführt, nach den Angaben Lechners (p. 26) und Meyers von Knonau (Jahrbuch des Schweizer Alpenklubs 15, 386) Burg Castelmur bei Promonontogno nebst der dortigen Kirche. Doch das Bergell scheint noch der königlichen Kasse zu Leistungen verpflichtet geblieben zu sein. Nach einem Churer Güterverzeichnis[2] des 11. Jh. betrug der „Census regius“ des Bergells 20 solidi Silber, dazu eine Leistung für den Camerarius[3] und ausserdem 190 Widder. Sehr ergiebig war der Zoll, der am Zollamt in Vicosoprano erhoben wurde.[4]

---

[1] Die Urkunden Heinrichs II. und Friedrichs I. für die Bergeller St. 1821. 4279 benutze ich nicht, da es grobe Fälschungen sind. Vgl. Planta p. 48 und Bresslau im Anzeiger f. Schwz. Gesch. 6, 312 ff. Erst im 13. Jh. finden sich Spuren der Freiheit der Bergeller. cf. Meyer v. Knonau a. a. O. p. 387.

[2] Mohr 1 p. 297. Zellweger im Schweiz. Geschichtsforscher 4, 169 ff.

[3] Nach Zellweger a. a. O. p. 257 der Inspektor der königlichen Güter in Rhätien, der bei der Inspektionsreise Abgaben erhielt.

[4] Vgl. für die spätere Zeit Mohr 2 p. 120.

II.

KANTON TESSIN.

Litteratur für Como und Tessin.

Für Como: Memorie della societa per la diocesi di Como s. o. — G. Rovelli, Storia di Como. Como 1789/94. — Tatti, Degli Annali sacri della citta di Como. Como 1663.

Brianza: J. Cantu, Le Vicende della Brianza. Milano 1853.

Varese: L. Borri, Documenti Varesini. — Brambilla, Varese e il suo circondario. 1874.

Reichenauer Güter: K. Brandi, Quellen und Forschungen zur Geschichte der Abtei Reichenau. Heidelberg 1890 ff.

Mesocco: Th. v. Liebenau, Die Herren von Sax zu Misox. Beilage zum Jahresbericht der histor.-antiq. Gesellschaft von Graubündten pro 1889. Chur 1890.

Wir wir schon bemerkten, war gerade in den Alpengegenden ein umfangreicher königlicher Besitz vorhanden, der sich an uralte Befestigungen und Castelle anschloss, die dazu bestimmt waren, die Alpenstrassen zu decken und zur leichteren Erhebung der Zölle dienten. Ein solches Castell befand sich in Bellinzona, dem Mittelpunkte des Cantons Tessin. Der Platz, an der Kreuzung der Bernhardin- und Lukmanierstrasse einerseits — der Gotthard wurde erst seit dem 13. Jahrhundert häufig benutzt — und der Strassen nach Lugano—Mailand und Locarno andererseits gelegen, hatte strategisch eine hohe Bedeutung. Das Castell, das wahrscheinlich seit der langobardischen Eroberung königlich war, wird zuerst 590 erwähnt, ohne dass etwas über die Besitzverhältnisse gesagt wurde.[1] Aus dem 9. und 10. Jahrhundert kennen wir verschiedene Urkunden für die Bischöfe von Como, in denen Bellinzona genannt ist (B-M. 397. CL. 281, 388. DO. II. 166); doch hier ist nur von der plebs, Pfarrkirche, Grafschaft, districtus und portus einerseits, der Immunität andererseits die Rede. Für unsere Zwecke ist es nur wichtig festzustellen, dass das Bistum im Thale von

[1] Paulus, Diaconus 2, 31. „Bilitionis castrum“.

Bellinzona seit dem 9. Jahrhundert Rechte und Besitzungen hatte. Das Castell blieb indes im 10. Jahrhundert noch in den Händen des Reichs. Erst 1002 schenkte Arduin seinem Erzkanzler Peter von Como den dem Staate gehörigen Teil des Castells von Bellinzona mit Zubehör (St. 1842. Tatti 2, 817). Natürlich war diese Schenkung für Heinrich II. nicht verbindlich. Als dieser im Jahre 1004 in Locarno weilte, wandte sich der Nachfolger Peters, Everard an ihn; da Heinrich an der Treue des Bischofs von Como etwas liegen musste, da durch dessen Gebiet die wichtigsten Alpenstrassen zogen, so liess er sich herbei, ihm dies von Arduin geschenkte Castell nun selbst zu schenken (St. 1383. Tatti 2, 824). Es blieb seitdem bischöflich und ging später an die Stadt Como über (St. 4753).

Mehrere Güter in der Nähe von Bellinzona gehörten dem Kloster Cielo d'oro in Pavia, von denen ein Teil aus Reichsgut stammen dürfte. Sicher bezeugt ist dies nur von Alpepiana,[1] das wahrscheinlich in dieser Region zu suchen ist. Dieser Hof wurde nach der Angabe einer Urkunde der Könige Hugo und Lothar von 929 (CL. 529) von Aribert dem Kloster geschenkt. Ferner gehörte die Capelle St. Maria di Primasca „in valle Belinzona" (vielleicht Barnasca zwischen Giornico und Biasca), Calavade (vielleicht Cavatte bei Biasca) und Cresciano bei Claro diesem Kloster (CL. 529. Stumpf, Acta 285), das auch im Livinen- und Blegnothal Güter hatte.

Über die Besitzverhältnisse in den drei sich bis zum Kamm der Zentralalpen erstreckenden Thälern, haben wir nur spärliche Nachrichten. In dem zum Gotthard sich hinaufziehenden Val Leventina (Livinenthal) und dem Val Blegno, das am Lukmanier endet, hatte das Erzbistum Mailand Grundbesitz,[2] der angeblich aus einer 940 erfolgten Schenkung des Bischofs Atto von Vercelli stammte.[3] Das dritte dieser Thäler, das den Bernhardin mit dem

[1] Vielleicht Pianezzo, im Kreis Giubbasco im Val Morobbia, südlich von Bellinzona.

[2] Hidber Nr. 1808. 1892.

[3] Hidber 1019.

Rheinthal verbindet, das Val Mesocco oder Thal von Misox, soll Karl III. dem Grafen Ulrich IV. von Bregenz verliehen haben; mit Recht bezeichnet v. Liebenau[1] diese Nachricht als wertlose Legende. Mit weniger Bestimmtheit können wir über den Wert der folgenden Nachricht über Misox entscheiden. Danach schenkte Konrad II. im März 1026 der Kirche von Como die in den Alpen jenseits von Bellinzona gelegene Grafschaft Misox, die bis dahin ein Deutscher für das Reich verwaltet hatte (St. 1905). Die Urkunde in der uns vorliegenden Form hält v. Liebenau mit Bresslau[2] für falsch, doch meint er, ihr Inhalt sei im wesentlichen richtig und auf Grund verlorener Urkunden, im 14. Jahrhundert kompiliert. Die Staufer hätten zwar Misox den Herren von Sax verschafft, aber nicht als Reichslehen, sondern als Lehen des Bistums Como. Ausser dieser Kirche besass übrigens auch das Bistum Chur Güter in Misox, wie wir einem Verzeichnis des 11. Jahrhunderts entnehmen.[3]

Wenden wir uns nun dem am Lago Maggiore gelegenen Teile des Kantons zu, so finden wir in dem Haupthafen am See, in Locarno einen alten Königshof. Denselben verlieh Kaiser Ludwig II. 866 (B-M. 1201. CL. 248) seiner Gemahlin Angilberga und bestätigte ihr denselben 870 (B-M. 1211. CL. 237).[4] Weitere Bestätigungsurkunden liegen von Karl III. (B-M. 1559) und von Arnulf (B-M. 1767) vor. Was die Kaiserin mit Locarno machte, wissen wir nicht; in ihrem Testament (CL. 270) fehlt der Hof. Heinrich II. hielt sich 1004 in Locarno auf, doch können wir daraus nicht auf Reichsbesitz schliessen. Dass das Bistum Como die Pfarrkirche zu Locarno besass, ergiebt sich aus Urkunden Ludwigs III. (CL. 281) und Otto's II. (DO. II. 166). Unter

---

[1] v. Liebenau, Die Herren von Sax zu Misox s. o.

[2] Jahrb. Conrads II., 1, 441 f.

[3] Mohr 1, p. 295.

[4] Der Codex Langobardiae hat eine andere Chronologie. Ich folge durchweg Mühlbachers Datierung. Eigene Untersuchungen habe ich nicht vorgenommen, da für unsere Zwecke wenig auf die Jahreszahl ankommt.

Otto III. treffen wir in Locarno, wie an vielen anderen Orten am Lago Maggiore (z. B. Lesa, Stresa, Baveno) Besitzungen des Klosters S. Salvator Reginae zu Pavia an, das dieselben von Bischof Liutfred von Tortona erhalten hatte (DO. III. 414).

Im Hauptort des südlichen Teils des Cantons, in Lugano scheint ein Königshof nicht bestanden zu haben. Doch schenkte im Jahre 898 Berengar I. auf Fürbitte des Erzbischofs Landulf von Mailand seinem Getreuen Ermenulf einige zum Reiche gehörige Aldionen und Unfreie in Lugano (in vico et fundo Luani. Die Form Luano findet sich häufig, z. B. CL. 388, 821) mit Frauen und Kindern. Auffällig ist, dass Berengar im Februar 898, zu Lebzeiten Kaiser Lamberts, sich in Mailand aufhielt, und über Güter westlich der Adda verfügte; doch ist es wohl denkbar, dass bei der Teilung des Reiches das zum Erzbistum Aquileja gehörige Bistum Como Berengars Anteil zugefallen ist. Markt nnd Zoll zu Lugano standen dem Bistum Como zu (CL. 281. 388. DO. II. 166).

Agnuzzo an der Landstrasse Agno-Lugano; der Hof Annanucium wird am 31. Juli 819 (B-M. 677. CL. 94) von Ludwig dem Frommen dem Klerus von Como geschenkt mit Pertinenzen von Cadro (entweder Carona am See bei Melide oder Cadro nordöstlich von Lugano) bis Ponte Tresa, heute an der Schweizer-italienischen Grenze. Doch die Urkunde ist eine Fälschung; und wenn auch eine echte Vorlage benutzt ist, so vermögen wir doch für den Inhalt nicht einzustehen, zumal sich sonst von diesen Orten in Urkunden des Bistums keine Spur findet.

Sonvico (Summovico) nordnordöstlich von Lugano wird in einer dem Liutprand zugeschriebenen Urkunde (Tr. 445) dem Kloster S. Carpoforo in Como geschenkt. Die Beglaubigung dieser Urkunde durch ein Diplom Friedrichs I. von 1159 (St. 3857 a) vermag nicht zu beweisen, dass Sonvico Reichsgut war.

Cabbio im Val di Muggio am Südabhang des Mte. Generoso, vielleicht identisch mit Cabroi, das Angilberga dem S. Sistokloster in Piacenza schenkte (CL. 270). Nach der Ansicht Giulini's (1, 372) ist indes Caprino bei Anghera am Lago Maggiore gemeint.

Staufische Bestrebungen.[1]

Ein Hauptbestreben der staufischen Politik bestand darin die Verbindungen zwischen Deutschland und Italien zu sichern.[2] Wie Friedrich I. Garda für das Reich, Chiavenna für das Herzogtum Schwaben in Anspruch nahm, Val Camonica für reichsunmittelbar erklärte, so stellte er Gravedona am Comer See und Locarno am Lage Maggiore direkt unter das Reich, während Heinrich VI., der in vielen Punkten eine der seines Vaters entgegengesetzte Politik trieb, die beiden Orte anhielt, der Stadt Como gehorsam zu sein.[3] Im übrigen kümmerte sich Friedrich I. weniger um die Tessiner Pässe, da sie an Wichtigkeit den von Chiavenna ausgehenden damals nachstanden. Dies änderte sich, als im 13. Jahrhundert der Gotthardpass eröffnet wurde, dessen Bedeutung Friedrich II. sofort einleuchtete. Wie er bestrebt war sich die Nordseite des Passes zu sichern, zeigen die weltbekannten Privilegien Friedrichs für Schwyz und Heinrichs (VII.) für Uri, die die Verbindung zwischen den oberrheinischen Besitzungen des Kaisers und Italien herzustellen bestimmt waren. Ebenso traf der Kaiser Massnahmen, um sich die Südseite des Passes zu sichern. Wir erinnern uns, dass in diesen Gebieten das Erzbistum Mailand reichen Grundbesitz hatte. Friedrich konfiszierte diesen 1240 wegen „crimen laesae maiestatis", ebenso wie er 1239 den weltlichen Besitz der Mailänder eingezogen hatte, und verleibte ihn dem „demanium imperii" ein (B-F. 2596,

---

[1] Die Rekuperationen im Tessin sollen im Zusammenhang mit denen in der Provinz Como besprochen werden, so weit diese nicht mit den Mailänder Begebenheiten zusammenhängen, oder wie z. B. bei Baradello an ältere Verhältnisse anknüpfen.

[2] Darauf wies Ficker hin in den Forschungen § 300, Bd. 2 p. 196. Vgl. oben p. 61 ff.

[3] Ficker 2, 198.

3109). Zunächst standen die konfiszierten Güter unter der Verwaltung des kaiserlichen Capitäns Berthold, Markgrafen v. Hohenburg; im Jahre 1240 aber verlieh der Kaiser Porlezza, Val Solda,[1] Val d'Intelvi (Tellium)[2] und die anderen Güter im Comenser Gebiete der Stadt Como (B-F. 3109). Die Burgen auf dem Mt. Cenere und zu Bellinzona und die beiden Thäler („universitates et communia") von Leventina und Blegno behielt er aber unter Reichsverwaltung und stellte sie mit Lecco unter den Capitän Johann de Andito (B-F. 3157, 3183). 1241 wurde der Cremonese Smaliade de Belottis mit der Verwaltung von Lecco und der Riviera (des Sees) betraut. Endlich sicherte sich der Kaiser noch die Burg Sessa an der Tresa zwischen Lago maggiore und Luganer See durch Geiseln, die er sich von den dortigen Capitänen geben liess und befahl die Veste jederzeit dem Reich zur Verfügung zu stellen (B-F. 3157). 1242 fiel Bellinzona, „einstmals das Herz von Como, jetzt ein ihnen totbringendes Schwert", wie die Sieger triumphierend ausriefen, in die Hände der Mailänder,[3] die damit den Bestrebungen Friedrichs nach dieser Richtung hin ein Ende bereiteten.

III.

PROVINZ COMO.

1.

Das Gebiet der heutigen Provinz Como gehörte in langobardischer Zeit wahrscheinlich zu den Herzogtümern Mailand und Bergamo. In Como selbst lassen sich in karolingischer Zeit Gastalden nachweisen (CL. 236, 296).

In der Stadt Como ist keine Königspfalz, was um so begreiflicher ist, da ja die nahe Pfalz Monza in Como ein

[1] Val Solda besteht aus zwei kleineren Thälern, die westlich von Porlezza in den Luganer See münden. Das Thal war bis 1782 ein Lehen des Erzbistums Mailand. Cf. Amati 7, 788.

[2] Val d'Intelvi, 17 Km. lang, zwischen Osteno am Luganer und Argegno am Comer See s. u.

[3] Winkelmann, Acta selecta Nr. 678. B-F. 13422. cf. Muratori, SS. 11, 679.

königliches Schloss überflüssig machte. Auch grossen Grundbesitz scheinen die Könige in der Stadt nicht besessen zu haben. Nur ein Haus, welches der Rotlind, Tochter Hugos, gehörte, scheint aus fiskalischem Gut zu stammen (DO. II. 130). Wie überall, so waren auch hier die Befestigungen königlich. Einen Teil der Mauer von der Porta St. Laurentii bis zur Fonte Scandia mit 6 Fuss nach aussen und innen schenkte 959 Lothar II. einem gewissen Nazarius [1], einen weiteren Teil der Mauer, 25 perticae (300 Fuss) lang, und 10 Fuss breit, schenkte Otto II. 983 dem Kaufmann Baribert mit einem Thor, das zum Markte führte, und 3 Türmen (St. 858a. DO. II. 312).

Die Stadt Como wird überragt von einem Berg, auf dem noch heute ein hoher Turm an ein altes Castell erinnert, das die südlichen Zugänge beherrschte, dem Mte. Baradello. In der angeblichen Urkunde Liutprands für San Carpoforo (Troya 445) wird die Burg dem Kloster geschenkt, doch diese Nachricht verdient keinen Glauben. Diese Bestimmung, die sich in der echten Urkunde Friedrichs I. nicht findet, wurde wahrscheinlich erst im 13. Jahrhundert gefälscht, als S. Carpoforo am Berg Baradello wirklich Besitzungen hatte [2] und nun auf die ganze Burg Ansprüche machte.

Wie dem auch sei, im Kampf mit Mailand erkannte Friedrich I. 1159 die Wichtigkeit des Platzes und liess zum Schutze und wenn nötig zur Beherrschung Como's ein neues mit Mauern und Türmen wohl versehenes Castell erbauen, das er mit deutschen Mannschaften belegte.[3] 1160 verweilte der Kaiser selbst auf der Burg.[4] Dann wurde sie der Amtssitz des kaiserlichen Statthalters im Bistum Como, des Magister Paganus, der von hier aus die in diesem Sprengel gelegenen Mailänder Güter verwaltete.[5] Als Como von Mailand nichts mehr zu fürchten hatte, musste aber die Zwingburg ihm äusserst lästig fallen. Die Stadt geriet

[1] MIÖG. 5, 392.
[2] Mail. St. Archiv. Urk. Cielo d'Oro von 1280.
[3] MG. SS. 23, 349.
[4] MG. SS. 18, 627.
[5] Gesta Friderici p. 56.

hierüber mit dem Kaiser in ernstliche Differenzen. 1164 überliess derselbe, da ihm mehr an dem Bündnis mit Como als an der Burg gelegen war, das Castell der befreundeten Stadt zu gemeinsamem Besitz mit dem Bischof (St. 4032a), eine Schenkung, die Heinrich VI. bestätigte (St. 4678).

Geronico al Piano, ca. 5 km westlich von Como. Sowohl in der gefälschten Urkunde Liutprands (Tr. 445) als in der echten Friedrichs I. für S. Carpoforo (St. 3857 a) wird eine silva regia in „Gelonico" erwähnt. Es dürfte daraus zu schliessen sein, dass es in Geronico thatsächlich einen königlichen Forst gegeben hat, ohne dass wir die Zeit näher anzugeben wüssten, in der derselbe der Krone verloren ging.

2. Brianza.

Mariaga zwischen dem Lago di Pusiano und Erba, nach der Ansicht Porros identisch mit Mauriatica, das am 17. Mai 937 Hugo und Lothar der Kaiserin Anna, der Wittwe Berengars I., bestätigen (CL. 549).[1] Nach deren Ableben scheint der Hof an die Königin und nachmalige Kaiserin Adelheid übergegangen zu sein, die ihn an S. Salvatore in Pavia schenkt (DO. II. 281. CL. 997). Das Gut war 766 Joch gross; ob sich die in der Urkunde stehenden Begrenzungen („turrente Tellione, in paule de Berto, in Marlongo et quomodo tenet fossato Scalide, usque in Griza, et ex alia parte ipse . . . .") noch auf Mariaga beziehen, ist nicht sicher, da die betreffende Stelle ausserordentlich verstümmelt ist.

In Cologna bei S. Maria Höe, südlich vom Lago di Annone, ist zwar keine Domäne genannt, doch in Grenzbestimmungen wiederholt Königsgut erwähnt. In einer Urkunde von 862 (CL. 223) grenzt das erste der in derselben vertauschten Grundstücke „in Pratelle" auf zwei Seiten, östlich und nördlich, das zweite von allen Seiten, das dritte und vierte auf drei Seiten an Königsland (terre domni regis). Es ist sehr wahrscheinlich, dass Cologna in der Brianza

[1] Nach HPM. 16, 367 soll Mauriatica gleich Muro im Bergell sein.

gemeint ist, da erstens der Tauschvertrag in Monza abgeschlossen ist, da zweitens der Lambro erwähnt wird, der eine Meile westlich von Cologna fliesst, und drittens die Schätzer (existimatores) aus dem benachbarten Sirtori (Sertole) stammen. Unzweifelhaft ist das gleiche Cologna in einer Tauschurkunde von 923 (CL. 502) gemeint, in der auch Sirtori vorkommt; auch in diesem Schriftstück wird ein Grundstück erwähnt, das auf einer Seite an Königsland grenzt. Nach einer dritten Tauschurkunde von 943 (CL. 573) in der ebenfalls Sirtori genannt wird, grenzt ein Acker in Cologna, der campus de Rotecauxo genannt wird, an einer Seite an Land der „Herren Könige". In der folgenden Urkunde, die uns aus Cologna erhalten ist, von 966 (CL. 694) ist kein Königsland mehr erwähnt, dagegen Land von S. Ambrogio, das hier auch ein Castell besass. Ist somit der Bestand von Reichsgut in dieser Gegend für die Zeit von 862—943 verbürgt, so können wir nicht angeben, von welcher Domäne dasselbe abhing und welche Schicksale es erfuhr.

Capiate an der Adda und Melianico (beide mand. di Oggiono) sind identisch mit den beiden Orten Clepiate und Melianico, in denen Karl III. 880 zur Grafschaft Mailand gehörige Besitzungen dem Kloster S. Ambrogio verlieh (B-M. 1560). Zu Capiate hatte dasselbe schon 835 einen Hof (B-M. 1016. CL. no. 124 col. 221).

Cremella zwischen Missaglia und dem Lago di Pusiano mit einer angeblich von Theudelinde gegründeten Abtei S. Peter (cf. CL. p. 844 Anm. 1), Bulciago (Blauciacum) nördlich von Cremella, Calpuno frazione der Commune Lurago d'Erba an der Eisenbahn Mailand-Erba. Diese drei Orte waren Güter der Abtei S. Giovanni in Monza, vielleicht dem Krongut entnommen. Wahrscheinlich Karlmann, von dem es auch anderweitig bezeugt ist, dass er Güter von S. Giovanni in Monza an seine Getreuen gegeben hat (CL. 289), überliess die drei Orte Ministerialen.

Berengar I. stellte dann die Höfe dem Kloster zurück (CL. 490), dem sie Otto III. am 10. Juli 1000 bestätigte (DO. III. 377).

Barzano (villa dei Barzani) 4 Km. nördlich von Missaglia, dicht bei Cremella gelegen, war ein Gut des Grafen Siegfried, eines Anhängers Arduins, und wurde von Heinrich II. konfisziert, aber 1015 dem Bistum Como überlassen (St. 1655).[1]

3. Comer See.

Isola Comacina (Comacina insula), gegenüber von Sala im Comersee gelegen, war in der byzantinischen Zeit stark befestigt und diente nach dem Einfall der Langobarden dem Magister militum Francio zwanzig Jahre lang als Stützpunkt. Erst nach sechsmonatlicher Belagerung übergab der tapfere Byzantiner die Veste. Da indes die Belagerung und Einnahme nicht durch den König, sondern durch „alii Langobardi" erfolgt war (PD. 3, 27), so scheint die Insel nicht an den König gefallen zu sein, sondern wahrscheinlich an den Herzog von Bergamo. Als dieser, namens Gaidulf, sich einige Jahre später gegen König Agilulf erhob, floh er nach seiner Niederlage nach der Insel, die nun der König mit dem von den Byzantinern daselbst zurückgelassenen Schatz eroberte (PD. 4, 3) und wahrscheinlich für die Krone einzog. Im siebenten Jahrhundert diente das Eiland dem Könige Cunincpert (PD. 5, 38) und im Anfang des achten dem Ansbrand als Zufluchtsort (PD. 6, 19. 21). Eine wichtige Rolle spielte die Insel dann wieder zur Zeit der Kämpfe Ottos des Grossen mit Berengar. Von Otto I. ist ein Privileg für die Bewohner der Insel und für die Leute von Menaggio erhalten (St. 315 DO. I. 246), doch die Urkunde ist gefälscht und erst die Bestätigung derselben durch Heinrich V. (St. 3149) ist echt.[2]

Die Reichenauer Güter am Comersee. Wie andere hervorragende Klöster in Deutschland und Frank-

---

[1] Nach J. Cantu, Vicende della Brianza p. 45 soll Theodelinde in der Brianza Sümpfe ausgetrocknet und die Kirchen zu Oggiono, Rovagnate, S. Martino a Perledo gegründet haben. Doch dies ist sagenhaft. Nicht besser beglaubigt ist die Nachricht von ihrer Villa in Carate am Comer See.

[2] Vgl. Dümmler, Otto I. p. 342, Anm. 1.

reich, erhielt auch Reichenau von den Karolingern Besitzungen am Südrande der Alpen. Massgebend war hierfür besonders der Ölreichtum, der in den geschützten Gegenden am Südfusse des Gebirges herrschte, und es den Klöstern nördlich der Alpen ermöglichte, aus eigenen Olivenwaldungen Öl zu beziehen. Vielleicht war es auch auf Pilgerfahrten nach Rom den Mönchen erwünscht, nach der schwierigen Übersteigung der Berge in eigenem Hause ein Ruheplätzchen zu finden.

Nach einer Urkunde von 880 (B-M. 1567) bestätigte Karl III. dem Kloster Reichenau die von Karlmann geschenkten Orte Tremitis, Aeminas, Gravedona, Sandrobbio, Turdela und Castanado (zu identifizieren nur Tremezzo und Gravedona, Aeminas vielleicht Limonta) mit Burgen, Kirchen und Zehnten. Die Urkunde erklären aber Mühlbacher und Brandi [1] für gefälscht, doch liegt, wie auch der letztere annimmt, ein echter Kern zu Grunde, da wir auch anderweitig, sowohl in späteren Reichenauer Urkunden wie in Akten, die von der Klostertradition unabhängig sind, von Besitzungen des Klosters am Comersee Kunde haben.

Nach einer Gerichtsurkunde, die im Mailänder Staatsarchiv erhalten ist (CL. 296), wurde nämlich am 17. Mai 880 vor dem Bischof Johann und den beiden Grafen Adalbert und Alberich im bischöflichen Palast in Como ein Prozess verhandelt zwischen Reichenau (Augia) und S. Ambrogio zu Mailand, der schon vor dem König Karl selbst eingeleitet worden war. Die Reichenauer stellten die Behauptung auf, sechs Hufen zu Limonta gehörten zu ihrem Hofe Tremezzo; allein durch Zeugenbeweis wurde festgestellt, dass die streitigen Hufen S. Ambrogio gehörten. Als aber Arnulf nach Italien kam, setzten es die Reichenauer durch den Einfluss ihres Abtes, des mächtigen Erzbischofs Hatto von Mainz durch, dass im Gerichte des Pfalzgrafen Maginfred und des Bischofs Waldo in der Pfalz zu Pavia die sechs Hufen Reichenau zugesprochen wurden. Als indes Arnulf abgezogen war, wurde im Oktober 896 ein neuer

[1] „Die Reichenauer Urkundenfälschungen" 1890.

Prozess vor dem Gerichte Kaiser Lamberts in der Loggia des Erzbischofs von Mailand verhandelt, in dem die streitigen Hufen S. Ambrogio restituiert wurden.[1] Hiermit gaben sich die Mönche von Reichenau noch nicht zufrieden. Abt Berno schrieb einen langen Brief an Heinrich II.,[2] um durch dessen Einfluss die Besitzungen in Limonta zurück zu erlangen. Mit diesem Brief hängt, wie Brandi mit Recht bemerkt, wahrscheinlich die Fälschung der Urkunde B-M. 1567 zusammen. Hierauf nahm man, ein Beweis, wie ausserordentlich zäh man im Mittelalter an Ansprüchen, auch wenn sie unberechtigt[3] waren, festhielt, die Ansprüche wieder auf unter Heinrich VII. Es erging ein gerichtliches Urteil zu Como am 31. Juli 1311, das der König am 27. Oktober 1312 bestätigte.[4] Hiernach erstreckte sich der Besitzstand von Reichenau auf folgende Ortschaften:

In Tremezzo (Westufer des Comersees) 10 Hufen (darunter eine Halbhufe); 8 davon gaben das Fictum, d. h. 5 solidi, dazu 5 Scheffel Korn und 1/3 der Feldfrüchte (blave sicalis und pannici), der neunte Hof gab nur das fictum (5 sol. weniger 6 nummi), die Halbhufe gab 15 denar. Ferner bekam Reichenau noch 4 Krüge 36 Sester Wein (die Amfora zu 48 Sester), und ein Pfund Öl. Die Namen der 10 Hufen waren: Ballonio, Mancagagio (Menaggio?), Olesio, Lestino, Villiano, Roate, Nerio, Cardano, Marlianico und Carate (am Westufer des Sees zwischen Como und Tremezzo).

In und bei Gravedona[5] besass Reichenau:

1. 5 Hufen in Peglio (Pellio) landeinwärts 2½ km. nordwestlich von Gravedona. Die Hufen lieferten

[1] CL. 370, vgl. Dümmler, Ostfr. Reich, Bd. 3 p. 378.

[2] Chronik des Gallus Öhm ed. Brandi p. 86 ff.

[3] Limonta gehörte mit bestem Recht San Ambrogio nach B-M. 1012 von 834. Die beiden erhaltenen Urteile der Gerichte zu Como und Mailand sind durchaus gerecht.

[4] Neugart-Mone, Episcopatus Constantiensis (1862) p. 683. Zeitschrift für Geschichte des Oberrheins, Bd. 27 (1875) p. 478. Quellen und Forschungen zur Gesch. von Reichenau, Bd. 2 p. 18.

[5] Der Ort Gravedona gehört Reichenau natürlich nicht. Es handelt sich nur um Güter in Gravedona s. o. u. St. 3668.

je 8 solidi, dann $8^1/_2$ staria Weizen und 16 staria Fensch und alle 3 Jahre $13^1/_2$ sol. als precaria.

2. 1 Mansus in Naro (Nari), 1 km. nördlich von Gravedona, lieferte 22 sol. weniger 4 den. alle 3 Jahre als precaria.
3. 2 mansi in Livo, 3 km. nördlich von Gravedona und in Cuiano[1] gaben je 5 sol. fictum und alle 3 Jahre $13^1/_2$ sol. als precaria.
4. 1 Mansus in Cuiano und Livo zinste dem Gastalden des Klosters „pro suo officio".

Dazu kamen Vassallen von Reichenau in Domaso, Gravedona, Paleggio und ein Olivenwald in Sursaro.

Aus alledem ergiebt sich mit Bestimmtheit, dass die Urkunde B-M. 1567 an wirkliche Besitzverhältnisse anknüpft.

Val Intelvi (s. o.) zwischen Comer und Luganer See, ist vielleicht identisch mit dem Val Antelamo[2] oder Val Telamo, in dem Liutprand Holzarbeiter (carpentarii) dem Kloster Cielo d'Oro in Pavia schenkte (CL. 529).

In Cressogno am Luganer See westlich von Porlezza wird 932 ein Grundstück erwähnt, im Orte Cresencia, das an einer Seite an Land der Königc grenzt (CL. 542). Zu welchem Hofe dasselbe gehörte, wissen wir nicht.

Mehrere Orte am Nordwest- und Nordufer des Sees Dongo (Dygo), Musso (Musi), Vregenzano (Vogenzate) und Colico (Colione) werden in einer angeblichen Urkunde Liutprands S. Carpoforo (Tr. 445) geschenkt und von Friedrich I. bestätigt (St. 3857a). Dass die Orte je Reichsgüter gewesen sind, ist nicht zu beweisen.[3]

Am Ostufer des Sees ist Bellano vielleicht mit dem CL. 381 von Berengar I. 898 an S. Christina in Olona geschenkten Bellamium identisch. Allein die Bezeichnung „in comitatu Aquinensi" würde dem widersprechen.

Am See von Lecco, unweit von Bellaggio liegt Limonta,[4] einer der wenigen Höfe, über die wir genau

---

[1] Vielleicht Caino nordöstlich von Domaso.
[2] Der Bach, der das Val d'Intelvi durchströmt, heisst Telo.
[3] Ueber Surico und und Olonio vgl. Provinz Sondrio.
[4] Vgl. Seregni im Archivio storico Lombardo, 1895, Bd. 3 p. 60.

unterrichtet sind. Im Jahre 834 schenkte Kaiser Lothar dem Kloster S. Ambrogio in Mailand den Hof Limonta (Lemunta) mit Herrenhaus, der dem hl. Genisius geweihten Kapelle, Olivenwaldungen und 6 Hufen mit 34 dazu gehörigen Unfreien, um vom Ertrage in der Friedhofskapelle am Grabe des Knaben Hugo, Bruders seiner Gemahlin Irmingard, Lichter zu beschaffen (B-M. 1012. CL. 121). In einer Urkunde vom 8. Mai 835 (B-M. 1017. CL. 125) wird die Schenkung bestätigt und zugleich näher erläutert. Hiernach gab es in Limonta 32 Bewohner (zwei weniger als im Vorjahr).

Urso	mit Frau und	5	Kindern	=	7
Fosculus	„ „ „	5	„	=	7
Lobianus	mit	3	„	=	4
Ariulfus	mit Frau und	3	„	=	5
Agipert	„ „ „	1	„	=	3
Lupus	„ „ „	4	„	=	6
					32

Somit entfiel auf jede Hufe in Limonta eine Familie. Dazu schenkte Lothar jetzt noch zwei Olivenwaldungen, die eine im Ort Aucis, dem heutigen Olcio am östlichen Ufer des Sees von Lecco, die andere in Conno, das mit Onno am Westufer des Sees, südöstlich von Limonta, identisch sein dürfte. Der Ort Onno selbst gehörte der Kirche zu Missaglia, doch die Einwohner desselben waren verpflichtet, bei der Ernte der Oliven den Bewohnern der kaiserlichen Domäne zu helfen, die Oliven mit ihnen auszupressen und nach der Stadt Pavia zu fahren. Im Weigerungsfalle konnten sie gepfändet werden (CL. 126). Die Verwaltung des Hofs leitet ein Actor, der auch Scario genannt wird (CL. 126), doch kam bisweilen zur Inspektion ein Gastalde auf das Gut. Den Mittelpunkt desselben bildete ein kleines Herrenhaus und eine Kapelle, die aber eigener Einkünfte ermangelte (mit Ausnahme des Zehnten).

Nach einem Inventar gaben 5 Hörige (manentes) 36 Scheffel Korn, 12 Krüge Wein, 12 Schweine, zu je 20 denar, 18 Widder zu je 5 denar, 60 Hühner und 300 Eier im Jahr. Dazu gab es noch Land, das nicht von Hörigen bebaut war, wahrscheinlich die sechste Hufe, die Lothar geschenkt hatte. Dieselbe wurde von 2 Knechten bearbeitet, die 5 solidi zahlten. Ferner befanden sich 2 Aldionen auf dem Hofe, die sich[1], um dem Feinde zu entgehen (propter hostem), in den Schutz des Klosters begeben hatten, und 4 solidi zahlten. Die Olivenwälder brachten 60 Pfund Öl ein. Die letzteren sind noch besonders behandelt in einem fragmentarischen Inventar (auch CL. 126). Zwei Stücke liegen beim Hofe, drei Stücke in Olcio, eins in Onno. In den Olivenwaldungen arbeiteten Leute die nichts entrichteten, und ihre „peculiares" für Kleidung und Nahrung hatten, wie es scheint, also Gesinde waren.[2]

Andere Pertinenzen von Limonta hatte S. Ambrogio von Lothar auf der Halbinsel zwischen den Seen von Lecco und Como erhalten, so in Civenna (Cevenna) südlich von Limonta an der Strasse nach Erba, Magreglio (Madronino) an der gleichen Strasse, Candalino (Cantolico oder Cantunico) nordöstlich von Canzo und in Silvaniaco (Selvaniate DO. I. 138 Lage unbekannt). Als die Bewohner dieser Orte dem Fiskus gehörten, waren sie verpflichtet, Öl nach dem Kaiserhof Deusdedit (Desio) zu fahren, weigerten sich aber später dies für das Kloster zu thun; sie wurden nun vor dem Gericht des Vicedominus des Erzbistums Mailand 882 dazu gezwungen (CL. 314). 905 anerkannten die Bewohner von Altonico (Cantolico?), dass sie verpflichtet seien, die Oliven zu sammeln, zu pressen und fortzufahren, den Abt oder seine Angestellten über den See zu rudern, jährlich 70 denar, 100 Pfund Eisen, 30 Hühner und 300 Eier zu entrichten (CL. 416). Dass auch der Ort Villa südwestlich von Bellaggio eine Pertinenz von Limonta bildete, erfahren wir aus einer Urkunde Ottos I. von 951 (DO. I. 138, St. 199). Der daselbst genannte Ort Ucto ist nicht zu identifizieren. Weitere Pertinenzen werden in einer

---

[1] Könnte auch heissen „um der Heerfahrt zu entgehen". So hat Seregni p. 25.

[2] „nihil reddunt predicti homines, sed excolunt prenominata oliveta et habent suos peculiares pro victu et vestitu. Vgl. Buch 3.

Urkunde Ottos III. von 998 (DO. III. 265) erwähnt, in der auch die als Allmend[1] benutzte (mons compascuus) Höhe von Bellaggio genannt wird. Über die Behandlung der Knechte in Limonta erfahren wir verschiedene Einzelheiten aus einer Urkunde von 905 (CL. 417). Der Vogt Pedelbert fordert von den Hörigen nicht nur zu viel Abgaben, lässt sie unnötig auf dem See fahren, nimmt ihnen ihr Vieh weg, lässt sie im entfernten Clepiate die Reben abschneiden, sondern was das ärgste ist, er will ihnen sogar die Haare abschneiden lassen. Der Abt entgegnet darauf: „servi estis, quicquid ita iubemus atque precipimus, facere debetis!“ Das unter dem Vorsitz des Erzbischofs von Mailand tagende Gericht war aber anderer Meinung und fixierte die Lasten der Bauern, wie sie in der Zeit bestanden hatten, als Limonta noch kaiserlich war, auf 3 Pfund denar und 10 solidi, 12 sest. Korn, 30 Pfund Käse, 30 Hühner, 300 Eier. Dann wurde die Verpflichtung anerkannt die Oliven zu sammeln, zu pressen und zu fahren, den Abt über den See zu rudern und 100 Pfund Eisen zu entrichten. Eine Neuregelung der Lasten von Limonta und der umliegenden Gemeinden fand 957 statt (CL. 625), wobei die Naturallasten z. T. in Geld umgesetzt wurden. Noch mehr standen die Geldleistungen im 11. Jahrhundert im Vordergrund.[2]

4.

In dem westlich von Como sich bis zum Lago Maggiore erstreckenden Hügellande sind nur wenige Reichsbesitzungen zu erwähnen.

In Bizozzero (Besezolo), südöstlich von Varese, verschenkte Liutprand nach CL. 529 carpentarii an Cielo d'Oro. Von den anderen in dieser Gegend Cielo d'Oro gehörigen Gütern ist es ungewiss, ob sie aus Reichsgut

[1] Nach Seregni p. 34 „Allmend“.

[2] Mail. St. Archiv Chartae sc. XI No. 776 app. 1. Die Angaben sind hier nicht erwähnt, da sie für die kaiserliche Zeit ohne Belang sind. Vgl. Buch 3.

stammten. (In CL. Nr. 1 sind genannt: Ballarate, Ispra, Oriano, Azzio, Orino, Cuveglio, Marchirolo, Lavena, Gavirate, Bardello, Schiano, Mozzate, Turate, Gerenzano und Venegano.)

Lavena am Luganer See unweit Ponte Tresa ist wahrscheinlich identisch mit dem DO. II. 130 genannten Lavenna, das der Rotlind gehörte und wohl aus fiskalischem Besitz stammt. Doch könnte auch Laveno am Lago Maggiore oder Lavino zwischen Bologna und Modena in Betracht kommen. Den letzteren Ort schenkte Otto I. am 3. Nov. 962 dem Presbyter Erolf (DO. I. 249). Nördlich von Laveno am Ostufer des Sees liegt Porto Valtravaglia, wo Berengar II. eine feste Burg besass. (Dümmler, Otto I. p. 340.) Ihre späteren Schicksale sind unbekannt.

Mozzate (an der Bahn Varese-Saronno), s. Provinz Mailand.

In diesem Landesteil nahm Friedrich I. die Burg Belforte bei Varese in Besitz, über die in früherer Zeit nichts aufzufinden ist. Dieselbe wird zuerst im Jahre 1162 (13. April) erwähnt, in welchem hier ein Gerichtstag stattfand.[1] Wahrscheinlich okkupierte Friedrich die Burg bei der Besetzung der Grafschaft Seprio. 1164 hielt er sich selbst hier auf (St. 4032). 1168 erscheinen die Bewohner als Mitglieder der lombardischen Liga (M-G. SS. 18 pag. 657).[2]

IV.

PROVINZ BERGAMO.

Litteratur: M. Lupi, Codex diplomaticus civitatis et ecclesiae Bergomatis, Bergamo 1784 ff.

Bergamo war in langobardischer Zeit die Residenz eines Herzogs. Schon nach dem Tode Klephs, also noch im 6. Jahrhundert wird hier ein Herzog namens Wallari erwähnt (PD. 2, 32). Unter König Agilulf fand eine drei-

[1] Mail. St. Archiv: Sta. Maria di Varese ch. sc. XII. Anwesend war der kais. Missus Ubitus.

[2] cf. Brambilla, Varese p. 168.

malige Erhebung des Herzogs Gaidulf von Bergamo statt, die mit dessen Hinrichtung endete (PD. 4, 13). — Das Herzogthum scheint aber entweder von Agilulf oder von einem seiner Nachfolger wieder besetzt worden zu sein, denn um 700 hören wir in Bergamo wieder von einem Herzog, namens Rotharit, der Aribert II. den Thron streitig machte. Doch der König zog mit grosser Heeresmacht gegen den Prätendenten, eroberte Bergamo, liess Rotharit ergreifen und später in Turin hinrichten (PD. 6, 20). Wahrscheinlich wurden damals die herzoglichen Güter eingezogen, und in Bergamo ein königlicher Gastalde eingesetzt. Im Jahre 769 wird ein gewisser Arichis als gewesener Gastalde von Bergamo genannt (CL. 37), und im Jahre 799 nennt sich der Bischof Tachimpald, „Sohn des Gastalden Teotpald" (CL. 71). Im Jahre 883 erscheint dann auch ein Gastaldat Murgula;[1] es geht vielleicht auf das alte langobardische Gastaldat zurück, das vor 700 neben dem Herzogtum bestanden hatte. Vielleicht wurde aber nur das Gastaldat Bergamo nach dem nahen Murgula verlegt.

In der Provinz Bergamo haben wir es weniger mit grossen Schenkungen zu thun, aus denen wir auf das ehemalige Vorhandensein von Gütermassen schliessen können, dagegen erhalten wie viele Aufschlüsse aus Kauf- und Tauschurkunden Privater, in denen gelegentlich erwähnt wird, dass Königsgut an vertauschte oder verkaufte Grundstücke angrenzt. Besonders zahlreich sind solche Erwähnungen in der Bannmeile der Stadt, in der wahrscheinlich die alten Herzogsgüter gelegen waren.

In der Stadt Bergamo[2] selbst gehörten die Festungswerke von Alters her, wie in anderen Städten, dem Könige. Als die Ungarn die Mauern zerstörten, erlaubte Berengar im Jahre 904 dem Bischof den Wiederaufbau, womit die neuen Mauern auch in bischöflichen Besitz übergingen.

---

[1] C. L. 319 „gastaldio de curte nostra Murgola".

[2] Auf das Bestehen eines Königshofes in der Stadt deutet eine Urkunde des Kapitulararchivs von 1295 hin, die ich der Güte des Hrn. Gius. Bonetti verdanke: „in vicinio S. Pancacii ubi dicitur in curte regia". Die Kirche S. Pancacio liegt in der Oberstadt.

(CL. 410),[1] ein Privileg, das 922 König Rudolf bestätigte (CL. 499). Den Mittelpunkt der Festung bildete das über der Stadt gelegene Castell, das sich an der Stelle des noch heute dort befindlichen Castells befand. Arnulf nahm hier nach der Erstürmung der Stadt im Jahre 894 seine Residenz (CL. 359)[2]. Wahrscheinlich ging das Castell mit den übrigen Festungswerken 904 in bischöflichen Besitz über. In der Altstadt selbst, die auf dem „Mons civitatis" liegt, kennen wir keinen königlichen Besitz, wohl aber am Abhang des Berges. Im Oktober 904 wird Königsland in fundo Petrorio[3] am mons civitatis erwähnt (CL. 411). Am westlichen Fusse desselben, am Südfuss des Castello dehnt sich heute der Vorort Borgo Canale aus, der mit „Cannale prope civitate Bergamo" identisch ist. Hier wird 933 ein Grundstück erwähnt, das östlich an Königsland angrenzt an einer Stelle, die „a fontana" heisst (CL. 544). Ausserhalb des südlich der Stadt gelegenen Borgo S. Leonardo liegen bei der Kirche St. Thomas Felder, die nach Lupi den Namen Calve führen und mit dem fundus Calfe identisch sind. Auf diesem wurden im Jahre 904 Grundstücke ausgetauscht, von denen das eine im Westen, das zweite am locus Calfasca im Süden, das dritte im Westen, ein viertes im Osten an Königsland grenzte (CL. 411).

Auf dem Boden des südöstlich von der Stadt gelegenen Borgo Palazzo lag der Königshof Murgula, an den noch heute das Flüsschen Morla und die Kirche S. Alessandro alla Morla erinnern (Lupi 1, 868). Am 26. Februar 875 schenkt[4] Ludwig der Deutsche den Hof seiner Nichte Irmingard als Eigentum (B-M. 1463). Woher Ludwig der Deutsche denselben hatte, wissen wir nicht. Lupi (1, 866) stellt die Vermutung auf, die Teilung der karolingischen Reichsgüter sei unabhängig erfolgt von der Teilung der Reiche und daher

[1] „et sint sub potestate ecclesie beati Alexandri".

[2] „actum Bergomensi castello".

[3] Petrorio wird mit dem alten römischen Praetorium in Zusammenhang gebracht.

[4] Mühlbacher hat „bestätigt", doch die Urkunde spricht von „in proprium concedere".

habe der ostfränkische König auch in Italien Güter gehabt. Wahrscheinlich handelt es sich nur um eine Eventualschenkung, indem Ludwig der Deutsche von Irmingard als Erbe ihres Vaters betrachtet wurde. Jedenfalls war Irmingard nicht lange im Besitz des Hofes. Wahrscheinlich nach ihrer Entführung durch Boso v. d. Provence im Jahre 877 wurde ihr das Gut durch Karl III. entrissen. Dieser hielt sich hier, wo eine kühlere Bergluft wehte als in der heissen lombardischen Ebene, öfters auf, so 883 (B-M. 1625—29) und 885 (B-M. 1647). Unter ihm kommt auch der Gastalde Johann in Murgula vor, den er mit einem Gute bei Cremona beschenkte (B-M. 1625). Im April 894 verlieh Kaiser Wido Murgula zugleich mit einem Hofe in der Grafschaft Piacenza seiner Gattin Ageltrud (CL. 361). Als Ludwig III. nach Italien kam, dem Murgula nicht nur als König, sondern auch durch Erbrecht als Sohn der Irmingard gehörte, schenkte er zuerst einige Pertinenzen des Hofes dem Bischof Adalbert von Bergamo und wenig später, im Jahre 901, den ganzen Hof „am Flusse gleichen Namens“ (secus fluvium simili modo nuncupatum CL. 398) der Kirche von Bergamo, was er kurz danach am 23. Mai bestätigte (CL. 394). Natürlich war diese Schenkung für Berengar nicht bindend. Er stellte im Jahre 903 (oder 904) eine Urkunde für den Bischof aus, in der er von der Schenkung Ludwigs nichts erwähnt und die Fiktion aufrecht erhält, als ob Murgula noch ihm gehöre („iuris regni nostri“). Er verleiht den Hof, der ganz nahe an der Stadt lag (subtus civitatem)[1] (CL. 404). Damit war Murgula endgiltig in den Besitz des Bistums übergegangen, dem es nun verblieb. Über den Hof selbst erfahren wir noch,

[1] Vorher schon scheint er, analog dem König Ludwig, einige Pertinenzen dem Bistum geschenkt zu haben, wenn nicht die ganze Urkunde vom Bischof vorgelegt wurde, und der Satz aus der Urkunde Ludwigs sinnlos abgeschrieben worden ist. Uebrigens ist charakteristisch, dass der Satz, der von der fidelitas des Bischofs handelt, in Berengars Kanzlei gestrichen wurde, während sonst der Text fast wörtlich übernommen wurde. Der gestrichene Satz lautet: „nec non et pro ipsius venerabilis praesulis fidelitate quam erga nostram imperialem usus est decentiam“.

dass dort am Alexandertag (10. Juli) ein Markt stattfand, der eine Einnahmequelle bildete und wahrscheinlich wegen der Nähe der Stadt Bergamo besonders gut besucht war (CL. 425).

Die auf dem Lande gelegenen Höfe glauben wir am besten in alphabetischer Reihenfolge aufzählen zu können.

Albano 8 km östlich von Bergamo an der Bahnlinie Bergamo-Brescia. Hier lagen mansi Berengars und Willas, die Otto der Grosse dem Bistum Bergamo verlieh[1] (St. 452. DO. I. 272. CL. 667). Wahrscheinlich sind die Hufen in den dort genannten acht Orten Krongüter gewesen. Es sind bei Albano wohl die 2 mansi gemeint, die im Jahre 1000 die Kirche Bergamo vertauscht und die 8 perticae 11 tabulae eingezäuntes Land (clausura), 11 Joch 8 perticae Ackerland und 10 Joch 8 perticae Wald und Wiesenland umfassten (CL. 991).

Albino im Val Seriana, 12 km nordöstlich von Bergamo. Hier grenzen im Jahre 898 (CL. 379) eine Menge von Grundstücken an Königsland: das erste „in vico Albinies loco ubi dicitur Sablorie", grenzt östlich an Königsland, ebenso ein zweites in „agro", ein drittes in Pradetto, wohl dem heutigen Pradetto, 3 km nördlich am Serio, an Königsland im Süden, ein viertes in Runcolo im Norden, ein fünftes in loco Busariola, auch in Albinies, im Süden, ein sechstes endlich im Osten. Albinies könnte nun ebensogut Albegno südwestlich von Bergamo sein; doch da die Abschätzer (existimatores) der Grundstücke sämtlich in Val Seriana, in Nembro, in Pedrengo (Petringo) und in Ranica (La rianica) wohnen, so hat Albino im Val Seriana grössere Wahrscheinlichkeit für sich.

Almenno, grosser Ort an der westlichen Seite des Val Brembana, 8 km nordwestlich von Bergamo. Bereits König Aistulf residierte hier, wie eine vom 20. Juli 755 datierte Urkunde (Tr. 693. CL. 15 „in curte Lemennis") beweist Dann ging der Hof auf die Karolinger über und wurde 875 von Ludwig dem Deutschen mit Murgula der

[1] Das Jahr steht nicht fest. Es war zwischen 962 und 964.

Irmingard, Tochter Ludwigs II., übertragen (CL. 262 B-M. 1463 s. o.). Mit der Entführung der Kaisertochter durch Boso fiel auch Almenno an Karl III. und dann an Wido und Lambert. Diese schenkten am 1. Mai 892 den Hof ihrem Getreuen, dem Markgrafen Konrad und seiner Gattin Ermengundis. Auffällig ist, dass in der Urkunde erwähnt wird, dass schon Ludwig — worunter wohl Ludwig II. gemeint ist — den Hof dem Markgrafen verliehen habe (CL. 351). Der Sohn desselben war der Graf Redald von Lecco, der 926 im castrum Leminne residierte (CL. 508). Dessen Erbe Atto verkaufte das Gut 975 an den Presbyter Johann von Bergamo (CL. 759), der über den Hof zu Gunsten der Kirche verfügte (CL. 760). Heinrich II. zuerst bestätigt Almenno dem Bistum Bergamo dem es dann verblieb (St. 1606. 2527). Über die Verhältnisse des Gutes sind wir nicht näher unterrichtet. Südlich grenzte dasselbe an den Hof Brembate, der ursprünglich königlich war (Lupi 2, 563 Urkunde von 1030).

Aulenes. Der Name ist heute in einer Ortschaft nicht mehr erhalten, doch lag Aulenes am Ufer des Brembo unweit der heutigen Orte Albegno und Treviolo (s. z. B. wird CL. col. 817 bei Aulenes der Brembo genannt).[1] In Aulenes lag ein Grundstück, das 910 und 917 südlich an Königsland anstiess (CL. 437. 472). Später erfahren wir über diese Reichsbesitzungen nichts mehr. Wahrscheinlich gehörten sie zu dem in nächster Nähe am rechten Bremboufer gelegenen Bonate, das Otto der Grosse dem Bistum schenkte (s. u.).

Boltiere 13 km südsüdwestlich von Bergamo unweit der Einmündung des Brembo in die Adda. Hufen in dem mit Boltiere identischen Orte Balterio gehörten Berengar und Willa und wurden von Otto dem Grossen dem Bistum Bergamo überwiesen (DO. I. 272. St. 452). Weiteres ist

[1] In Bergamo wurde mir mitgetheilt, dass es bei Sforzatica eine Kirche S. Maria mit einem ähnlichen Namen gebe. Vielleicht ist das nördlich liegende S. Maria dell'Olmo gemeint. Dass Aulenes unweit Albegno und Treviolo lag, ergiebt sich aus den Zeugenreihen.

über Boltiere nicht bekannt. Vielleicht waren die bei Levate erwähnten königlichen Grundstücke Pertinenzen dieses Hofes.

Bonate di sopra liegt 8½ km westlich von Bergamo am linken Bremboufer. Mansi in dem Orte Bonate superiore wurden von Otto dem Grossen unter den Berengar und Willa gehörigen Orten dem Bistum Bergamo überwiesen (DO. I. 272. St. 452). Die Besitzungen hier gaben Anlass zu einem Prozess zwischen Benadus und den Kanonikern von Bergamo, der zu gunsten der letzteren 972 entschieden wurde (DO. I. 416). Auch Rotlind, die Tochter Hugos, hatte hier Grundbesitz, der wahrscheinlich aus altem Krongut stammte, und von Otto II. ihrem Gatten Bernardus restituiert wurde (DO. II. 130), der möglicherweise mit dem 972 genannten Benadus identisch ist.

Brembate, (Brombate). Es giebt 2 Orte dieses Namens

1. di sopra am Austritt des Brembo aus dem Gebirge, 6 km westlich von Bergamo.
2. di sotto nahe dem Einfluss des Brembo in die Adda, 14 km südwestlich von Bergamo.

Auch in Brembate besassen Berengar und Willa mansi, die Otto I. dem Bistum Bergamo schenkt (St. 452. DO. I. 272).

Brignano (Brinianum od. Brenanum) nordöstlich von Treviglio, war ein Gut der Rotlind, der Tochter König Hugos, und demnach wahrscheinlich eine alte Domäne (DO. II. 130). Über die spätere Geschichte von Brignano vgl. Provinz Cremona: Insula Fulcherii p. 158.

In Calcinate an der Strasse nach Brescia 14 km südöstlich von Bergamo, lag in langobardischer Zeit ein Bauernhaus, das dem Könige gehörte (Casa tributaria). Aribert II. schenkte dasselbe, dem ein Massarius Theoderenes vorstand, der Kirche S. Lorenzo in Bergamo, was Aistulf am 22. Juli 755 bestätigte (CL. 15. Troya 693). Alle Fronden, die die Leute des Hofes dem Fiskus leisteten, sollten sie jetzt der Kirche leisten, mit Ausnahme der Pflicht Holz zu schlagen (cesas faciendum), was sie auch in Zukunft für den Fiskus besorgen mussten.[1]

Caprino 15 km nordwestlich von Bergamo an der Bahn nach Lecco gelegen, gehört ebenfalls zu den mansi, die Berengar und Willa gehörten und die Otto I. dem Bistum Bergamo schenkte (St. 452. DO. I. 272).

In Colognola 3 km südlich von Bergamo an der Strasse nach Treviglio, grenzt im Jahre 886 ein Grundstück (das fünfte) nördlich, ein anderes (das sechste) im Osten, Westen und Süden an Königsland. Für den daselbst genannten Ort Colonies käme sowohl Colognola wie Cologno, das 10 km weiter südlich liegt, in Betracht. Doch da in der Urkunde (CL. 337) sonst nur Ortsnamen in der nächsten Nähe von Bergamo (Albegno, Sforzatica) oder solche, die im Westen oder Nordwesten gelegen sind (Mapello, Calusco, Almenno), genannt werden, so spricht die grössere Wahrscheinlichkeit für Colognola. Die Felder daselbst gehörten mit den in Grumello und Scalve gelegenen zusammen.

Cortenuova liegt bei Martinengo ca. 20 km südöstlich von Bergamo. Karlmann stellt 20. Oktober 877, eine Urkunde für Bobbio aus mit der Bezeichnung „Curtenova villa regia“ (B-M. 1483 Chartae 1, 35). Da er von Cassano kam und dann nach Peschiera zog (B-M. 1482, 1484), so kann kein Zweifel obwalten, dass Cortenuova in der Provinz Bergamo gemeint ist. Wann dieser Hof dem königlichen Gute entfremdet wurde, wissen wir nicht. 915 gehörte er dem Grafen Dido von Bergamo (CL. 464), der ihn gegen andere Güter dem Bischof Adelbert von Bergamo überlässt, mit Vorwerken in Casa Storta (Stodari sw. von Martinengo), Covello (ö. von Romano), Fara Olivana (südl. von Romano Fara Libani in der Urk.), Barbata südlich von Romano, Pumenengo am Oglio und Vedelengo östlich von Treviglio.

[1] In Calusco, 16 km. westlich von Bergamo, schenkt Friedrich I. 2 Arimannen mit ihren Abgaben der Kirche S. Alessandro zu Bergamo (St. 3864). Es handelt sich hierbei aber nicht um Reichsgut.

Das Gut umfasst:

Zusammen bei Curtenuova	2287	Joch[1]
In Covello (Acker und Wiese)	55	"
In Fara (Ackerland)	22	"
In Barbata (Acker- und Waldland)	191	"
In Caneto (Wiesen)	10	"
In Vedelengo (Wiesen)	52	"
In Audenengo und Seratica (Wiesen)	47½	"
Wald Barbadisca und Curtenuova	400	"
	3064½	Joch

= 2250 ha = 22½ qkm.

Dazu kommen an Unfreien:

in Curtenuova	7	Familien	18	Köpfe
in Covello	1	"	5	"
in Fara	1	"	5	"
in Barbata	5	"	41	"
in Vedelengo	1	"	6	"
in Pumenengo	3	"	8	"
in Audenengo	1	"	2	"
	19	Familien	85	Köpfe

Danach war Curtenuova ein ziemlich bedeutender Hof. Wahrscheinlich bildete das königliche Grundstück bei Martinengo (s. u.) auch einen Bestandteil des Hofes Cortenuova.

Curno (oder Corno). Im Jahre 867 tauscht ein gewisser Peter de Pressionico mit dem Bischof von Bergamo Güter aus. Die von Peter gegebenen Stücke befinden sich in vico Iurno. Das eine liegt in loco Sosoneto, und grenzt im Osten und Norden an Königsland, das zweite liegt in loco, ubi dicitur Runcco und grenzt östlich an Königsland (CL. 242). Die Abschätzer sind aus Cadenne, Alise, Moreges und Bonate superiore, Zeugen aus Cenate (bei Trescorre) und Curno, wie wahrscheinlich statt Jurno zu lesen ist. Es kommen drei Orte dieses Namens in Betracht:

1. Curno 4 km westlich von Bergamo auf dem Wege nach Ponte Pietro und Lecco. 2 km südwestlich von dort liegt ein Ort Roncola, vielleicht das „in

[1] Die perticae lasse ich weg und runde ab. In Curtenuova lag Wiesen-, Wald- und Weinland.

Runco" der Urkunde. Curno liegt nahe bei Bonate di sopra, das in der Urkunde genannt wird.

2. Corna im Val Imagna, 10 km nördlich von Almenno in den Bergamasker Alpen. 6 km südlich von dort liegt ein Ort Roncola.

3. Corno östlich von Trescorre.

Nimmt man den ersten Ort als den in der Urkunde bezeichneten an — wofür nach unserer Ansicht die grösste Wahrscheinlichkeit spricht — so sind die darin genannten königlichen Felder in Zusammenhang zu bringen mit den in Aulenes und Scalve gelegenen, im zweiten Falle wären sie Pertinenzen des Hofes Almenno.

Fara Gera d'Adda an der Adda 20 km südwestlich von Bergamo, 7 km nordwestlich von Treviglio, ist eins der Güter, die bei der Teilung des herzoglichen Besitzes dem König zugewiesen wurden. Schon durch König Authari wurde hier am Gestade der Adda eine Kirche gegründet, die dem arianischen Kultus geweiht war. Grimoald schenkte dieselbe mit ihren Besitzungen dem Bistum Bergamo, und Bischof Johannes liess es sich angelegen sein, sie in eine katholische Kirche umzuwandeln. Als Alechis, der Herzog von Trient, bei seiner Rebellion in den Besitz von Fara gelangte, entriss er die Kirche dem Bistum, König Cunincpert gab sie ihm indes nach dem unweit von Fara erfochtenen Siege von Coronate zurück. Karl III. bestätigte dann die Kirche dem Bistum Bergamo im Jahre 883, (B-M. 1627. 1628. CL. 320. 322). Dass es sich um Fara an der Adda, nicht um Fara Olivana bei Romano handelt, wie CL. Index col. 1930 annimmt, geht daraus hervor, dass in einer Urkunde von 915 (CL. 464) in der beide Fara vorkommen, das andere Fara die Bezeichnung Fara Libani führt, das sicher mit Fara Olivana identisch ist. Wie ausgedehnte Besitzungen die Kirche in Fara hatte, wahrscheinlich auch aus königlichen Geschenken Autharis, Grimoalds oder Cunincperts, geht daraus hervor, dass der Hof Flaccanico (Flaponica) nördlich vom Iseosee bei Lovere dazu gehörte.

Gorlago 14 km östlich von Bergamo ist identisch

mit Gurgulaco, wo Otto I. dem Bistum Bergamo mansi Berengars und Willas verleiht (St. 452. DO. I. 272).

Grena im Cheriothal nordöstlich von Trescorre, wahrscheinlich identisch mit Crene, wo CL. 251 ein Grundstück im Jahre 871 an „terra domini imperatoris" grenzt.

Grumello del Piano 4 km südsüdwestlich von Bergamo an der Strasse nach Vaprio. „In vico Grumole in campo ad cerra" grenzt im Jahre 915 ein Acker südlich an Königsland. Es handelt sich hierbei sicher um Grumello del Piano und nicht um Grumello del Monte, das unweit vom Oglio an der Bahn Bergamo-Brescia liegt, da sämtliche existimatores und Zeugen aus der Umgegend von Grumello del Piano stammen, aus Albegno, Sforzatica (Sporciadica), Curno, Lallio (Lolio) und Osio (CL. 458). Die Besitzungen bei Grumello gehören mit denen bei Colognola, Curno und Aulenes zusammen.

Levate an der Bahn Bergamo-Treviglio, 10 km südlich von Bergamo. In fundo Lavate, das zum Hofe Verdello gehörte, grenzte im Jahre 908 ein Grundstück an der „Cuelloso" genannten Stelle westlich an Königland an (CL. 426). Dasselbe gehörte vermutlich zu den von Otto in Boltiere verschenkten Besitzungen.

Locate 8 km westlich von Bergamo bei Ponte S. Pietro am Bremboufer. Hier hatte im Jahre 805 Gaidoald, Knecht des Königs (puer regis), Besitz, woraus wir schliessen, dass hier Güter der Krone lagen. Dass es sich in dieser Urkunde (CL. 79) um Locate bei Bergamo handelt, geht daraus hervor, dass nicht nur der tauschende ein Bischof von Bergamo ist, sondern auch die Zeugen dem Orte Stagiano angehören, der oft in bergamaskischen Urkunden genannt wird (z. B. CL. 437. 464. 630 etc.). Dieser Hof in Locate war entweder Pertinenz von Almenno oder von Bonate.

In Martinengo 17 km südsüdöstlich von Bergamo am linken Serioufer, grenzt im Jahre 882 ein Grundstück, das am Serio gelegen ist (ad Serio), — es ist das vierte – östlich an Gut des Kaisers, und das sechste ebendaselbst stösst im Norden an kaiserliches Land an (CL. 311). Wahrscheinlich haben wir es mit Pertinenzen des Königshofes Cortenuova zu thun.

Morengo 18 km südlich von Bergamo auf dem Wege nach Crema gelegen ist das Mauringo, in dem Otto I. die Berengar und Willa gehörigen mansi dem Bistum Bergamo verleiht (St. 452. DO. I 272).

Sarnico am Iseosee (Sarnega). Die Fischerei daselbst bestätigt Ludwig II. dem Kloster S. Salvatore in Brescia (B-M. 1185. CL. 220). Der Ort selbst kam wahrscheinlich durch Schenkung Hugos an dessen Tochter Rotlind und wurde derselben und ihrem Gatten Bernard von Otto II. bestätigt (DO. II. 130).

Val Seriana, zieht sich bis zum Passo di Caronella hin, der es mit dem Veltlin verbindet. In einer gefälschten Urkunde schenkt Otto II. die Gerichtsbarkeit im Thal und alle königlichen Rechte daselbst, zugleich mit dem Gebiet von Bergamo vom Castell Azzano bis zum Castell Seriate, dem Bischof der Stadt (DO. II. 319. CL. 713). Friedrich I. zuerst bestätigt diese Urkunde im Jahre 1156 (Lupi 2, 1143). Dass sich einige königliche Güter im Val Seriana befanden, sahen wir bei Albino. Wie es sich mit den beiden Castellen Seriate (östlich von Bergamo) und Azzano (südlich von Bergamo) verhielt, ist nicht festzustellen.

Sorisole 4 km nördlich von Bergamo am Abhang des Gebirges. Hier „in fundo Suresele“ an einer Stelle, die Ursianica genannt wird, schenkte König Ratchis im Jahre 747 einige Häuser und Grundstücke dem Presbyter Lemino, der sie an die Kirche S. Cassiano vermachte (CL. 149). Den Ort Ursianica glaubt Lupi (1, 434) in Assonica westlich von Sorisole wiedererkennen zu können.

Tagliuno am rechten Oglioufer, 8 km südwestlich von Sarnico, das am Ausfluss des Oglio aus dem Iseosee liegt. Im Jahre 913 (CL. 450) grenzt in fundo Taluno das „Campo Mauro“ östlich an Königsland, und ein anderer Acker, „spicium da Incad“ genannt, nördlich an Königsland. Dass es sich um Tagliuno am Oglio handelt, ist nicht zweifelhaft, da die anderen genannten Ortschaften, wie Caleppio, Cividino, Chiuduno, Bolgaro, sämtlich zwischen Cherio und Oglio gelegen sind. Die Grundstücke hier waren wahrscheinlich Pertinenzen des Hofes Sarnico.

S. Vittore am Brembo unweit der Einmündung desselben in die Adda. Auch hier lagen Hufen Berengars und Willas, die Otto I. dem Bischof Odelrich verlieh (St. 452 DO. I. 272).

Fassen wir unsere Ergebnisse zusammen, so haben wir, besonders für das 9. Jahrhundert einen recht ansehnlichen königlichen Besitzstand in der Provinz Bergamo festgestellt, dessen Mittelpunkte die drei grossen Höfe Murgula, Almenno und Curtenuova bildeten; dazu kamen dann durch die ganze Provinz zerstreut einzelne Höfe und Besitzungen. Die drei grossen Güter gingen dann in den stürmischen Zeiten um die Wende des 10. Jahrhunderts verloren. Immerhin aber begegnen uns in den ersten Jahrzehnten desselben noch recht beträchtliche Reste. Die völlige Vernichtung des königlichen Besitzes führte dann Otto I. herbei und nach ihm ist von Reichsgut in der Provinz kaum noch eine Spur zu entdecken. Weder unter den Saliern noch unter den Staufern gab es hier Restitutionsversuche und auch von königlichen Festungsbauten, wie in der benachbarten Provinz Como, ist hier keine Spur. Vielleicht ist der Grund darin zu suchen, dass Como und sein Gebiet für die Verbindung mit Deutschland, auf die, wie wir sahen, die Staufer sehr grosses Gewicht legten und legen mussten, grosse Bedeutung besassen, während die Bergamasker Alpen strategisch und kommerziell weniger in Betracht kamen.[1]

[1] Ganz vorübergehend scheint das Besatzungsrecht gewesen zu sein, das Heinrich VI. durch den Vertrag zwischen Brescia und Cremona am 8. Dez. 1191 in Caleppio am Oglio (Calupium), mit Gütern in dem dazu gehörigen Thale, in Volpino bei Lovere am Nordende des Iseosees, in Gorzone (Gorzano) an der Mündung des Val di Scalve ins Val Camonica, Qualino (Coalino) und Ceratello (Cerredello). beide bei Volpino, erlangte. Kaiserliche Truppen sollten die Orte bewachen auf Kosten von Brescia und Bergamo. (Const. 342 St. 4728). Ueber Caleppio, Sarnico und die Dörfer des Thals von Caleppio verhandelte Heinrich VI. 1192 mit Bergamo, das wegen der Orte mit den Grafen von Martinengo stritt. (St. 4772). Das Castell zu Volpino war zwischen Brescia, Bergamo und den Castellanen von Volpino streitig. (St. 4778 Liber Poteris p. 27. 29. 30.)

V.

PROVINZ BRESCIA.

Litteratur: Bravo, Delle storie Bresciane. Brescia 1839/49. — Gradonicus, Pontificum Brixianorum series. Brescia 1755. — Il Liber Poteris ed. Valentini. Brescia 1878. — Odorici, Storie Bresciane. Brescia 1853/60.

Leno: G. L. Luchi, Monumenta monasterii Leonensis. Romae 1759. - F. A. Zaccaria, Dell' antichissima badia di Leno. Venezia 1767.

Val Camonica: Mabille, la pancarte noire de Tours in den Mémoires de la Société archéologique de Touraine. Bd. 17. Tours et Paris 1865. — Mühlbacher, Un diplome faux de St. Martin de Tours in den Mélanges Julien Havet, p. 131 ff. Paris 1895. — G. Rosa, Storia della Valle Camonica.

In der langobardischen Zeit war Brescia die Hauptstadt eines bedeutenden Ducats, der zwischen den Herzogtümern Bergamo und Trient gelegen war. Wir kennen die Herzöge Alichis (PD. 2, 32), Alachis, der Brescia mit Trient vereinigte (PD. 2, 36) und Gaidueld (PD. 6, 50). Unter Desiderius waren die herzoglichen Güter in Brescia mit den königlichen vereinigt [1]. Wahrscheinlich hatte Aistulf dem Desiderius, der auch um Brescia bedeutende Familiengüter besass, das Herzogtum daselbst übertragen. Ein Gastaldat in Brescia ist nicht nachzuweisen.

In der Stadt Brescia bestand nach den Angaben Odoricis eine Pfalz aus der spätrömischen oder ostgothischen Periode.[2] Dieselbe lag in der Nähe der Kirche St. Giuseppe bei der heutigen Piazzetta S. Giuseppe unweit der Piazza vecchia. Urkundlich wird die Pfalz nirgends erwähnt. Eine Urkunde des Desiderius (Tr. 941. CL. 42) vom Juli 771 ist zwar in Brescia ausgestellt, doch fehlt jede nähere Be-

[1] Dies ist zu entnehmen aus Tr. 878 CL. 32. In dieser Urkunde verfügt Desiderius über Mühlen, „sicuti ad curtem nostram publicam vel ad curtem ducalem pertinuit". Ferner verfügt der König in CL. 20 über eine curtis ducalis in Cicognara.

[2] Odorici 2, 137. 183.

zeichnung. Eben so wenig findet sich eine solche in der Urkunde des Adelchis vom 11. November 773 (Tr. 985. CL. 50). Dagegen beweisen einzelne Angaben einer Urkunde vom 12. November 767 (Tr. 878. CL. 32) das Bestehen einer königlichen curtis, da Mühlen verschenkt wurden, die „ad curtem nostram publicam vel ad curtem ducalem pertinuit". In der karolingischen Zeit bestand jedenfalls kein Palast mehr in Brescia. Ludwig II., der erste Herrscher, den wir nach Desiderius urkundlich in Brescia nachweisen können, nahm seine Residenz im Salvatorkloster (Monasterium novum), wo wie im Kloster S. Ambrogio in Mailand und später auch in S. Salvatore in Pavia ein königliches Absteigequartier bestand.

Unter den königlichen Stiftungen und Schenkungen in der Stadt nennen wir zuerst das angeblich von Theodelinde gestiftete Baptisterium, das sich nach der Angabe Odoricis in der Nähe der alten Kathedrale, der sogenannten „Rotunda", befand.[1] Desiderius erhielt von König Aistulf ein Grundstück (area) geschenkt, das er im Januar 759 dem Kloster S. Michele e Pietro zum Geschenk machte (Tr. 727. CL. 18). Im Jahre 760 gründete der König das Kloster S. Salvatore, das mit S. Michele vereinigt wurde und später S. Giulia hiess. Die erste Äbtissin war die Tochter des Königs Anselberga. Das Salvatorkloster wurde auch von den Karolingern zur Dotierung von Frauen aus dem Königshause verwandt. Es erhielt am 4. Oktober 760 von Desiderius 8 Häuser in brixiano territorio casale quod dicitur Ermenfrid (CL. 20. Tr. 747), die wir nicht näher nachzuweisen vermögen. Eine weitere Schenkung machte der nämliche König am 12. November 767. Er vergabte ausserhalb der Mauer vor dem Thore der Faustina und Jovita einen Platz, der früher zum Herzogs- und Königshof gehört hatte und zwei Mühlen an einem Wasserlaufe (Tr. 878. CL. 32). Diese standen nach der Angabe Odoricis noch lange an der gleichen Stelle und führten den Namen: „Molini S. Giuseppe oder Sta. Giulia".

---

[1] Odorici 2, 215. Troya 287.

Das Thor, das in der Urkunde genannt wird ist die heutige Porta Milano oder Porta Bruciata,[1] die platea ist die piazzetta di Porta Bruciata.

In der nächsten Umgebung von Brescia, ca. 2 km südöstlich an der Strasse nach Soncino liegt der Vorort S. Nazzaro. Im Bereich dieser Gemeinde liegt noch heute die Kirche S. Maria in Cerpent oder Serpente. Daselbst lag der alte Königshof Cerropicto, den Aistulf dem Desiderius verlieh und den dann dieser 759 dem Kloster S. Michele zum Geschenk machte (Tr. 727. CL. 18. Tr. 851. CL. 31). Der Ort kommt dann 1022 wieder vor in einer Urkunde, in der es heisst: „vinetis Brixiae ubi dicitur ad Cerpentum".[2] 3 km weiter auf der Strasse nach Soncino liegt das Dorf Roncadelle am linken Mellaufer. Am 4. Oktober 760 schenkt Desiderius dem Salvatorkloster 50 Joch Wiese (de braida) vom Herzogshofe, am Flusse Mella bei Runca, das „Runco novo" heisst, und von dem Wald der dazu gehört weitere 50 Joch. Dazu schenkte er den Gisolus und den Rodulus von Cuntinglaca, um die Schweine des Klosters zu weiden, den Deosdedulus von Lodrino, um das Rindvieh (pecora) und den Ansteus von Quinzano, um die Kühe zu weiden, mit den Häusern und Familien dieser Unfreien (Tr. 747. CL. 20). — Damit hätten wir die Reichsgüter in Brescia und seiner Bannmeile erschöpft, die, wie wir sehen, schon sämtlich von Desiderius vergabt worden waren und wenden uns der Provinz zu, die wir nach Bezirken betrachten und zwar zuerst:

1. Die sogen. Franciaforta und die Gegend am Iseosee.
2. Die Alpenthäler.
3. Die Ebene.
4. Die Küste des Gardasees.

---

[1] Odorici a. a. O., 2, 301 CL. col. 63.

[2] Odorici 2, 36.

1. Franciaforta und Iseosee.

Rodengo[1] nordwestlich von Brescia an der Strasse nach Iseo. In curte Rodengo urkundet Berengar I. 27. Juli 910 (Böhmer Reg. Karol. 1340 Dümmler Reg. Bereng. 59). Über den Ort ist sonst nichts bekannt.

Timoline (Temoninas) 3 km südlich vom Iseosee und südwestlich von der Stadt Iseo, ist ein Familiengut des Königs Desiderius. Es gehörte seinem Schwiegervater Verissimus, dann dessen Söhnen, dem Kleriker Arichis und dem Domnolus. Zu Timoline gehörte auch der Ort Fistolinas, den wir nicht zu identifizieren vermögen (Tr. 851. CL. 31). Über Timoline erfahren wir näheres aus dem zu Anfang des 10. Jahrhunderts entstandenen Inventar von S. Giulia in Brescia (CL. 419 col. 701).[2] Timoline war danach ein ziemlich kleiner Hof. Ausser der Kapelle, die eigene Einnahmen hatte, befanden sich auf dem Herrenhof 3 Häuser mit 14 Insassen (prebendarii).[3] Vom Hofe hingen dann 23 Bauern (manentes) ab und eine unbesetzte Hufe, die der Aufseher (kanabarius) als Lehen hatte.

Mit Timoline zugleich verschenkte Desiderius den auch zum Familiengut gehörigen Hof Ripa alta (Tr. 851. CL. 31). Dieser ist nicht sicher zu identifizieren, da gerade der Ortsname Riva ungemein häufig vorkommt. So gibts am Iseosee[4] allein drei Orte Riva: 1) Ripa zwischen Sarnico und Clusone, 2) Riva di Solto am Westufer, 3) Riva zwischen Sale und Sulzano am Ostufer. (Die Orte Rivalta bei Mantua oder bei Crema dürften kaum in Betracht kommen). Der Herrenhof hatte nach dem oben erwähnten Inventar (CL. 419 col. 720) vier Feuerstellen mit 10 Insassen, und besass be-

[1] Die Kirche daselbst ist der Sage nach von Karl dem Grossen gegründet. Amati 6, 1098.

[2] Vgl. Buch III, in dem die Angaben des Inventars weiter verwertet sind. Hier handelt es sich nur darum eine Vorstellung von der Grösse des Hofes zu geben.

[3] Über die Stellung der prebendarii vgl. Buch III.

[4] Darauf, dass der Ort am Iseosee liegt, weist neben den Schiffen, die erwähnt werden, die Bezeichnung hin: „et est lacus ad piscandum“.

deutend mehr Land als Timoline. Auch wurde in Ripa Schiffsverkehr und Fischerei im See betrieben. Dagegen gab es hier nur 9 Hufen mit 13 Hörigen, 1 einem Freien gehörige und 2 bloss Geld zahlende Hufen. Eine weitere Hufe bewirtschaftete der Inspektor (scario).

Wie diese beiden Höfe, so gehörte der grösste Teil des Ufers des Iseosees dem Kloster S. Giulia. So erscheinen Loreto und Iseo selbst im Besitz des Klosters (CL. 313), doch wissen wir nicht, ob diese Dörfer jemals Reichsgüter gewesen sind.[1] Dagegen wurden die sechs von Karlmann am 8. Juli 879 S. Giulia geschenkten Höfe dem Reichsgut entnommen (B-M. 1503. CL. 283). Es handelt sich um folgende Orte, deren Identifizierung freilich nicht vollständig gelungen ist:

a) Prato caprioli dürfte Capriolo sein, das am linken Oglioufer unterhalb Sarnico liegt. Die curticella daselbst war mit Perrego und Campus Gumulfi für den Vogt des Klosters bestimmt.

b) Perrego ist vielleicht Paratico, das gegenüber von Sarnico an der Ausmündung des Oglio aus dem See liegt.

c) Bogonago ist wahrscheinlich Borgonato, das südlich von Timoline an der Bahnlinie Brescia-Iseo liegt. Auf dem Herrenhofe befanden sich 2 Häuser mit 8 Insassen und eine Mühle, während 24 Bauern dem Kloster zinsten oder Dienste leisteten (CL. 419 col. 707).

d) Der Curtis Gumulfi, deren Ermittlung uns nicht gelungen ist, fehlte ebenso wie dem Hofe Bogonago die Kapelle. Auf dem Herrenhofe gab es 3 Häuser mit Insassen. Nur 3 besetzte und eine unbesetzte Hufe hingen von dem Hofe ab (CL. 419 col. 717).

e) Canella und f) Tripontio gehören in eine andere Region. (cf. p. 124. 127.)

[1] Mühlbacher B-M. 1185 spricht von einer Schenkung von Turinga, Gabiana, Loreto (und der Fischerei in Sarnico), doch Ludwig bestimmt nur die Erträge der bereits dem Kloster gehörigen Orte zu einer Gedächtnisfeier (ex pertinentia eiusdem monasterii novi . . . . concedimus curtem Turingam . . . .).

2. Die Alpenthäler.

a) Das Val Camonica, das bei weitem bedeutendste der brescianischen Alpenthäler, ist vom Oglio durchströmt und zieht sich etwa 12 Stunden lang hinab bis zum Iseosee. Es steht nördlich durch den Apricapass mit dem Veltlin und durch den gleichfalls niedrigen Tonalepass mit dem Trentino in Verbindung und ermöglicht dadurch mit Umgehung der Veroneser Klause vom Brenner direkt in die Lombardei einzudringen. Das Thal ist sehr fruchtbar, seit alters her reich an Ortschaften, die Berge sind stark eisenhaltig. Die Nachrichten, die Odorici über das Val Camonica zur langobardischen Zeit gibt, besonders über das Herzogtum Val Camonica mit dem Sitz in Cividate, sind fabelhaft und entstammen der unechten Chronik des Rudolfo notaio.[1] Unter Desiderius gehörten jedenfalls grosse Teile des Thales dem Könige, doch ist es nicht sicher, ob diese ursprünglich Privateigentum des Desiderius oder altes Reichsgut waren. Auch der Gasindius des Königs, Tuido hatte in dem im Thale gelegenen Ort Cavelle Güter (CL. 51. Cavellis per valle Camonense col. 101 oben). Als Karl der Grosse ins Land kam, verschenkte er, wie er das benachbarte Veltlin an St. Denis gab, so auch das Val Camonica an das neben St. Denis berühmteste französische Kloster St. Martin in Tours (B-M. 163, CL. 52). Welche Gründe Karl zu dieser Schenkung bestimmten, vermögen wir nicht anzugeben. Die Grenzen, die in der Urkunde angegeben werden, sind folgende: auf der einen Seite usque ad Iu(n)dalanias, worunter wahrscheinlich Villa d'Allegno an der Tonalestrasse bei Ponte di Legno zu verstehen ist,[2] dann die Berge und Alpen auf der Trientiner Seite, die Tonale heissen. Der so benannte Pass trennt noch heute das Thal vom Sulzberg im Trentino. Dann wird die Brescianer Grenze und auf der anderen Seite

[1] Vgl. Bethmann-Hollweg im Archiv der Gesellschaft, Bd. 10 p. 386 und Simson, Jahrbücher Karl des Grossen, 1, 188 Nr. 5.

[2] Die oberste Thalstufe, Val Mazza, die sich zu dem nach S. Caterina führenden Gaviapass hinaufzieht, hätte dann nicht zu dem verschenkten Gebiet gehört, wohl aber der wichtigere zum Tonale gehende Weg.

das bergamaskische Gebirge als Grenze aufgeführt. Alles innerhalb genannter Grenzen, soweit es dem Staate und der Pfalz gezinst hat und auf den Fiskus übergegangen ist, sollte fortan St. Martin gehören. Allein der grossen Entfernung wegen war der Besitz der Mönche von Tours kein sicherer, besonders als nach Ludwigs des Frommen Tode das Reich auseinanderfiel. Die Besitzungen wurden dem Kloster entrissen, und erst als unter Karl III. die Reiche wieder vereinigt wurden, ordnete ein Concil die Rückgabe an St. Martin im Jahre 887 an[1], und noch im gleichen Jahre bestätigte der Kaiser die italienischen Güter (B-M. 1704). Dann haben wir noch Bestätigungsurkunden[2] von Otto II. (980—983 ausgestellt St. 869a DO. II. 233) und von Otto III. vom 1. Mai 998 (St. 1155a DO. II. 289). Auch zu Anfang des 11. Jahrhunderts scheinen sich die Mönche noch behauptet zu haben, da sie den 30. Juli 1026 mit dem Bistum Bergamo einen Vertrag abschlossen, wodurch sie diesem das Val Scalve, ein westliches Seitenthal des Val Camonica, mit verschiedenen Ortschaften, z. B. Vilmaggiore, Vilminore, Teveno (Teverne) u. a. abtraten.[3] Vielleicht hat hier wie auch anderwärts in Italien Heinrich III. Kirchengut eingezogen, denn am 1. Mai 1047 erscheint im Orte Darfo im unteren Val Camonica, dort, wo das Val Scalve ins Val Camonica mündet, eine curia regalis. An diesen Königshof hatten die Bewohner des Val Scalve jährlich eine Abgabe von 1000 Pfund Eisen zu entrichten, wofür ihnen der Kaiser den Eisenhandel im ganzen Reiche gestattete (St. 2336. Lupus Cod. dipl. Berg. 2, 622). Wahrscheinlich werden sich in Darfo Schmiedewerkstätten befunden haben, auf denen das Eisen verarbeitet wurde.[4] Neben diesem Reichsgebiet

[1] Mabille in den Memoires 17, 438 No. 114.

[2] Die Urkunde Berengars I (Mabille Nr. 115) ist falsch. cf. Mühlbacher a. a. O.

[3] cf. Odorici 5, 45. Auch S. Pietro in Cielo d'oro (DO. III. 281) und ein gewisser Roger (DO. III. 288) hatten unter Otto III. Besitzungen im Val Camonica.

[4] Dass Dervio mit Darfo identisch ist, ist kaum zweifelhaft, vgl. auch G. Rosa a. a. O. p. 38.

gab es auch Stücke des Thales, die unter Brescia standen. Dem ganzen Thale verlieh am 4. Oktober 1164 Kaiser Friedrich I. die Reichsunmittelbarkeit als Lohn für die von den Thalbewohnern ihm so oft bewiesene Treue und versprach, das Thal nie zu verschenken oder zu verkaufen (St. 4030). Das Privileg ist von Seiten des Kaisers ein Gewaltakt, ähnlich wie die vielberufene Urkunde Friedrichs II. für Schwyz. Massgebend waren hier wie dort strategische Gründe. Bei der Unsicherheit des Weges durch die Veroneser Klause suchte sich der Kaiser eine andere Strasse aus Tirol nach der Lombardei zu sichern. Schon 1166 zog er durch das Val Camonica in die Poebene.[1]

b) Im Val Trompia liegen: Lodrino östlich von Brozzo. Der Unfreie Deosdedulus, den Desiderius am 4. Oktober 760 dem Kloster S. Salvatore in Brescia schenkte, stammt aus diesem Orte (Tr. 747. CL. 20). Wahrscheinlich war Lodrino eine königliche Domäne.

Das Gehöft Canello nordöstlich von Brozzo im Val Trompia auf der östlichen Thalseite ist wahrscheinlich identisch mit dem am 8. Juli 879 von Karlmann an S. Salvatore verschenkten Hofe Canella (B-M. 1503). Auf dem Herrenhofe befanden sich 3 Häuser mit 15 Insassen. Zum Gute gehörte die Hälfte einer Alp und 22 Hörige, 8 Pächter, 8 commendati und 1 Aldius, der als Briefträger fungierte. Der Inspektor und der canavarius hatten je eine unbesetzte Hufe inne.

c) Östliche Gebirgsgegenden zwischen Val Trompia und Gardasee. (Das obere Chiesethal „Iudikarien“ ist von der Betrachtung ausgeschlossen, da es zum Trentino gehört).

Bione liegt zwischen Val Trompia und Val Sabbia auf dem Gebirgsrücken. Hier (in Monte Beo), schenkten die Könige Hugo und Lothar am 14. Juli 943 dem Andreas, Diakon der Kirche Brescia, zwei Grundstücke, von denen das eine 4 Joch, das andere 20 tabulae (zusammen circa 32000 Quadratmeter) gross ist (CL. 572).

---

[1] Ficker Forschungen § 300, 9. Giesebrecht 5, 521.

3. Die Ebene.

Da hier sich nicht wie im Gebirge Gruppen bilden lassen, so lassen wir die einzelnen Orte in alphabetischer Ordnung auf einander folgen.

Casiriano. Am 10. Januar 851 urkundet Ludwig II. für das Bistum Cremona zu Casiriano villa regia (B-M. 1146. CL. 170).[1] Diesen Königshof glauben wir in Cossirano in der Provinz Brescia 22 km westsüdwestlich von Brescia wieder zu finden. Allenfalls könnte noch Corzano an der Strasse von Brescia nach Soncino in Betracht kommen. Später ist über das Gut nichts mehr bekannt.

Castenodolo 9 km südöstlich von Brescia. Dieser Ort kommt im Jahre 910 als Königshof vor. Lupus, Vogt der beiden Domänen Auce und Castenedolo, forderte vom Bischof von Cremona die Zahlung von 7½ sol. für Wälder und Ländereien, die zu den betreffenden Königshöfen gehörten. Doch der Bischof legte eine Urkunde Kaiser Karls vor, und vor dem Gerichte Berengars I. verzichtete der Advocat des Fiscus auf seinen Anspruch (CL. 439). Der Hof Castenodolo blieb aber noch lange im Besitze der Krone. Erst Konrad II. verlieh ihn am 15. Juli 1037 dem Bistum Brescia zu Lehen. In der betreffenden Urkunde (St. 2096) verleiht der König den Berg von Castenodolo mit dem Wald, dem sonstigen Zubehör und dem Mte. Degno[2] (Montem Dignum). Der Wald, der in der Urkunde genannt ist, ist ein noch heute bestehender Kastanienwald, der auch dem Ort seinen Namen gegeben hat.

Leno, bedeutender Ort 18 km südlich von Brescia, gehörte zum Familiengut des Desiderius, der hier ein Kloster

---

[1] B-M. 1146 hat Carisiano, wahrscheinlich ein Druckfehler. Mühlbacher erinnert an Carzano bei Iseo oder Corsiano in Montferrat. Aus dem Itinerar ist nichts zu folgern.

[2] Der Monte Dignus ist näher bestimmt durch eine gleichzeitige Bischofsurkunde (Gradonicus p. 160). Im Osten ist er begrenzt durch das Thal Bottecino, das ca. 7 Km. östlich von Brescia liegt, im Süden durch Fontana Casaferrea, im Westen durch das Stadtgebiet von Brescia und Mompiano, im Norden durch Land, das zur villa Nave gehört, die nordöstlich von Brescia im Garzathal liegt.

S. Salvatore gründete. Es ist sehr wahrscheinlich, dass Desiderius dasselbe auch dotierte, allein die erste Urkunde, die Leno besitzt, ist vom 26. Februar 86(2)1 von Ludwig II. (B-M. 1187). Dieselbe besagt aber nur, dass Leno von Desiderius gegründet sei und bestätigt im allgemeinen den Besitzstand des Klosters, ohne einzelne Güter anzuführen. Das nächste Diplom für Leno datiert dann von 958 (CL. 626) und dieses zählt eine grosse Menge von Gütern auf, ohne freilich zu sagen, von wem dieselben stammen. In der gleichen Weise verfahren, zwei Ausnahmen abgerechnet, die Urkunden Ottos I., Ottos II., Heinrichs II. etc. (St. 305, 787, 1615 DO. I. 240 DO. II. 243). Nun hat zwar Malvetius (dist. 4, 86) und nach ihm Bravo (2,57) und Zaccaria behauptet, die Orte Porzano, Ghedi, Pavone, Gottolengo, Gambara hätten dem Desiderius gehört, doch schon Luchi sagt mit Recht: „Quae Malvetius tradit, suspicor hausta potius fuisse ex vulgari traditione, quae veris falsa miscere solet, quam ex authenticis documentis", ein Wort, das auch noch heute für einen grossen Teil der oberitalienischen Lokalliteratur gilt. Als ausdrückliche Schenkung des Desiderius bezeichnet die Urkunde Heinrichs II. von 1014 (St. 1615) den Ort Panciano, worunter vieleicht Porzano zwischen Leno und Bagnolo zu verstehen ist. Sicher stammen noch aus der Schenkung des Desiderius einige Höfe im Modenesischen, da 772 erwähnt wird, dass dort (bei Migliarina und Reddù) Güter von Leno angrenzten (Tr. 962. 963 Cl. 45. 46), vielleicht auch noch der Hof Quinzano (s. u.). Karl der Grosse schenkte dem Kloster einen Hof in Sabbioneta (s. u.).

Muciana. Die Lage ist unbekannt, doch da es in unserer Urkunde (CL. 344) heisst „Muciana in civitate Brixia" und da in Stumpf acta inedita no. 527 ein „Mucianum non longe a flumine Mella" erwähnt wird, so nehmen wir an, dass auch unser „Muciana" in der Nähe der Mella lag. Dort wird von Berengar I. am 18. August 889 eine kleine Bauernstelle mit einem kleinen Gärtchen, die zum Reichshof Muciana gehörte, an S. Salvatore in Brescia verliehen. Die Bauernstelle war anscheinend ein vorgeschobenes Vorwerk, da sie auf allen Seiten von Klostergut umgeben war. Der Hof selbst scheint später an das Bistum Verona übergegangen zu sein.[1]

Porzano s. u. Leno.

Quinzano d'Oglio am linken Oglioufer unweit der Bahnstation Verolanova. Desiderius schenkt im Jahre 760 den Unfreien Ansteus de Quintiano, um die Kühe zu hüten, an S. Salvatore in Brescia (Troya 747 CL. 20). Dies lässt darauf schliessen, dass Desiderius Besitz hier hatte, und darum nahmen wir oben an, dass der Hof Quinzano, der im Jahre 958 dem Kloster Leno bestätigt wird (CL. 626) diesem von Desiderius geschenkt wurde.

Regona[2] am Winkel zwischen Oglio und Mella. Desiderius schenkt im Jahre 760 an S. Salvatore zu Brescia Recona, „soweit es unserem Hofe gehört, unterhalb Pisserisse, bis zum Oglio" (Tr. 747. CL. 20). In derselben Gegend (Regune) hatte im Jahre 885 auch die Kaiserin Angelberga Grundstücke (CL. 329).

Treponte (Tripontio) bei Virle unweit der Bahn Brescia-Peschiera, östlich von Brescia, wurde von Karlmann 879 an S. Salvatore geschenkt (B-M. 1503).

4. Gardasee.

Am Westufer des Gardasees lagen viele königliche Besitzungen, die grösstenteils durch Karl den Grossen und König Karlmann verschenkt wurden. Schon in langobardischer Zeit kommt das an der Spitze einer weit in den Gardasee hineinragenden Landzunge liegende Städtchen Sermione vor, wo die Gattin des Desiderius Ansa ein Klösterlein S. Salvatore erbaute (CL. 52 B-M. 163). Hier war auch der Gasindio des Desiderius Cunimund begütert,

[1] Ein Hof Muciana findet sich unter den Gütern der Adelheid DO. II. 281 und CL. 997. Ein Hof Mociano gehörte 1001 Kloster Leno DO. III. 405.

[2] Das hier berührte Gebiet gehört z. T. bereits zur Provinz Cremona.

der im königlichen Palast einen Gasindionen der Königin erschlug. Seine Güter wurden deshalb für die Krone eingezogen, indes sogleich dem Kloster S. Salvatore in Brescia überwiesen (Tr. no. 838. CL. 27).[1] Das Klösterlein befand sich in einem gleichfalls zum Krongut gehörigen Castell, das aus der Römerzeit stammte (CL. col. 83 Anm. 7). Dasselbe mit allen auf der Halbinsel von Sermione liegenden Reichsbesitzungen[2] überwies Karl der Grosse am 16. Juli 774 den Mönchen von St. Martin in Tours (B-M 163), denen es später von Karl III., Otto II. und Otto III. bestätigt wurde (Vgl. Val Camonica). Mit Sermione zugleich wurde Peschiera (Provinz Verona) und ein Ort Liona verschenkt, womit Liona am Westufer des Gardasees gemeint sein könnte. Wahrscheinlicher ist indes die Beziehung des Namens auf den an der Bahn Brescia-Peschiera gelegenen Ort Lonato.[3] Auffallend ist, dass wie die Leute im Val Camonica, so auch die Leute von Sermione im Jahre 1158 von Barbarossa reichsunmittelbar gemacht wurden. Es wurden indes von Sermione noch bestimmte Leistungen für das Reich gefordert; sie mussten in das Michaelisoktav drei Tage zum placitum generale kommen und an jedem der Tage eine comestio für 12 Leute liefern, dazu musste jedes Haus in Sermione, die Kirche ausgenommen, zu Weihnachten, Ostern und Pfingsten der kaiserlichen Hoftafel Fische im Werte von 1 Mail. Denar liefern (St. 3814). Auch Lonato erscheint im Jahre 1184 als freie Gemeinde (St. 4389), so dass diese 3 Besitzungen von St. Martin in Tours unter Friedrich I. die Reichsunmittelbarkeit errangen. Einen weiteren grossen Teil der Küste des Gardasees schenkte Karlmann am 6. Oktober 878 dem

---

[1] Es ist deshalb für unsere Zwecke nicht notwendig die Besitzungen Cunimunds im einzelnen festzustellen. cf. CL 29.

[2] Das Klösterlein blieb im Besitz von S. Salvatore (cf. DO. II. 267), dem ausserdem daselbst 48 tabulae und 6 Oliven durch Tausch gehörten (CL. 43). Die Fischerei in Sermione schenkte Karlmann dem Kloster (B-M. 1503, CL. 298).

[3] Stumpf im Index der Acta Inedita glaubt, es sei Lugana gemeint, Odorici 3, 12 denkt an Lonato.

Kloster S. Zeno in Verona (B-M. 1494. CL. 277). Die Schenkung betrifft folgende Besitzungen:[1]

a) Desenzano an der Südwestecke des Sees (curtem nostram Disentianam iusta ripam laci positam) mit allen Gebäuden und Pertinenzen, mit Castell, Dorf und mit zwei Unfreien, den Brüdern Calvolus und Orthobertus, ihren Weibern und Kindern, dazu das Land bis Maguzzano (Magusiano), das 5 km nordwestlich von Desenzano gelegen ist.

b) Die Westufer des Sees, Fischerei im See, Jagd und Weiderecht bis nach Manerba, der Arx Minervae, die $8^1/_2$ km nördlich von Desenzano liegt. Dazu kommen Besitzungen des Adelbert auf der Isola di Garda und in S. Felice di Scovolo an der Westseite des Sees, 12 km von Desenzano entfernt.

c) Am Südufer des Sees die Fischerei und Jagd bis Sermione und Peschiera, insbesondere im Forst von Lugana,[2] 6 km östlich von Desenzano, die Jagd auf Schweine, Hirsche und Rehe (capreoli).

Am Westufer des Sees liegt der grosse Ort Salò, der möglicherweise mit dem Königshof Sala identisch ist, der unter Berengar 888 genannt wird (Forschungen z. deutschen Geschichte 10, 279 Sala curte regia. Dümmler Reg. Ber. no. 2).[3] Noch zweifelhafter ist es, ob das im Jahre 832 erwähnte Gardino, wo ein palatium publicum bestand, mit Gardone identisch ist (B-M. 1000 hält Gardino bei Lodi für den Ausstellungsort der Urkunde Lothars vom 18. De-

[1] Nach Mühlbacher ist allein die Schenkung von Desenzano und der dortigen Unfreien mit Sicherheit auf Karlmann zurückzuführen, die übrigen Schenkungen und Begrenzungen sind nach ihm interpoliert. Ich gebe sie dennoch wieder, da sie vielleicht nur die Pertinenzen von Desenzano näher erläutern wollen.

[2] Im Forst von Lugana besass S. Salvatore durch Tausch i. J. 771 8 Joch (CL. 43).

[3] Ein Ort Sala findet sich unter den Gütern von Leno CL. 626. DO. I. 240 etc. In Sala im Venetianischen verschenkt Otto III. 994 zwei mansi (DO. III. 154). Sala im Gebiet von Parma DO. II. 238.

zember 832).[1] Sollte Gardone die in der Urkunde Lothars gemeinte Pfalz sein, so kommt ein Ort dieses Namens 8 km nördlich von Desensano, und ein anderes Dorf 17 km nördlich von Desenzano in Betracht, beide Orte am Westufer des Sees.

VI.

PROVINZ MANTUA (Mantova).

Litteratur: C. d'Arco, Storia di Mantova. Mantova 1871. — Donesmondi, Dell'istoria ecclesiastica di Mantova. Mantova 1612. Equicola, Dell' istoria di Mantova. Mantova 1607. G. B. Visi, Notizie storiche della città e del stato di Mantova. Mantova 1781.

Castellaro: Codex Wangianus in den Fontes rerum Austriacarum, 2. Abteilung, Bd. 5.

Guastalla: J. Affò, Istoria della città e del ducato di Guastalla. Guastalla 1785. — Archivio storico italiano 9, 193 ff. — G. Tiraboschi, Storia dell'augusta badia di Nonantola. Modena 1784.

Mantua gehört zu dem Gebiet der Lombardei, das erst verhältnismässig spät den Langobarden anheimfiel. Als Agilulf 602 die Stadt eroberte (PD. 4, 28), nahm er wahrscheinlich einen beträchtlichen Teil des Landes für sich in Anspruch; ein Gastaldat vermögen wir hier freilich nicht nachzuweisen. Später lagen im Bezirk von Mantua zahlreiche Besitzungen der Gräfin Mathilde,[2] so dass sich bis in die Zeiten Friedrichs II. Reichsgüter hier nachweisen lassen.

In der Stadt Mantua (ital. Mantova), befand sich eine königliche Pfalz, deren Ursprung wir nicht kennen. Karl der Grosse verweilte 781 (B-M. 225) und 787 (B-M.

[1] Aus dem Itinerar ist nur zu schliessen, dass der Ausstellungsort im Osten der Lombardei zu suchen ist. Lothar war 30. Nov. in Pavia, 15. Januar in Mantua.

[2] Die Mathildischen Güter gehören nicht in den Rahmen der Arbeit, doch sollen diejenigen der Mathildischen Güter, die für die Geschichte des Reichsguts der Lombardei in Betracht kommen, wenigstens erwähnt werden. Vgl. Overmann a. a. O.

281) hier, Lothar urkundet 20. Februar 832, 15. Januar 833 Mantua palatio regio (B-M. 998. 1001), Ludwig II. 8. Februar 855, 11. März 858, 26. Februar 861 ebenfalls Mantua palatio regio (B-M. 1165, 1181, 1187), Karl III. im Jahre 883 (B-M. 1615), Berengar I. 21. März 888 Mantua palatio regio (Dümmler Reg. Ber. 1). Von späteren Kaisern hielten sich in Mantua auf: Otto II. Juni 983 (St. 859. DO. II. 313), Heinrich II. 10. Dezember 1021 (St. 1778), Heinrich III. 27. April — 1. Mai 1047 (St. 2332—2336), 18. April 1054 (St. 2470), 15—20. Oktober 1055 in „palatio regio" (St. 2480 81), Heinrich IV. 17. Mai 1091 (St. 2909, 2910), Mai 1093 (St. 2922), Heinrich V. 28. September 1116 (St. 3149a). Ausserdem wird eine curtis domini regis Mantovana im Jahr 818 erwähnt (CL. 93). Die Pfalz des Kaisers in der Stadt scheint während der Herrschaft der Estenser fortbestanden zu haben. Doch auch hier regte sich der Sinn der Bürger. Pavia, Lucca und andere Städte hatten es erreicht, dass die Pfalz aus den Stadtmauern verlegt wurde. Da wollte auch Mantua nicht zurückstehen. Am 6. Mai 1116 gestattete Heinrich V. den Bewohnern der Stadt seine Pfalz abzubrechen und versprach ihnen, künftighin nur ausserhalb der Mauern eine neue zu erbauen (St. 3136. Muratori Antt. 4 p. 25). Die Urkunde wurde von Lothar (St. 3283) und Friedrich I. (St. 4016) bestätigt. Von Staatsgebäuden in Mantua wird die Münze erwähnt, die aber bereits Berengar I. im Jahre 894 dem Bischof überliess (CL. 363).[1]

In der Umgebung der Stadt gründete Ludwig II. auf der Insel Moninello das Kloster S. Ruffino.[2] Die Lage desselben, das auf kaiserlichem Territorium erbaut wurde, ist streitig. Nach Donesmondi[3] lag es 2 Miglien von Mantua auf einer „Molinello" genannten Insel des Mincio, ausser-

[1] „Monetam publicam ipsius Mantuane civitatis."

[2] Urkunden für das Kloster in MIÖG. Bd. 1 p. 434 ff. Es wurde von Ludwig II. mit süditalienischen Gütern dotiert B-M. 1237. Das Castell in Moninello bestätigt Otto III. dem Bistum Mantua DO. III. 255.

[3] Donesmondi p. 156.

halb der Porta del Porto, nach der Ansicht Visis[1] lag es 6 Miglien von der Stadt entfernt auf einer „Poggio reale" genannten Insel, die Visi sehr ausführlich beschreibt. Donesmondi erzählt, Ludwig habe hier einen prächtigen Palast errichten lassen,[2] während Equicola[3] dasselbe von Heinrich V. berichtet; die Urkunde Heinrichs V. spricht dagegen von einer Verlegung des Palastes aus der Stadt nach Borgo S. Giovanni. Heinrich IV. schenkte das Kloster S. Ruffino mit dem „Molinella" genannten Wasser dem Bistum Mantua (St. 2910a. D'Arco 1. 135).

Die Provinz Mantua teilen wir in die Bezirke links und rechts vom Po und besprechen die Orte in alphabetischer Reihenfolge.

1. Provinz Mantua links (nördlich) vom Po.

Castellaro (= Castellara) am Nordende der Provinz, Commune Monzambano, südwestlich von Peschiera. Heinrich IV. gab den Hof in Form eines Prozesses am 13. November 1082 dem Bischof Heinrich von Trient und seinem Vogt Gottfried zu Lehen (St. 2847).[4] Noch im 18. Jahrhundert gehörte Castellaro dem Hochstift Trient.[5]

Cavallara und Zitolfa südlich von der Mündung des Oglio in den Po am linken Poufer. König Karlmann verleiht am 8. Juli 879 auf die Fürbitte seines Truchsess Eginulf und seines Jägers Alaman seinem Getreuen Hillo in der Grafschaft Brescia im Orte Zitolfa einen Hof mit Häusern und Gebäuden und 14 Hufen (hobas), d. h. vollen Bauernstellen (sortes plenas), mit Unfreien beiderlei Geschlechts und mit dem Walde Cavallara, der am Flusse Lara liegt und am unteren Ende am Oglio endigt, am oberen aber am Orte Trazun (B-M. 1502. CL. 284). Zitolfa möchte mit dem am Po gelegenen Orte Cizzolo, und Cavallara mit

[1] Visi p. 244 ff.
[2] a. a. O. p. 157.
[3] Equicola p. 33.
[4] Cod. Wang. p. 19.
[5] Als Marchesat Castellara. Vgl. Berghaus, Deutschland vor 100 Jahren. 1, 121.

dem südwestlich davon gelegenen Cavallara identisch sein, von wo der Oglio ca. 4 km entfernt ist. Trazun vermögen wir nicht nachzuweisen.

Cicognara[1] (Cicomaria oder Ciconiaria), ehemals eine Poinsel (der Po hat seinen Lauf ausserordentlich geändert), jetzt am linken Ufer des Flusses, zur Gemeinde Viadana gehörig, mag zum Gebiet der von Authari eroberten Stadt Brescello (Brexillus, PD. 3, 18) gehört haben. Die königlichen und herzoglichen Besitztümer auf der Insel Cicognara wurden im Jahre 760 von Desiderius dem Kloster S. Salvatore in Brescia überwiesen, dem sie bis ins vergangene Jahrhundert gehörten (Tr. 747. CL. 20). Im Jahre 905 befanden sich in Cicognara (CL. no. 419 col. 722) eine Kapelle, 3 Häuser auf dem Herrenhofe mit 19 Insassen, 10 abhängige Hufen, die an 23 Hörige ausgethan waren, und eine Mühle.

Governolo,[2] festes Kastell an der Mündung des Mincio in den Po (Gubernolo), gehörte zum mathildischen Gut, spielte eine bedeutende Rolle in den Kämpfen Mathildens mit Heinrich IV., diente 1116 Heinrich V. zum Aufenthaltsort, und war unter Friedrich I. Reichszollstätte (cfr. Ficker: Forschungen 2, 186. Giesebrecht 3, 645. Stumpf 3136—3140).

Gusnago (S. Martino di) im südlichen Teile des Schlachtfeldes von Solferino. Desiderius schenkt dem Kloster S. Salvatore in Brescia „in finibus Sermionensi loco qui dicitur Gusenagus“ Land ohne Bauern mit Wald, im ganzen 150 Joch (ca. 110 ha). Es ist derselbe Ort, in dem auch Cunimund von Sermione einen Hof besass (vgl. Tr. 747. CL. 20. Tr. 837. CL. 29).[3]

Melara (Provinz Rovigo, doch hart an der Grenze der Prov. Mantua) am linken Poufer östlich von Ostiglia,

[1] Auch die Form Cigognara kommt vor, z. B. auf der Karte des lomb.-venez. Königreichs.

[2] Vgl. Overmann p. 16.

[3] Weitere Besitzungen in Gusnago erwarb das Kloster durch Tauschurkunde vom 25. Sept. 771 (CL. 43).

gehört zu den Gütern der Kaiserin Adelheid, die diese dann dem Kloster S. Salvatore zu Pavia verlieh (CL. 997).[1] Der Hof ist in der grossen Güteraufzählung genannt (CL. col. 1757 Mellaria) und dann in einer speziellen Urkunde noch genauer beschrieben (CL. col. 1760. Die Urkunde ist lückenhaft). Adelheid schenkt danach am Orte Mellaria einen Hof in folgenden Grenzen: östlich der Po bis zur rupta de Albareto, die dem heiligen Silvester (von Nonantula, das dort Besitzungen hatte) gehört, den Sümpfen des Po und den kleinen Sümpfen bis zum Graben Pitola (Pissatola), dem Graben des St. Victor, dem Tartaro, (der nördlich dem Po parallel fliesst), bis zur fossa de caput Fraxani, dann bis S. Michael, dem sogen. Coternione, dem Tartarello, der nördlich von Melara in den Tartaro mündet beim Orte Melano, bis zum Graben Ruzia (Russa?), zum Sumpfe Puscula und zum „dossum Fraxanaria" und zur Palude Mala, zu den carrigia intenciosa et ad carrigia Boniverti, dann zur Insel und wieder bis zum Po, zusammen 6000 Joch (ca. 4500 ha). Im einzelnen lassen sich die Ortsbestimmungen nicht mehr alle nachweisen, zumal sich die Bodenkonfiguration gerade in jener Gegend ausserordentlich geändert hat, doch Po, Tartaro und Tartarello zeigen, dass Melara bei Ostiglia gemeint ist, da auch anderweitig Besitz von San Salvatore bei Melara bezeugt ist (Visi 2, 189), und belehren uns über den Umfang des Hofes. Im Zusammenhang mit Nogara, Ostiglia und Revere können wir hier einen riesigen Komplex von Reichsgütern deutlich erkennen, der hauptsächlich aus Waldland bestand.

N o g a r a. Am 20. Juni 857 (B-M. 1178. CL. 201) hielt sich Ludwig II. curte nostra Nagariola auf. Es wäre hierbei an Nogara oder auch an Nogarole bei Villafranca zu denken.[2] Beide Orte liegen ca. 15 km von einander ent-

[1] Auch DO. II. 281 genannt.

[2] Mühlbacher hält Nogarole nicht für den Ausstellungsort, obwohl derselbe am besten ins Itinerar passen würde. Die Urkunde ist am 20. Juni ausgestellt, im Juli fand die Zusammenkunft in Trient statt. (Den 18. August 857 war Ludwig der Deutsche wieder in Regensburg B-M. 1387.)

fernt in der Provinz Verona, gehören aber in diesen Zusammenhang, da sie einen Teil des grossen Komplexes zwischen Po, Etsch und Mincio bilden. Am 24. August 906 gestattet Berengar I. dem Veroneser Diakon Audebert wegen der Einfälle der Ungarn in Nogara am Tartaro ein Castell zu bauen, einen Markt anzulegen und die königlichen Einkünfte für sich einzuziehen (Dümmler Reg. Ber. 53). Später war Nogara mathildisches Gut und gehörte in der Stauferzeit dem Reich (vgl. Ficker, Forschungen 2, 186. Overmann p. 24). Konrad III. gab Nogara mit der Kapelle, mit Ausnahme von 5 Hufen, die dem Turisendo aus Verona zustanden, dem Kloster Nonantola (St. 3477), dem der Hof schon früher gehört hatte, erhielt ihn aber als Lehen zurück; indes Graf Wibert und Turisendo bemächtigten sich widerrechtlich des ganzen Hofes. In einer Urkunde vom 7. April 1164 gab Friedrich I. dem Turisendo und seinen Söhnen Nogara zu Lehen gegen eine jährliche Zahlung von 50 Mark, restituierte aber am 19. Oktober 1180 den Hof dem Kloster (St. 4309).[1] Otto IV. schenkte denselben 1210 dem Grafen Albert von Casaloldo (B-F. 423).

Ostiglia am Po, im Südosten der Provinz. Der Wald dieses Namens, der sich nordwärts zwischen Po und Etsch ausdehnte, war ursprünglich königlich, wurde aber vor 820 zum grössten Teile[2] vom Kloster Nonantola erworben. Nur ein Teil des Waldes gehörte nach 820 der königlichen Kapelle S. Lorenzo (CL. 95), die nahe am Po lag. Näher sind wir über den Forst unterrichtet aus einer Urkunde von 827 (CL. 108), wonach er zwischen Po und Tartaro und der Fossa Olobia lag, die beide verbindet. Zu San Lorenzo gehörte noch der Wald Desterano, den wir nicht aufzufinden vermögen. Im Jahre 861 grenzt ein vom Abt Peter von Nonantula verpachtetes Stück Land in Ostiglia auf der einen Seite an den Po, auf der anderen an das

[1] Tiraboschi, Nonantola 1, 410. Neues Archiv 20, 200. 19, 593 f.

[2] Der Teil von Ostiglia zwischen Po, Caput Ternioni, fossa Lubia, fossa regia und Pollicino bei Revere gehörte S. Zeno in Verona. B-M 1001. CL. 115.

„gagium“, worunter Wald des Königs gemeint ist (CL. 217). Wahrscheinlich haben wir es mit Pertinenzen des Hofes Melara zu thun.

Pozzolo am linken Minciloufer, doch noch zur Provinz Mantua gehörig, wird in einer Urkunde von 820 erwähnt, in der es heisst, dass auf dem Königshof, der Pociolo genannt wird, am Ufer des Mincio Gericht abgehalten wurde (CL. 95). Pozzolo war im 11. Jahrhundert ein Gut der Canusiner (Overmann p. 19), wahrscheinlich als Reichslehen.

Rivalta am Mincio oberhalb Mantua, war eine feste Burg der Gräfin Mathilde, die Heinrich IV. eroberte (Giesebrecht 3, 645), die dann die Mantuaner zerstörten, und die schliesslich Heinrich V. 1116 denselben mit der Insel Quineciana schenkte unter der Bedingung, dass dort nie wieder ein Castell errichtet werden dürfe (St. 3137).

Duae Robores lag nicht weit von Nogara am Tartarofluss (Reg. Ber. 53). Der dortige Reichshof wurde von Berengar I. 910 dem Grafen Anselm von Verona verliehen mit Kapelle und Hufen, kam aber 911 an das Kloster Nonantola (Mur. Antt. 2, 245 ff. Reg. Ber. 59).

Roverbella bei Pozzolo cf. Rovescala Prov. Pavia.

Sabbioneta zwischen Po und Oglio im Südwesten der Provinz. Ein Hof in Sabloneta wurde nach einer Urkunde Berengars II. von 958 (CL. 626) dem Kloster Leno von Karl dem Grossen geschenkt, was alle späteren Urkunden für Leno bestätigen (DO. I. 240 etc.). Ebenfalls in „Sabloneta“ schenkt König Rudolf von Burgund 8. Oktober 924 dem Bischof Hercard von Parma einen dem Reich gehörigen Hof, „der am Heridanus liegt, der auch Po genannt wird“ (CL. 509). Vermutlich handelt es sich hier um einen anderen Ort, der in späteren Urkunden für die Kanoniker von Parma als Sablone wiederkehrt (DO. I. 142. DO. II. 238. DO. III. 210).

Villola. Die Lage ist unsicher, da die einzige Bezeichnung die ist, dass es zur Grafschaft Mantua gehörte.[1]

[1] Nach Overmann p. 8 ist Villola ein um 1200 zerstörter Ort, der nach p. 9 bei Mirandola gelegen haben soll.

Die Kaiserin Angilberga schenkt 877 die curtis Villula in comitatu Mantovano dem Kloster S. Sisto zu Piacenza (CL. 270), dem dieser Hof von Berengar I. (CL. 474), Rudolf (CL. 510), Hugo (CL. 521) und von Otto I. (DO. I. 141) bestätigt wird. Später bildete Villola einen Bestandteil des mathildischen Gutes.

2. Provinz Mantua rechts vom Po mit angrenzenden Gebieten.

Ein nicht unbeträchtlicher Teil der Provinz Mantua liegt auf der rechten Seite des Po, dessen bedeutendste Orte Gonzaga, Suzzara und Revere sind. Das Land ist ausserordentlich wasserreich, die Wasserläufe haben sich indes sehr verändert und daher sind Identifizierungen schwierig. Da das Gebiet in der älteren Zeit nicht zur Grafschaft Mantua,[1] sondern zu Reggio und Modena gehörte, so kam es auch zum Teil an transpadanische Bistümer und Abteien. Später hatte die Gräfin Mathilde hier grosse Liegenschaften.

Canneto. In einer Urkunde vom 29. Juli 896 schenkte Berengar I. seinem Getreuen Agino, dem Vassallen des Grafen Siginfred fünf zum Reichsgut gehörige Bauernstellen, die zur Grafschaft Mantua gehörten, zwischen Po und Bondeno (Bundinum) im Orte Canneto (CL. 369). Dies Canneto kann nicht identisch sein mit dem Orte gleichen Namens am Oglio, da dieser nicht zwischen Po und Bondeno liegt. Es ist vielmehr auf der rechten Poseite zu suchen und zwar in der Gegend von Sermide, wo auch ein dem Kloster Nonanotola gehöriges Canneto erwähnt wird, das mit unserem identisch ist.[2]

Felline cf. Guastalla.

Flesso (Flexo). Der Wald von Flesso lag zwischen dem Flusse Moclena,[3] dem Flusse Bondeno, der fossa Firmana oder Vidola, dem Lago Floriano, der fossa Scava, Albareda (Albareto) südlich von Bondeno, Spino und dem

---

[1] Nur Revere und Umgebung gehörte zu Mantua.

[2] Vgl. Tiraboschi, Nonantola, Indice Bd. 2 p. 501.

[3] Vgl. Tiraboschi 2, 521.

Po. Der Name Bondeno kommt öfters vor in dieser Gegend, doch muss der Wald in der Gegend von Pegognaga und Gonzaga gelegen haben. In diesem Forst gestattete Liutprand den Bewohnern des Fleckens S. Lorenzo, vielleicht dem südöstlich von Pegognaga gelegenen Dosso S. Lorenzo, das Vieh zu weiden, die Schweine zu mästen ohne irgend welche Abgabe. Aistulf verlieh alsdann den genannten Wald dem Kloster Nonantola (Ficker, Forschungen Bd. 4 p. 12. Über die Lage von Flexo cf. CL. col. 173 n. 3).

Gonzaga[1] gehört zum mathildischen Gut (Overmann p. 8). Dem Kloster S. Benedetto di Polirone schenkte hier Heinrich V. am 12. Mai 1116 eine Wiese mit einem Bauernhaus (St. 3138), Konrad III. am 22. Mai 1116 drei Ackergründe (St. 3517). Im Jahre 1212 gab Otto IV. dem Grafen von Casaloldo Gonzaga, Bondeno und Roncello (B-F. 465). Friedrich II. trat die Orte der Kirche ab, die sie freilich erst in den Jahren 1220/21 erhielt (cf. Overmann p. 110 f.), ohne sie dauernd behaupten zu können.

Guastalla liegt zwar in der Provinz Reggio, doch muss der Hof mit in diesem Zusammenhang besprochen werden, da er in mantuanisches Gebiet übergreift. Am 2. November 864 verlieh Ludwig II. den der Krone gehörigen Hof Wardistalla mit dem dazu gehörigen Luzzara (nördlich von Guastalla) und 2 Kapellen mit Zubehör, von denen die eine dem hl. Georg, die andere dem hl. Petrus geweiht war, der Kaiserin Angilberga, seiner Gemahlin (B-M. 1192. CL. 231).[2] Am 28. November investierte Bischof Walpert von Modena im Namen des Kaisers den Ministerialen Petrus als Vertreter der Kaiserin mit dem Hofe Guastalla, wobei 15 Leute und der kaiserliche Hofkaplan als Zeugen zugegen waren (CL. 232). Eine Bestätigung fand 870 statt (B-M. 1211). In ihrem Testament vermachte Angilberga den Hof Guastalla, der auch Feline heisst, nebst Luzzara dem Kloster S. Sisto

---

[1] Gonzaga und Flexo kommen auch in der Liste der Besitzungen von Leno vor: DO. II. 243. DO. I. 240 (CL. 626 fälschlich Bonzaga). Vgl. auch CL. 700.

[2] Für Guastalla allein stellte Ludwig am 3. November 864 noch eine besondere Urkunde aus (Ficker, Ital. Forschungen 4, Nr. 33).

zu Piacenza (CL. 270). 890 treffen wir dies Kloster im Besitze des Hofes an, den damals Angilbergas Tochter Irmingard demselben bestätigte (CL. 345). 901 schenkte deren Sohn Ludwig III. Guastalla in der Grafschaft Reggio, nahe am Po, von neuem den Nonnen von S. Sisto (CL. 389). 917 bestätigte denn auch Berengar I. Guastalla und Luzzara dem Kloster (CL. 474). Der Hof, von dem wir auch einige Pachtkontrakte kennen,[1] wurde von einem Gastalden verwaltet (CL. 273. 334) und reichte von Paladana und Ronchi einerseits (CL. 403), bis Poviglio andererseits (CL. 462), was einer Ausdehnung von 23 km entspricht.

Während Guastalla ein unangefochtenes Gut von S. Sisto bildete, focht der Bischof von Reggio den Besitz von Luzzara an. Nach den freilich stark verunechteten ältesten Diplomen des Bistums Reggio bestätigt Karl der Grosse demselben am 8. Juni 781 Luzzara und Gabiana zwischen Po und Bondeno (B-M. 231). Lothar entriss den Hof Luzzara dem Bistum und gab ihn seinem Getreuen Richard zu Lehen, stellte ihn aber schon 839 der Kirche zurück (B-M. 1029). Im 10. Jahrhundert kam es zu einem Prozess zwischen dem Bistum Reggio und dem Kloster S. Sisto, in dem aber der bei Hugo und Lothar in hoher Gunst stehende Bischof Adelhard von Reggio im Jahr 947 erreichte, dass ihm Luzzara zugesprochen wurde mit 2 Kapellen, Paladana, und dem Wald zwischen Po und Bondeno (CL. 569). Doch Berengar II., der Neffe der Äbtissin Bertha von S. Sisto, nahm dem Bischof von Reggio, der ein eifriger Anhänger der Königin Adelheid war, 950 den Hof und gab ihn S. Sisto zurück (CL. 591), dem er nun auch von Otto I. bestätigt wurde (DO. I. 141).[2] Dann kamen Guastalla und Luzzara an die Markgrafen von Canossa; doch Mathilde gab 1076 Luzzara (Affo 1, 324) und 1102 auch Guastalla an S. Sisto zurück (Affo 1, 328. Overmann Reg. 73) in den Grenzen Po, Gurgo, Destero und Bondeno, freilich mit der Klausel, dass das Kloster erst

[1] Vgl. über die Pachtkontrakte den dritten Teil.

[2] Otto II. bestätigt dem Bistum Reggio nur die plebs in Luzzara DO. II. 231.

nach dem Tode der Gräfin in den Besitz gelangen sollte. Dennoch ging der Ort an ihren Nachfolger über (Ficker Forschungen 2, p. 200 n. 13), d. h. an Heinrich V. Nach dem Tode dieses Herrschers kam aber die Stadt an das benachbarte Cremona, dem dann die Stadt Piacenza, um sich von der Besitzung wenigstens etwas zu wahren, durch Vertrag vom 5. Dezember 1127 den dritten Teil des Hofes und Castells, ausgenommen die Kirchen und ihr Gut, überliess. Dafür verpflichtet sich Cremona der Abtei S. Sisto am Tage ihres Heiligen jährlich einen bisantius romanatus zu geben (Ficker 4, no. 100. 3, p. 435). Am 8. Januar 1128 investiert die Äbtissin Febronia die Bürger von Cremona (Ficker 4, no. 101). Als Lothar nach Italien kam, anerkannte er dies Abkommen nicht. Als Nachfolger der Mathilde griff er im Oktober 1136 die Stadt Guastalla an, eroberte sie, und belehnte Herzog Heinrich mit derselben (Ficker 3, p. 435. Giesebrecht 4, 124). Nach Lothars Tode kam wieder Cremona in den Besitz der Stadt, dann Parma und hierauf Herzog Welf. 1159 wurden Guastalla und Luzzara kaiserliche Reichszollstätten (Ficker 2, 186). Von jeder Soga Korn wurden hier 8 alte Mailänder solidi, von der Soga Salz 30 den. erhoben. In Luzzara betrug der Satz 12 den. pro Soga (Affo 1, 343). In den Ansprüchen, die Friedrich auf Guastalla erhob, lag nach der Ansicht Fickers ein Hauptmotiv zum Abfalle Cremonas im Jahre 1167, der zum Lombardenbund führte (Ficker 3, 436). Später, als Cremona sich 1176 eifrig für den Frieden zwischen dem Kaiser und den lombardischen Städten verwandte, erteilte dieser der Stadt am 29. Juli ein umfassendes Privileg, in dem er ihr den dritten Teil von Guastalla und Luzzara zugestand (St. 4181). Als Friedrich indes wieder zu neuer Macht kam, liess er Cremona den Verrat entgelten und die Consuln am 8. Juni 1186 auf alle Rechte auf Guastalla und Luzzara verzichten (St. 4455. Const. no. 306), wofür er die Stadt wieder zu Gnaden aufnahm (St. 4456). Als kaiserlicher Verwalter der beiden Städte wurde Heinrich von Lautern eingesetzt (Ficker 2, 203), der am 3. August 1186 die Bewohner von Luzzara mit der Feldmark der Stadt belehnt (Böhmer acta no. 895). Im Jahre 1191 verpfändete Heinrich VI. der Stadt Cremona die von ihr gewünschten Orte für 1000 Pfund Gold (Ficker 2, 201). Doch kaum war Heinrich gestorben, als die Abtei S. Sisto von neuem Ansprüche auf die ihr entfremdeten Besitzungen machte, und Papst Innocenz III. nahm sich des geschädigten Klosters nachdrücklich an. Cremona, dem eines Kanalbaues wegen besonders viel an Guastalla gelegen war, wurde verurteilt, die beiden Städte herauszugeben, obwohl es sich darauf berief, dass es nur Pfandrecht an denselben habe. Die Stadt wurde, als sie sich nicht fügte, mit allen Kirchenstrafen belegt (Ficker 4 no. 205, 207, 271, 302, 311, 312, 313, 314). Gregor IV. endlich beauftragte den Bischof von Modena im Jahre 1227 der Stadt Cremona die Städte zu restituieren gegen Zahlung von 3000 Pfund (B-F. 6710, 12974, 12977).[1]

Von den Pertinenzen des Hofes Guastalla ist Luzzara die wichtigste, deren Schicksale fast beständig mit Guastalla verknüpft waren. Zu diesem Hofe gehörten zwei Bauernhäuser in dem östlich von Guastalla gelegenen Orte Paladana (an der Bahnlinie Mantua-Modena CL. 403). Dieser ist identisch mit dem in der Urkunde Ludwigs II. von 870 (B-M. 1211) der Angilberga verliehenen und von dieser S. Sisto (CL. 270) vermachten Orte „Lectora Paludana“. In der villa „Lectus Paludanus“, die später an die Grafen von Canossa kam (Overmann p. 8), schenkte dann am 22. Mai 1146 Konrad III. 8 Hufen dem Kloster S. Benedetto di Polirone, die an die oben genannten Ackergründe bei Gonzaga angrenzten (St. 3517). Eine Pertinenz von Guastalla ist das unweit Paladana und westlich von Gonzaga gelegene Ronchi, wo die Tochter Angilbergas Irmingard drei und eine halbe Bauernstelle (in loco Runcarioli) dem Diakon Evrard zum Niessbrauch überliess. Nach seinem Tod gingen auch diese in den Besitz von S. Sisto über (CL. 403).

[1] Vgl. über Guastalla den Aufsatz von Astigiano im Archivio storico italiano Bd. 9, 193 ff.

Pegognaga (Pigugnaria) bei Gonzaga ist auch ein Gut der Angilberga und wird in ihrem Testament S. Sisto überwiesen (CL. 270). Auch Pegognaga kam später an die Markgrafen von Canossa. Bonifaz war 1012 im Besitze des Ortes (Affo 1, 71), 1076 waltete dort ein Gastalde der Gräfin Beatrix (d'Arco 1, 26). Der Verwalter des Mathildischen Gutes Graf Albert gab Pegognaga an die Abtei Polirone und Lothar wiederholte die Schenkung am 3. Dezember 1135 (St. 3312), Konrad III. bestätigte dieselbe dann November 1140 (St. 3421). Es handelt sich um Wälder, die einem gewissen Hugito verpfändet waren (Margarini bull. Casinense 2, 149). Von Friedrich II. wurde Pegognaga der römischen Kirche restituirt, die Salinguerra damit belehnte. Doch scheint Friedrich später wieder sich der Orte Pegognaga und Bondeno bemächtigt zu haben, da dies als Grund für seine Exkommunikation im Jahre 1239 angeführt wird (Ficker 2, 446. 3, 456).

Polesine und Suzzara liegen wenig auseinander in Nähe der Bahn Verona-Modena. Beide Orte schenkt Ludwig II. am 8. September 870 dem Bistum Reggio (B-M. 1212. CL. 254). Mühlbacher meint, die Urkunde sei verdächtig, die Orte habe wohl erst Karl III. am 8. Januar 880 wirklich geschenkt (B-M. 1550). Es handelt sich um die „dem Reich gehörige Insel" Suzzara in der Grafschaft Brescia, zwischen Po und Zara mit Hof und Kapelle und um die Insel Pullicini, worunter Polesine zu verstehen ist. Dazu kamen Wälder, Fischerei und Bauernhöfe, Sümpfe und Inseln im Pobett (es ist der sog. Po vecchio gemeint, der bei Polesine vorbeifliesst), die Pullicini heissen. Karl bestätigt seine Schenkung 883 (B-M. 1617), dann Ludwig III. im Jahre 900 (CL. 386) und Otto II. (DO. II. 231). Otto III. bestätigt dann 997 die Insel Suzzara dem Bistum Mantua (DO. III. 255)[1] und 2 Jahre später dem Bistum Reggio (DO. III. 317). In dieser Urkunde vom 15. April 999 erzählt Otto von einem Hader, der zwischen dem Bischof von Reggio und einem gewissen

[1] Vielleicht eine Interpolation?

Arimund ausgebrochen wäre wegen der Insel Suzzara und restituiert dieselbe der Kirche Reggio.

Revere (Refere) Ostiglia gegenüber am Po, wird als kaiserlicher Hof und Gerichtsstätte im Jahre 818 genannt (CL. 93). In der Urkunde Berengars (CL. 363) für das Bistum Mantua vom 21. November 894 wird die insula Refere demselben bestätigt, die aber mit der curtis nicht identisch ist, sondern an der Minciomündung lag (vgl. Overmann p. 16). Otto III. bestätigt die Insula und die curtis regalis dem Bistum (DO. III. 255). Später bildeten beide einen Bestandteil des mathildischen Gutes (cf. Overmann p. 16 f.).

Sermide noch unterhalb Revere gelegen. Die Hälfte der Fischerei im Hofe Sarmata und in Bondeno gab Aistulf dem Kloster Nonantula (CL. 93). Das Castell bestätigte Otto III. dem Bistum Mantua (DO. III. 255).

VII.

PROVINZ CREMONA.

Litteratur: Regesten in Miscellanea 1, 503 ff. — Robolotti, Repertorio diplomatico Cremonese. Cremona 1878 ff. — Sanclementi, Series episcoporum Cremonensium. Cremona 1814. — Zaccaria, Cremonensium episcoporum series. Mediolani 1749.

Crema: Benvenuti, Storia di Crema. Milano 1859. — P. Terni, Storia di Crema. Crema 1844/45.

Insula Fulcherii: Archivio storico lombardo 1, 297 ff.

Soncino: F. Galantino, Storia di Soncino. Milano 1869/70.

Neben Mantua gehört auch Cremona zu den Gegenden der Lombardei, die erst spät, im Jahre 603, den Langobarden in die Hände fielen. Die Folge war, dass auch hier sich kein Herzogtum bildete,[1] und dass ein bedeutender Teil des Landes dem König überwiesen wurde. Die Stadt Cremona wurde 603 von Grund aus zerstört (PD. 4, 28), und das Gastaldat wahrscheinlich im Mittelpunkte der königlichen

[1] Von den gefälschten Urkunden Dragonis, die Troya in Masse abdruckt, mache ich keinen Gebrauch, da es sich um moderne Fälschungen ohne Verwertung echter Vorlagen handelt.

Güter, in Sospiro errichtet, wo es sich in der karolingischen Zeit befand. Die grossen Kronbesitzungen fielen im Laufe des 8., 9. und 10. Jahrhunderts teilweise ans Bistum Cremona, teilweise an die auswärtigen Klöster S. Salvatore in Brescia, S. Sisto in Piacenza, S. Salvatore in Pavia, an einige königliche Vassallen und kleinere Kirchen. Eine völlige Neubildung von Königsgut trat mit der Erwerbung der Insula Fulcherii nach der Eroberung von Crema und der Mailänder Gebiete östlich der Adda, ein, die wir deshalb gesondert betrachten müssen.

1.

In der Stadt Cremona verspricht Heinrich V. im Jahre 1114 den Palast ausserhalb der Mauern errichten zu wollen (St. 3113. Muratori Antt. 4, 23). Da sich in den in Cremona ausgestellten Königsurkunden die Bezeichnung „in palatio" nicht findet, so bezieht sich vielleicht das Versprechen Heinrichs V. nur auf die Zukunft. Von den Festungswerken, die hier wie überall ursprünglich fiskalisch waren, fielen durch königliche Schenkung zwei Thürme beim Bollwerk (municiunculam) der Stadt an das Bistum Cremona, was Ludwig III. am 12. Mai 902 bestätigte (CL. 399). Die Befestigungen wurden bei einem Ungarneinfall vollständig zerstört und nach ihrem Wiederaufbau von Berengar I. am 1. September 916 dem Bischof überwiesen (turres, portae, pusterulae). In der gleichen Urkunde kamen die Einnahmen aus den von Liutprand angelegten und von Karl dem Grossen erweiterten Hafenanlagen[1] an das Bistum (CL. 468), eine Schenkung, die Otto I. 973 bestätigte (DO. I. 429).

Gegenüber von Cremona auf dem rechten Poufer lag, (zwar nicht mehr auf lombardischem Gebiet, aber des Zusammenhangs mit Cremona wegen doch zu erwähnen), der Königshof Auce an der Stelle des heutigen Olza. 875 wurde der Hof daselbst der Irmingard, Tochter Ludwigs II., von

[1] Die Häfen zwischen der Addamündung und Vulpariolo hatte schon Karl der Grosse dem Bistum geschenkt CL. 143 und B-M. 1050. Eine nähere Betrachtung der Hafeneinnahmen liegt uns fern. (Vgl. auch B-M. 1149.)

ihrem Oheim Ludwig dem Deutschen bewilligt (CL. 262). Doch wie die anderen der Irmingard gehörigen Königshöfe, so fiel auch Auce nach ihrer Entführung an die Krone zurück; im November 910 wird hier wieder eine curtis regia genannt und im Gericht zu Cremona durch den Advocatus Lupus aus Cremona vertreten, der vom Bistum eine Zahlung von $7^1/_2$ sol. gefordert hatte, aber damit abgewiesen wurde (CL. no. 439 s. p. 125). Die späteren Schicksale des Hofes sind unbekannt.[1]

Die Höfe in der Provinz und ihre Geschichte bis zum Ende der ottonischen Periode führen wir im Folgenden in alphabetischer Reihenfolge an.

Caprariola schenkte Karl der Grosse dem Bistum Cremona, als Stephan Bischof war (CL. 143). Aus einer späteren Urkunde (s. u.) ergiebt sich, dass Caprariola mit dem südlich von Cremona, unweit des Po gelegenen Gere de' Caprioli identisch ist, da Bodrio, Olmo und Stagno sich in der Nähe befinden. Noch zur Zeit des Bischofs Johannes von Cremona (913–924) gab es in dieser Gegend Königsland, das vielleicht zu Sospiro gehörte (s. u.). Damals war eine grosse Verwirrung (non modica confusio) in der Abgrenzung der Bistümer Mailand, Pavia, Cremona, Piacenza, Reggio und Parma ausgebrochen, die alle bei Caprariolo und Cucullo Besitzungen hatten. Auf Befehl des Kaisers Berengar I. wurde eine Untersuchung vorgenommen und die Grenzen geordnet, wobei wir auch einiges uns interessierende erfahren. Der Graben Signum in der terra Senaido trennte damals die „terra monachorum“ auf ihrer westlichen Seite vom Königsland. Die Orte Caprariola, Piscarolo (Picariolam), Ruscarolo und die Kirche S. Maria in Caprariola, die den Kirchen Cremona, Reggio und Piacenza gehörten, waren auf ihrer nördlichen Seite durch eine Burg vom Königsland geschieden (CL. 515).

Cucullo gehört ebenfalls zu den Höfen, die Karl der Grosse dem Bistum Cremona schenkte. Auch von diesem

[1] In einem Inventar von Nonantola von 990 (CL. 856) werden Güter dieses Klosters genannt in comitatu Aucense (oratorium, 3 Hufen), und Wald für 1000 Schweine Mast in Aucense nebst einer Wiese.

Ort ist die Lage nicht genau zu ermitteln, indes lag er wahrscheinlich in der Nähe des Po und nicht weit von Cremona. Aus der Urkunde CL. 515 ergiebt sich, dass Cucullo in der Nähe von Budrio, heute Bodrio, zu suchen ist, vielleicht auf dem rechten Poufer, da es an der Grenze des Bistums Piacenza lag. Mit Cucche bei Paderno, nördlich von Cremona, ist Cucullo kaum identisch. Wir nehmen auch an, dass die nicht auffindbaren ebenfalls von Karl verschenkten Höfe Tecledo, Brivisula und der Hafen Vulpariolo in gleicher Gegend lagen. Mit diesen Orten verlieh Karl dem Bischof das Recht Mühlen am Po anzulegen und die Häfen bis zur Addamündung (B-M. 1050). Doch entriss der baiolus König Pippins Rotchild die Besitzungen dem Bistum, dem sie dann ein gerichtliches Urteil wieder zusprach (CL. 143), das Lothar bestätigte (B-M. 1050).

Farinate nordwestlich von Crema, bildet mit dem wenig nördlich gelegenen Vailate und dem südlich vom Serio liegenden Orte Pianengo (Pivenengo) einen ursprünglich fiskalischen Komplex von Domänen, der sich bis ins Bergamaskische erstreckte (cf. Brignano). König Hugo schenkte diese Höfe seiner Tochter Rotlind. Otto I. entzog sie ihr und ihrem Gatten Bernhard,[1] allein Otto II. restituierte ihnen ihren gesamten Besitz (DO. II. 130).

Fregalino. Hier grenzt im Jahre 962 ein Grundstück in loco „Freganino“, das Bischof Liutprand von Cremona eintauscht, auf einer Seite an Königsland, auf drei Seiten an das Flüsschen Cremonella (CL. 651). Ein Bach Fregalino liegt nördlich von Cremona beim Orte Ossolengo, ein anderer gleichen Namens östlich bei Ardole.

Monasterolo, am rechten Oglioufer, an der Bahnlinie Cremona-Brescia. Karl III. verlieh hier seinem Getreuen Autprand ein kleines Kloster im Orte Cerreto mit seinen Besitzungen, da dasselbe ganz herabgekommen war. Nach seinem Tode sollte Monasterolo an das Bistum Bergamo fallen, dem es schon zu Lebzeiten des Beschenkten 100 Pfund Öl entrichten sollte (B-M. 1626, 1627.

[1] cf. p. 32

CL. 320, 321). Das Kloster wurde dann von den Bischöfen von Bergamo wiederhergestellt und Otto I. gestattete die Anlegung eines Hafens in Monasterolo (DO. I. 364. CL. 712).

Offanengo (Aufenengo) östlich von Crema gehörte der Kaiserin Adelheid und wurde von ihr dem Kloster S. Salvatore in Pavia überwiesen (DO. II. 281. CL. 997).[1] Später gelangte Offanengo an das Reich zurück (s. u.)

Pianengo (Pivenengo) bei Crema cf. Farinate.

Piscilesse am unteren Oglio östlich von Piadena, ist identisch mit Pisserisse oder Bissarissu, wo Desiderius am 4. Oktober 760 zehn Bauernhäuser am Oglio an S. Salvatore in Brescia schenkt mit zusammen 400 Joch Land, so dass 40 Joch auf die Bauernstelle kamen (Tr. 747, CL. 20). Am Anfang des 10. Jh. hatte der Herrenhof 5 Häuser mit 16 Insassen und sehr reichliches Ackerland, zwei Mühlen und einen Hafen mit 6 Schiffen, während die 11 zugehörigen Hufen an ebensoviel Bauern ausgethan waren. Eine zwölfte Hufe gehörte der Kapelle (CL. 419. col. 719).

Polesine auf dem rechten Poufer, südlich von Cremona, westlich von Zibello. Dort wird von Desiderius das Gehöft (Casale) Seciniolum mit 300 Joch Land und vier Bauern an S. Salvatore in Brescia geschenkt (Tr. no. 747 CL. 20). Dies Polesine ist wohl zu unterscheiden von dem oben besprochenen Polesine in der Provinz Mantua.

Ripalta und Ronco (in d. Grafschaft Lodi) wahrscheinlich Ripalta vecchia südlich von Crema am linken Serioufer und Roncho Todeschmo, 6 km östlich in der Nähe des Naviglio della Città. Auch an Rivolta d'Adda und das nordöstlich davon gelegene Rancala könnte gedacht werden. Am 13. Februar 948 schenkt König Lothar II. den Kanonikern des Bistums Piacenza 10 Joch de terra laboratoria in Rongariolo in der Grafschaft Lodi, die von dem Hofe Ripa alta ehemals abhingen. Zugleich bestätigt Hugo die 49 Joch, die Kaiser Lambert im gleichen Ort

[1] Im Jahre 966 tauschte der Bischof von Cremona mit dem Grafen Wifred Grundstücke bei Offanengo aus. CL. 697.

geschenkt hatte. Die Stücke, die Hugo verlieh, grenzten an öffentliche Wege, Güter der Grafschaft Lodi,[1] Land der Bauern von Ripalta und an den Hof Sparoaria an (CL. 583). Zwei Höfe Ripalta gehörten später zur Insula Fulcherii, von denen wahrscheinlich einer identisch mit dem hier genannten ist.

Sesto, 9 km. nordwestlich von Cremona an der Bahn nach Pavia. Der dortige Königshof „Sextum in comitatu Cremonensi“ [2] wurde am 4. Juli 866 von Ludwig II. seiner Gattin Angilberga geschenkt (B-M. 1201. CL. 248), am 3. Juni 870 bestätigt (B-M. 1211. CL. 237) und im März 877 von der Kaiserin dem Kloster S. Sisto in Piacenza vermacht, zusammen mit dem westlich von Sesto an der Adda gelegenen Tenchera, das wahrscheinlich ursprünglich zu Sesto gehört hatte („Tencaria“ CL. 270). In den Bestätigungsurkunden für S. Sisto wird Sesto stets genannt. Betreffend Tenchera muss noch erwähnt werden, dass die Addaufer von dort bis zur Mündung in den Po von Otto III. dem Bistum Cremona verliehen wurden (DO. III. 205).[3]

Soncino, grosser Ort im Norden der Provinz Cremona. Zwischen Soncino und dem Oglio lag die Kirche S. Martino und der Wald S. Zeno.[4] Hier schenkte Mathilde, die Wittwe des Langobardenkönigs Adaloald (616—626), 15 Joch der Kirche des hl. Petrus, eine Schenkung, die Rothari, Aribert und dann Berengar I. bestätigten (CL. 492).

Sospiro (Sexpilas), 9 km ostsüdöstlich von Cremona, wurde nach der Zerstörung Cremonas durch Agilulf wahrscheinlich Sitz der königlichen Verwaltung in dem den Byzantinern entrissenen Gebiet.[5] Der Hof war ausserordentlich ausgedehnt, er erstreckte sich westlich bis Cremona, umfasste vielleicht die Stadt und ihren Hafen

---

[1] Ein Beweis, dass die Grafschaften damals mit Gütern ausgestattet waren.

[2] Nach CL. 343 liegt Sesto in der Grafschaft Bergamo.

[3] Die Urkunde CL. 224. B-M. 1221, die S. Sisto das Land zwischen Adda und Po verleiht, ist unächt.

[4] S. Zeno liegt noch heute südöstlich von Soncino am Oglio.

[5] Vgl. Miscellanea 1, 516.

ursprünglich noch mit, reichte südlich bis ins Pothal und östlich bis in die Gegend von Pugnolo, so dass er einen Durchmesser von ca. 18 km gehabt haben muss. Im Mittelpunkt befand sich die königliche Pfalz Sospiro (Sexpilas), in der sich die karolingischen Herrscher öfter aufhielten, so z. B. Lothar I. 7. März 835 (B-M. 1015 actum Sexpilas palatio regio), 5. April 843 (B-M. 1066 Sexpil. pal. regio), Ludwig II. im Juni 852 (B-M. 1149. Sexpilas curte regia). Der Hof hatte einen Gastalden und ausserdem einen Advocatus, der den Fiskus vertrat. So lernen wir 852 den Gastalden Landebert und den Vogt Aripert, 891 den Advocatus Anselm, 910 den Advocatus Leo kennen (CL. 180, 349, 438). Zu den Einnahmen der Domäne Sospiro hatte ehemals auch das Geld gehört, das bei der Ausladung der Waaren ans Land (ripaticum) und bei dem Anbinden der Schiffe an den Pfahl (palifictura) im Po entrichtet wurde, bis Karl der Grosse dies Recht in Cremona und Vulpariolo dem Bistum schenkte (CL. 139, 180). Dazu war auch das Pothal mit den darin gelegenen Inseln Meziana[1] und Vulpariolo eine Pertinenz des Gutes gewesen, das zur Zeit Widos, vertreten durch den Advocatus Anselm, 891 Ansprüche darauf machte, aber im Gerichte des missus Ardengus abgewiesen wurde (CL. 349). Indes im Hofe Sospiro war man mit dieser Entscheidung nicht zufrieden, 910 strengte man vor Berengar einen neuen Prozess an, in dem der Schöffe Leo den Hof vertrat und Cucullo, Tecledo, Brivisula und Vulpariolo beanspruchte, nebst den Mühlen und dem Überfahrtsrecht bis zur Addamündung. Doch das Bistum zeigte seine Königsurkunden vor, und Leo unterlag. (CL. 438). Infolgedessen enthalten die meisten für das Bistum Cremona erlassenen Urkunden hinter der Bestätigung der genannten Orte den Zusatz: „contradictione curtis Sexpile remota". Von dem Gute schenkte im Jahre 883 Karl III. Bauernhäuser im Orte Fontana bei Pugnolo „nahe beim Hofe Sospiro" seinem getreuen Gastalden Johann von Murgula zu Eigentum (B-M. 1625. CL. 319). Mehr ver-

[1] Mezzano heute auf dem rechten Poufer südlich von Cremona.

schenkte Berengar I. von unserem Hofe (1. September 916). Infolge des grossen Ungarneinfalls war auch in Sospiro alles zerstört worden, und die königlichen Beamten und Ministerialen chikanierten die Cremonesen auf alle Weise, um ihr Geld und ihre Arbeitskraft beim Wiederaufbau auszunutzen. Infolgedessen gab Berengar alle im Umkreis von 5 Miglien von der Stadt entfernten zum Hofe Sospiro oder zur Grafschaft Brescia noch gehörenden Zölle und Hafengelder dem Bischofe von Cremona und verbot den Beamten zu Sospiro irgend etwas von den bischöflichen Leuten zu nehmen. Dazu gab er noch die öffentlichen Wege in und um Cremona, den Markt, der, wie es scheint, auch vorher Sospiro gehört hatte, und die Fischerei im Po von Vulpariolo bis zur Addamündung (CL. 468). Eine weitere Schenkung machte Berengar am 21. Dezember 918, durch die er dem Bistum ein Stück Land, das zu Sospiro gehörte, schenkte. Dasselbe lag nördlich vor der Stadt zwischen zwei Gräben und war 5 Joch gross. Wir können daraus entnehmen, dass noch 918 der Hof Sospiro bis zur Stadt reichte und sogar dieselbe im Norden umfasste (CL. 479). Alle Schenkungen Berengars bestätigte Rudolf (CL. 508) im Jahre 924, dann Otto II. und Otto III. (CL. 783. DO. II. 176. DO. III. 204. CL. 910) und die meisten folgenden Herrscher. 941 erhalten wir Nachrichten über die Grösse von Sospiro. Danach grenzt Land von Sospiro an Ackerland von Gavado an (CL. 563). Wenn Gavado = Calvatone ist, würde Sospiro eine ausserordentlich grosse Ausdehnung gehabt haben. Für die Identifizierung spricht, dass der Ort auch Cavata genannt wird (CL. 979) und dass dort ein Tausch abgeschlossen wird, der Güter am Oglio angeht. Die nächste Nachricht, die Sospiro betrifft, findet sich in einem Diplom Ottos II. vom 30. Juni 976 (DO. II. 130), in dem er dem vor Otto I. verdächtigten Grafen Bernhard die von seiner Frau eingebrachten Güter zurückgiebt, unter denen sich auch Sospiro befindet. Da nun die Frau Bernhards Rotlind die Tochter König Hugos war,[1] so liegt

[1] s. oben p. 32.

der Schluss nahe, dass dieser seiner Tochter Sospiro geschenkt hat. Der Hof vererbte sich dann an die Nachkommen Bernhards und Rotlinds. Die Gemahlin ihres Sohnes, Bernhards II., die Gräfin Helena schenkte 1007 den sechsten Teil von Sospiro dem Bischof Landulf von Cremona (Repertorio Cremonese no. 130). 1086 wird ein Graf Bernhard von Sospiro de nazione salica genannt (Rep. 741), 1131 ein Graf Hubert von Sospiro (Rep. 769), 1182 ein Graf Werner (Rep. 491).[1]

Vailate s. Farinate.

Vho (Vado) bei Piadena am Oglio. Ermisoind schenkt der hier am Ufer des Oglio liegenden Kirche Sta. Maria Güter zwischen Po und Oglio, von denen einige nicht mehr näher bezeichnete aus königlicher Schenkung stammten. Adelchis bestätigt die Schenkungen im Jahre 772 (CL. 47. Tr. 964).

Tecledo und Vulpariolo s. o.

2.

Wie wir sehen, war in der ottonischen Periode alles Reichsgut in der Provinz Cremona verschwunden; in der ganzen salischen Periode treffen wir hier keine königlichen Domänen mehr an; dagegen schuf Friedrich I. nach der Eroberung Cremas hier sehr ausgedehnte Reichsbesitzungen, über die wir hier im Zusammenhang reden müssen. Den Mittelpunkt des späteren Reichsgebietes bildete die sogen. Insula Fulcherii. Dieselbe gehörte ursprünglich zur Grafschaft Brescia, erstreckte sich von Pontirolo bei Treviglio und Fara (vgl. Benvenuti, Crema 1, 41) im Norden, bis Pizzighettone an der Adda im Süden und umfasste hauptsächlich das zwischen Adda und Serio liegende Gebiet, wozu noch einige wenige Orte im Südosten der Seriomündung kamen. Es ist eine Landschaft, die ca. 45 km lang, zwischen 5 und 20 km breit ist und ca. 500 qkm Flächeninhalt haben mag. In diesem Territorium stossen wir neben beträcht-

[1] cf. Bresslau, Konrad II. Bd. 1, 437, Anm. 10. Graf Bernhard (III.) ist Sohn des Grafen Bernhard (II.) Rep. 739, 752.

lichen königlichen Gütern, z. B. in Rivalta, Farinate, Brignano, Vailate, Pianengo und Soncino (s. o.) schon im 10. Jahrhundert auf Höfe des Bistums Cremona (z. B. Repert. no. 35 in Fornovo, no. 50 in Castelleone, no. 52 in Misano und Casariolo am Serio, no. 149 in Mozzanica, no. 157 in Mozzanica, no. 160 in Arsago, no. 163 in Albenengo, Mozzanica und Casaliclo, no. 202 in Caravaggio, no. 208/209 in Aganello, Fornovo, Cortegano etc.). Die Grafschaft[1] erwarb, auf welche Weise ist unbekannt, der Markgraf Bonifaz von Canossa; nach seinem Tode zog Heinrich III. sie als erledigtes Reichslehen ein und verlieh sie 1045 dem in diesem Gebiet so reich begüterten Bischof von Cremona, wobei zum ersten Male der Name Insula Fulcherii genannt wird (St. 2510). Zugleich mit der Verleihung erfolgte auch die Bestätigung einer grossen Anzahl von Orten in dem Gebiete (St. 2521/22). Doch scheint es der Wittwe des Markgrafen Bonifaz, Beatrix, gelungen zu sein, ihrer Tochter Mathilde die Insula zu erhalten, denn im Jahre 1098 belehnt die Gräfin Mathilde die Leute von Cremona mit der Grafschaft „Insula Fulcherii“ (vgl. Benvenuti, Crema p. 53, Overmann Reg. 51 p. 163). Allein auf derselben gab es schon mehrere ansehnliche Gemeinden, die nicht gewillt waren, sich der Oberhoheit Cremonas zu fügen, und auch Mailand, dessen Bürger schon im 11. Jahrhundert auf der Insula Fuss gefasst hatten (Repert. 208), strebte danach seine Herrschaft über die Adda hinaus bis an den Oglio zu erweitern. Mit Soncino gelang es den Cremonesen sich 1118 ins Einvernehmen zu setzen (Repert. 272), doch Crema wollte sich nicht der mächtigen Stadt am Po fügen. Schon 1098, also gleich nachdem das Privileg Mathildens erteilt war, griffen die Cremonesen das kleine Crema an (cfr. Giesebrecht 3, p. 701), wie es scheint, vergeblich. 1132 wussten die Cremonesen König Lothar dazu zu bringen ihnen bei der Belagerung Cremas beizustehen, doch trotz einer einmonatlichen Einschliessung gelang die Eroberung abermals nicht (Giesebr.

[1] Bresslau, Konrad II., Bd. 1, 437 betrachtet sie als Rest der Grafschaft Brescia, in deren Besitz das Haus Canossa seit 1001 nachzuweisen ist.

4, 79); die kleine zwischen Sümpfen und Flüssen gelegene Festung trotzte dem Kaiser und seinen Verbündeten, und im Bunde mit den Mailändern gelang es ihr, sich ein beträchtliches Territorium zu erwerben. Die Cremonesen suchten infolgedessen Bundesgenossenschaft bei Friedrich I., der auch gegen Crema und Mailand energisch vorzugehen versprach. Im April 1157 erging von Worms aus ein Dekret, das den Burgenbau gegen Cremona zwischen Adda und Oglio bei Strafe des Bannes und 1000 Pfund Gold verbot (St. 3766); nach dem ronkalischen Tage verfügte der Kaiser auf die Bitte der Cremonesen die Niederreissung der Mauern von Crema;[1] allein auf den Bund mit Mailand und auf seine eigenen festen Mauern und Türme vertrauend, trotzte die Veste den kaiserlichen Befehlen und Friedrich sah sich genötigt, am 18. September 1159 die Reichsacht über Crema zu verhängen (Const. 191 ff. St. 3866). Die Lehen sollten den Lehnsherrn, die Allodien dem Kaiser zufallen. In der Nachbarschaft fand Crema Bundesgenossen. Zahlreiche Adelige in den auf der Insula gelegenen Orten Fornovo, Mozzanica, Bariano, Gabiano und Rivoltella schlossen sich den Cremasken an. Die Güter daselbst gab der Kaiser dem Bischof von Cremona (St. 3855, 3890), zugleich mit den Besitzungen der Cremenser und der Erben Guidos und Alberts von Melegnano zu Maleo an der Adda (St. 3872).

Dagegen hatten sich die Cremonesen verrechnet, wenn sie meinten, der Kaiser werde ihnen das Gebiet von Crema schenken. Noch vor dem Falle Cremas, am 30. Dezember 1159, verlieh er die Grafenrechte auf der Insula von Pizzighettone bis Pontirolo, zwischen Adda und Serio nebst der ehemals mailändischen Burg Prada und allen Allodien der Mailänder in diesem Gebiet seinem Getreuen, dem Baumeister Tinto Mussa de Gatta aus Cremona (St. 3876); dass Welf zustimmte, hat wohl seinen Grund darin, dass die Insula als mathildisches Gut betrachtet wurde. Thatsächlich war aber jetzt nicht nur die Grafschaft ans Reich gekommen, die allein der Mathilde zugestanden hatte, sondern auch die

[1] cfr. Rahew. 4, 47.

zahlreichen Privatgüter der Cremasken, Mailänder und anderen Rebellen. Am 26. Januar fiel endlich Crema, das der Kaiser zunächst für sich behielt. Erst am 13. Juni 1162 überliess er das Stadtgebiet von Crema, dessen Festungswerke zerstört waren, der Stadt Cremona, verbot aber ausdrücklich den Wiederaufbau der Festung sowie die Anlage von Burgen zwischen Adda und Oglio (St. 3931). Einen Vertrag mit Cremona schloss dann der Kaiser am 13. Juni 1162 (Const. 212. St. 3952), worin folgendes stipuliert war: Cremona erhielt die Burgen Soncino, St. Bassianum, Pizzighettone und Castelnuovo an der Addamündung, wofür es sich verpflichtete jährlich zu Martini 200 Mark Silber zu zahlen, ausgenommen im Jahre, in dem das fodrum eingefordert würde. Dazu bestätigte der Kaiser ihnen Crema, wogegen die Cremonesen ausdrücklich auf die Güter der Cremasken auf dem Lande zu Gunsten Friedrichs verzichteten. Endlich erhielt der Bischof von Cremona 2 Jahre später, am 3. April 1164 die Burgen Maleo, Platena, Mota Castri Franchi und Lamo (St. 4011. 4012).

Das übrige Gebiet, also der Hauptteil der Insula, wurde Reichsgut und von einem Podesta — zeitweilig war es Lambert von Nymwegen (Ficker § 296) — verwaltet. Zu der Insula Fulcherii gehörten eine Reihe mailändischer Besitzungen, wie z. B. Rivolta, Caravaggio, Fara, Cologna, Cassano (Cod. H. V. 37 fol. 231, 2 der Univ.-Bibl. zu Turin).

Äusserst erbittert über diesen Reichsbesitz war natürlich Cremona, das alle seine Hoffnungen nicht erfüllt sah. Sowohl die gewünschte Insula Fulcherii wie Guastalla und Luzzara wollte der Kaiser nicht herausgeben. Anstatt der nicht sehr mächtigen Nachbarstadt Crema war der Kaiser der unmittelbare Nachbar geworden. So trat denn Cremona, bisher die reichstreueste Stadt in Oberitalien, an die Spitze der Opposition, und seinen Bemühungen verdankte der Lombardenbund seine Entstehung. Die Bestrebungen waren, wie bekannt, vom Glück begünstigt. Der Kaiser rief die Vermittlung Cremonas an und in seiner Notlage nach der Schlacht von Legnano ging er am 29. Juli 1176 auf alle Bedingungen der Cremonesen ein. Er gab Cremona nicht nur Guastalla und Luzzara, sondern neben Crema alle Ländereien zwischen Adda und Oglio, soweit das Bistum Cremona reichte, verbot Burgen dort zu errichten und versprach selbst keine Befestigungen dort anzulegen (St. 4181).

Indes nach dem Abschluss des Friedens von Konstanz änderte sich die Sachlage. Bald stand der Kaiser wieder in alter Macht da, und nun erinnerte er sich des Verrats der Cremonesen, der ihm die trübsten Stunden seines Lebens bereitet hatte. Er beschloss energisch gegen die alte Bundesgenossin vorzugehen, und es gelang ihm sie um alle Früchte ihres Sieges zu bringen. Der Kaiser war damals in engster Freundschaft mit seiner ehemals grössten Gegnerin, mit Mailand. Am 11. Februar 1185 versprach er dieser Stadt, ihr die Regalien zwischen Adda und Oglio, die sie früher besessen hätte, zurückzugeben und Crema wieder aufzubauen (Const. 303. St. 4409). Wahrscheinlich im Anschluss an dies Versprechen erliess Friedrich eine grosse Staatsschrift gegen Cremona. Es ist eine ausserordentlich inhaltreiche Denkschrift, die erzählt, wie der Kaiser früher Cremona auf jede Weise begünstigt habe und wie undankbar sich diese Stadt dem Kaiser gegenüber erwiesen hätte. Mit Recht betont Friedrich, dass Cremona den Lombardenbund eigentlich angezettelt und dass es bei der Gründung von Caesarea auch mitgewirkt habe. Da Cremona seine Versprechungen nicht gehalten habe, so erklärte sich auch der Kaiser an seine früheren Privilegien nicht mehr gebunden. Die Schrift schliesst mit einer Berechnung des dem Kaiser durch die Cremonesen zugefügten Schadens, der auf 300000 Mk. veranschlagt wird[1] (St. 4408. Const. No. 302). Am 12. Mai erfolgte dann die Wiederaufrichtung von Crema, das mit allen Reichsbesitzungen in der Stadt und den Gütern der Grafen von Camisano dotiert wurde (St. 4418). Im Juli erging die Bannsentenz gegen Cremona. Ein Jahr später, am 8. Juni 1186 sah sich Cremona gezwungen, sich unter den härtesten Bedingungen dem Kaiser zu unterwerfen. Die Stadt verzichtete auf die ihr 1176 überwiesenen Besitzungen,

[1] 1.950.000 frcs. nach Prutz, Friedrich I. Bd. 3, 216.

d. h. die Insula Fulcherii, Guastalla, Luzzara, willigte in den Wiederaufbau Cremas ein, überlieferte die Veste Castelleone (Castrum Manfredi) und verpflichtete sich ausserdem innerhalb 15 Tagen dem kaiserlichen Hofe 300 Pfund, 750 Pfund zu Peter und Paul, 750 Pfund am 1. August zu zahlen (St. 4455—4457. Const. 306—312). Am 24. Juli übergaben die Cremonesen die ihnen über Crema und Insula Fulcherii verliehenen Urkunden (Töche, Heinrich VI. p. 604. Const. 309).

Einen Tag nach der Versöhnung mit Cremona wurden folgende 20 Castelle zwischen Adda und Oglio, die zur Insula Fulcherii gehört hatten, und die Cremona soeben abgetreten hatte, der Stadt Mailand überwiesen (St. 4458 Muratori, Antiquitates 4, 229):

1. Rivolta an der Adda südlich von Cassano auch in den Curiae regiae agri Mediolanensis genannt.

2. Casirate (Caxirate) 3 km südwestlich von Treviglio.

3. Agnadello (Agnianello) 3 km südöstlich von Rivolta.

4. Pandino 7½ km südlich von Rivolta.

5. Misano (Mixano) 6 km südlich von Treviglio.

6. Vailate (Varate) an der Strasse Treviglio-Crema s.o.

7. Calvenzano an der Strasse Treviglio-Crema.

8. Arsago (Ardago) 5 km südwestlich von Treviglio.

9. Cassina Palladino (Paradino?) südlich von Rivolta.

10. Tormo an der Strasse Lodi-Crema.

11. Comazzo (Comazano) südwestlich von Rivolta, heute am rechten Addaufer.

12. Gardella 5 km südlich von Rivolta.

13. Dovera (Divera) 7 km nordöstlich von Lodi.

14. Roccadello (Roncadello) dicht bei Dovera.

15. Prada 5 km östlich von Lodi, Burg, die Barbarossa 1159 dem Tinto Mussa verlieh.

16. Vedelengo (Vidalungo) an der Bahn Treviglio-Brescia.

17. Pagazzano (Pagazana) 7 km östlich von Treviglio.

18. Caravaggio (Caravitium) grosser Ort bei Treviglio, auch unter den curiae genannt.

Karte der Insula Fulcherii.

.... Orte, die Friedrich I. an Mailand abtritt St. 4458.

——— Reichsgüter nach Murat. Antt. 2, 79/80.

Die nicht unterstrichenen Orte kamen neben den einfach unterstrichenen durch Heinrich VI. an die Stadt Cremona. Die eingeklammerten Orte sind bloss der Orientierung wegen aufgenommen.

Massstab 1 : 300 000.

19. Potenzo[1].
20. Brignano 5 km nordöstlich von Treviglio s. p. 110.

Es handelt sich um den nördlichen und westlichen Teil der Insula Fulcherii. Die Grenze beginnt bei Rivolta an der Adda, streicht von dort in nordöstlicher Richtung bis Brignano, umfasst die unweit vom Serio gelegenen Orte Pagazzano und Vedelengo und zieht dann südwestlich bis Agnadello am Tormo. Das ganze Gebiet zwischen Adda und Tormo wurde mailändisch mit Einschluss der am östlichen Tormoufer gelegenen Brückenköpfe Tormo und Prada. Nur der südlichste Teil zwischen Adda und Tormo um Corte del Palasio blieb kaiserlich.

Das noch übrige Gebiet der Insula kam direkt unter das Reich. Ueber diesen Bezirk haben wir ganz genaue sehr interessante Nachrichten aus einer Urkunde vom 13. Oktober 1188 (Murat. Antt. 2, 79 80), die eine Art Inventar der Reichsgüter in dieser Gegend darstellt und von der Stadt Cremona anerkannt wird. Darnach sind folgende Orte im Besitze des Reiches:

1. Azzano der nördlichste hier genannte Ort, 9 km südlich von Treviglio.
2. Torlino südlich von Azzano.
3. Palazzo (Palasio) südöstlich von Pandino.
4. Monte (Mons) 10 km westnordwestlich von Crema.
5. Vajano (Vallianum) 8 km westlich von Crema.
6. Bagnolo (Bagnolum) 6 1/2 km westlich von Crema.
7. Chieve (Clevum) 6 km westlich von Crema.
8. Corte del Palasio (Placianum) an der Adda unweit Lodi, das hier Ansprüche hatte.
9. Capergnanica (Capregnanega) südwestlich von Crema.
10. Credera 7 km südlich von Crema.
11. Rovereto 7 1/2 km südlich von Crema.
12. Moscazzano (Moscacianum) 8 km südlich von Crema.

---

[1] Nicht zu identifiziren.

13. Montodine am Serio nahe der Mündung in die Adda.

14. Gombito (Gomedo) östlich vom Serio nahe der Mündung.

15. Ripalta (Rivolta) am Serio.

16. Ripalta vecchia (Rivoltella) am Serio.

17. Ombriano (Umbriano) an der Strasse Crema-Lodi.

18. S. Lorenzo.

19. St. Andrea.

Dies Gebiet, das bis an die Mauern und Gräben von Crema reicht, umfasst den grössten Teil des Restes der Insula Fulcherii. Ausgeschlossen sind die im Nordosten derselben gelegenen Orte Bariano, Fornovo, Mozzanica und Gabbiano, die wohl nach wie vor dem Bistum Cremona gehörten, ferner die nördlich von Crema am Serio sich hinziehenden Gegenden, die wahrscheinlich früher dem Grafen von Camisano gehört hatten und von Friedrich der Stadt Crema überwiesen wurden, und Crema selbst. In den genannten kaiserlichen Orten bekam der Kaiser die Hälfte vom Wein der Bauern, 1/4 vom Wein der Vassallen (militum), 1/3 von den übrigen Bodenerzeugnissen. Ausserdem standen ihm in diesem Landstrich alle Regalien, das Weiderecht, die Waldungen und die Jagd zu. —

Indes dieser nur landwirtschaftliche Erzeugnisse einbringende Reichsbesitz war nicht im Sinne Heinrichs VI. Er brauchte vor allem baares Geld und wie auch sonst veräusserte er auch hier den Reichsbesitz. Schon im Jahre 1190 bewies er seine mildere Stimmung Cremona gegenüber dadurch, dass er den Wiederaufbau des durch Friedrich zerstörten Castelleone nicht verbot, wenn er auch davon abriet (St. 4661). Am 11. November 1191 schloss er mit Cremona einen Vertrag, in dem er gegen die Zahlung von 3000 Pfund die Insula Fulcherii Cremona zu übergeben versprach und einstweilen Guastalla und Luzzara verpfändete. Der endgiltige Verzicht auf die Insula und die Abtretung von Crema fand dann am 5. März 1192 statt (St. 4740. Const. 362. Benvenuti, Storia di Crema p. 142). Der Kaiser erklärt zwar, er habe die Urkunde ausgestellt, um Cremona zu belohnen, es handelt sich aber um einen Verkauf, für 3000 Pfund. Der Kaiser übergab der Commune Cremona zugleich die Urkunden, die Friedrich ihr früher ausgestellt hatte und die in Pavia lagen, und erlaubte den Burgenbau zwischen Adda und Oglio. Die Orte, die er schenkte, sind folgende:

A. Diesseits des Serio.

1. Azzano 1188 kaiserliche Besitzung.
2. Farinate östlich von Azzano s. o.
3. Capralba östlich von Azzano.
4. Campisico (Campisego) noch etwas weiter östlich.
5. Trezzolasco (Terzolascus) am Serio.
6. Sergnano (Seregnanum) am Serio nördlich von Crema.
7. Albenego.
8. Pianengo nördlich von Crema.
9. Vairano nördlich von Crema.

Diese Orte sind mit Ausnahme von Azzano sämtlich in der Urkunde von 1188 nicht erwähnt und gehörten wahrscheinlich Crema.

B. jenseits des Serio.

1. Gabbiano am linken Serioufer nördlich von Crema.
2. Vidolasco nördlich von Crema.
3. Ricengo (Casale Runcengum) nördlich von Crema.
4. Camisano östlich von Vidolasco.
5. Bottajano (Bottijano) nördlich von Ricengo.
6. Offanengo östlich von Crema s. o.
7. Fossano (Izzano?)
8. Suave.
9. Madignano an der Bahn Crema-Castelleone.

Diese Orte, sämtlich zwischen Serio und Oglio, gehörten wohl dem Grafen von Camisano.

C. auf der „Insula Fulcherii“

1. Palazzo 1188 genannt.
2. Pignano ist heute ein Beiname von Palazzo.
3. Monte.

4. Vajano (Vaino).
5. Bagnolo.
6. Chieve (Clevus).
7. Capergnanica (Cavregnanega).
8. Palasio (Palazanum).
9. Credera (Credaria).
10. Rovereto.
11. Moscazzano (Muscazanus).
12. Montodine.
13. Rivoltella.
14. Rivolta.
15. Ombriano.

sind die 1188 genannten Orte. Hinzugesetzt ist Pignano, es fehlen Azzano, Torlino, Gombito, S. Lorenzo und St. Andrea, von denen die erstgenannten in anderem Zusammenhang genannt sind.

D. In Vaire werden genannt.

1. Cremosano nordwestlich von Crema.
2. Trescorre desgleichen.
3. Casaletto Vaprio, desgleichen.
4. Bordenacium.[1]
5. Quintano an der Bahn Crema-Treviglio.
6. Pieranica (Piranega) nördlich von Torlino.
7. Torlino (Torlinus) 1188 genannt.

Von diesen Orten ist einzig Torlino als Reichsgut nachzuweisen, die anderen bilden mit den unter A genannten den Rest der Insula Fulcherii, dessen Geschichte wir nicht mit Sicherheit aufzuhellen vermögen. Die feierliche Belehnung fand 1195 statt vor der Porta Torre in Como.

Damit war das Reichsgut in dieser Gegend endgiltig verloren. Zwar erlangte Crema wieder die Reichsunmittelbarkeit und zahlte unter Otto IV. dem Reiche jährlich 1 Mark Gold (Benvenuti p. 182. Ficker § 369, 20), doch

[1] Nicht aufzufinden.

Friedrich II. erneuerte Cremona das Privileg seines Vaters (Böhmer, Acta selecta no. 1075. Winkelmann, Forschungen 7, 293 ff.), und zu einer Neubildung von Reichsgütern ist es nicht mehr gekommen.

VIII.

PROVINZ MAILAND (Milano).

Litteratur: B. Aresio, Insignis basilicae et imperialis coenobii S. Ambrosii maioris Mediolani abbatum chronologica series. Mediolani 1674. — A. Fumagalli, Codice diplomatico S. Ambrosiano. Milano 1803. — Antichità langobardico-milanesi. Milano 1792 f. — Le vicende di Milano. Milano 1848. — Giulini, Memorie di Milano ne'paesi bassi. Milano 1760/71. — Puricelli, Ambrosianae Mediolani basilicae ac monasterii monumenta. Mediolani 1645.

Burgaria: Lacomblet, Urkundenbuch für die Geschichte des Niederrheins, Bd. 1. Düsseldorf 1840.

Lodi: G. B. Molossi, Memorie della città di Lodi. Lodi 1776. — Vignati, Codice diplomatico Laudense in der Bibliotheca historica italica, Bd. 2—4. Milano 1879 ff. — F. A. Zaccaria, Laudensium episcoporum series. Mediolani 1763.

Monza: A. F. Frisi, Memorie storiche di Monza. Milano 1794. 2. Auflage von Marimonti. Monza 1841.

Trezzo: L. Ferrario, Il castello di Trezzo. Milano 1867.

Mailand war ein langobardisches Herzogtum, das nach Klefs Tode Herzog Albo verwaltete (PD. 2, 32).[1] Im übrigen ist das Schicksal dieses Ducats dunkel; wir wissen nicht, ob zur Zeit, als Perktarit in Mailand residierte (PD. 4, 51), daneben noch das Herzogtum bestand. Auch über die Verwaltung der Königsgüter im Mailändischen ist aus der langobardischen Periode nichts sicheres bekannt.[2] In karolingischer Zeit gab es Gastaldate in Mailand, Lodi,

[1] Der Herzog Albo von Mailand wird freilich nicht in allen Handschriften erwähnt. Weise p. 37 hält den Herzog für Phantasie, doch die „Curtis ducati" (CL. 475) beweist, dass es in Mailand ein Herzogtum gegeben hat. Ausserdem haben sehr alte Handschriften schon den Zusatz.

[2] Das Gastaldat Lodi ist zweifelhaft, s. u.

Seprio und Monza. Auch im Mailändischen war fast der ganze Domanialbesitz am Ende des 10. Jahrhunderts verschwunden; die staufische Neubildung war nur vorübergehend und trug einen ganz eigenartigen Charakter.

Wir behandeln demnach die staufische und die frühere Epoche gesondert und die letztere zwar so, dass wir die Provinz in die Bezirke von Mailand und Lodi zerlegen. Für Mailand wird eine Teilung in die Stadt, die westlich (Seprio) und die östlich von Lambro und Sevesio (Martesana) gelegenen Gebiete angemessen erscheinen.

A.
VORSTAUFISCHE ZEIT.

1.
GEBIET VON MAILAND.

a. Die Stadt Mailand (Milano).

In Mailand gab es einen alten römischen Kaiserpalast, der von den einen dem Maximian, von anderen dem Trajan zugeschrieben wurde. Derselbe lag bei den Thermen des hl. Georg im Innern der Stadt.[1] Es war ganz natürlich, dass auch die langobardischen Herrscher den Palast benutzten. Ja, eine Zeit lang, besonders unter König Agilulf, war Mailand die Residenz des Reiches.[2] Als 661 die Teilung desselben stattfand, wurde Pavia Hauptstadt der einen, Mailand die der anderen Hälfte, die Perctarit beherrschte (PD. 4, 51). Doch Grimoald machte diesen Teilreichen ein Ende und schlug seinen Sitz in Pavia auf, das seitdem die Hauptstadt blieb.

Bei der Verlegung der Residenz blieb die Pfalz in der Stadt wahrscheinlich bestehen, doch können wir nicht angeben, wann dieselbe verschenkt worden ist. Daneben

[1] Vgl. Giulini 2, 281; vgl. auch CL. 715 Kirche St. Georgii ad palatium.

[2] Nähere Nachweise darüber in Buch 3 bei Besprechung der Pfalzen.

soll es noch eine Pfalz ausserhalb der Mauern bei S. Ambrogio gegeben haben. Von den älteren Karolingern haben wir nur zwei von Karl III in Mailand ausgestellte Urkunden, die die Bezeichnung tragen: „ad Mediolanum" (B-M. 1582/83). Dagegen ist die Urkunde Berengars I. vom 2. Oktober 894 „in Mediolano ad S. Ambrosium" ausgestellt (Dümmler, Reg. Ber. no. 12), die vom 15. Februar 898 „Mediolano in monasterio S. Ambrosii" (Dümmler, Reg. Ber. no. 19), ebenso die Urkunden Ottos I. vom 3. Januar 965 (DO. I. 274) und von 972 (DO. I. 412) „in monasterio S. Ambrosii". Am 30. Juli 972 hielt Otto I. mit seinem Sohn Gericht ab im Kloster S. Ambrogio in der Loggia „Reges" (DO. I. 416). Die Pfalz soll nach Giulini im Wald „agli Olmi" bei der Kirche S. Vittore agli Olmi gelegen haben (Giulini 2, 286); doch dies ist nicht sehr wahrscheinlich, und wir wären eher geneigt an ein Absteigequartier im Kloster zu denken, als an einen Palast. Zu einem festen Resultat wird in der Mailänder Palastfrage ohne archäologische Studien kaum zu gelangen sein.[1]

Ferner gab es in Mailand noch eine Curtis Ducati, die nach Giulini (1, 308) in der Nähe der Kirche S. Cipriano lag an einem Platze, der „Corduce" zu Giulinis Zeit hiess. Die Curtis Ducati ging nach dem Falle der Herzogtümer auch in königlichen Besitz über und wurde später Sitz der fränkischen Grafen und Gerichtsstätte (CL. 475). Auch ein Gastaldat wird in karolingischer Zeit in Mailand erwähnt. Ob dasselbe schon in langobardischer Zeit bestand, vermögen wir nicht anzugeben. Wir kennen aus Mailand im Jahre 842 den Waldericus gastaldius civitatis Mediolanensis (CL. 146), 844 einen Gastalden Walchar (CL. 154), und 859 wieder den Waldericus, der auch zugleich vicecomes war (CL. 207).[2] Ein öffentliches königliches Gebäude war die Münze, die wir aber, da sie zu den Regalien gehört, hier nur erwähnen.

---

[1] Nach Ughelli (4, 96) soll Otto der Grosse den Palast bei S. Ambrogio dem Kloster zum Geschenk gemacht haben nebst grossen Besitzungen.

[2] Vgl. Buch 3.

Schliesslich gab es noch in der Stadt einige königliche Grundstücke. Am 20. Dezember 888 schenkte König Wido dem Archipresbyter Aupald auf Bitten des Erzbischofs Anselm von Mailand ein am Hause des Aupald liegendes kleines Grundstück von 24 tabulae innerhalb der Stadt und zugleich einige Türme an der Aredeuswiese. Von der Mauer bekam Aupald 40 Fuss. Wir entnehmen der Urkunde, dass auch in Mailand die Stadtbefestigung dem König gehörte (CL. 342). Weitgehender ist die Urkunde Ottos I. vom 16. Februar 952 (CL. 599. DO. I. 145). Otto I. schenkt hier innerhalb der Stadt Mailand bei dem öffentlichen Markt, also im Zentrum der Stadt, 5 Grundstücke an S. Ambrogio. Auf dem ersten lagen 3 Läden (stationes = botteghe nach Giulini 2, 251), die ein Johannes Ambrosii, ein Johannes Grassus und ein gewisser Prandus innehatten. Die Grenzen waren öffentliche Wege, Land von S. Ambrogio und des Azo, Bruders des Kaufmanns Walzo. Das zweite Grundstück war ebenfalls mit Läden besetzt und grenzte an einer Seite an die Kloake an, auf der anderen an Land der Erben des Adoald und an die Strasse. Das dritte war auf 3 Seiten von Land von S. Ambrogio umschlossen, grenzte an der vierten an die Strasse. Es war anscheinend unbebaut; bei dem vierten lag der königliche Brunnen (puteus regius). Es grenzt an Land von S. Ambrogio, Land der Erben des Giseprand und an die Strasse. Das fünfte, unbebaute Grundstück, stiess an die Strasse, das Haus Arduins und Land des Dominicus an. Dazu schenkte Otto noch ein Herrenhaus (sala), ebenfalls am Markte, mit einem Grundstück, in dem auch unten Läden mit Bänken (banculae) lagen. Die sala grenzte auch an die Kloake, auf zwei Seiten an Strassen und auf einer Seite an ein fiskalisches Grundstück. Diese Grundstücke, die zusammen 24 tabulae massen, schenkte Otto für das Seelenheil Lothars. Der Ertrag sollte für eine tägliche Todtenmesse verwandt werden. Die Örtlichkeit, die in der Urkunde bezeichnet wird, soll identisch sein mit der heutigen Piazza Fontana [1], die Kloake mit dem Sevesobach (CL. col. 1027 Anm.).

---

[1] 100 m. östlich vom Dom, beim erzbischöflichen Palais.

Im Südwesten der Stadt an der Porta Ticinese an der Strasse nach Corsico lag der Ort Bativaca. Hier, „foris et non multum longe a civitate Mediolani“, an einem Felde „ad Carpano de Prandelando“ grenzte ein Grundstück 997 auf der Südseite an Königsland (CL. 936). Zu welchem Hofe dasselbe gehörte, vermögen wir nicht anzugeben.

b. Westlich von Lambro und Sevesio (Seprio und Burgaria).

Für die Verwaltung der im westlichen Teil der Provinz Mailand gelegenen Königsgüter gab es in karolingischer Zeit in Castello Seprio bei Gallarate, nordwestlich von Mailand, ein Gastaldat (842 wird ein Rothenus, gastaldius Sepriensis erwähnt CL. 146). Ob dasselbe langobardischen Ursprungs ist, wissen wir nicht. Die wahrscheinlich zu diesem Gastaldat gehörigen Güter im Westen der Provinz Mailand zählen wir in alphabetischer Reihenfolge auf.

Buscate südlich von der Eisenbahn Saronno-Novara, nicht weit vom Tessin, ist wahrscheinlich identisch mit dem 936 genannten Hof Burscanti. Am 12. Mai dieses Jahres schenkten Hugo und Lothar dem Garibert, Vassallen des Lanfranc, die Magd (ancilla) Walperga mit ihren Söhnen Paul, Johann, Martin und Bennatus und ihrer Tochter Eresinda, die zum königlichen Hof Burscanti gehörten (CL. 546). 975 gehörte dieser Hof nicht mehr der Krone, denn im Juli dieses Jahres verkauften Humbert und Teuzo von Caligo den Hof Bruscanti (wohl identisch mit Burscanti), den sie vom Grafen Atto von Lecco gekauft hatten, der Farlinde von Bovulco für 12 Pfund Silber, jedes Pfund zu 240 denar, also für 2880 denar. Zum Gute gehörte auch das castrum Baliade (CL. 763).

Caselle südlich von Abbiategrosso, vielleicht das der Kaiserin Adelheid gehörige Caselle (CL. 997).

Castano an der Bahn Saronno-Novara unweit vom Tessin, nahe bei Buscate. Ein Feld im Orte Castano an der Strasse nach Bustigium, worunter wohl Busto Arsizio zu verstehen ist, grenzt 980 östlich an Königsland (Ch. 1, 148).

Cornaredo südlich von Rho, an der Strasse Mailand-Magenta, ist gleich Comaredo. wo Berengar I. am 12. Dezember 894 dem Ambrosiuskloster eine Bauernstelle schenkt, die zur Grafschaft Stazona gehörte (CL. 362).

Fara Basiano am Tessin, südlich von Morimondo. Der Hof gehörte dem Kloster Morimund, scheint aber früher dem Reiche gehört zu haben. Die Mönche des Klosters mussten nämlich im 12. Jahrhundert jährlich den vierten Teil der Feldfrüchte von Fara dem König zahlen, eine Leistung, die wahrscheinlich darauf zurückzuführen ist, dass Fara ursprünglich ein fiskalisches Gut gewesen ist. Friedrich I. schenkte dem Kloster am 14. Januar 1174 den vollen Ertrag des Hofes Fara Basiliana und verlangte in Zukunft nur noch einen Aureus jährlich am Martinsfest (St. 4172 Ughelli 4, 164).

Marnate zwischen Busto Arsizio und Saronno am linken Ufer der Olona und Mozzate (Provinz Como), nordöstlich von Marnate an der Bahn Saronno-Varese, dürften identisch sein mit den beiden Orten Marinade und Mojade, die König Wido am 18. Juli 892 seinem Getreuen Fulchrod schenkte. Marnate war ehemals eine corticella, doch scheint der Herrenhof verschwunden zu sein (absens), so dass der König nur 4 Bauern und 8 Hufen verschenkte. In Mojade befand sich ein corticella mit 4 Bauern und 3 unbesetzten Hufen. Ein dritter Hof Rodeni liegt bei Pavia (CL. 354).

c. Östlich von Lambro und Sevesio (Martesana) bis zur Linie Melegnano-Paullo.

Carpiano westlich von Melegnano. Im Jahr 823 grenzt hier ein Grundstück „in Laudecursi“ auf der fünften Seite an Königsland. Dies gehörte wahrscheinlich zu dem benachbarten Königshofe Locate am Lambro (CL. 100). In und um Carpiano war im Anfang des 9. Jahrhunderts der königliche Vassus Hernost reich begütert (CL. 87. 102).

Cavenago östlich von Monza im mandamento Vimercate. Am 26. Februar 876 schenkte Karl der Kahle dem Erzbistum Mailand einige Landhäuser, die zur Grafschaft

Pavia gehörten, aber im Gebiet von Mailand lagen, in Cavannacum (Cavenago) und Evornacum heute Ornago, nördlich von Cavenago, und 50 Joch dazu gehöriges Land (CL. 265). Schon früher hatte der Erzbischof in Cavenago Besitz gehabt und zur Kompletierung machte Karl die Schenkung (CL. 256).

Cornate an der Adda. Hier gründete König Cunincpert (688 700) auf dem Schlachtfeld, auf dem er gegen den Herzog Alachis einen grossen Sieg erfochten hatte, ein dem heil. Georg geweihtes Kloster (PD. 6, 17). Dasselbe schenkt Ludwig III. am 7. Dezember 901 dem Bischof von Como (CL. 397).

Deusdedit. Die Leute von Civenna und einigen anderen Ortschaften am Comer See hatten zur Zeit Lothars I. die Verpflichtung, das Olivenöl nach dem kaiserlichen Hofe Deusdedit zu fahren, zugleich mit dem dem Herrn gehörigen Korn. (CL. 314). Dieser rätselhafte Hof Deusdedit, von dem wir sonst nichts wissen, ist vielleicht identisch mit dem 997 erwähnten Hofe Deusio (CL. 931) und mit dem Orte Desio, der nordöstlich von Monza an der Bahnlinie Monza-Seregno, und an der aus der Brianza nach Mailand führenden Landstrasse (Erba—Carate—Desio) liegt; diese Lage würde Desio für den Stapelplatz der von Limonta kommenden Produkte sehr geeignet erscheinen lassen; es sind von hier nach Limonta etwa 40 km, also soviel wie ein Lastwagen an einem Tage zurücklegen kann. Von Desio gingen dann die Waren bequem in einem Tage bis Pavia.

Locáte (Lauchade) ist einer der wenigen Königshöfe der Lombardei, den wir in langobardischer Zeit nachweisen können. Bereits im Jahre 771 wird ein actor regis hier genannt, der das Gut (villa) für den König verwaltete (CL. 41. Tr. 937). Derselbe, Autpert mit Namen, hatte das mundium über die Aldia des Königs Hermetruda. Wahrscheinlich ist Locate Triulzi südlich von Mailand (an der Bahn nach Pavia) gemeint, da der eine Zeuge Raginald aus Ceboline ist, das wohl mit Gabellina (2 ½ km nördlich von Locate) identisch sein dürfte. Jedenfalls mit einem anderen Locate haben wir es in einer Urkunde von 805 zu thun (CL. 79), das in der Provinz Bergamo liegt (s. p. 114). Dagegen ist es unzweifelhaft Locáte südlich von Mailand, das 836 von Lothar verschenkt wird. (B-M. 1019. CL. 128). Am 10. August dieses Jahres schenkt er der Ava, der Gattin seines Schwiegervaters Hugo von Tours (der im Nekrolog von Monza Frisi 3, 131 dux de Locate genannt wird) aus dem Fiskalgut den Hof Locada, der im Mailänder Gebiet am Flusse Lambro liegt. Nun giebt es 2 Flüsse dieses Namens im Gebiet von Mailand: erstens den grossen Lambro, der in der Brianza entspringt, und zweitens den Lambro meridionale, dessen Quelle in der Nähe von Mailand liegt und der sich bei San Angelo mit dem grossen Lambro vereinigt. Am Lambro meridionale liegt nun unser Locate, wogegen das Locate nördlich von Mailand in der Nähe der Olona liegt. Zweifelhafter kann es sein, welches Locate in der Urkunde vom 30. Dezember 881 (B-M. 1584. CL. 307) gemeint ist. In dieser bestätigt nämlich Karl III. die Schenkung von Locate, die Ludwig II. dem Kloster S. Giovanni in Monza gemacht habe. Doch meinen Giulini (9, 17) und Frisi (1, 80), Ava habe bereits Locate dem Kloster zu Monza geschenkt, und das von S. Giovanni besessene Locate habe ebenfalls am Lambro gelegen.[1] Ueber die Ausdehnung des Hofes haben wir keine direkten Nachrichten; wahrscheinlich gehörten aber die CL. 100 genannten Reichsbesitzungen bei Carpiano zum Hofe Locate.

Monza (Modoetia). Eine der wenigen Domänen, bei denen sich die Herkunft aus dem ostgothischen Dominium nachweisen lässt, ist Monza. Schon Theoderich der Grosse besass daselbst eine Pfalz, weil hier, wie Paulus Diaconus schreibt, „im Sommer infolge der Nähe der Alpen eine kühlere und gesundere Luft wehte“ (PD. 4, 21). Hundert Jahre später wurde Monza die Lieblingsresidenz der Königin Theodelinde, die die Ebene mit den blauen Alpenkuppen im Hintergrund, mit den reichen Wäldern und Gewässern wohl an die ferne bayrische Heimat erinnern mochte. Die Königin erbaute hier zuerst die dem hl. Johannes dem

[1] Doch liegt auch die Möglichkeit vor, dass Locate nach Avas Tod wieder Fiskalgut geworden ist und dass Ludwig II. den Hof verschenkt hat.

Täufer gewidmete Basilica, die sie mit Schätzen, die noch heute zu sehen sind, und mit Gütern beschenkte (PD. 4, 21), dann aber erbaute sie hier eine neue Pfalz, in der sie die Thaten der Langobarden in Bildern verherrlichen liess. Paulus Diaconus beschreibt ausführlich die Bilder, die er selbst wohl noch gesehen hat. (PD. 4, 22). 602 wurde in dem Schlosse Theodelindens Sohn Adaloald geboren (PD. 4, 25). Die Königin selbst wurde in der Johanneskirche in ihrer Lieblingsresidenz bestattet. Angeblich soll sie auch die Michaelskirche gegründet haben. (Tr. 301).

Dass spätere langobardische Herrscher in Monza residiert hätten, wird nicht erwähnt. Dagegen lernen wir 768 einen königlichen Actor Amantius daselbst kennen. (Tr. no. 889. CL. 34.). Später wurde ein Gastaldat in Monza errichtet, 941 ist Gauspert hier Gastalde (CL. 565). Residenz wurde Monza wieder unter Berengar I., der am 21. Februar 903 (Dümmler Reg. Ber. no. 38), 24. Mai 904 (Reg. 40), 26. Dezember 918 (Reg. 89) hier urkundet.

Sehr mangelhaft sind wir über die späteren Verhältnisse Monzas unterrichtet. Anfangs des 11. Jahrhunderts gab es hier ein altes und ein neues Castrum, (Frisi 1, 113. 2, 28). Eine eigentliche Abtretung von Rechten in Monza wird nie stattgefunden haben, doch scheinen die Einwohner eine gewisse Selbständigkeit im Laufe des 11. Jahrhunderts erlangt zu haben. Im Anfange des 12. Jahrhunderts unterjochten die Mailänder die de jure damals wohl noch königliche Besitzung. 1126 war Monza mailändisch. (Frisi 1, 134). Die spätere Entwickelung wird bei Besprechung der staufischen Zeit erörtert werden.

S. Christoforo d'Occhiate bei Monza. Im Testament vom März 877 schenkt Kaiserin Angilberga den Hof Octavo an S. Sisto (CL. 270). Nach CL. col. 1939 ist vielleicht Octavo = S. Christoforo d'Occhiate.

Ornago. s. Cavenago.

Palazzolo Milanese mand. Barlassina am Sevesio nördlich von Mailand.[1] Nach dem Testament des Erz-

[1] Nach Giulini 2, 85 ist Palazzuolo westlich von Mailand in CL. 396 gemeint. Doch dies Pal. ist nicht identisch mit dem Pal. in CL. 360.

bischofs Anspert von Mailand (CL. 287) schenkte Arnulf den Hof Palatiolum dem Erzbistum. Der Kirchenfürst verlieh das Gut dem Kloster S. Ambrogio. Sehr auffallend ist, dass Arnulf schon 879 den Titel König führt, doch mag dies eine spätere Interpolation sein; weniger Bedenken erregt der Umstand, dass er Güter in der Lombardei hatte, da es wohl möglich ist, dass Karlmann seinem Sohne solche verliehen hat. (cf. CL. col. 482 Anm. 2). Am 11. März 894 bestätigte Arnulf den Hof Palatiola, der in der Nähe des Hofs Melvenno lag, dem Kloster S. Ambrogio (B-M. 1843. CL. 360).

Ronco. Berengar schenkte dem Grafen Grimald den zur Grafschaft Lodi gehörigen Hof Runco am Flusse Brembo unweit des Lambro mit dem Knecht Peter auf diesem Hofe, dem Sohne des Lardenus von Antoniano, mit seiner Frau und seinen Kindern und den zur Grafschaft Lodi gehörigen Markteinnahmen in Vimercate. (CL. 455). Ronco ist ein sehr häufig vorkommender Name, doch da es nicht weit von Vimercate und zwischen Brembo und Lambro liegt, so kommen wir auf Roncello östlich von Ornago, oder auf Ronco an der Bahn Monza-Bergamo, nicht weit von der Adda. Auffallen muss die Bezeichnung, dass der Ort am Brembo liegt und nicht weit vom Lambro: wahrscheinlich ist ein anderer Brembo gemeint als der bergamaskische, der sehr weit vom Lambro entfernt ist.

2.

GEBIET VON LODI.

In Lodi ist kein Herzogtum nachzuweisen. Aus den Quellen wissen wir nur von der Eroberung der Stadt durch König Aripert II. im Jahre 701 (PD. 6, 20). Vielleicht wurde damals ein Gastaldat hier errichtet, dessen Bestand freilich sehr zweifelhaft ist. 761 kommt ein gewisser Alichis als Gastalde vor (Tr. 770), doch CL. no. 25 und Vignati 1, 2 haben die vielleicht bessere Lesart „gasindius“. 879 tritt im Gebiet von Lodi ein Gastalde Dido auf, allein da er missus war, so konnte er auch ein auswärtiges Gastaldat bekleiden (CL. 286).

Dagegen scheinen in und um die Stadt bedeutende königliche Besitzungen gelegen zu haben, die vielleicht von einem Königshofe abhingen, dessen Existenz freilich auch nicht verbürgt ist. Im Jahre 761 vertauscht nämlich die Tochter des Königs Desiderius, Anselberga, in und um Lodi, bedeutende Güter. Nun wäre es ja denkbar, dass auch sonst Gläubige ihrem Kloster S. Salvatore in Brescia Zuwendungen hier gemacht hätten; doch da die Abtei gerade sich der besonderen Protektion des Königs erfreute, so können wir annehmen, dass ein grosser Teil von den von Anselberga vertauschten Gütern aus Krongut stammte, und deshalb dürfen wir wohl von dieser Urkunde (Tr. 770. CL. 25. Vignati no. 2) Gebrauch machen. Danach giebt die Königstochter in der Stadt — natürlich ist Lodi vecchio gemeint, das wenig westlich von Neulodi liegt — einen Hof mit Gärten und Gebäuden im Werte von 500 solidi, dazu ein Haus mit einem kleinen Hof und Bäumen im Wert von 100 solidi. — Eine weitere Schenkung in Lodi machte Karl der Grosse an das Peterskloster in Lodi von 50 Joch in der Nähe des Lambro, was Wido 892 bestätigt (Vignati no. 7 p. 13). Die Befestigungen von Lodi überwies Otto II. dem Bistum (DO. II. 256).

In der Umgebung von Lodi erwähnen wir zunächst die von Anselberga vertauschten Güter. Es sind dies folgende:

1. Zwei Höfe zu Asielias = Isella (?) com. Abbadia di Cereto und Gambate = Gambarotta com. Marudo südwestlich von Lodi, die an Weinland, Wiesen, Wäldern 39 Joch hatten und 450 sol. wert waren.

2. Haus in Vimagano (Vico Magoni) bei Graffignana südlich von Lodi, mit Weinland und Wiesen, 11 Joch, 150 sol. wert.

3. Ein geschlossener Weinberg an der Celera, einem Flüsschen südlich von Lodi vecchio 1 Joch, 30 sol. wert.

4. Ein Haus in der villa Beca wohl Beccalzu bei Villarossa am Lambro, westlich von Lodi $28^1/_2$ Joch und 300 sol wert.

5. Häuschen mit Land in Auriate bei Salerano am Lambro westlich von Lodi, 10 Joch Weinland und Wald, 180 sol. wert.
6. Land in Breolas = Briocche bei S. Colombano südlich von Lodi, 42 Joch, 300 sol. wert.
7. Wiesenland an der Celerabrücke, mit Brunnen, Hof und Herrenhaus, 2 Joch 1 pertica 8 tavolae, 80 sol. wert.
8. 2 Perticae Wald mit einem Stückchen Feld in der pisina Ansperti, 20 sol. wert.
9. Geschlossenes Stück Land zu Benenaco: 1 Joch 8 perticae 10 tavolae, 30 sol. wert.
10. 2 Joch in Roverica = Rovereto auf dem linken Addaufer, 24 sol. wert.
11. 1 Joch 8 perticae in San Panscatio (Pantanasco bei Arcagna? nordwestlich von Lodi), 16 sol. wert.
12. Waldland (runco) am Lambro 9 Joch, 170 sol. wert.
13. Wiesenland am Lambro in 4 Stücken, 3 Joch 2 perticae, 30 sol wert.
14. In Surbano bei Lodi vecchio Haus und Hof zwischen Wiesen und Wald, 14 Joch, 40 sol. wert.
15. In Paterno (Paderno bei Bottedo westlich oder bei Massalengo südlich von Lodi) 23 Joch 9 perticae, 200 sol. wert.
16. Dazu in alio Paterno Weinland, Kastanienwald und Bauernland 13 Joch, 230 sol. wert.

Es handelt sich hier also im Territorium von Lodi um Güter, von zusammen 202 Joch (ca. 600 Morgen) im Wert von 2260 sol. (ca. 22 000 Rm.).

Aus dem 9. Jahrhundert haben wir die Schenkungen an Angelberga und das von ihr gegründete Kloster S. Sisto in Piacenza zu erwähnen. Im Jahre 862 schenkte Kaiser Ludwig II. angeblich diesem Kloster (B-M. 1221) verschiedene Rechte zwischen Po und Adda, doch diese Urkunde ist falsch. Dagegen erhielt das Kloster bedeutende Besitzungen durch Karlmann im Jahre 879 (B-M. 1504). Er schenkte an der Adda:

1. den Hof Fagedum, vielleicht Fagi unterhalb Lardera am rechten Addaufer;
2. den Hof Muciana nicht weit vom Po, wahrscheinlich Mezzana Passone südöstlich von Codogno, mit Zubehör, insbesondere dem Wald Meletto[1] (der Ort Meletto unweit von der Addamündung). Die Investierung fand durch mehrere Bischöfe und den Gastalden Dido statt.

Angelberga selbst besass in der Grafschaft Lodi die Höfe:
1. Prada (Prata) östlich von Lodi, cf. Provinz Cremona.
2. Montemalo bei Orio (cf. Vignati 1, no. 149).
3. Cortis Mediolanensis.

Sie vermachte die Höfe dem Kloster S. Sisto (CL. 270).

Den Rest des Kronguts scheint auch im Bezirk von Lodi, wie anderwärts die Kaiserin Adelheid erhalten und an S. Salvatore in Pavia verschenkt zu haben. Unter ihren Gütern lagen wahrscheinlich im Gebiet von Lodi: Graffignana (Garfiniana) am Lambro (DO. I. 281. CL. 997). Monticelli am Po unweit der Lambromündung (CL. 997. DO. II. 281. DO. 375)[2], ferner:

Arasicumana und Vigolago. Ueber diese beiden Orte erhalten wir nähere Nachrichten in CL. no. 997 col. 1762: Die beiden Höfe lagen am Lambro und wurden mit dem dritten Teil von Monte Luponis zusammen verschenkt. Die Grenzen sind folgende: Salsa, Fontana Naroni, dann die massaria Bardoneda, Güter von Sta. Christina, und S. Anastasio (beide zu Olona), Arena, via cava, die Castelle Niniano und Vico longo und die Lambrofurt, dann der Lambro selbst, die via Magnani (Vimagano s. o.?), der Kastanienwald bis Roncariolo mit dem Brunnen, dem kleinen Graben, bis Brissiola und zur Strasse nach Lodi, dann bis zum Monte Luponis. Es handelt sich um das untere Lambrogebiet, in der Nähe von S. Colombano al Lambro. Dort haben wir einen Neronebach, der wohl mit der Fon-

---

[1] Vgl. Provinz Pavia p. 192.

[2] Güter von S. Salvatore hier nachweisbar in Urkunden vom 15. Juni 1181 und 11. Oktober 1196. Mail. Staatsarchiv: Carte di S. Salvatore.

tana Naronis identisch ist; auch St. Christina war hier begütert (cf. p. 191).

Es erübrigt noch einige vereinzelte Königshofe aufzuführen, unter denen der wichtigste Senna Lodigiana (Sinna) bei Orio, unweit der Mündung des Lambro in den Po ist. Senna war in der karolingischen Zeit öfters Residenz, so unter Ludwig II. 852 (B-M. 1155), unter Arnulf 896 (B-M. 1867), unter Berengar I. 911, 915 und 916 (Dümmler Reg. 63, 77, 79, 83). 938 wurde der Hof zur Dotierung der Bertha, der Braut Hugos, von diesem benutzt (CL. 553). Darauf verschwindet Senna aus unserem Gesichtskreis, bis es im 12. Jahrhundert als Adelshof wieder auftaucht (cf. Vignati Nr. 54).

S. Angiolo di Lodi am Lambro. Ein Grundstück heisst hier 968 (CL. 710 col. 1236) petia a casa regia. Dies lässt wohl auf früheren königlichen Grundbesitz hier schliessen.

Monte westlich von St. Angiolo, vielleicht der Hof Monte, der 942 von Hugo und Lothar dem Kloster S. Ambrogio zu Mailand geschenkt (CL. 570), und von Otto bestätigt wird (DO. I. 138).

Beiläufig sei noch der Schenkung der Goldwäscherei in der Adda bei Cavenago und Galzagnano durch Arduin an den Bischof Andreas von Lodi im Jahre 1002 gedacht (St. 1845).

B.

DIE STAUFISCHE ZEIT.[1]

Nachdem auch im Mailändischen am Ende des 10. Jahrhunderts das einst beträchtliche Reichsgut verschwunden war, fand auch hier eine Erneuerung desselben in grossem Umfang im zwölften statt. Friedrich I. hatte es sich im An-

[1] Vgl. auch Buch 1, in dem die allgemeinen Beziehungen der Erwerbungen Friedrichs hervorgehoben sind. Hier ist der territoriale Zusammenhang massgebend, doch sind Wiederholungen natürlich nicht zu vermeiden.

fang seiner Regierung zum Ziel gesetzt, hier, im Zentrum der Lombardei einen gewaltigen Domänenkomplex zu schaffen, der durch königliche Beamte verwaltet wurde und durch Festungen auf allen Seiten geschützt war. Doch auch einem so bedeutenden Manne, wie es Friedrich I. ohne Zweifel war, konnte es nicht gelingen, die mächtige städtische Entwicklung dauernd zu vernichten. Kurze Zeit glückte wirklich die Bildung des grossen Domanialbesitzes zwischen Tessin und Adda, zwischen Alpen und Po, doch schon nach wenigen Jahren war alles in den Fluten des lombardischen Aufstands untergegangen.

Betrachten wir die Territorien, aus denen sich das Reichsgebiet zusammensetzte: In der Stadt Mailand sollte nach dem Uebereinkommen vom 7. September 1158 (Const. 174. St. 3818) eine kaiserliche Pfalz errichtet werden. Zur Ausführung ist es nicht gekommen, da die Stadt sich schon nach kurzer Zeit wieder gegen den Kaiser erhob. Nach der Zerstörung (1162) wurde das Territorium von Mailand Domanialland.[1] Die Einwohner der Stadt wurden in folgender Weise angesiedelt:

a) Porta Romana zwischen Casina Plasmondi (heute Casina Pismonte) und Noseto (Noxedam). Casina Pismonte ist ein Gehöft, das 2 km südöstlich von der Porta Romana liegt. Nosedo liegt 1100 m. weiter südöstlich.

b) Porta Ticinensis in Vigentino (Vigiantino), 2 km südlich von der heutigen Porta Lodovica.

c) Porta Orientalis und Porta Nova in Lambrate am Lambro, 3 km nordöstlich von der Porta Venezia.

d) Porta Cumana in Carraria (bei Dergano, heute nicht mehr erhalten, nördlich von der Porta Garibaldi).

e) Porta Vercellina in S. Siro ad Vepram, an der Olona, 1,5 km nordwestlich von der Porta Magenta (Gesta Friderici ed. Holder-Egger p. 54).

---

[1] Dass die Mailänder ihr Eigen verloren, glaube ich mit Ficker (§ 95) annehmen zu dürfen. Anders steht es mit der Frage, ob sie auch persönlich unfrei wurden. Vgl. auch Tschirch, Beiträge zur Geschichte Mailands, Halle 1884 p. 2.

Die Bewohner dieses Territoriums wurden wie Domänenbauern behandelt und mussten deren Lasten tragen;[1] sie waren dem Bischof Heinrich von Lüttich untergeben, der die Verwaltung dem Petrus de Cumino, später dann dem Federicus Clericus übertrug. Nach dem Tod des Lütticher Bischofs wurde Markward von Grumbach als oberster Beamter hier eingesetzt, dem Heinrich von Dietz folgte. Der Bezirk dieses Beamten reichte nördlich bis Busto Garolfo, Legnano und Seveso, ein etwa 20 km. breites Territorium. Südlich muss der Sprengel bis an die Grenze von Pavia gereicht und von Norden nach Süden etwa 30 km. gemessen haben, so dass wir auf ein Territorium von circa 600—700 Quadratkilometern kämen.

Zur Befestigung der kaiserlichen Herrschaft in dieser Gegend diente ein „Triumphalis" genannter Turm, eine Art Zwingmailand, in Nosedo, zu dem die Bauern die Quadern und den Sand von der zerstörten Heimat fahren mussten. Ferner wurde eine kaiserliche Pfalz in Vigentino errichtet. Die Strasse nach Pavia beherrschte das 18 km. südlich von Mailand errichtete Castell zu Landriano, wo sich Friedrich selbst 1161 und 1163 aufhielt (St. 3916—18. 3999.).

Der westlich von Busto Garolfo und Legnano gelegene Bezirk zu beiden Seiten des Tessins, die Landschaft Burgaria wurde ebenfalls in das kaiserliche Dominium einbezogen. Schon 1154/55 hatte Friedrich hier Trecate, Galliate und Momo auf dem rechten Tessinufer erobert und wahrscheinlich für das Reich eingezogen. Nun war dies Gebiet wieder verloren gegangen, wurde aber nach 1162 abermals Reichsgut und mit den auf dem linken Tessinufer gelegenen Ortschaften vereinigt. Das Gebiet wurde 1164 von Friedrich Rainald von Dassel übertragen.[2] Es sind folgende Orte links vom Tessin:

---

[1] Nähere Nachweise im dritten Teil. Die Belege sämtlich Gesta Friderici p. 54—60.

[2] St. 4018. Lacomblet, Niederrheinisches Urkundenbuch 1, 280 — Ficker, Rainald von Dassel, 1850 p. 126. Wenngleich Ficker über das Gebiet Rainalds ausführlich spricht, muss ich die Aufzählung der Orte des Zusammenhangs wegen doch wiederholen.

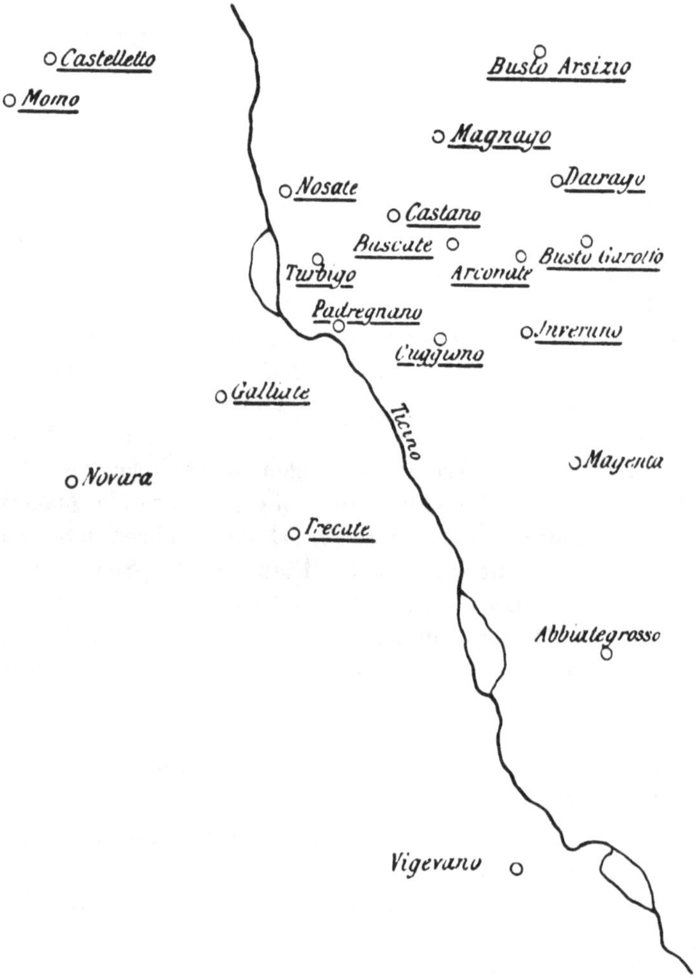

Karte der Lehen Rainalds von Dassel.
Nach St. 4018.

Die in der Urkunde genannten Orte sind unterstrichen.

Maasstab 1 : 300 000.

1. Dairago (Raga), südlich von Busto Arsizio, mit Landgut und Castell.
2. Arconate (Arcunate) südwestlich von Dairago.
3. Inveruno (Everun) noch etwas weiter südlich.
4. Cuggiono (Cugion) westlich von Inveruno, nahe am Tessin.
5. Padregnano (Paternianum) am Tessin.
6. Turbigo (Trabiga), Station der Bahn Novara-Busto.
7. Nosate (Nussa) nahe am Tessin, nördlich von Turbigo.
8. Castano, Station der Bahn Novara-Busto (s. p. 166).
9. Magnago, Station der Bahn Novara-Busto.
10. Busto Arsizio, Knotenpunkt der Bahnen Mailand-Laveno und Novara-Monza.
11. Villa Bustucaum, vielleicht Buscate, östlich von Castano.
12. Brunia nicht aufzufinden.
13. Villa Busto, vielleicht Busto Garolfo.

Das Territorium ist ca. 10 km. lang, 12 km. breit, ca. 120 Quadratkilometer gross.

In der nördlich von Mailand gelegenen Grafschaft Seprio, sowie in der nordöstlich gelegenen Martesana schaltete von 1158—1164 Gozwin von Heinsberg als kaiserlicher Graf (cf. Rahewin 4, 58). Reichsgüter wurden hier wahrscheinlich nur die Besitzungen der Mailänder. Als Stützpunkt in Seprio diente vor allem die Burg Belforte bei Varese (s. o.). Auch in der Brianza gab es einige kaiserliche Burgen, wie Cesana, Erba, Cornate und Paravicino (cf. Giesebrecht 5, 282). Das Gebiet von Como verwaltete Magister Paganus auf dem Monte Baradello (s. o.).

Oestlich von Seveso ist vor allem Monza zu erwähnen. Der Kaiser wurde hier im Herbst 1158 gekrönt und liess bei dieser Gelegenheit in der Stadt, der er die frühere Freiheit, d. h. die Reichsunmittelbarkeit, zurückgab, die alte Pfalz mit grossen Kosten wieder herstellen (Rahew. 3, 50. 4, 86). Auf dem Ronkalischen Reichstag strengte Friedrich einen eigenen Prozess gegen Mailand an und erstritt in diesem die Stadt Monza für das Reich (Rah. 4, 11). Zum Bau des Palastes mussten die Mailänder ihre Rinder zweimal im Monat stellen, um Steine dorthin zu schaffen. Der Verwalter von Monza scheint Benedict von Asia gewesen zu sein.[1] Später hielt sich Markward v. Grumbach hier auf; im Dezember 1163 kam Friedrich selbst in die neuerbaute Pfalz[2] (St. 4000. 4001). Nach 1167 wurde Monza wieder mailändisch, dann aber noch unter Heinrich VII. als „camera specialis imperii" bezeichnet und nebst Treviglio bei der Belehnungsurkunde des Visconti ausgenommen.[3]

Die Gebiete an der Adda hatten ihren Mittelpunkt in der an diesem Strom gelegenen Veste Trezzo, die Friedrich im Juli 1158 einnahm und besetzte (Rah. 3, 32). Es war eine grosse Burg mit dem schönsten Thurm der Lombardei,[4] auf der einen Seite von der Adda bespült, auf der anderen von starken Mauern umschanzt. Besonders als Brückenkopf an der Strasse Mailand-Bergamo war Trezzo wichtig. Friedrich liess hier 100 Ritter unter den Ministerialen Konrad Kolb und Rüdiger in der Burg (Gesta p. 35).[5] Da diese nun das umliegende Land bis Segrate verwüsteten, wurden die Mailänder aufgebracht und überfielen die Burg im Frühjahr 1159, nahmen die vom Kaiser daselbst zurückgelassene Kasse, und führten die Ritter gefangen nach Mailand. 1161 wurde aber Trezzo von den Kaiserlichen zurückgenommen und zugleich auch in Rivolta (s. u.) an der Adda eine Burg angelegt, mit starken Bastionen, Gräben und Maschinen versehen. An Stelle des zerstörten Trezzo ward in San Gervasio, nördlich von Trezzo am linken Addaufer, eine Veste gebaut. Der Zweck dieser Burgen war, die Verbindung zwischen Mailand und Brescia

---

[1] Frisi 2, 63.
[2] Frisi 1, 118.
[3] Bonaini, Acta Henrici septimi, 1, no. 83. 121.
[4] Giulini 6, 344.
[5] Nach Otto Morena MG. SS. 18, 609 waren es 200. Die von Monaci edierten „Gesta Friderici" beschreiben Trezzo Vers 2056 ff., doch ist manches aus Vergil übernommen und nicht glaubhaft.

und die Verproviantierung der Stadt von dorther zu verhindern, indem man die Addabrücken beherrschte (MG. SS. 18, 634). Befehlshaber von Trezzo wurde nun Markward von Grumbach. Ihm wurde das Land bis zur Molgora (Morgora), die 10 km. westlich der Adda parallel fliesst, anvertraut (Gesta p. 55), ein Bezirk, in dem Cassano, Gorgonzola und Vaprio lagen. Später wurde Ruinus Befehlshaber der Burg, der sie 1167 wieder an die Mailänder ausliefern musste (MG. SS. 18, 650).

Auch im Gebiete von Lodi machte Friedrich Erwerungen. Lodi selbst war mailändisch gewesen und der Grund und Boden, auf dem sich Neulodi erhob, wurde vom Kaiser geschenkt. Friedrich liess auch hier eine Pfalz bauen (Rah. 4, 86), die er 1163 bezog, (St. 3987—3994). Statthalter war Henricus Suevus (Gesta p. 55), später Lambert von Nymwegen (SS. 18, 643). Im Territorium von Lodi kennen wir folgende Reichsburgen:

Maleo, Castell bei Pizzighettone an der unteren Adda, wurde am 12. April 1164 von Friedrich dem Bischof von Cremona überlassen (St. 4011 s. o.).

Montemalo bei Orio wurde 1163 von Erzbischof Rainald als Festung ausgebaut (Giesebrecht 5, 388). 1164 hielt sich Friedrich selbst hier auf (St. 4019/20).

S. Colombano, südlich von Lodi am Lambro, ist identisch mit Mombrione,[1] das auf des Kaisers Befehl sein Bruder Konrad, Wilhelm von Montferrat und Guido von Biandrate im Oktober 1161 besezten (MG. SS. 18, 634), um die Verbindung Mailands mit Piacenza abzuschneiden. Das alte auf einem Hügel gelegene Castell wurde abgetragen, und eine neue Stadt unter dem Namen S. Colombano hier errichtet. Die Florentiner Annalen (SS. 18, 462) und die Mailänder Chronik (Gesta p. 57) sprechen deshalb von einer „civitas imperialis“.

Die sämtlichen hier genannten Gebiete gingen 1167 verloren und wurden nicht wieder gewonnen. Friedrich anerkannte 1185 die Rechte Mailands in den Grafschaften

[1] cf. Amati 7, 1117.

Seprio, Martesana, Burgaria, Lecco und Stazona. Nur die Beherbergung in Monza wurde vorbehalten. (St. 4409. Const. no. 303).

Anhang.

In der Turiner Universitätsbibliothek befindet sich ein Codex H. V. 37 „Historiae variae ad res Mediolanenses pertinentes (Pasini p. 350. Cod. 1045 cf. Arch. d. Ges. 9, 605), der noch näherer Untersuchung bedarf. Auf fol. 231, 2 steht ein Verzeichnis, das sich unzweifelhaft auf die Zeit Friedrichs I. bezieht, und zwar auf die Jahre 1162—67. Dasselbe lautet:

„Iste sunt curie regales:

Rivolta, Caravagium, Fara, Colonia, Cassanum, plebs tocius Valasine, et hec est prima squadra a mane per Castra Bagalia Caree, alia squadra via monte Introbii locus de la Frena de valt Tartare, in alia squadra est a pastri Bayzo Morgnio.

In more quod est Congretegio, locus de Limentina, primo Ayrmo, Zuzingo. Aliori, Anardenzati, Lexia, ecclesia Sti. Martini, Vallencia, Interzirara, regalis Palancia, Balye, Ynana, Archerium, Casale Sti. Evasii. Omnes iste curie regales sive plebs solvere debent predictis comitibus decimas de omnibus, de decem unum de terra propriis et de terris ecclesie de quindecim unum. Item si aliquis istorum condempnaretur in aliquo vel ex aliquo maleficio, medietas sit communis et alia medietas sit dictorum comitum, et si facerent aliquod homicidium, quod cadant de omnibus suis bonis tam in rebus quam in personis“.

Das Verzeichnis wurde im 16 Jh. fehlerhaft kopiert und ist daher sehr dunkel. Die Identifizierung der meisten Ortsnamen konnte so nicht gelingen.

Rivolta = Rivolta d'Adda am linken Addaufer, 1161 von Friedrich I. befestigt (Giesebrecht 5, 296).

Caravagium = Caravaggio }
Fara Gera d' Adda }
in der Nähe von Treviglio.

Cassano bekannt als Schlachtort 27. April 1799, am rechten Addaufer. Diese Orte bildeten mit dem nicht bekannten Colonia einen Bezirk an der Adda.

Valassina ist ein grosses Thal der Brianza zwischen den beiden Armen des Comersees. Castra Bagalia ist nicht aufzufinden. Caree ist vielleicht Carella nördlich vom Lago di Pusiano im Süden des Valassina, oder Carate Brianza im Kreis Monza.

Congretegio ist wohl identisch mit Concorezzo östlich von Monza.

Lexia ist Lesa am Lago Maggiore.

Palancia = Pallanza am Lago Maggiore.

Casale liegt am Po in der Provinz Alessandria.

IX.

PROVINZ PAVIA.

Litteratur: Pessani, De'palazzi reali che sono stati nella città e territorio di Pavia. 1771. – C. Prelini, S. Siro. Pavia 1880/90. – G. Robolini, Notizie appartenenti alla sua patria. Pavia 1823/38. – Romualdus a Santa Maria, Flavia Pavia sacra, Ticini 1699.

Bobbio: Rossetti, Bobbio illustrato. Torino 1795.

Cella Majoli: Bernard et Bruel, Recueil des chartes de Cluny in der Collection des documents inedits.

Lomellina: Calvi, Cenni storici sulla Lomellina 1874.

Oltre Po pavese: J. Durandi, Il Piemonte cispadano antico. Torino 1774.

Vigevano: Biffignandi, Memorie istoriche della città e contado di Vigevano. Vigevano 1810.

1. Stadt und Bannmeile.

In Pavia bestand zur Zeit des Interregnums im Langobardenreich ein Herzogtum, das Zaban inne hatte (PD. 2, 32). Aus späterer Zeit ist von einem Ducat in Pavia nichts überliefert; es ist nicht wahrscheinlich, dass neben dem Könige ein Herzog hier residiert hat. Auch von einem Gastaldat in Pavia ist nichts bekannt, doch ist es möglich, dass in oder bei der Stadt ein solches bestanden hat. In

Pavia residierte schon Albuin; Klef wurde hier zum König erhoben (PD. 2, 31), während Agilulf Monza und Mailand vorzog (cf. oben Provinz Mailand), obwohl er den dem Herzog von Bergamo abgenommenen Schatz nach Pavia brachte. (PD. 4, 8). Durch Grimoald wurde Pavia die ständige Residenz, die Reichshauptstadt und „urbs regia" kat'exochen, und blieb es, so lange es ein langobardisches Königreich gab.

Der Königspalast in Pavia stammte aus ostgothischer Zeit und wurde ebenso wie die Pfalz zu Monza von Theoderich dem Grossen errichtet,[1] der auch zugleich Thermen und ein Amphitheater hier erbaute. Zur Pfalz gehörte ein Garten (viridarium später genannt), dessen Vorzüge Ennodius preist (Robolini 1, 128 ff.). Derselbe, nach dem die Kirche S. Nicolo di Verzario benannt ist, lag zwischen der Porta Palatina und der Johanneskirche und reichte östlich bis zur Volta di S. Lorenzo (Robolini 2, 305 ff.). Die Lage des Palastes selbst ist nicht ganz sicher, doch lag er jedenfalls nicht weit von der Kirche S. Michele. Perctarit baute an die Pfalz ein mit derselben zusammenhängendes Thor, die „Porta Palatiensis", von prachtvoller Arbeit, an. (PD. 5, 36). In der Pfalz wurde Gericht gehalten in einer Loggia, über der sich ein Denkmal des Erbauers Theodorich befand (cfr. Bresslau a. a. O. p. 66. CL. 427 „in laubia magiore, ubi sub Teuderico dicitur" Ch. 1, 58). Ferner befand sich noch eine Loggia beim Garten, in der Berengar I. 915 Gericht hielt (CL. 459).

Im Jahre 924 wurde die Pfalz durch die Ungarn zerstört, doch unter der Regierung Hugos wiederhergestellt. 935 und 945 wird der Palast „noviter aedificatum" genannt (cfr. Bresslau a. a. O. Robolini 1, 232). Dann liess, wie es scheint, um den fremden Eroberer zu reizen, Berengar II. im Jahre 961 die Pfalz zerstören, doch Otto I. liess sie sofort wieder herstellen. Von der alten Pfalz wurden 50 tabulae abge-

---

[1] Über die Pfalz in Pavia vgl. Bresslau, Jahrbücher Konrads II. 1, p. 66, Anmerkung 1. — Robolini 1, p. 128 ff. 232. 2, 103. 105 etc. und Pessani a. a. O.

trennt, die Otto I. dem Bischof von Reggio bestätigte DO. I. 242).[1] Am 6. Dezember 964 hielt der Pfalzgraf Otbert in einem Zimmer, das ans Schlafzimmer der Pfalz anstiess, Gericht (Bresslau p. 67. CL. 687). Otto III. schmückte sie ausserordentlich; den Garten bekam die Kaiserin Adelheit zugleich mit einem „pratum regium". Sie schenkte ihre Besitzungen dem von ihr gegründeten S. Salvatorkloster (DO. II. 281. DO. III. 375. CL. 997). Eine dritte Zerstörung der Pfalz fand bei dem grossen Brande Pavias im Jahre 1004 statt, worauf wieder ein Neubau erfolgte, in dem dann Arduin und Heinrich II. residierten (cf. Robolini 2, 93). Sofort nach dem Eintreffen der Nachricht von Heinrichs Tode scharten sich die Pavesen, die eine Pfalz nicht in den Mauern der Stadt zu haben wünschten, zusammen und rissen die Pfalz völlig nieder, mit der Erklärung nie wieder eine solche innerhalb der Mauern zuzulassen (cfr. Bresslau p. 68). Wegen des Neubaues fanden 1025 Verhandlungen mit Konrad II. statt, die aber resultatlos verliefen (Bresslau 1, 81). 1027 unterwarf sich Pavia dem König (Bresslau 1, 136), doch, wie es scheint unter der Bedingung, dass die neue Pfalz ausserhalb der Mauern errichtet werden müsste. Das neue Königsschloss lag beim Kloster San Salvatore. Friedrich I. z. B. urkundet im Palast des Kaisers bei S. Salvatore (cf. Pessani p. 168).[2] Nach Robolini lag auch ein Palast bei Cielo d'Oro, während Pessani einen solchen leugnet (p. 149 ff.). Bei der Pfalz befand sich eine von Liutprand erbaute Schlosskapelle, nach Paulus Diaconus die erste in ihrer Art (PD. 6, 58); 1001 wird eine Kapelle S. Maurizio beim Palast erwähnt (DO. III. 411),[3] und auch der ausserhalb der Stadt gelegene Palast hatte eine kaiserliche Kapelle (Stumpf, Acta inedita 2, 146).

[1] Wer diese 50 tabulae „terram, quae condam palacii veteris pars extitit" geschenkt hat, vermögen wir nicht festzustellen.

[2] vgl. Ch. 1, 608 „in palatio imperatoris infra Papiam" und „residenti imperiali modo apud S. Salvatorem".

[3] „in palacio domni imperatoris in laubia ipsius palacii que extat ante capellam Sancti Mauricii."

In Pavia gab es natürlich eine grosse Menge von königlichen Grundstücken, da sich in der Stadt viele öffentliche Gebäude befanden. Auf den unbebauten Grundstücken wurden in langobardischer Zeit von den Königen eine Reihe von Kirchen und Klöstern errichtet. So gründete Gundiperga in der Stadt die Kirche S. Giovanni Battista (PD. 4, 47), Aripert I. ausserhalb der porta Marenca die S. Salvatorkirche (PD. 4, 48), neben der Adelheid das gleichnamige Kloster gründete; dasselbe lag auf der Westseite der Stadt in der Nähe des heutigen Bahnhofs beim Hofe Marincino, ca. 1 km. von der Stadtmauer. Grimoald erbaute die Kirche S. Ambrogio (PD. 5, 33), Perctarit ausserhalb der Stadt nahe am Tessin das Kloster S. Agatha, „monasterium novum“ genannt (PD. 5, 34), und seine Gattin Rodlind die prachtvolle Kirche ad perticas (ibidem). König Cunincpert erbaute für seine Geliebte Theodota das Kloster St. Maria Theodotis, gewöhnlich „della Posterla“ genannt (PD. 5, 37), und Liutprand errichtete ausserhalb der Mauern das berühmte Kloster Cielo d'Oro [1] (PD. 6, 58), Desiderius das Peter- und Paulskloster (Tr. 747), Lothar I. gründete das gleichfalls „fuori“ gelegene Martinskloster (CL. 947).

Natürlich wurde durch diese Schenkungen der Bestand an königlichen Grundstücken in und um Pavia sehr geschmälert. Ueber Bauten zu weltlichen Zwecken wissen wir wenig. Von öffentlichen Gebäuden kennen wir nur die Münze (vgl. Robolini 1, 151), das Gefängnis (CL. 577) und eine von Liutprand angelegte Wasserleitung, die sog. Bauga Liutprandi, die noch heute Bocca Alipranda heisst (Tr. 504).

Selbstverständlich war auch in Pavia die Befestigung im Staatsbesitz, doch auch von ihr wurden Stücke verschenkt. Ebenso kennen wir zahlreiche Schenkungen von Häusern in der Stadt an Bistümer und Abteien, die den Bischöfen und Äbten, wenn sie in Geschäften, besonders zur Reichsversammlung oder Synode nach Pavia kamen, zur Herberge dienten. So besassen z. B. die Bischöfe von

[1] Nach der Ansicht Talerios (Archivio storico Lombardo 5, 24) ist Liutprand nicht der Gründer sondern nur Restaurator. Die Urkunden für Cielo d'Oro kennen auch schon Schenkungen König Ariperts.

Reggio, Vercelli, Ivrea, Cremona, Como, Tortona, Piacenza und von Luni, die Klöster S. Ambrogio, Nonantola, St. Martin in Tours Häuser in Pavia. (Robolini 2, 145 ff.). Versuchen wir zusammenzustellen, was wir im einzelnen von Schenkungen in der Stadt wissen.

Von Karl dem Grossen erhielt 774 St. Martin in Tours ein Häuschen (casella) in Pavia, vermutlich zum Zwecke, den Mönchen bei Pilgerfahrten nach Rom zur Unterkunft zu dienen (B-M. 163. CL. 52). Von Lothar bekam S. Maria Theodotis 839 ein Grundstück zwischen der Mauer und Vormauer. Die Grenzen waren gebildet durch die Porta Marinca, den Turm des Klosters, die Strasse und das Land des Senatorklosters. Es war 88 Fuss lang und 29 Fuss breit (B-M. 1027. CL. 134). Dem gleichen Kloster schenkte Berengar I. im Jahre 913 zu dem an der Mauer gelegenen Land auch ein 91 Fuss langes Stück der Stadtmauer selbst, zwischen dem Land aus der Erbschaft Gottfrieds und Klostergut, mit der Erlaubnis Thore anzulegen (CL. 452). Ein anderes Stück der Stadtmauer schenkte Arnulf 894 dem Kloster S. Ambrogio (B-M. 1843). 924 verlieh König Rudolf dem Bischof Wido von Piacenza einen Teil der Stadtbefestigung von Pavia bei der Kirche S. Romuli und dem Haus des Bistums Luni bis zum Haus S. Eupli mit einem Weg, zusammen 25 tabulae (CL. 513). Von Berengar I. wissen wir, dass er dem Bistum Bergamo ein Grundstück mit einem Haus in Pavia schenkte, das 6 tabulae und 8 Fuss gross war, und zu dem auch ein Stück der Stadtmauer gehörte; das Grundstück, das an den Caronafluss und an Land von S. Ambrogio grenzte, wurde von Otto II. bestätigt (DO. II. 212). Hugo und Lothar verliehen 946 dem Bischof Adalhart von Reggio 3 tabulae an einer Stelle, wo früher das Gefängnis gelegen zu haben scheint („in loco ubi carcer iam pridem nominabatur") mit einem Mauerstücke. Das verschenkte Land grenzte an Besitz der Kirche Reggio, die Strasse und Land des Silus. (CL. 577). Im Jahre 947 erhielt von Hugo und Lothar das Senatorkloster zu Pavia 7 tabulae in der Vorstadt bei der Porta Marinca, an die Mauer, die durch das Thor führende öffentliche Strasse, und auf zwei Seiten an Staatsland angrenzend. Dazu erhielt die Äbtissin Zugänge, an denen eine Treppe angelegt werden konnte, um die Mauer zu verteidigen. (tantum ingressus, ubi scala fieri possit unde ascendi possit ad ipsum murum ab hostibus defendendum CL. 581).

In der nächsten Umgebung der Stadt gab es auch zahlreiche königliche Territorien. Schon vorher sahen wir, wie manche Klöster, z. B. S. Salvatore und Cielo d'Oro ausserhalb der Mauer gegründet wurden und wie auch die königliche Pfalz seit Konrad II. „fuori" lag. Bei dem Kloster S. Maria Theodotis am Bach Carona lagen Mühlen, die dem Reiche gehörten. Im Jahre 945 schenkten Hugo und Lothar 3 Mühlen der Gräfin Rotrud, dem Grafen Elisiard und seiner Gattin Rotlind, der Tochter König Hugos (CL. 575). Andere Mühlen daselbst gehörten Cielo d'Oro (DO. I. 273), dem Kloster Leno (DO. I. 240) und dem Martinskloster zu Pavia (DO. III. 304), vielleicht auch aus königlicher Schenkung stammend. Eine Mühle bei der Stadt schenkte Kaiser Berengar dem Kloster Bobbio (DO. I. 412. CL. 406). Eine Reihe von Schenkungen in der Umgebung von Pavia machte Ludwig III. am 13. April 902 dem Bistum Como. Er verlieh demselben die zur kaiserlichen Pfalz gehörige Insel zwischen Po und Tessin, auf der Wiesen lagen, ferner eine Wiese in der Campagna zwischen den Bächen Vernavole, Bonone und Bevagna (der Vernavole umzieht die Stadt im Osten), und drittens einen Garten an der Carona (MIÖG. 7, p. 455). Die Ufer des Tessinflusses schenkten Hugo und Lothar an S. Marino (CL. 555) im Jahre 939. Die Abtei erhielt dieselben mit dem Flusszoll von Caminelli bis Cona. Auf Poinseln in der Nähe von Pavia beziehen sich auch einige Urkunden. Die Inseln von Nebiasco bis zur Agognamündung wurden durch Cunincpert dem Kloster S. Maria Theodotis geschenkt, was Ludwig II. 871 bestätigte (B-M. 1214). Andere Inseln und Flussläufe gehörten Cielo d'Oro (CL. 529).

Südwestlich von Pavia, auf der Insel zwischen Tessin und Gravellone liegt der Ort Rottino, der mit „Rodeni infra Papiam" identisch sein dürfte. Hier schenkt Wido 892 dem Getreuen Fulchod einen kleinen Hof mit 10 Bauern und 4 Aldionen (CL. 354).

Unbekannt ist der Name des Hofes, den Otto I. dem Kloster Cluny schenkte. Derselbe hatte dem Presbyter Johannes von Pavia gehört, war alsdann an den Fiskus gekommen und wurde vom Kaiser auf Bitten Adelheids an das berühmte französische Kloster überwiesen (DO. I. 415), das auch noch andere Güter bei Pavia besass (DO. III. 314).

Die Provinz betrachten wir am besten nach ihren drei natürlichen Bestandteilen:

1) östlich vom Tessin } nördlich vom Po.
2) westlich vom Tessin (Lomellina) } nördlich vom Po.
3) Oltre Po Pavese, südlich vom Po.

2. Östlich vom Tessin.

Zwischen Tessin und Naviglio kennen wir nur einige vereinzelte Höfe: S. Sofia, 5 km. östlich von Pavia am Tessin, wird erwähnt als Aufenthaltsort Karls des Kahlen am 26. Februar 876 (Sophia iuxta Papiam CL. 265) und Karls III. am 27. Februar 881 (S. Sofia iuxta Papiam CL. 299). Sonst ist über diesen Hof nichts näheres bekannt.

Batuda, 2 km. südwestlich von Villarasca. Daselbst wird 885 in einer Tauschurkunde eine „silva regis" erwähnt (CL. 330). Villarasca selbst gehörte Cielo d'Oro (DO. I. 241. 273).

Östlich vom Naviglio lag bis ans Ende des 9. Jahrhunderts ein Komplex von Reichsgütern, die von Pavia an bis zum Lambro und in einem schmaleren Streifen bis zur Adda reichten, und mit den lodesanischen Krongütern [1] eng zusammenhingen. Den Mittelpunkt des Komplexes bildete die alte Königspfalz Olona, an der Stelle des heutigen Corteolona, ca. 15 km. östlich von Pavia gelegen. Die erste Erwähnung finden wir bei Paulus Diaconus, der (6, 58) erzählt, dass Liutprand hier in seinem Gut (proastio) die herrliche Anastasiuskirche erbaut habe, an die sich ein

[1] Vgl. auch die Provinz Mailand p. 174.

Kloster anschloss. Die Marmorsäulen zur Kirche liess der König aus Rom kommen (Tr. 543). Als Residenz erscheint dann Olona häufig in der Karolingerzeit.[1] Lothar I. hielt sich hier im Juli 823 (B-M. 983 a), im Mai 825 (B-M. 990 a), August 836 (B-M. 1019), Februar 838 (B-M. 1025), Ludwig II. im Mai 855 (B-M. 1166) und September 874 (B-M. 1230), Karl III. 881 (B-M. 1574) und März 886 (B-M. 1672 c), Ludwig III. 900 (Mur. Antt. 1. 583), Berengar I. 888, 905, 920 (Dümmler Reg. 2. 48. 90. 91) auf. Im Jahre 938 schenkten Hugo und Lothar der jungen Adelheid, der Braut Lothars, neben Marengo und Corana den Hof Olona (CL. 552). Die drei Güter zusammen zählten 1000 mansi. Olona blieb dann ein Besitztum der Königin und wurde von ihr dem Kloster S. Salvatore in Pavia vermacht (CL. 997) und von Otto II. (DO. II. 281) und Otto III. (DO. III. 375) demselben bestätigt. Doch hatten bereits bedeutende Absplitterungen von dem grossen Hofe stattgefunden. Neben dem königlichen Gute (prope villam regiam) lag das Kloster S. Christina, von dem Ludwig der Fromme sagt, dass es Schenkungen von Königen empfangen habe. Über die Gründung von S. Christina sind wir nicht unterrichtet. Die erste Urkunde datiert von 822 (B-M. 738. CL. 99), die erste uns bekannte Schenkung an S. Christina ist von Karlmann aus dem Jahre 879 (B-M. 1498. CL. 282). Der König schenkt ein Stück von seinem Wald (gualdo) Susmate, der zum Königshof Salluciola gehört, 150 Joch, terra permisona,[2] die im Osten an den Wald Susmate, und Land eines Massarius von Salluciola, im Süden und Westen an das Val Guida und Lenato, den Alapallo, an den Ort und den Wald von Susmate angrenzten. Die Urkunde ist in Bayern ausgestellt, die Ortsnamen wahrscheinlich verstümmelt, und die Identifizierung daher sehr schwierig. Selbst mit genauen Karten gelang uns eine sichere Identifizierung nicht. Doch liegen die Orte anscheinend nicht weit von Olona, da Salluciola nur 5 Miglien von S. Christina entfernt ist (CL. 400).

---

[1] Eine Zusammenstellung giebt Pessani a. a. O. p. 170 ff.

[2] Sollte vielleicht „promissa“ zu lesen sein? CL. meint promiscua.

Wahrscheinlich hängt der genannte Alapallo mit dem Ort Alperolo zwischen Pavia und Corteolona zusammen, und Lenato mit dem südlich davon gelegenen Linarolo. Susmate ist vielleicht identisch mit dem Orte Susinate, in welchem Karl III. dem Kaplan Berengars Petrus 881 3 Bauernhöfe schenkt an der Runcalia genannten Stelle. (B-M. 1575). Eine zweite Schenkung an S. Christina erfolgte am 1. Dezember 898 durch Berengar I. Neben einem Hof in der Grafschaft Acqui[1] erhielt durch diese Urkunde (CL. 381) das Kloster die Schenkungen früherer Herrscher bestätigt. Es handelt sich um ein Gebiet, das im Osten begrenzt wird durch den Ort Suvinate[2] mit dem Thal bis an den Po. Die Grenzen werden weiter bezeichnet durch den neuen Hafen im Süden, Territorium des Königshofes Olona im Westen, Land von dem zu S. Sisto gehörigen Hofe Inverno (s. u.) im Norden und den Lambro im Osten, den Ort Vicolongo, das Castellum desertum, die Fontana S. Ambrosii, Brione und den Monsmulus. Ist auch hier nicht alles auffindbar, so können wir dies Gebiet doch besser bestimmen. Inverno zunächst ist ein 4 km. nördlich von Olona liegender Ort, der Lambro ist ca. 10 km. östlich von Olona, Vicolongo ist vielleicht identisch mit dem von Adelheid dem Kloster S. Salvatore überlassenen Vigolago „in comitatu Laudensi", das an den bei Inverno vorbeifliessenden Neronebach grenzte (s. o.). Unter Monsmulus wird vielleicht die östlich von Olona liegende Hügelkette verstanden. Brione, Fontana S. Ambrogii und Castellum desertum sind nicht aufzufinden. Der Po ist 5 km. südlich von Olona: unter dem Portus novus wird vielleicht Porto bei S. Zenone am Po verstanden. Eine dritte Schenkung, gleichfalls von Berengar I., datiert aus dem Jahre 902 (CL. 400). Der Herrscher schenkte damals den Königshof Salluciola, 5 Miglien von S. Christina, den wir schon aus der Urkunde Karlmanns kennen. Dazu gehörte ein Teil des Pobettes und die Pertinenzen: Briolo (nach dem Cod. Lang.

[1] „in comitatu Aquinensi."

[2] Vielleicht gleich Susmate in CL. 282.

Cassina del Broglio in der com. Spirago am Lambro meridionale), Castiglione (Castellione), Laurentiasco und Meletum mit der Jagd (nach CL. Meletto bei Codogno. Der Wald daselbst gehörte S. Sisto s. o.).

Nördlich von Olona erfolgten unter den Karolingern auch einige Absplitterungen von dem grossen Domänen-Komplex. Durch Karl den Grossen oder einen seiner Nachfolger hatte das Hochstift Lüttich den nördlich von Olona gelegenen Königshof Inverno (Iberna) in der Grafschaft Lodi bekommen. Nun konnte sich die Lütticher Kirche nicht im Besitze der Güter behaupten und trat ihre Rechte an Lothar II. ab, der seinerseits am 17. Mai 866 seinem kaiserlichen Bruder den Hof schenkte, um ihn der Angilberga zu übertragen (B-M. 1276). Noch im gleichen Jahre erfüllte Ludwig II. diese Bedingung (B-M. 1202). Angilberga vermachte den Hof der Abtei S. Sisto, der er 898 gehörte (s. o).

Zu Vigonzone, das 14 km. nördlich von Olona, unweit Landriano liegt, schenkte Karl III. dem Bischof Wibod von Parma drei mansi, die noch vom Hofe Olona abhingen, ein Beweis für die grosse Ausdehnung dieses Hofes (MIÖG. 7. 444. B-M. 1574. in vico Gogonzoni in comitatu Laudensi).

Den Rest der noch in diesem Bezirk liegenden Krongüter erhielt die Kaiserin Adelheid, die dieselben dem Kloster S. Salvatore verlieh. Vielleicht haben wir es auch nur mit Pertinenzen von Olona zu thun. Es handelt sich um folgende Orte: (CL. 997):

1) Monticelli
2) Graffignana (Garfiniana)
3) Vicolago
4) Arasicumana

(1–4: cf. Provinz Mailand, p. 174.)

5) Morancha vielleicht = Porto Morone am Po 7 km. südöstlich von Olona.
6) Bissone 4 km. ostsüdöstlich von Olona DO. II. 281.
7) Roncalia vielleicht Roncaro 10 km. nordwestlich von Olona zwischen Lambro und Olona DO. II. 281.

8) Muciano = Mezzano di Parpanese (?) am Po 8 1/2 km. südöstlich von Olona DO. II. 281.[1]

Damit waren die Güter in diesem Teil der Provinz vollständig verschwunden.

Unter Friedrich I. kam es in dieser Gegend nicht zu einer nennenswerten Bildung von Reichsgut, da man der befreundeten Stadt Pavia und den Klöstern nichts entziehen konnte. Dagegen erwarb Friedrich durch Kauf von den Mönchen von Chiaravalle bei Mailand das Territorium des von uns schon oben erwähnten Ortes Inverno für 300 Pfund Denare. Die Grenzen des Gebietes von „Yverna" sind bezeichnet durch die Villa Lanterii, das heutige Villanterio am Lambro, Gebiet von S. Salvatore in Pavia[2] und von S. Christina in Olona. Das Land schenkte Friedrich I. im Herbst 1176 den Johannitern, vertreten durch Petrus de Goya, Calenzano und Cylberto. (St. 4181 a. Acta inedita no. 369). So vorübergehend der Versuch auch war, so ist er doch interessant für die Domanialpolitik Friedrichs I. —

3. Lomellina (Gebiet westlich vom Tessin).

Die sich zwischen Tessin, Po und Sesia ausdehnende Lomellina wird in der Chronik von Novalese als ein von dichten Wäldern durchzogenes Gebiet geschildert. König Berengar setzte einen Preis aus für das Fangen der Wölfe, worauf eine Masse von Leuten nach der königlichen Pfalz Fogliano (Folingo) bei Vigevano strömte, um das Fanggeld zu verdienen. (Chron. Nov. 5, 14). Die ganze Landschaft gehörte ursprünglich dem Reiche; nennt doch der Chronist ausdrücklich das Kloster Breme „regalibus sedibus vicinum". Die eingelnen Reichshöfe zählen wir in alphabetischer Reihenfolge auf:

[1] Muzzana liegt vielleicht in der Provinz Novara. Der an S. Sisto verschenkte Ort Muciana (s. p. 174) ist nicht identisch mit dem Gute Adelheids. Ein anderes Muzzano liegt in der Com. Vittadone, mand. Casalpusterlengo Prov. Milano.

[2] Das sich also in dem vom Adelheid geschenkten Gebiete bis in's 12. Jahrhundert erhalten hatte. Vgl. auch Urk. des Mail. Staatsarchivs S. Salvatore di Pavia von 1178, 1181 und 1198.

Carbonara im Osten der Lomellina, Pavia gegenüber. Hier hielt sich König Ratchis im August 747 auf (Troya 610). Im Forste gleichen Namens gestattete Lothar den Nonnen von S. Maria Theodotis Bau- und Nutzholz zu holen (B-M. 1011), ein Privileg, das Ludwig II. (B-M. 1214), Karl III. (B-M. 1582), Otto I. (DO. I. 274) und spätere Herrscher bestätigten. Das gleiche Recht stand der Cluny untergebenen Cella Majoli zu (Recueil 4, 173). —

Fogliano bei Vigevano s. o.

Garlasco an der Bahn Pavia-Mortara, war ein Gut der Kaiserin Adelheid, die dasselbe mit dem dazu gehörigen Distrikt von 2 Miglien an S. Salvatore in Pavia schenkte (DO. II. 281. DO. III. 375. CL. 997).

Groppello ebenfalls an der Linie Pavia-Mortara, wurde von Berengar I. dem Getreuen Folkoin überwiesen (MIÖG. 7, 452), kam aber später an die Krone zurück und wurde von Hugo seiner Tochter Rotlind geschenkt, der Otto II. den Hof restituierte (DO. II. 130).

Langosco (Languscum), im Westen der Lomellina, ist eine Pertinenz von Caresana (cf. Prov. Novara) und wird 882 dem Bistum Vercelli restituiert (B-M. 1592).

Lomello, schon ein alter langobardischer Reichshof. Paulus (3, 35) erzählt, dass Agilulf und Theodelinde sich hier begegneten. Im Verzeichnis der salischen Königshöfe (Const. 440) erscheint Lombal als „nobilis curia“, und noch Otto von Freising nennt den Ort ein „oppidum imperiale“ (2, 25).

Picolini cf. Vigevano.

Rosasco und die Schenkungen Arduins. Eine Reihe von Besitzungen verschenkte König Arduin in unserem Gebiete. 1008 bestätigte er eine Schenkung seines Sohnes an das Bistum Pavia, die 175 Joch Ackerland zwischen Gravellona[1] und dem Tessin betraf (St. 1850). Handelt es sich in diesem Falle wahrscheinlich um Privatgut der Markgrafen von Ivrea, so spricht die Urkunde für das

---

[1] Der Hof Gravellona gehörte im 10. Jahrh. dem Ingo (DO. I. 371), später dem Bistum Novara (St. 1632).

Bistum Pavia von 1011 ausdrücklich von Besitzungen des Königreichs Italien (dominii Italici regni). Arduin verleiht dem Bistum Pavia den Hof und die Burg zu Rosasco unweit der Sesia und die Hälfte der unbekannten Orte Sellenegia und Pontesello (St. 1851).

S. Giorgio in der Lomellina, vielleicht identisch mit San Giorgium in Const. 440, das 5 regalia servitia leistete. Breme hatte hier Besitzungen (DO. III. 101).

Sparoaria bei Cambio im Süden der Lomellina. Berengar I. verleiht dem Vicegrafen Autbert eine zur Grafschaft Lomello gehörige Hufe auf der Poinsel Sparoaria, mit der dazu gehörigen Fischerei.[1]

Trumello wahrscheinlich identisch mit Tronibal, das in dem Verzeichnis der Königshöfe (Const. 440) als nobilis curia aufgeführt ist.

Vigevano und Umgebung. Im Jahre 918 schenkt Berengar I. dem Folcher, Diakon des Bistums Pavia, eine Hufe zu Picolini (= Viginti Colonne nach Rusconi, Conti di Pombia, p. 8) in der Grafschaft Bulgaro und eine Wiese an der Gula genannten Stelle, nebst der Fischerei von Cassolnuovo bis Trecate.[2] Vigevano selbst, das auch den Namen Virgemini führt (cf. Misc. 29, 216), ging an Adelheid über und wurde von ihr an S. Salvatore vermacht (CL. 997), scheint aber nicht in den Besitz des Klosters gekommen zu sein. 1064 erteilt Heinrich IV. der Stadt Vigevano, nebst den Nachbarorten Serpe, Padulfe und Viginti Columne (s. o.) ein Privileg (St. 2653). Wahrscheinlich

[1] „nostram terram imperii de comitatu (Laumel)lino insula Sparvaria . . . cum piscacione.“ Urkunde im Kapitelarchiv Novara. Documentario della chiesa Novarese no. 2. G. Regest MIÖG. 2, 453.

[2] „quatinus cuidam sancte Ticinensis ecciesie diacono Fulcherii nomine concedere dignaremur . . . in Viginti Colonno comitatu Bulgarensi . . . et insuper pratum unum in loco qui Gula dicitur ad eundem pertinentem (wahrscheinlich mansus zu ergänzen) . . . piscacione infra in circuitu Ticini a Vico Cassioli usque ad Trecati ad vadum . . . Ermenfridus notarius imperii recognovi XVIII. Kal. Novembris anno DCCCCXVIII. domini Berengarii regni XXVIII. imperii IIII. Indictione . . . Eporegia feliciter“ Document. della chiesa Novarese no. 2 E. Regest. MIÖG. 2, 454.

ist es Vigevano, das als Viguila im Verzeichnis der Königshöfe als nobilis curia mit einem servitium erscheint (Const. 440). Die Stadt hiess später „camera speciale dell' impero" und erhielt ihre Reichsunmittelbarkeit 1220, 1221, 1311 und 1329 bestätigt.[1] Noch Heinrich VII. spricht von einer kaiserlichen Burg zu Vigevano (Böhmer, Acta 628).

4. Oltre Po Pavese (Gebiet südlich vom Po).

Jenseits des Po ist im Gebiet von Pavia der bedeutendste Königshof Coriana, der mit Corana am Po nördlich von Voghera identisch sein dürfte. Als Residenz lernen wir denselben unter Berengar I. kennen, der hier im Februar 913 und September 915 (Dümmler Reg. Ber. no. 73. 78) verweilte. Der Hof wurde zweimal zur Dotation von Königinnen verwandt: 896 verlieh ihn Lambert seiner Mutter Ageltrud (Muratori Antt. 3, 739), nach deren Tode er wieder an den Fiskus zurückfiel. Hugo und Lothar gaben am 12. September 937 den Hof der Braut Lothars, der jungen Adelheid (CL. 552). 946 hielt sich Lothar hier auf (CL. 576). Adelheid vermachte Corana mit ihren anderen Gütern an S. Salvatore in Pavia (CL. 997).

Eine Absplitterung von dem grossen Hof Corana, den wir uns auch als einen Mittelpunkt eines Güterkomplexes denken müssen, fand 901 durch Ludwig III. statt, der seinem Vassallen Hercad 6 zu Corana gehörige mansi zu Lavagium mit der St. Mariakapelle schenkte. Lavagium ist wahrscheinlich Lavaggio bei Roccasusella südlich von Voghera (Mur. Antt. 2, 47). Andere Teile von Corana scheinen aber auch 937 noch nicht in den Besitz der Königin übergegangen zu sein, denn am 27. Juni 947 schenkt Lothar der Adelheid folgende Stücke:

a) 31 Joch in villa Coriano am Ort „ad grane" (vielleicht = Giare nördlich von Corana?);
b) 8 perticae 6 tavolae in Cantone;

---

[1] Vgl. Biffignandi p. 42 und Ficker, Forschungen 1, 241. Miscellanea 29 p. 216–220.

c) 30 tavolae dort in der Nähe;
d) 5 perticae daselbst;
e) 2 Joch 6 perticae in Rivasiolo (Ch. 1, 97).

Eine weitere Pertinenz von Corana waren königliche Besitztümer in Voghera, dessen „plebs" nebst den Mühlen an der Staffora Berengar I. 915 dem Bistum Tortona mit der regia terra, „si vicina est" bestätigt (Forsch. 10, 287). Das Castell zu Voghera bestätigt Otto II. dem Bischof von Tortona (DO. II. 206).

Unter Heinrich III. scheint auch Corana mit einer Reihe anderer S. Salvatore gehöriger Güter revindiziert worden zu sein. Unter den curiae regales (Const. 440) erscheint auch „Curana cum magnis appendiciis" als Reichsgut. Wann Corana dann wieder verschenkt wurde, wissen wir nicht [1].

Rovescala, südlich von Stradella, wird 910 mit Duae Robores zusammen von Berengar I. dem Grafen Anselm von Verona verliehen, kam dann 911 an das Kloster Nonantola (Dümmler, Reg. Ber. 59). Auch S. Maria di Organo in Verona (Dümmler, Reg. Ber. 50) und das Bistum Pavia (CL. 568. 574. DO. II. 144) hatten hier Rechte. Allerdings erscheint es uns fraglich, ob es sich in allen diesen Fällen um den gleichen Ort handelt; vielleicht ist das von Berengar verschenkte Gut mit Roverbella bei Nogara identisch.

Der Teil des Apennins, der zur Provinz Pavia gehört, war zum grössten Teil im Mittelalter Eigentum des Klosters Bobbio, das unter der Regierung Agilulfs gegründet wurde. Dieser Abtei wurde von den folgenden Königen viel von dem Reichsland der Umgebung, wahrscheinlich meist Forsten und Alpen, geschenkt (PD. 4, 41). Nach der ersten echten Urkunde, die wir von Bobbio kennen, aus dem Jahre 747 (Tr. 610), hatte das Kloster schon ein sehr ansehnliches Gebiet. Insbesondere Liutprand

[1] Die übrigen Reichsgüter in diesem Gebiete sind in der Provinz Alessandria, Distrikt von Tortona, besprochen, da sie Pertinenzen dortiger Höfe darstellen.

machte ihm bedeutende Zuwendungen im Avetothal in Vico Mezzano (Medianensi) und in Noce (Nocicla). In dem genannten Jahre liess Ratchis das Klostergebiet durch die Förster Otto und Rachis aus den benachbarten Reichsforsten abstecken. Die Grenzen wurden durch Zeichen und Kreuze mit eisernen Nägeln bezeichnet. Das erste Kreuz wurde in Vico Mezzano gesetzt auf der westlichen Seite des Avetothales, dann ein weiteres am Flusse Nure, der 5 km. östlich von Vico Mezzano entspringt, am Orte Fao, dann auf der Wiese bei Noce (Nocicla), 6 km. südlich von Vico, dann auf der öffentlichen Strasse und in Giombaro (Gambaro), das südlich von Ferriere im Nurethal liegt. Hierauf lief die Grenze an einer Mühle vorbei, zu einem weiteren Kreuz, dann zu einer öffentlichen Strasse und zwischen Turio (Torrei bei S. Stefano)[1] und der dem Fiskus gehörigen Alp Carebolo, dem heutigen Monte Carevolo, vorbei, wieder zum Nure, am Bach dann aufwärts zwischen den beiden Majolascae nach Lacoraria am Nure, zur cabanna Gajaria (am Carevolo) und wieder nach Fao. Es handelt sich um ein südlich von Bobbio gelegenes Gebiet.

Eine umfangreiche Zuwendung bekam das Kloster durch Karl den Grossen im Jahre 774 (B-M. 161), der den Wald und Hof Montelongo und die Alp Ade oder Adra schenkte, Gebiete, die in Ligurien lagen und bis ans Meer reichten.

In späteren Zeiten fanden in diesem Teile des Apennins keine Rekuperationen statt, da die grosse Heerstrasse nicht über Bobbio, sondern über Gavi führte, und das Trebbiathal somit strategisch und wirtschaftlich nur untergeordnete Bedeutung hatte.

[1] Durandi, Piemonte cispadano p. 270.

PIEMONT.

X.

PROVINZ TURIN (Torino).

Litteratur:[1] A. della Chiesa, Descrizione del Piemonte. Manuscript der Universitätsbibliothek Turin. — G. Casalis, Dizionario geografico-storico-statistico-commerciale degli stati di S. Maesta il re di Sardegna. Torino 1833. — L. Cibrario e D. C. Promis, Documenti, sigilli e monete appartenenti alla monarchia di Savoia. Torino 1833. — Jacopo Durandi, Notizia dell'antico Piemonte traspadano; parte prima o sia la marca di Torino. Torino anno XI. (1803). — Alpi Graie e Pennine ovvero lato settentrionale della marca d'Ivrea. Torino Anno XIII. (1804). — Della marca d'Ivrea. Torino Anno XII. (1804). — Il Piemonte cispadano antico. Torino 1774. — Dell'antica condizione del Vercellese. Torino 1766. — Sam. Guichenon, Bibliotheca Sebusiana (2 Aufl. von Chr. E. Hoffmann, Nova scriptorum collectio. Leipzig 1731.) — Jos. Fr. Meyranesius, Pedemontium sacrum. ed. Ant. Bosio. Torino 1863. — Delph. Muletti, Memorie storico-diplomatiche appartenti alla città e ai marchesi di Saluzzo. Saluzzo 1829/33. — Terraneo, La principessa Adelaide. Torino 1759. — L. Wurstemberger, Peter II., Graf von Savoyen. Bern 1856.

Aosta: Besson, Mémoires pour l'histoire ecclésiastique des diocèses de Genève, Tarantaise, Aoste et Maurienne. Nancy 1759. — Miscellanea Bd. 16 (1877) p. 631. eod. 23 (1884) p. 183 ff.

Canavese: Descrizione del Canavese. Hofbibl. Turin. Manuscritti Miscellanea no. 402.

Chieri: L. Cibrario, Delle storie di Chieri. Torino 1827.

Ivrea: Saroglia, Memorie storiche della chiesa d'Ivrea 1881.

Oulx: A. Rivautella et F. Berta, Ulciensis ecclesiae chartarium. Taurini 1753.

Susa: Longnon, Géographie de la Gaule au sixième siècle. Paris 1878.

Testona: Philippe de Beaumont, Cronaca di Testona. Hofbibl. Turin. Manuscritti Miscell. 944, 27.

Torino: Cibrario, Storia di Torino. Torino 1846. — Miscellanea Bd. 18 (1879) p. 422 ff.

Von der heutigen Provinz Turin gehörten die beiden Thäler der Dora, von Aosta und von Susa, sowie der grösste

[1] Hier sind auch Werke angeführt, die ganz Piemont betreffen.

Teil der Graischen Alpen zum Frankenreiche, während die übrige Provinz von den langobardischen Herzogtümern Ivrea und Turin eingenommen wurde. Wir kommen somit zu folgender Einteilung:

A. Fränkische Teile
   1) Aosta (Thal der Dora Baltea),
   2) Susa (Thal der Dora Riparia);

B. Langobardische Teile
   3). Ivrea (östlich vom Orco),
   4) Turin (westlich vom Orco).

A. DIE FRÄNKISCHEN GEBIETSTEILE.[1]

Nach dem Zeugnis Fredegars entrissen die Franken den Langobarden zur Zeit des Interregnums zuerst die Thäler von Aosta, Susa und dann die Vallis Ametegis, unter der wahrscheinlich das Thal von Lanzo (Ametegis = Mathi bei Lanzo) zu verstehen ist.[2] Klarer wird dieser Bericht des Fredegar durch die Nachricht Gregors v. Tours, dass 574 der byzantinische magister militum Sisinnius Susa für den Kaiser behauptete.[3] Da nun Franken und Byzantiner verbündet waren, so ist es sehr wahrscheinlich, dass der byzantinische Befehlshaber die Stadt, die für seinen Kaiser doch verloren war, den befreundeten Franken übergab. Als weiteres Zeugnis kommt ein 588 abgeschlossener Teilungsvertrag zwischen den Bischöfen von Embrun und Maurienne in Betracht, nach dem die Grenze des Frankenreichs bei Vologia lag, worunter wohl Voyes am rechten Riperaufer bei Chiusa gemeint ist (cf. Troya 19. 20. 21). Susa gehört in dieser Urkunde zur Diözese Maurienne, war sogar neben St. Jean Hauptort derselben (Longnon p. 432). Endlich haben wir mehrere Zeugnisse dafür, dass das bei Susa gelegene Kloster Novalese fränkisch war. Der Franke Abbo, der Gründer desselben, erwähnt ausdrücklich bei

---

[1] Vgl. Troya 4, 1, p. 75. 78 und Weise p. 55 Anmerkung. Longnon p. 440 ff.

[2] Fredegar 4, 45.

[3] Gregor von Tours 4, 44.

einigen Gütern, dass sie im Langobardenreich liegen. Er gründet 726 das Kloster „pro stabilitatem regno Francorum“, datiert die Urkunde nach den Regierungsjahren des fränkischen Königs Theodericus und spricht vom pagus Secusinus, während es im Langobardenreich gar keine pagi gab (Ch. 1, 8). Ferner wird in dieser Urkunde stets der Klerus von Maurienne und Susa zusammen genannt. Dazu haben wir Urkunden Karlmanns von 768 und Karls des Grossen von 773 für das Kloster Novalese (Ch. 1, 10. 11)[1]. Vielleicht hängt es damit, dass die Thäler im 6. Jahrhundert fränkisch wurden, zusammen, dass noch heute in ihnen französisch, nicht italienisch, gesprochen wird[2]. Susa wurde später zu Italien geschlagen, wogegen Aosta immer zu Burgund gerechnet wurde. Noch die Reichsteilung von 806 setzt eine Abtrennung der Thäler von Italien voraus. Karl bekam darnach Aosta, Ludwig das Thal von Susa bis zu den Klusen zugesprochen[3]. Bis zur Teilung von 855 gehörte das Land auf beiden Seiten der Alpen dem gleichen Herrn, und 855 scheint Susa an Ludwig II. und damit zu Italien gekommen zu sein. 880 gehörte Susa sicher zur Grafschaft Turin (Ch. 1, 37).[4] Aosta blieb stets burgundisch.

---

[1] Die Annahme, dass es bei Novalese Güter des langobardischen Königs gegeben habe, ist irrig. In Chron. Nov. 2, 11 ist nicht, wie Matthäi (Lomb. Politik p. 7) glaubt, die Gegend von Novalese, sondern Pramollo bei Pinerolo gemeint, wo Abbo dem Kloster Güter im Langobardenreich geschenkt hat. Die dem Papst geschenkten Alpes Cottiae sind nicht die Kottischen Alpen, sondern der ligurische Apennin. Bobbio, Acqui und Tortona liegen z. B. in den Alpes Cottiae (PD. 2, 16). Vgl. die Karte Neues Archiv 5 p. 103.

[2] In der Stadt Susa wird heute freilich überwiegend italienisch gesprochen, allein die Ortsnamen im oberen Thale und selbst noch unterhalb von Susa sind zum grössten Teile französisch.

[3] Simson, Jahrbücher Karls, Bd. 2, 346 ff.

[4] Aus einer Urkunde von 827 (Ch. 1, 19) ist für unsere Frage nichts zu entnehmen, da die Verhandlung vor dem missatischen Gericht stattfand, während aus einer Urkunde von 880 hervorgeht, dass Susa zur Grafschaft Turin gehörte, vgl. Bresslau, Konrad II., Bd. 1, p. 366. Aosta heisst 839 ausdrücklich „pars Burgundie“ Cap. Bor. 2, 58.

Die langobardische Grenze befand sich an den in den beiden Thälern liegenden Klausen (Clusae), die in den Feldzügen Pippins und Karls eine grosse Rolle spielen. Die Befestigungen im Aostathal lagen bei dem heutigen Fort Bard, ca. 20 km. nördlich von Ivrea, wo sich noch heute die Sprachgrenze befindet. Im Thal der Dora Riparia lagen die Clusae 30 km. westlich von Turin beim Orte Chiavrie (Cabrium) am Fusse des Monte Caprasio und zogen sich durch das Thal von dem Orte S. Michele della Chiusa vorbei bis zum Monte Picare (Porcarianus) auf der Südseite des Thales (Chron. Nov. 3, 9). Es war eine Sperre, die von Berg zu Berg reichte, mit Thürmen versehen, deren Fundamente man noch im 11. Jahrhundert sah. Sie waren unzweifelhaft eine Anlage des Königs, stammten vielleicht schon aus römischer Zeit, waren unter Theoderich schon sicher vorhanden,[1] verfielen dann während des langen Friedens zwischen Langobarden und Franken. Zur Zeit Ratchis' befand sich bei den Klusen das langobardische Grenzamt, an dem die Passrevision durch die clusarii stattfand (Lex Ratchis § 13). Aistulf ordnete dann 750, als die Beziehungen zum Frankenreich sich ungünstig gestalteten, die Ausbesserung der verfallenen Festungswerke an. Es sollte eine Besatzung von Clusarii zur Beaufsichtigung des Grenzverkehrs hineingelegt werden. Die iudices erhielten die Oberaufsicht (Lex Aistulfi § 5). Betrachten wir nun die beiden Thäler und die in ihnen vorhandenen Krongüter.

1. Thal von Aosta.

Das von der Dora Baltea durchflossene Thal von Aosta hat eine hervorragende strategische Bedeutung. Durch dasselbe führt die Strasse über den grossen St. Bernhard nach dem Wallis, dem Genfer See und nach Deutschland, der kleine St. Bernhard nach der Tarentaise und Lyon.[2] Es

[1] Cassiodorus, Variae ed. Mommsen p. 49. Die Clusae im Aostathal hatten damals eine Besatzung von 60 Mann. cfr. NA. 14, 498 no. 6.

[2] Vgl. über das folgende: Terranco, Dei primi conti di Savoia e della loro signoria sulla valle d'Aosta in den Miscellanea Bd. 16 p. 631 ff. (1877) benützt ein Manuskript „Recueil contenant des dissertations sur la vallée d'Aoste“ 1728.

ist sehr wahrscheinlich, dass auch in Aosta sich die Byzantiner lange hielten, und die Stadt den Franken überlieferten. Aus der fränkischen Zeit haben wir gar keine Nachrichten über Aosta und können nicht feststellen, ob es damals im Thale Königsgut gab. Guntram, Sohn Chlotars I., der das Königreich Burgund beherrschte, soll dem Bistum Aosta seine Güter restituiert haben, und von den Königen des Arelats heisst es, dass sie die Kirche von Aosta reich dotiert hätten, besonders Boso und Rudolf.[1] Von 840—877 war Aosta nach Terraneos Angabe mit Italien vereinigt, gehörte aber dann zur Herrschaft Bosos und zum mittleren burgundischen Reiche. Im 10. Jahrhundert beanspruchte auch zeitweilig Adalbert, der Sohn Berengars II., Rechte im Thal, besonders den so einträglichen Zoll, und setzte sich durch Raub in dessen Besitz.[2] Später waren besonders die Grafen von Savoyen, das Bistum und das Ursusstift im Thale begütert. Doch können wir aus einigen Urkunden entnehmen, dass in Aosta in älterer Zeit ein königlicher Domanialbesitz bestanden haben muss, da wir im 11., 12. und 13. Jahrhundert noch einige Spuren davon finden. So führt 1044 eine villa in der Grafschaft Aosta den Namen „Pratum regale", was wohl auf früheren königlichen Besitz schliessen lässt (Ch. 2, 111). Auch bei Fénis, 13 km. östlich von Aosta am rechten Doraufer, wird 1176 ein „pratum reale" erwähnt (Ch. 2, 1566). 1227 grenzen zu Oyace (Eacia zu lesen, nicht Cacia, Misc. 23 p. 239. Ch. 1, 869), im Val Pellina, 12 km. nordöstlich von Aosta mehrere Grundstücke an „terra regum".

2. Thal von Susa.

Etwas besser als über das Thal der Dora Baltea, sind wir über das Thal der Dora Riparia unterrichtet, das, wie wir oben sahen, ebenfalls vom Ende des 6. Jahrhunderts

[1] Rudolf selbst war 923 in Aosta (Ch. 2, 16. Terraneo a. a. O. p. 653).

[2] Besson p. 479 no. 111. Adalbert und seine Genossen heissen „rapaces lupi" i. J. 960.

ab zum Frankenreich gehörte und einen eigenen pagus bildete. In oder bei der Stadt Susa lag nach dem Verzeichnis der salischen Königshöfe (Const. 440) ein Königshof, der dem Fiskus jährlich 2000 Mark einbrachte (Susa 2000 marcas). Abgesehen von dieser Nachricht wissen wir nichts über fiskalische Güter in Susa, doch sind wir über Besitzungen der Grafen von Turin im Thale wohl unterrichtet. So bestätigt Otto III. am 31. Juli 1001 dem Markgrafen Odelrich genannt Mainfred (St. 1266. DO. III. 408) ein Drittel des Thals von Susa, und zwar von den daselbst gelegenen Orten Chiomonte, Exilles, Salbertrand, Oulx, Césanne, Bardonnèche, Bussoleno, S. Giorgio di Susa, Brozolo, Chianoc, S. Agatha di Susa, Chiavrie und Condové. 1026 bestätigt Konrad II. das Kastell dem Boso und Guido, den Söhnen des Markgrafen Arduin (St. 2125. Ch. 1, 266), 1038 ein Drittel von Susa dem Kloster S. Giusto in Susa, das Odelrich 1029 gegründet und reich dotiert[1] hatte (Ch. 1, 277. 304. St. 2100). In Susa ist ein Hauptstützpunkt der Grafen von Turin[2]. Demnach ist es sehr wahrscheinlich, dass der Hof daselbst durch die Heirat Heinrichs IV. mit Bertha an die Krone gekommen ist, und dann im Investiturstreit wieder verloren ging, da wir von älteren fiskalischen Besitzungen nirgends eine Spur zu finden vermögen.

Während der sich zum Mt. Genèvre hinziehende Teil des Thales schon im 7. Jahrhundert zum St. Lorenzkloster in Oulx gehörte, scheint in den beiden anderen Verzweigungen in der Karolingerzeit noch Reichsgut gelegen zu haben, das aber an das an der Montcenisstrasse liegende Kloster Novalese überging. Dieser Pass war einer der wichtigsten nach Italien führenden Übergänge und aus militärischen Gründen war es besonders in der Merowingerzeit wünschens-

---

[1] Das Kloster besass vom Thale ein Drittel, vom Mont-Cenis und Mont Genèvre ab, mit Ausnahme des Castells von Susa. Es sind die Ortschaften Césanne, Oulx, Bardonnêche, Salbertrand, Exilles, Chiomonte, Giaglione, Meana, Matengo, Foresto, Bussoleno, S. Giorgio, Canusso (?), Brozolo, Burbono (?), Villar Focchiardo und S. Agatha.

[2] Vgl. Bresslau, Konrad II., 1, 367.

wert erschienen, dass seine Umgebung dem Reich gehörte. Ludwig I. oder schon Karl schenkten Novalese das wenig westlich vom Kloster gelegene Castell von Bard (Castrum Bardinum) am Fusse des Mont Cléry, vielleicht ein altes fränkisches Castell zum Schutz der Montcenisstrasse (Chron. Nov. 3, 26), dazu das Thal von Bardonnêche (Vallem Bardinisca), in dem heute der Mont Cenistunnel ausmündet mit dem Castell Diobia und allem, was am Wege dazu gehörte, und mit den Pertinenzen Diobasca, Armeasca und Allonica, die früher der Krone zugestanden hatten, eine Schenkung, die Lothar 845 bestätigte. Bemerkenswert ist, dass der Kaiser es sich angelegen sein lässt, die Freiheit der Bewohner des Thales von Bardonnêche ausdrücklich zu schützen (B-M. 1088. Ch. 1, 26). Die Orte sind nicht sicher zu identifiziren. Vielleicht ist Armeasca das Gehöft l'Orme zwischen Oulx und Salbertrand, oder Armore (Com. Gravere) südwestlich von Susa. Diobia lag nach Durandi bei Bardonnêche (Piemonte traspadano p. 54). Ferner schenkte Karl der Grosse dem Kloster Novalese die Strasse von Lestadium bis zum grösseren See, südlich von der Passhöhe und zur fons Varcinisca (Ch. 1, 391), während sein Sohn zum Schutze der Wanderer das Hospiz auf dem wichtigen Alpenübergang erbaute (Ch. 1, 18).

B. DIE LANGOBARDISCHEN GEBIETE.

3. Das Gebiet von Ivrea (bis zum Orco).

Ivrea erscheint in langobardischer Zeit als Sitz eines Herzogs. Im Liber pontificalis (97, 5, p. 487) wird Herzog Tunno genannt. Wo das entsprechende Gastaldat sich befand, wissen wir nicht anzugeben. In fränkischer und ottonischer Zeit war Ivrea der Sitz mächtiger Markgrafen. Nach Arduins Niederlage [1] scheint die Pfalz für die Krone konfisziert worden zu sein. Friedrich I. urkundet im Herbst

[1] Vielleicht erst 1026, als Konrad II. Ivrea unterwarf. Von früheren Herrschern ist nur Berengar I. urkundlich in Ivrea nachweisbar. S. o. Provinz Pavia p. 195, Anm. 2.

1176 „Yporegie in castro imperatoris“ (St. 4181a. Acta ined. no. 369). Wahrscheinlich befand sich die Burg da, wo sich heute noch das Castell befindet, auf dem Ivrea beherrschenden Hügel, wo auch die Metropolitankirche und der bischöfliche Palast liegt. Die Verwaltung der Stadt wurde dem viel genannten Trushard v. Kestenburg übergeben, der sie mit Chieri vereinigte[1] und von 1187—89 hier thätig war. Die zu seinem Verwaltungsbezirk gehörigen Reichsbesitzungen in der Stadt, Grafschaft und dem Bistum Ivrea mit der Burg und der Pfalz gab Heinrich VI. dem Grafen Rainer von Biandrate zu Lehen, wofür er Niscia gewann. Otto IV. bestätigte diesen Tausch am 1. September 1209 den 3 Söhnen Rainers (B-F. 300). Unter Friedrich II. gab es dann wieder kaiserliche Kapitäne in Ivrea, allein 1248 trat der Kaiser die Stadt an den Grafen Thomas von Savoyen ab (B-F. 3735. 3738). Freilich ist der Graf von Caretto noch am 28. Mai 1250 als kaiserlicher Podesta zu Ivrea und Canavese nachweisbar (Ch. 1, 946. B-F. 13758).

Bei Ivrea schenkt der Bischof 1041 eine Wiese „pratum regium“ an das Kloster S. Stefano, was wohl auch auf früheres Königsgut zurückweist (Ch. 1, 315).

Das Zentrum der Krongüter im Gebiet von Ivrea war die „Curtis regia“ kat'exochèn. Sie lag bei dem Orte S. Giorgio,[2] östlich von Rivarolo und südwestlich von Ivrea nicht weit vom Orcofluss. Sie führt auch die Namen Orco und S. Giorgio (cfr. Ch. 1, 206). Eine Urkunde Ludwigs II. vom 3. November 864 ist „in Orco curte regia“ ausgestellt, das mit unserem Orco identisch sein dürfte und nicht, wie Mühlbacher annimmt, Laorca bei Lecco ist (B-M. 1192). Am 16. März 882 schenkt Karl III. seinem Kanzler, Bischof Liutward von Vercelli (B-M. 1592. Ch. 1, 38) den grossen Hof, der gewöhnlich Curteregia[3] genannt wird („Curtem

[1] Ficker, It. Forsch. 2, 145. 207. Urk. Turiner St.-Archiv Prov. di Torino 12, no. 1. Vgl. Chieri.

[2] Corterreggio noch heute Frazione der Comune S. Giorgio Canavese.

[3] Cipolla in den Atti dell'accademia di Torino 1890/91 p. 672 meint, Corteregia sei der Hof in Vercelli gewesen. Doch dieser wurde

nostram magnam, quae dicitur regia antico nuncupatur vulgo") mit folgenden Pertinenzen:

a. einem grossen Wald.
b. Foglizzo 7 Km. südlich von S. Giorgio unzweifelhaft mit Fulgitis identisch.
c. Höfen und villae.
d. Vallis Clivi nach Durandi (Marca di Ivrea p. 25) identisch mit dem Val Chiusella. Dieses liegt ca. 9 Km. nördlich von S. Giorgio, zieht sich 12 Km. in der Ebene und 20 im Gebirge hin, und ist durch einen Pass mit dem Val Champorcher verbunden.
e. mit dem Hof Roveredo, den Arduin im Jahre 1000 verbrannte (DO. III. 383).

Otto III. bestätigt 999 dem Bistum Vercelli den Hof Orco mit der Vallis Clivi (St. 1190. DO. III. 323),[1] Arduin entriss ihn aber demselben und gab ihn 1003 dem Diakon Theodevert von Ivrea. Er schenkte die „curtis Orco", die früher Curtis regia hiess, nun aber in der Gegend selbst „Castrum Sti. Georgii" genannt wurde und in der Grafschaft Ivrea gelegen ist, und das Chiusellathal mit vielen Castellen, Capellen, villae, Alpen, Bergen und Thälern (St. 1846. Ch. 1, 206). Doch nicht lange sollte sich der Diakon des unrechtmässigen Besitzes erfreuen. Schon 1007 stellte Heinrich II. den Hof Orco und das Chiusellathal dem Bisum Vercelli zurück (St. 1445). Dann ging Orco, auf welche Weise wissen wir nicht, an den Grafen Otto Wilhelm über, der den Hof[2] dem Kloster Fruttuaria überweist. Dabei werden folgende Pertinenzen genannt (Ch. 1, 249): Cucceglio (Caucele), Macuniacum, Ciconio (Cicunium), Lusigli (Lusiniacum), Curtis regia, der Wald Foglizzo, der Orcofluss mit verschiedenen daran gelegenen Castellen, das Chiusellathal etc. Konrad II. bestätigt Orco wiederum dem Bistum Vercelli (St. 1935. 2126, „curtem

---

von Berengar I. verschenkt und auch die Pertinenzen beweisen, dass Corteregia bei Ivrea lag. Vgl. Prov. Novara und besonders Durandi, Marca d'Ivrea p. 28 ff.

[1] DO. III. 323 hat Orco vallem Cledi walda, doch ist vermutlich „Orco vallem Clivi, Waldam" zu lesen.

[2] Curtem Orgy id est villam quae dicitur ad S. Georgium.

regiam, quam Orcum nominant"). Dem Reich hat der Hof nach 1003 nicht mehr gehört. In der Liste der Curiae regales (Const. 440) wird der Ort S. Giorgio mit 5 regalia servitia genannt, doch ist wahrscheinlich S. Giorgio in der Lomellina gemeint.

Zu Anfang des 11. Jahrhunderts war im Bezirk von Ivrea mit Ausnahme des Palastes in der Stadt der königliche Grundbesitz verschwunden.

4. Gebiet von Turin.

a. Canavese.

In der Canavese genannten Landschaft zwischen Orco und Dora Riparia lag am Orco bei Salasso nordwestlich von Rivarolo der Ort Canava (Durandi, Marca di Ivrea p. 7).[1] Nach einer Urkunde Ottos III. von 999 (St. 1190. DO. III. 323) schenkte Kaiser Ludwig diesen Hof dem Bistum Vercelli, dem er dann entrissen wurde, bis ihn Otto III. restituierte. Eine Bestätigung fand im Jahre 1000 statt (DO. III. 383). Es fragt sich nun, welcher Ludwig den Hof geschenkt hat. Falls nun die Notiz,[2] die Cipolla ediert hat, echt ist, gehörte Canavese schon zur Zeit Karls III. dem Bistum, und könnte somit nur von Ludwig dem Frommen oder Ludwig II. verschenkt worden sein.

Obiano.[3] Berengar II. schenkte im Jahre 960 seiner Gattin Willa den Hof Ubiano, der mit Obiano (fraz. der Comune Rivarolo) identisch ist. Es ist ein konfisziertes Gut, das dem Verräter Rogus gehört hatte (CL. 640). Am Anfang des 11. Jahrhunderts kam Ubiano durch Bertha, die Tochter des Amadeus, an Kloster Fruttuaria (St. 1430).

---

[1] Dem auch Casalis, Dizionario und Cipolla in den Atti dell' acc. di Torino 27 p. 682 zustimmen.

[2] a. a. O. p. 670 ff.

[3] Dümmler, Otto I. p. 314 no. 1 identifiziert mit S. Biagio di Urbiano, das ich nicht aufzufinden vermochte.

Sehr zahlreich waren die Güter Arduins[1] in diesem Distrikte. Er gründete hier zwischen Orco und Malone das Kloster Fruttuaria, (in dem er auch starb), das er und seine Verwandten reich dotierten. An die Krone scheinen wenig Güter Arduins übergegangen zu sein. Die meisten erhielt das Bistum Vercelli, so Rivarolo, Rivarupta, Sparrone etc.

In dem Verzeichnis der Königsgüter (Const. 440) wird an erster Stelle Settimo (Septima) genannt mit 2 regalia servitia. Es könnte dies Settimo am Po nordöstlich von Turin, oder Settimo Vittone nördlich von Ivrea gewesen sein. In Settimo bei Turin hatte 1031 das Solutorkloster zu Turin Besitz (Ch. 2, 99). 1159 wird derselbe dem Bistum Turin und S. Solutor bestätigt (St. 3837. 3838). Von Settimo bei Ivrea wissen wir nichts bis zum 13. Jahrhundert. Vielleicht lag hier neben den Turiner Kirchengütern noch ein alter Reichshof, vielleicht lag auch hier Gut der Grafen von Turin, das an Heinrich IV. überging.

Nachdem schon Friedrich I. sich der wichtigen Burg Rivarolo am Orco bemächtigt hatte, in der er 1155 im Januar verweilte (St. 3704—3704a), versuchte Friedrich II. wieder hier einen Domanialbesitz herzustellen. Er eroberte, wahrscheinlich 1238, das ganze Canavese und zog es für das Reich ein. Ein Sechstel von Lanzo[2] kaufte der Kaiser von Guilermus von Lanzo, investierte damit 1245 den Grafen von Biandrate (B-F. 3496). Am 14. Februar 1247 bekundet König Enzio, dass die Herren von Lanzo ihr Castell mit Festungswerk und Thurm dem Kaiser übergeben haben. Derselbe will das Castell durch einen Castellan und Mannschaft bewachen lassen, verspricht es aber nach dem Frieden mit dem Papst und den anderen Rebellen zu restituieren (Ch. 1, 931. B-F. 13599). Im November 1248 verlieh

[1] Nach der Angabe Della Chiesas (descrizione del Piemonte 4, 56) baute er die Castelle in Pont im Orcothal und gründete Klöster in Belmonte und Rivarotta. Nach DO. III. 383 besass er Rivarolo, Rivarupta und Rovoredo.

[2] Lanzo war Lehen des Bistums Turin cf. Ch. 1, 916.

Friedrich II. dem Grafen Thomas II. von Savoyen, einem seiner eifrigsten Anhänger, die Landschaft Canavese (Canapitium) mit allen Rechten, als Reichslehen (Ch. 1, 942. B-F. 3733). Auch Lanzo wurde 1248 dem Grafen übergeben (B-F. 3736/37).

b. Gebiet von Turin links vom Po.

Turin (Torino) war in der langobardischen Zeit der Sitz eines Herzogs. Wahrscheinlich war der herzogliche Besitz besonders bedeutend, da die Güter des Bistums hier eingezogen wurden (Tr. 212. Brief Gregors an Sigmund v. Autun v. 599). Der erste uns bekannte Herzog ist Agilulf, der mit der Hand Theudelindes 590 die Krone gewannn (PD. 3, 35). Doch scheint Agilulf das Herzogtum wieder ausgethan zu haben, denn 661 wird ein Herzog Garipald von Turin erwähnt (PD. 4, 51). Dann sehen wir den Herzog Raginpert mit Erfolg nach der Krone greifen (PD. 6, 18). Doch er starb schon nach kurzer Zeit, und sein Sohn Aripert II. erbte den Thron und, wie es scheint, behielt er das Herzogtum Turin neben demselben, da er seinen Gegner Rotharit gerade in Turin (PD. 6, 20) einsperren liess. Als Ansprand 712 dem Aripert Krone und Leben entriss, zog er vermutlich auch dessen Güter im Herzogtum Turin für die Krone ein. Wo das Gastaldat sich befunden hat, vermögen wir nicht anzugeben. Auf das Vorhandensein alter königlicher Güter im Turiner Bezirk weist eine Notiz des Paulus Diaconus (4, 51) hin, dass König Godepert eine „familia" in Turin hatte, also wahrscheinlich auch einen Königshof.[1] Königlich wurde später, entweder schon unter Aripert II. oder unter Karl dem Grossen, die Curtis ducati, die 827 als Gerichtsstätte erwähnt wird (Ch. 1, 19). Dieselbe befand sich bei der Kirche S. Pietro de curte ducis an den Strassen via del Gallo und via de' Pasticieri (Cibrario, Storia di Torino 1. p. 76). Ein Palast in Turin, in dem König Hugo anwesend war, wird 929 er-

[1] Hierauf weist Matthäi hin p. 6 und p. 13.

wähnt (Ch. 1, 79). Der Königshof zu Turin kommt im Verzeichnis der Curiae regales (Const. 440) vor als „allodium suum", ohne dass die Leistungen desselben erwähnt würden. Zugleich hatten auch die Grafen Rechte in der Stadt. 1001 bestätigt Otto III. dem Odelrich Manfredi den dritten Teil von Turin (DO. III. 408. Ch. 1, 199). Das Castell desselben lag an der Porta Susa (Ch. 2, 100), und ist gewiss von der königlichen Pfalz zu unterscheiden. Zu dieser gehörte die Römerstrasse und der besonders wichtige Zoll, da durch Turin die Strasse von Genua und Mailand nach Frankreich führte. Dieselbe wurde von Heinrich V. 1111 der Stadt überwiesen (St. 3052). Die Mauer und publicae domus in Turin hatte der Bischof (cfr. Ch. 1, 509. St. 3838), ohne dass wir wüssten, wann er sie erhielt. 1136 nahm Lothar Turin ein und errichtete ein Castell bei Rocca Padi beim heutigen Valentino.[1] Eine grosse Bedeutung erlangte die Turiner Pfalz unter den Staufern. Friedrich I. verweilte oft in derselben, so im Januar 1159 (St. 3835/36), im August 1162 (3961—63a), Juli 1176 (St. 4182), Juni und Juli 1178 (4248—4253, „datum in palatio Taurinensi"), Juni 1185 („in palacio imperatoris" St. 4420), Heinrich VI. war im Juli 1196 in Turin (St. 5019—21). Unter ihm war Thomas de None Castellan und zugleich Podesta von Turin.[2] Er erhielt, wahrscheinlich als Gehalt, von Heinrich VI. am 28. November 1195 als Lehen 3 Susaner Denare von den 12, die in Turin jedes Saumtier zahlen musste (St. 4977). Heinrich gab ihm ausserdem die Pfalz zu Turin als Lehen, was Friedrich II. am 12. Januar 1215 dem Berthold de None, dem Sohne Thomas', und seinen Brüdern bestätigte. Zur Pfalz gehörten Arimannen in Celle, eine Wiese und Ackerland in der Stadt Turin (B-F. 778). 40 Mark Kölner Gewichts vom Zoll verpfändete Otto IV. 1209 den Söhnen Rainers v. Biandrate für 300 Mark (B-F. 300). Unter Friedrich II. wird ebenfalls

[1] Carutti, Regesta comitum Sabaudiae, 1889, Reg. 271.

[2] Urkunde von ihm Cibrario, Torino 1, 502: „super domini imperatoris palatium" ausgestellt.

eine kaiserliche Pfalz noch erwähnt, doch scheint dieselbe das für den Fiskus konfiszierte Rathaus der Stadt („palacii comuni Taurinensis quod est domini imperatoris") gewesen zu sein. Der kaiserliche Capitaneus Jonathan von Lucca, Nachfolger des Philipp von Citro, urkundet hier 1239 (B-F. 13294). Im November 1248 schenkt Friedrich II. die Burg[1] zu Turin mit der dabei angelegten neuen Brücke mit der Bastei an derselben dem Grafen Thomas von Savoyen (B-F. 3738 ff).

In der Umgebung der Stadt nennen wir zuerst das 9 Km. südlich gelegene Stupinigi (Soponicum), ein Gut, das mit 57 Mansi angeblich Karl der Grosse Novalese schenkte (B-M. 162. Ch. 1, 32. Chron. Nov. 3, 26). Die Urkunde ist zwar falsch, doch bereits im Diplom Ottos III. von 992 (DO. III. 101) wird Stupinigi unter den Gütern von Breme-Novalese aufgezählt. Ob der Ort je Krongut gewesen ist, sei dahingestellt.

Im Westen von Turin liegen zwei für die Geschichte des Kronguts wichtige Orte, Avigliana und Rivoli.

Avigliana, am Eingang ins Gebirge, ca. 22 Km. westlich von Turin auf der Höhe gelegen, beherrscht die Montcenisstrasse. Vielleicht stammt das Krongut aus den zu den Klausen gehörigen Besitzungen, vielleicht gelangte Avigliana durch die Heirat Berthas mit Heinrich IV. an den König. Im Verzeichnis der salischen Königshöfe ist Avigliana als „Castrum" genannt, das 1000 Mark einbringt. Der Ort kommt zuerst in einer Urkunde von 1001 vor, in der Otto III. dem Odelrich Manfredi 1/3 von Avigliana bestätigt (DO. III. 404), zugleich mit dem benachbarten Almese. 1026 bestätigt Konrad II. ein Drittel den Söhnen des Markgrafen Arduin (Ch. 1, 266. St. 2125). Der See daselbst wird von dem gleichen Kaiser 1038 S. Giusto in Susa bestätigt (Ch. 1, 304. St. 2100). In der Chronik von S. Michele della Chiusa wird Avigliana als Residenz des um 1045 regierenden Markgrafen Arduin genannt (HPM. SS. 3, 260). 1098 wird ein Herr von Avigliana, namens

[1] Die nach Cibrario, Savoia 2, 56 auf dem Kapuzinerberg lag.

Boso Merlo genannt (Ch. 1, 436), wahrscheinlich ein Vassall der Markgrafen von Turin. Ausserdem hatte noch S. Solutor in Turin hier Besitzungen (Ch. 1, 450). 1159 bestätigt Friedrich I. den Ort dem Bistum Turin (St. 3838), und als Humbert III. von Savoyen sich widerrechtlich in den Besitz von Avigliana setzt, wird gegen ihn ein Prozess eröffnet und die Burg dem Bistum restituiert (Ch. 1, 608), doch waren die Grafen von Savoyen mächtiger als die Bischöfe. Im 13. Jahrhundert sind sie wieder im Besitz der Burg (Ch. 2, 1779). Doch scheint Friedrich II. Absichten auf dieselbe gehabt zu haben, denn in seinem Testament ordnet Graf Amadeus von Savoyen 1238 an, zur Schuldentilgung die Veste nötigenfalls dem Kaiser zu verkaufen (B-F. 13261). Später hat er die Veste gar von König Heinrich von England (!) zu Lehen genommen (B-F. 13562). Sehr interessant sind die aus der Mitte des 13. Jahrhunderts erhaltenen Rechnungen der Castellane von Avigliana.[1]

Rivoli liegt auf den letzten Ausläufern der Alpen, 13 Km. westlich von Turin, 9 Km. östlich von Avigliana. Auch dieser Ort kommt als Vivel[2] in dem Verzeichnis der Königshöfe mit einem Ertrag von 500 Mark vor, also der Hälfte von Avigliana; handelte es sich bei Avigliana um wirkliches Reichsgut, so war Rivoli zur Zeit der Abfassung des Verzeichnisses wahrscheinlich Kirchengut, das aber vielleicht noch zu Leistungen an den Hof verpflichtet war. Rivoli wird bereits von Otto II. dem Bistum Turin bestätigt (St. 1288. DO. II. 250a). Wer den Ort dem Bistum schenkte, ist nicht festzustellen. 1006 schenkt Bischof Gozo einen Weinberg um Rivoli dem Kloster S. Solutor in Turin (Ch. 2, 83). 1031 besitzt Breme Güter zu Rivoli und Alpignano (Ch. 1, 283). Von da an wissen wir nichts über unseren Hof bis 1120, und es wäre denkbar, dass Heinrich III. auch diesen wichtigen Platz, der in Verbindung mit den uns als Reichsgütern bekannten Turin, Avigliana und Susa die Montcenisstrasse sichert, dem Reiche restituiert habe.

---

[1] cf. Buch 3.

[2] Nach Const. 440 ist Revello bei Saluzzo gemeint.

1120 werden wieder Weinberge im Besitz von S. Solutor erwähnt (Ch. 1, 450). Friedrich I. bestätigt dann sowohl diesen Besitz dem Kloster (St. 3837. Ch. 2, 738), als den Hof, Castell und plebs dem Bistum (Ch. 1, 509. St. 3838). 1185 suchte sich der Graf von Savoyen in den Besitz der Burg zu setzen, doch im Gericht wurde sie dem Bischof Milo restituiert (Ch. 1, 608). 1225 kam der Ort wieder an Savoyen (Ch. 2, 1779), 1235 wieder zurück an den Bischof (Ch. 1, 989).

Eine wichtige Rolle spielte dann Rivoli in den letzten Jahren Friedrichs II. 1243 schwören die Herren de Moncucco als Castellane noch dem Bischof das Castell gut zu bewahren (Ch. 1, 908), im September 1245 verspricht Friedrich II. dem Grafen Amadeus IV. von Savoyen Rivoli zu übergeben, falls es in seine Hände fiele (Ch. 1, 929. B-F. 3504), am 6. März 1247 übergeben dann die Herren de Moncucco infolge eines Schiedsrichterspruchs die Veste Rivoli dem Sohne des Kaisers bis zum Friedensschluss zwischen Kaiser und Papst (B-F. 13603. Ch. 1, 937). Doch trotz des Versprechens hatte es Friedrich mit der Übergabe an Savoyen nicht sehr eilig. Es wurden noch Bedingungen über die Heirat zwischen Manfred und Beatrix daran geknüpft (Ficker 4, no. 405. B-F. 3626). 1248 hat der Graf wirklich Rivoli erhalten (Cibrario, Savoia 2, 37). Es war ein sehr gut ausgestatteter Hof auf dem der Bischof 24 mansi besass, dazu kam der reiche Zoll (Cibrario, Savoia 2, 31), so dass es nicht wunderbar ist, wenn der Hof 1268 326 Pfd. 10 sol. 11 den. einbrachte (Wurstemberger 4, 772).

Auch Collegno, das zwischen Rivoli und Turin an der Dora liegt, hatte Friedrich II. besetzt. Er gab den Ort 1248 dem Grafen Thomas (Wurstemb. 4, 220. B-F. 3739).

Südwestlich von Turin am Rande des Gebirges, an der Strasse nach Pinerolo liegt Piossasco, das im Verzeichnis der Königshöfe (Const. 440) als Plozascum mit einem Ertrag von 500 Mark genannt wird. Der Ort Piossasco wurde vom Bischof Landulf 1011 an S. Solutor gegeben (Ch. 2, 90), das Castell, das den Markgrafen von

Turin gehört zu haben scheint, wird zuerst 1037 genannt (Ch. 1, 299). Adelheid hatte hier reichen Besitz, den sie zum Teil Sta. Maria in Pinerolo verlieh (Ch. 1, 358). Immerhin ist es möglich, dass daneben noch ein Königshof hier bestanden hat. Von 1093 an treten Herren von Piossasco auf (Ch. 1, 436), die im 12. Jahrhundert oft genannt werden (Ch. 1, 608. 669. 796. 813).

Airasca, an der Strasse von None nach Pinerolo gelegen, wird 1074 von Heinrich IV. dem Kloster Fruttuaria bestätigt (St. 2780). Friedrich I. kaufte den Mönchen das Gut ab, das dann Otto IV. — es wird hier Erasco genannt — 1209 den Söhnen Rainers von Biandrate schenkte (B-F. 300. Ch. 1, 791). Wann der Kauf stattfand, vermögen wir nicht anzugeben.

Auch in der Nähe von Pinerolo, bei dem 10 km nordwestlich von dort am Abhang des Chisonethales gelegenen Pramollo gab es altes Krongut, und zwar in langobardischer Zeit. Hier, unweit des dem Kloster Novalese gehörigen Gutes Talucco, weideten die Rosse des Desiderius (Chron, Nov. 2, 11). 1064 schenkt Adelheid auch in Pramollo Güter an S. Maria di Pinerolo (Ch. 1, 358).

In der Ebene haben wir noch zwei Orte zu erwähnen: Calpice oder Carpice, fraz. der Comune Moncalieri, liegt zwischen None und dem Po, südlich von Turin (vgl. Ch. 1, 450) gegenüber Moncalieri. Die Hälfte schenkt 1006 der Bischof von Turin dem Kloster S. Solutor (Ch. 2, 83). Die andere Hälfte verschenkt 1079 die Gräfin Adelheid (Ch. 1, 393). Im Güterverzeichnis von S. Solutor 1120 wird Calpice genannt (Ch. 1, 450), und 1159 von Friedrich I. dem Bistum und S. Solutor bestätigt (St. 3837.38). Im Jahre 1238 kauften dann Manfred und Philipp de Citro, Connétable von Capua und Capitan von Turin und Moncalieri, im Namen des Kaisers die Regalien der Villa Calpice für 100 Turiner solidi dem Kloster ab (Ch. 2, 1840). Doch blieben jedenfalls Güter dem Kloster S. Solutor, da der Abt 1249 über solche verfügt (Ch. 2, 1886).

Vielleicht haben wir in der Nähe von Calpice auch Rubiniacum zu suchen, das im Verzeichnis der curiae

(Const. 440) mit 1 regale servitium erwähnt wird. Es wird nämlich 1072 bei Calpice ein Ort Ruvignano erwähnt (Ch. 2, 126), von dem sonst nichts näheres bekannt ist.

Fassen wir die Ergebnisse für den Bezirk von Turin zusammen, so haben wir auch hier bis zum Investiturstreit einen nicht unbeträchtlichen Bestand an Krongut, obwohl wir gerade über diese Gegend sehr mangelhaft unterrichtet sind. Die Bestrebungen Friedrichs II. hatten nur vorübergehende Bedeutung[1].

c. Gebiet rechts vom Po.[2]

In diesem Gebiet handelt es sich vorzugsweise um die Krongüter Chieri und Testona mit ihrem südöstlich von Turin am Rande der den Po begrenzenden Hügelkette liegenden Territorium. Der Ort Chieri besteht noch heute, während Testona im 13. Jahrhundert zerstört wurde. Es lag auf der Höhe östlich von Moncalieri auf dem rechten Poufer; ein kleines Kapuzinerkloster trägt noch den Namen (Wurstemberger 1, 74). Beide Orte sind im Verzeichnis der curiae regales genannt. Chieri als „Cara“ mit 6 . . (wahrscheinlich 600) Mark, Testona als „Tatusta“ mit 500 Mark Einkünften. Doch ebenso wie bei Rivoli handelt es sich wahrscheinlich um Turiner Kirchengüter, die vielleicht schon zu Anfang der ottonischen Epoche dem Reiche verloren gingen. Auch ist es immerhin bemerkenswert, dass in dem Verzeichnis die Orte Chieri, Testona und Rivoli bei einander stehen, und Rivoli von dem so nahegelegenen Avigliana getrennt ist. Chieri und Testona werden beide von Otto II. dem Bistum Turin bestätigt (St. 1288. DO. II. 250 a.), zugleich mit den in der Nähe gelegenen Orten Canove und Celle. Zu Testona schenkte 1006 der Bischof von Turin zwei Weinberge und einen Mansus an S. Solutor (Ch. 2, 82), während Bischof Landulf 1037 das Castell zu

[1] Vgl. erstes Buch.

[2] Die zu Montferrat gehörigen Orte Cavagnolo, Verrua erwähnen wir bei der Besprechung des Kronguts in der Provinz Alessandria.

Testona nebst zwei Castellen bei Chieri, der Abtei Cavour verlieh (Ch. 1, 301). 1120 besass S. Salvatore 10 iugera in Moncalieri, 4 mansi in Testona nebst Weinbergen, und die Fischerei nebst Mühlenrecht im Po (Ch. 1, 450). Bekanntlich sah sich Friedrich 1155 genötigt Chieri zu bekriegen; er zerstörte die schon selbständige Gemeinde und gab sie nebst Testona dem Bischof (Ch. 1, 509). Dieser verlieh die Burg und den Hof mit Zubehör dem Grafen Guido von Biandrate zu Lehen, was Friedrich I. im August 1158 bestätigte (St. 3817a). Zugleich verlieh er selbst die Regalien dem Grafen. Später nahm der Kaiser die Stadt in eigene Verwaltung und betrachtete sie wie kaiserliches Eigentum. Trushard von Kestenburg wurde Podesta von Chieri und Ivrea[1]. In der Stadt gab es eine kaiserliche Pfalz und die umliegenden Herren nahmen ihre Güter vom Kaiser zu Lehen. Auch kaiserliche Gutsverwalter gab es in der Umgebung. 1207 schenkte König Philipp zu Basel dem Grafen Thomas von Savoyen die beiden villae Chieri und Testona mit Zubehör und gab ihm zugleich Meudon im Waadtland zu Lehen (Ch. 1, 771. B-F. 148). Otto IV. bestätigte 1212 die Freiheiten von Chieri (Cibrario, Chieri 2, 68. B-F. 466). 1238 ergab es

[1] „Die Mercurii IV. Kal. Oct. praesentibus infrascriptis testibus dominis Amicius de Vebulinis et Manfredi . . . fecerunt fidem in manu domini Drusardi accipientis nomine imperii nominative de tota illa terra cum districtu et honore, quam possidere visi sunt intus castrum de loco Cellarium ita ut in iure proprietario sit imperii. Versavice idem dominus Drusardus imperialis et regalis aule in Lombardia legatus, Carie et Yporegie potesta, agendo causas imperii cum ligno, quod sua tenebat manu, investivit praesentes dominos de Reviglissco in regale et gentile feudum Castro de Cellis . . . Illos suos, quos habent homines et bona fide debeant tueri et conservare gastald'os domini regis et omnes aldiones et arimannos ceteros aliosque homines in fidentia domini regis in ipso loco. Acta sunt haec Carii supra palatium domini Imperatoris anno MCLXXXVII ind. VI. Signa predicti Drusardi. Copie des Dominicus Codvilla, burgensis Chierii. Staatsarchiv zu Turin. Prov. di Torino 12 no. 1. Über Trushard von Kestenburg vgl. Ficker, Reichshofbeamte SB. Wiener Akademie 40 (1862) p. 506. 507. Töche, Heinrich VI. p. 570.

sich Friedrich II. und trat ihm freiwillig alle Hoheitsrechte ab. Der Cremonese Albert Struzius wurde Capitaneus der Stadt, die Friedrich „camera nostra specialis“ nennt (Cibrario, Chieri 2, 101. 106. B-F. 2321).

Celle, ein altes Gut des Turiner Bistums (DO. II. 250a.), wird von Trushard 1187 den Herren von Reviglіasco zu Lehen gegeben, nachdem sie es aufgetragen haben. Heinrich VI. verlieh den Ort mit Arimannen und servitium dem Thomas von None, dessen Söhnen Friedrich II. diesen Besitz bestätigt (B-F. 778). 1220 gab Friedrich II. Celle wieder den Herren v. Revigliasco und Trofarello zu Lehen (B-F. 1211).

An der Stelle von Testona entstand der Ort Moncalieri (Monte Calerio). Denselben schenkt zugleich mit dem an der Strasse Chieri-Turin gelegenen Castelvecchio, als dessen Kapitan Philipp de Citro, Connétable von Capua, 1238 erscheint (Ch. 2, 1840), 1248 der Kaiser dem Grafen Thomas von Savoyen. Dieser erhält die Pobrücke, Verschanzung, Thurm und zugleich Castelvecchio mit Gerichtsbarkeit und den zu den Burgen gehörigen Leuten, die von Demanium in Demanium und von Servitium zu Servitium übergehen (Ch. 1, 943. B-F. 3734. 3738). Thatsächlich besass die Orte Moncalieri, Castelvecchio, Cavoretto, Collegno und Lanzo noch der Schwiegersohn des Kaisers, Jacob von Caretto, und sie sollten nur unter der Bedingung Thomas übergeben werden, dass er die Heirat zwischen Beatrix und Manfred vermittelte. Jakob sollte den Ort erst nach dem Friedensschluss ausliefern, jedenfalls aber Ivrea, Canavese, Lanzo in 3, die übrigen Orte in 5 Jahren (Winkelmann no. 412. B-F. 3738). Inzwischen bekam Graf Thomas den Niessbrauch (Wurstemberger 4 no. 224)

Endlich war Friedrich noch im Besitz der in der Nähe des Ortes Pino gelegenen Burg Montesolo, die ein altes Reichslehen der Turiner Kirche war. Infolge dieser Eigenschaft hatte Friedrich eine Verleihung der Burg an die Leute von Chieri im Februar 1219 kassiert (Ch. 1, 844. B-F. 979). Der Bischof verlieh 1229 die Burg zur Bewachung, zu der 12 Mann notwendig waren, an Jakob Cognasso mit den dazu gehörigen Weinbergen. Die Besatzung erhielt jährlich 8 Scheffel Korn und 6 Wagen Wein (Ch. 1, 886). Auch der Zoll war recht einträglich; 1216 verpachtete ihn der Bischof für 60 Susaner solidi jährlich (Ch. 1, 836). 1238 scheint sich Friedrich selbst in den Besitz des Castells gesetzt zu haben, denn 1249 belehnt er den Grafen Thomas mit demselben (B-F. 3813). Zwischen Moncalieri und Turin liegt am rechten Poufer Cavoretto (Caburretum), das Friedrich II. auch 1248 dem Grafen Thomas verlieh (B-F. 3738).[1]

XI.

PROVINZ NOVARA.

Litteratur:

Biella: G. T. Mullatera, Memorie della città di Biella. Biella 1778.

Borgomanero: De Vit, Memorie storiche di Borgomanero. Milano 1859.

Canobbio: Informazione del Borgo di Canobbio. Hofbibliothek Turin. Misc. Nr. 511.

Gozzano: Cotta, Istoria di Gozzano. Hofbibliothek Turin. Misc. Nr. 974.

Lago Maggiore: De Vit, Il Lago Maggiore. Prato 1875.

Massino: Wartmann, Urkundenbuch der Abtei St. Gallen. Zürich 1863—66.

Novara: Carolus a Basilica Petri (Bescapé), Novaria. Novariae 1612. — C. Morbio, Storia di Novara. Milano 1833/34. — Catalogo della bibliotheca civica di Novara. Novara 1886.

Orta: Fara, La riviera di S. Giulio, Orta e Gozzano. Novara 1861.

[1] Thomas von Savoyen verglich sich wegen seiner zahlreichen, dem Bistum geraubten Güter am 3. Juli 1251 mit dem Bischof in der Weise, dass er Montesolo und Castelvecchio restituierte. Vgl. B-F. 13830. Am 22. Mai 1252 belehnt Wilhelm v. Holland den Grafen von Savoyen mit Turin, Moncalieri, Rivoli, Collegno, Montesolo, Castelvecchio, Cavoretto, den Reichslehen der Herren von Piossasco und des Berthold de None, der Stadt Ivrea, dem Canavese und der Stadt Lanzo. B-F. 5086.

Ossola: E. Bianchetti, L'Ossola inferiore. Torino 1878. — Scaciga, Storia di Val d'Ossola. Vigevano 1842.
Pombia: A. Rusconi, I conti di Pombia e di Biandrate. 1885.
Trino: Joh. Andrea Irici, Rerum patriae libri tres. Mediolani 1745.
Valsesia: F. Tonetti, Storia della Valsesia. Varallo 1875.
Vercelli: Caccianottio, Summarium monumentorum omnium quae in tabulario municipii Vercellensis continentur. Vercelli 1868. — Cipolla in den Atti della R. accademia di Torino. Bd. 26. 1890/91 p. 670 ff. — M. B. Cusano, Discorsi historiali concernenti i vescovi di Vercelli. Vercelli 1676. — Mandelli, Il commune di Vercelli nel medio evo. Vercelli 1857/58. — Sitzungsberichte der kaiserlichen Akademie der Wissenschaften. Philos.-hist. Classe. Bd. 92, 400. Wien 1879.

A. DIE VORSTAUFISCHE ZEIT.

Die Provinz Novara teilen wir am besten in den westlich und den östlich der Sesia gelegenen Teil, d. h. die Gebiete von Vercelli und Novara, wobei wir das obere Sesiathal zu Vercelli rechnen.

1. Gebiet von Vercelli.

Ob in der Stadt Vercelli ein Herzog, ob ein Gastalde hier in langobardischer Zeit residierte, wissen wir nicht. Ebensowenig ist etwas über eine königliche Pfalz in der Stadt bekannt. Dagegen gab es auch in Vercelli einen königlichen Hof, von dem aus Güter in der Umgebung der Stadt verwaltet wurden. Am 26. Januar 913 verlieh Berengar I. die „curtis regia“ zu Vercelli den Kanonikern des Marien- und Eusebienstifts. Der Hof lag zwischen dem Thor (pusterla) S. Salvatore, in dem die Gefängnisse lagen, dem Markt, der Strasse am Fleischmarkt (macellum), dem Thore S. Nazzaro, dem alten Thurm S. Salvatore, dem Thurm Sta. Agatha, dem Thurm S. Airaldus, und der steinernen Brücke, die über die Vercellina führte.[1] Dazu schenkte

[1] Nach Mandelli 3, 72 ff. lag der Königshof zwischen der Chiesa S. Salvatore bei der Porta Torino, dem piazzale S. Francesco im Nordosten, der ersten Brücke der Strasse nach Gattinara im Westen und dem Corso del Cervo. Er nahm den östlichen Teil der Stadt, die Parochie von S. Maria Maggiore ein.

Berengar noch zwei Mühlen in Rivofrigido am Flusse Cervo. Zum königlichen Hof in Vercelli gehörte auch Land ausserhalb der Stadt, von dem die Kanoniker die Hälfte erhielten. Ferner bekamen sie den auch zum Hofe Vercelli gehörigen kleinen Hof zu Montanaro (heute frazione der Comune Vercelli) mit 5 Hufen (Durandi, Marca d'Ivrea p. 128 f.). In einer Urkunde von 945 schenkt Bischof Atto von Vercelli Montanaro, das von dem ehemaligen Königshofe abhing, den Kanonikern und berichtet dabei, dass Hugo und Lothar den Königshof ihm geschenkt haben (Ch. 1, 93).[1] Ein Haus in der Stadt Vercelli gehörte den Königen Hugo und Lothar und wurde von denselben 943 der Kirche S. Eusebio überwiesen. Doch stammte dasselbe nicht aus dem alten Krongut, sondern aus der Erbschaft des königlichen Jägers Razo (Ch. 1, 91). Die in der Nähe der Stadt gelegenen Flussläufe des Sesia und des Cervo schenkten Hugo und Lothar 945 den Kanonikern mit Inseln und Ufern (Ch. 1, 95).

Von den Krongütern in dem Gebiet betrachten wir zunächst die Komplexe im Val d'Andorno (um Biella) und

[1] Die Stelle: „curticellam unam constitutam in Montanario, pertinentem de curte condam regia quae fuit Vercellis, quam nobis nostreque ecclesiae domni et serenissimi regis per precepti paginam Ugo et Lotharius concesserunt", ist zweideutig. Das „quam" kann sich auf die curticella in Montanaro oder auch auf die curtis regia in Vercelli beziehen. In den SB. der Wien. Academie 92, 400 wurde von Mühlbacher und dann in der Atti della R. Accademia di Torino 1890/91 Bd. 26 p. 670 ff. von Cipolla eine Notiz aus Vercelli mitgeteilt, die angeblich aus dem 9. Jahrhundert stammt und Schenkungen Karls III. ans Bistum Vercelli aufzählt. Hier wird auch eine „curtis regia infra urbem" erwähnt, indes ist an anderer Stelle nachgewiesen worden, dass die von Karl III. 882 geschenkte curtis regia nicht „infra urbem", sondern bei Ivrea lag, da sie mit Foglizzo und Val Chiusella zusammenhing und an anderen Stellen Orco oder S. Giorgio genannt wird. Die Curtis regia in Vercelli wurde von Berengar I. den Kanonikern geschenkt. Die Notiz ist wahrscheinlich im 10. Jahrhundert entstanden und hat das Bestreben alle Schenkungen auf Karl III. zurückzuführen. Immerhin wäre es auch denkbar, dass die Urkunde Berengars von 913 nur eine Bestätigung enthält, und dass im deperditum Karls III., das auch wir annehmen, ein Hof infra urbem geschenkt wurde, der aber keinesfalls mit Curtisregia schlechthin identisch ist.

im Val Sesia und dann die übrigen in der Ebene gelegenen in alphabetischer Reihenfolge.

Am Cervo, dort wo der Fluss aus dem Gebirge tritt, liegt die Stadt Biella. Königsgut tritt uns hier zuerst im Jahre 826 entgegen, in dem Ludwig der Fromme und Lothar einen Herrenmansus in Biella im Gau Ictimolus mit Herrenhaus, anderen Gebäuden, Unfreien, Alpen und Wäldern als Tauschobjekt gegen 8 Mansi in Beek bei Nymwegen dem Getreuen Boso geben (B-M. 805). Dann kennen wir Biella aus der grossen Schenkung Karls III. für seinen Kanzler Liutward, Bischof von Vercelli, im Jahre 882 (B-M. 1592). Der Kaiser schenkt seinen grossen Hof Bugella mit Höfen, Villen, Alpen und Pertinenzen. Trotz dieser Schenkung scheint sich in Biella noch königliches Territorium erhalten zu haben. 988 grenzt ein von Rotofred verkauftes Grundstück zu Biella am Orte Lado auf drei Seiten an Königsland (Ch. 1, 164), und 1010 wird zu Deriacum bei Biella ebenfalls Königsland erwähnt (Ch. 1, 217). Das Castell zu Biella gehört 1027 dem Bischof von Vercelli (Ch. 1, 269).

Anderthalb Kilometer östlich von Biella liegt Chiavazza (Clevasia). Am 18. Januar 1001 schenkt Otto III. diesen Hof dem Bistum Vercelli (St. 1247. DO. III. 388). In der gleichen Urkunde verschenkte der Kaiser den 12 Km. nordöstlich von Biella gelegenen Hof Bioglio (Bedolium).[1]

Sehr umfassend waren die Schenkungen Ottos des Grossen in der Umgebung von Biella, die dem Grafen Aimo zu gute kamen. Am 30. Juli 963 erhielt derselbe die zwei in der Grafschaft Vercelli gelegenen kleinen Höfe Andorno, Hauptort des Val d'Andorno, 6 Km. nördlich von Biella, und Molinara, dessen Lage wir nicht zu bestimmen vermögen (DO. I. 251. St. 329). Von weiteren Schenkungen giebt uns eine Urkunde Ottos III. vom 22. Oktober 988 für Manfred, Aimos Sohn, Kunde, wonach Otto dem Aimo folgende Höfe verlich (St. 919. DO. III. 50):

[1] Die beiden Orte sind schon DO. III. 323 genannt, doch ist die Urkunde unzuverlässig, und die beiden Ortsnamen mögen durch Interpolation hineingekommen sein.

Gallavico (Galianicum DO. III. 323. 383), wahrscheinlich = Gaglianico, 3 Km. südlich von Biella an der Strasse nach Salussola, vielleicht identisch mit Monte Galiano, wo Hugo und Lothar 943 Besitz, den sie von verschiedenen Leuten geerbt hatten (von den Brüdern Gottfried und Atto, der Rainza und ihren Schwestern) der Kirche S. Eusebio verliehen (Ch. 1, 91).

Mutiano = Muzzano, 9 Km. von Biella am Elvo, auffälliger Weise in den späteren Urkunden für Vercelli nicht genannt. Vielleicht ist es das Muciana, das der Adelheid gehörte und von ihr an S. Salvatore vermacht wurde (CL. 997. DO. II. 281).

Cisidola = Cossila (?) nördlich von Biella, Ponderano (Ponderano) 3½ Km. südlich von Biella, Candelo (Canderio, Candele DO. III. 323. 384) 5 Km. südöstlich von Biella, Trivero (Triverio) nordöstlich von Biella im Gebirge. 999 befanden sich diese Orte im Besitze des Bistums Vercelli (DO. III. 323), wobei ein Teil derselben als ehemaliges Besitztum Berengars und Adalberts genannt wird.

Im oberen Val d'Andorno hielten sich bis in die Zeit Ottos III. Reichsbesitzungen. Dieser Kaiser gab am 1. November 1000 dem Bischof Leo zu den alten Besitzungen den Forst Mortigliengo (Morcilianum), der im Val d'Andorno zwischen S. Paolo und Campiglia liegt. In Quirino (vielleicht Quaregno bei Cossato östlich von Biella) wird das dem Fiskus gehörige Gut dem Bischof überwiesen (St. 1242. DO. III. 384).

Im Valsesia bestätigte Karl III. mehrere Güter dem Bistum Vercelli. Es handelt sich um Höfe, die einst aus einer früheren, vielleicht königlichen, Schenkung stammten und damals restituiert wurden. Es sind dies Sostegno (Sestegnum) mit Alpen und Zubehör, und Romagnano,[1] am Austritt der Sesia aus dem Gebirge mit Weinbergen, Alpen und Zubehör. Dieser Hof reichte bis zum Ortasee, doch gehörte dieser Teil dem Bistum Novara (St. Acta no. 265). Dazu kam der südlich von Romagnano am rechten Sesia-

[1] Auch Wiener SB. 92, 401 genannt.

ufer sich ausdehnende Wald von Roasenda, der sich bis zum Cervo erstreckte (silva Rovaxinda), und von dem noch heute Reste bei S. Giacomo del Bosco übrig sind (Ch. 1, 38. B-M. 1592). Zu Aureliaco (Aranco bei Borgosesia?) im Sesiathal schenkten Hugo und Lothar am 4. März 945 ihrem Getreuen Ricard 2 mansi mit Unfreien und massaritiae, die der Graf von Fontaneto vorher innegehabt hatte (Catalogo della bibliotheca civica di Novara 1886 p. 134. Muratori Antt. 1, 429).

In der Ebene sind folgende Orte zu erwähnen: Caresana, an der unteren Sesia, unweit der Mündung in den Po,[1] kommt zuerst vor in der bereits oft erwähnten Schenkungsurkunde Karls III. für Liutward von Vercelli, in der die curtis Cariniana dem Bistum restituiert wird (B-M. 1592). Als Zubehör von Cariniana, worunter zweifellos Caresana, südlich von Vercelli, zu verstehen ist, ist das am linken Sesiaufer gelegene Langosco genannt. Im 10. Jahrhundert kam der Hof an das Haus der Markgrafen von Ivrea, doch scheint auch Otto der Grosse Ansprüche darauf gemacht zu haben. Daraus erklären sich dann die eigentümlichen Verhältnisse des Gutes am Ende des 10. Jahrhunderts. 987 schenkt Konrad, der Sohn Berengars II., den Hof Caresana mit Castell, Häusern, Capelle (zu Ehren Simons und Judas'), Fischerei in Po[2] und Sesia und Hafen dem Bischof von Vercelli. Als Grössen werden angegeben: für das Castrum 6 perticae iugiales

vineae, capella, sedimina	100 Joch
terrae arabiles	200 „
prata, gerba	300 „
silvae	400 „
	1000 Joch

(Provana p. 331).

[1] Ein zweites Caresana Blot liegt an der Strasse Vercelli-Varallo, 9 km. von Vercelli.

[2] Deshalb dürfte an Caresana Blot, was sonst nahe liegt, nicht gedacht werden. Doch ist es möglich, dass es zu Caresana zwei Höfe gab.

Von Otto dem Grossen, der Caresana als Gut Berengars der Konfiskation verfallen ansah, wurde der Hof der Kaiserin Adelheid überwiesen, die ihrerseits ihn gleichfalls dem Bistum Vercelli zum Geschenk machte (November 995). Die Kaiserin schenkt den Kanonikern von S. Eusebio den Hof Caresana (Carisiana) mit Castell und einer dem hl. Mathias geweihten Capelle — die Capelle ist also nicht identisch mit der von Markgraf Konrad geschenkten — mit dem Hafen an der Sesia und dem Flussbette von der Capelle des hl. Columban bis zum Po;[1] der Hof hat folgende, von dem von Konrad geschenkten ganz abweichende Grössenverhältnisse:

Castrum	1 Joch
vites seu prata	1000 „
terra arabilis	3000 „
gerbae et buscalia silvae et paludes	4000 „
	8001 Joch

Der Hof umfasste danach 8000 Joch (ca. 6000 Hektar = 60 □ Km.), ca. 1 □ Meile, was sehr wohl denkbar ist, da von Caresana bis Langosco 6, bis an die Sesiamündung 10 Km. sind. Die Kanoniker von S. Eusebio waren aber vorsichtige Leute. Sie liessen sich die Urkunde der Adelheid nicht nur in einem Placitum vor dem königlichen Missus Herzog Otto und Alberich 996 bestätigen (Ch. 1, 180), sondern auch im gleichen Jahre den Hof vom Markgrafen Hugo, Humberts Sohn, schenken (Ch. 1, 182). Die Urkunde stimmt mit der Adelheids im wesentlichen überein (Castrum 3 Joch, bei Adelheid 1). Im Jahre 997 bestätigt dann Otto III. den Hof den Kanonikern (DO. III. 264) und 999 der bischöflichen Kirche von Vercelli (DO. III. 323).

Cavaglia, zwischen Santhia und Salussola, nach Cipolla (a. a. O. p. 682) identisch mit Caballi, das Karl III. dem Bistum Vercelli schenkt. Der Bischof Ingo von Vercelli entfremdete den Hof dem Bistum durch einen Tausch, den Otto III. im Jahre 1000 kassiert (DO. III. 383).[2]

[1] cf. p. 224 Anm. 2.

[2] Es könnte auch Cavallo nördlich von Biella gemeint sein. Ein Ort Caballinca wird DO. III. 50 dem Grafen Manfred bestätigt.

Collobiano (Colubiano), am Zusammenfluss von Cervo und Elvo, in der gleichen Notiz genannt.

Cusiningo. Kaiser Ludwig III. schenkt 903 seinem Getreuen Hidelger, vassus des Vicegrafen Buddo, die „curticella absa" in Cusiningo, mit 2 besetzten und 5 unbesetzten Hufen, zur Grafschaft Vercelli gehörig, und eine Hufe, die zur „Curteregia" gehört, in Goretta, ebenfalls in der Grafschaft Vercelli (Ch. 1, 61). Die Identifizierung der Orte macht Schwierigkeiten; wenn Curteregia hier gleich Orco ist, so wäre Goretta die gleichnamige frazione der Commune Strambino, südlich von Ivrea. Ausserdem giebt es noch zwei Goretta im Valsesia (com. Mollia und com. Campertogno), eins com. Vespolate, und ein Goretta com. Castellazzo Novarese, beide südlich von Novara. Cusiningo ist nicht zu identifizieren.

Desana nördlich von Vercelli an der Strasse nach Trino. Arduin bestätigt 1003 seinem Kanzler, dem Probst der Kirche Vercelli, Cunibert, den Hof Desiana mit Castell und Capelle und schenkte ihm die dazu gehörigen öffentlichen Abgaben im Umkreis einer Meile (St. 1847).

Formigliana am Cervo, nordwestlich von Vercelli. Curtis „Firminiana" wird von Karl III. mit Zubehör 882 dem Bistum Vercelli überwiesen (Ch. 1, 38. B-M. 1592. Wiener S.B. 92. 401), von Otto III. bestätigt (DO. III. 323. 384).

Lucedio und Umgebung. In dem am linken Pouser gelegenen Teile des Verceller Gebiets zwischen Dora und Sesia lagen einige königliche Besitzungen. Aripert II., in einer Urkunde für den Bischof Ämilian von Vercelli vom Jahre 707, bestätigt demselben Lucedio und das Ceredallo genannte unbebaute Land bis zur Stura — gemeint ist die unweit der Sesiamündung links in den Po mündende Stura — und bis Ronsecco (Rivosicco), 4 Km. östlich von Lucedio (Ch. 1, 7).[1] Im Jahre 1000 bestätigt Otto III. — auf eine frühere Schenkung zurückgehend — dem Bistum Vercelli den ganzen Forst zwischen Baona und Stura (Ch. 1, 198. DO. III. 384), d. h. zwischen der obengenannten

[1] Durandi, Marca d'Ivrea p. 80. Roncum siccum auch DO. III. 323 genannt.

Stura und der „la Bona“, die parallel der Stura, nördlich von Trino fliesst. Ferner giebt er den ganzen Reichsforst (forestum publicum) von der Strasse Roncariolo[1] zur Baona, S. Michele di Lucedio und zum Hofe Sulcia. Dieser Ort dürfte identisch sein mit Saluggia, das 22 Km. westlich von Trino an der Dora Baltea liegt (an der Bahn Vercelli-Turin). Solcia kommt als Königshof 903 vor als Aufenthaltsort Berengars I. (BRK. 1320. Ch. 1, 62. CL. 406. „actum curte nostra Sulcia) und wird 999 mit dem Walde Salsa dem Bistum Vercelli bestätigt (DO. III. 323).

Nebbiono am Elvo nördlich von Santhia s. Nibbiole District Novara p. 229.

Oldenico (Audiniaco) am rechten Sesiaufer nördlich von Vercelli, Quadradola, Victimolum (la Bessa bei Santhia) und Salussola (Sazutiolam) am Elvo werden auch in der Notiz über die Schenkungen Karls III. erwähnt. Ein Castell in Victimulo und die Güter des Albert und Wilhelm von Saluciola bestätigt Otto III. dem Bistum Vercelli (DO. III. 323).

Santhia = Sta. Agatha, angeblich von Theudelinde gegründet (Tr. 288).

Eine Reihe von Orten schenkte Heinrich IV. im Jahre 1070 (St. 2737. Ch. 1, 368) seinem Kanzler, dem Bischof Gregor von Vercelli. Wir wissen nicht, ob diese Höfe aus dem alten Krongut, ob sie aus konfiszierten oder ererbten Gütern herrührten. Es sind die Orte (mehrere liegen in der Provinz Alessandria): Casale, Odalengo, Redengo südlich vom Po, Albano (Albalingo) nördlich von Vercelli,[2] Olcenengo (Ocesingo), nordwestlich von Vercelli, Momo (Momolerium), Selve (Selvolina), westlich von Vercelli. In diesen Orten schenkte Heinrich zugleich die Arimannia, die Servitia und die Grafschaftsrechte.

2. Gebiet von Novara.

Ueber die Stadt Novara wissen wir aus der langobardischen Zeit ebensowenig wie über Vercelli. In der

[1] Roncarolo ist frazione der Commune S. Germano Vercellese, 14 km westlich von Vercelli.

[2] Albano wird 999 dem Bistum Vercelli bestätigt DO. III. 323.

Stadt lag am Markt ein königliches Grundstück, 1 Joch gross, und eine Hufe, die Lothar erst seinem Getreuen Heribert, dann den Kanonikern von S. Gaudenzio gab (Ch. 1, 100). Auf früheren königlichen Besitz in Novara weist ferner eine daselbst 1122 erwähnte vinea regis hin, die der Bischof verpachtete (Ch. 1, 453).

Unmittelbar östlich grenzte an die Stadt Novara die Cella S. Nazzaro an der Agogna an, die der Kaiserin Adelheid gehörte und von ihr dem Kloster S. Salvatore in Pavia geschenkt wurde. In der Stadt gehörte dazu die Benedictskirche mit Gütern, zusammen 130 Hufen (CL. 997. Col. 1762. DO. II. 281). In S. Nazzaro hatte S. Salvatore noch 1076 Besitzungen (Ch. 1, 387).

Das Gebiet von Novara teilen wir in die Ebene, das Tosathal und den Ortasee, und das Gelände am Lago Maggiore.

a. Die Ebene.

Wir zählen die in Betracht kommenden Orte alphabetisch auf:

Agrate westlich von Borgoticino, identisch mit Agradade, das Otto I. am 29. Juli 962 den Kanonikern von S. Giulio d'Orta schenkte. Der Hof lag in der Grafschaft Piomba und hatte 17 Hufen. In der gleichen Urkunde verschenkte Otto I. den Hof Baraggia[1] (Barazzuola), der 23 Hufen zählte (DO. I. 243. St. 309).

Bornago am Tessin nördlich von Novara, identisch mit Brunago in der Grafschaft Bulgaro, das der Kaiserin Angilberga gehörte und durch sie an S. Sisto in Piacenza fiel (CL. 270).

Campagnola bei Borgoticino, vielleicht identisch mit dem Hofe Campalona in der Grafschaft Vercelli, den 951 Otto I. mit der St. Georgskapelle dem Erzpriester Eistulf von Vercelli zum Geschenk macht (St. 196. DO. I. 136).

[1] Baraggia ist ein in der Provinz Novara häufig vorkommender Ortsname. Es giebt Baraggia als frazioni der Communen Albano, Boca, Borgovercelli, Briga, Cameri, Cavallirio, Gozzano, Lenta, Novara, Pratosesia; Baraggiola als frazione der Commune Borgomanero, Baroggiolo als frazione der Commune Novara. Welcher Ort gemeint ist, ist nicht zu entscheiden.

Dulzago nördlich von Novara an der Bahn nach Oleggio gelegen. Am 7. August 892 tauschen hier Liutward, Bischof von Novara, und ein gewisser Cunibert Grundstücke. An einer Puciolo genannten Stelle giebt Cunibert ein Grundstück, das auf einer Seite an Königsland grenzt.[1]

Garbagna, südlich von Novara an der Bahn nach Mortara, = Carbania (Ch. 1, 100), wo Lothar 950 einen mansus den Kanonikern von S. Gaudenzio schenkt. In der gleichen Urkunde giebt Lothar noch eine Hufe zu Pernate (Prinate), östlich von Novara, und zu Sazzago (Saciago) südöstlich von Novara bei Trecate. Sämtliche genannte Besitzungen gehörten dem Heribert, dem sie Lothar geschenkt hatte. Derselbe fiel vor Como, und nach seinem Tode kam sein Gut durch eine neue Übertragung an die Krone zurück, die es den Kanonikern schenkte. Die villa Sazzago gehörte 969 dem Ingo (DO. I. 371. Über ihn vgl. Rusconi a. a. O. p. 21. ff.).

Nibbiole. Berengar I. bestätigt Besitz, den Ludwig, Karlmann und Karl den Kanonissinnen der Kirche Novara geschenkt hatten, und verleiht selbst 2 Hufen „in villa Nebiole“ in der Grafschaft Pombia.[2] Es kommen für die Deutung des Namens drei Orte in Betracht: Nebbione am Elvo, Commune Carisio, Nibbiola südlich von Novara bei Vespolate, Nibbia westlich von Novara an der Bahn nach Romagnano. Der letzere Ort ist mit Rücksicht auf die Bestimmung „in com. Plumbiensi“ der Wahrscheinlichste.

Proh comm. Briona bei Fara Novarese nordwestlich von Novara, identisch mit Petrorio, das nach der oben besprochenen Notiz Karl III. dem Bistum Vercelli schenkte. Falls die Schenkung stattgefunden hat, so scheint Proh, wie auch Trecate, später ans Bistum Novara übergegangen zu

---

[1] Documentario episcopale im Capitelarchiv zu Novara Nr. 5: „ad vicem dedit ipse Cunibertus eidem domno Liutwardo episcopus (!) a parte ipsius ecclesie S. Gaudentii pro nominata terra pecia una de loco et fundo Dulciago, ubi dicitur „Puciolo“, quod uno capo tenet in fossato, alio capo terra Sti. Petri, uno latere terra domni regis, alio terra Sti. Gaudentii et est per iusta mensura iugia una et perticis 11 et tabulas 6.“

[2] MIÖG. 2, 452. Caparch. Novara Documentario 2, 0.

sein, was auch dadurch wahrscheinlicher wird, weil Liutward auch dies Bistum inne hatte. 949 vertauscht bereits Bischof Rudolf von Novara Güter in Proh (Ch. 1, 99).

Tiglia (Tilia), nach Amati 8, 248 bei Casalgiate 4 km. südwestlich von Novara gelegen, war ein Hof des Grafen Bernhard und der Rotlind, und stammte aus altem Krongut. (DO. II. 130).

Trecate (Trencate) wird neben Brunago unter den von Angilberga S. Sisto geschenkten Orten in „comitatu Bulgarensi" genannt, (CL. 270). Wahrscheinlich gelangte es nicht in den Besitz von S. Sisto; denn 882 schenkt Karl III. den mit Trecate identischen Ort Trecade dem Bischof Liutward von Vercelli (B-M. 1592). Trecate kam mit Proh (s. o.) ans Bistum Novara, dem Heinrich II. 1014 die plebs daselbst restituiert. (St. 1632).

b. Ortasee und Gebirge, bes. das Tosathal (Grafschaft Ossola.)

Im Ortasee gegenüber dem Orte Orta liegt die berühmte Isola S. Giulio, die in langobardischer Zeit Sitz eines Herzogtums war. Der Herzog Mimulf (oder Minulf) wurde von Agilulf wegen Verrats zum Tode verurteilt und hingerichtet.[1] Ob seine Güter eingezogen wurden, wissen wir nicht, doch ist es wahrscheinlich. Unter den Karolingern kam das Castell auf der Insel und die Insel selbst, wahrscheinlich durch königliche Verleihung, an's Bistum Novara, wurde aber demselben, vermutlich aus militärischen Gründen, von Berengar II. entrissen und zur Reichsburg umgestaltet. Willa flüchtete sich in das Castell, als Otto 962 herankam (Giesebr. 1, 456). Nach der Eroberung schenkte Otto,

[1] Man hat auf der Isola S. Giulio 1697 einen Sarkophag gefunden, mit der Leiche eines Geköpften und einer angeblichen Inschrift MEINUL (Bianchetti 1, 69), doch, wie mir von berufener Seite mitgeteilt wurde, ist die Inschrift nirgends zu sehen, und der Kopf wurde der Leiche aus dem Grunde abgeschlagen, weil man einen antiken Sarkophag benutzte, der für die Leiche zu klein war. Dennoch dürfte wohl die PD. 4, 3 erwähnte Insula S. Juliani mit Isola S. Giulio identisch sein.

der selbst seinen Aufenthalt in der villa Orta nahm, am 29. Juli 962 die Insula St. Julii (St. 309. DO. I. 243) den Kanonikern von S. Giulio in Orta.

Weitere, auf dem Ostufer des Ortasees, zum Hofe Orta gehörige Besitzungen der Krone, lernen wir im Jahre 892 kennen. Zu Petinasco nördlich von Orta, am See lag ein Stück Wald „Plagio" genannt, das auf einer Seite an Königsland angrenzte (CL. 357).

Die Fortsetzung dieser Etappenstrasse von Novara nach dem Rhonethal bildeten zwei Besitzungen im Val d'Ossola,[1] das die Tosa durchfliesst. Dort, wo das Anzascathal und mit ihm die Montemorostrasse ins Tosathal einmündet, lag das alte Castell Vergonte, westlich von Vogogna am rechten Tosaufer. Dasselbe gehörte 962 zu Cielo d'Oro in Pavia (CL. 654. DO. I. 241), war demselben aber höchst wahrscheinlich aus königlicher Schenkung zugekommen. Weiter oberhalb im Val d'Ossola, gegenüber der Mündung des auch einen Übergang ins Wallis ermöglichenden Val d'Antrona, liegt Beura, wo Berengar I. (zwischen 911 und 915) dem Erwin, Neffen des Bischofs Dagibert von Novara, eine zum Hofe Beura gehörige Hufe mit Zubehör schenkt (Bianchetti 2 no. 3 p. 9.).

In dem bedeutendsten Seitenthale des Val d'Ossola, im Val d' Anzasca, weist vielleicht die Bezeichnung der einen Staffel des Thales: „Drausu regis" im Jahre 999 auf früheren königlichen Grundbesitz hin. (Ch. 1, 194).

c. Lago Maggiore.

Einige wenige Spuren von Krongut lassen sich am Westufer des Lago Maggiore nachweisen. Gehen wir von Süden nach Norden, so treffen wir oberhalb Lesa den Ort Massino an. Im Jahre 870 schenkt Ludwig II. neben Locarno auch den Hof Massino (Massimo) seiner Gattin Angilberga (CL. 237. B-M. 1211), und im Testament der Kaiserin wird Masino in der Grafschaft Stazona dem Kloster

---

[1] Die Grafschaftsrechte im Val d'Ossola erhielt 1014 der Bischof von Novara St. 1632.

S. Sisto geschenkt, doch unter der Bedingung, dass bei der Marienkirche zehn Mönche wachen und beten sollen für das Seelenheil der Kaiserin und ihres seligen Gemahls. Den Unterhalt der Mönche soll das Kloster S. Sisto in gebührender Weise bestreiten (CL. 270). Zwar wurde Massino 882 von Karl III. (CL. 310. B-M. 1593) und 889 von Arnulf der Kaiserin bestätigt (CL. 343. B-M. 1767), doch scheint der Hof nach Angilbergas Tode nicht an S. Sisto gekommen zu sein. Karl III. übertrug die an Wein und Oel reiche Abtei seinem Kanzler Liutward zum Niessbrauch gegen die Entrichtung von 60 sol. jährlich an die Abtei St. Gallen, der Massino nach Liutwards Tode zufallen sollte (Dümmler Ostfr. Reich. 3, 282). Am 1. Juni 904 bestätigte Berengar I. auf Bitten des Bischofs Salomo von Konstanz das Klösterlein der Abtei St. Gallen (Wartmann 2, 337). Ebenso wie Reichenau (s. o.) besass jetzt auch St. Gallen Güter an den lombardischen Seen, die ihm einerseits Oel lieferten, andererseits den Mönchen als Aufenthaltsort auf Pilgerfahrten nach Rom dienen konnten. Im Jahre 1134 ging Massino, auf welche Weise wissen wir nicht, vom Kloster St. Gallen an die Visconti über.[1] 1142 gab Konrad III. dem Otto Visconti aus Mailand, dessen Vater Guido den Heldentod für den König gestorben war, den Hof Massino mit allem Zubehör im Bistum Novara und im Erzbistum Mailand zu Lehen (St. 3438).

Carezzano, zwischen Baveno und Stresa, vielleicht identisch mit Carazina oder Carrazana, wo Otto III. drei Hufen dem Bistum Vercelli bestätigt, von denen Honig für den Fiskus (mel publicum) geliefert zu werden pflegte (DO. III. 384. St. 1234).

Spuren von Reichsbesitz lassen sich auch in dem weiter nördlich gelegenen Orte Canobbio erkennen. Die Chronik von Novalese (5, 23) berichtet, dass Pfalzgraf Samson den Hof Canobbio (Cannobius) dem Kloster Breme geschenkt habe, einen Hof, auf dem noch die königliche Sitte bewahrt wurde (qua mos regius servatur). Dies bedeutet nun wohl nichts anderes, als dass Canobbio eine königliche Schenkung war,

[1] Litta, famiglie celebri italiane, Bd. 5.

und dass noch gewisse Abgaben an die königliche Kasse auf dem Hofe lasteten. Von diesem selbst erfahren wir, dass er an Felsen lag, auf allen Seiten von Wasser umgeben und ausserordentlich reich an Fischen war. Wann der Ort verschenkt wurde, ist nicht festzustellen. 992 hatte Kloster Breme bereits Besitzungen an dieser Stelle (DO. III. 101). Weiter nördlich lag dann der königliche Hof Locarno (cf. p. 90), so dass am Westufer des Sees drei königliche Höfe nachweisbar sind.[1]

B. STAUFISCHE ZEIT.

Wie wir sahen, war im 11. Jahrhundert das Reichsgut in der Provinz Novara vollständig geschwunden, so dass wir die staufischen Domänen als völlige Neubildung ansehen müssen. Freilich kam man damals über einige Ansätze nicht hinaus, da den Grafen von Biandrate und den Communen Novara und Vercelli gegenüber an einen umfassenden Domanialbesitz auf die Dauer nicht zu denken war.

Im Jahre 1154 nahm Friedrich ein am Tessin gelegenes Gebiet, das die Uebergänge über den Fluss sichern sollte. Es handelt sich um die unweit des Flusses östlich von Novara gelegenen Orte Trecate und Galliate und die nördlich an der Strasse zum Lago Maggiore gelegene Burg Momo. Die drei Burgen, von denen Galliate von altersher dem Erzbischof von Mailand gehört hatte (Ch. 1, 345), wurden vom Kaiser erobert und zerstört (Gesta Frid. p. 17. Otto Fris. gest. Frid. 2, 18). 1158 nahmen die Mailänder die zwei Orte Galliate und Trecate wieder ein und stellten die Castelle wieder her (Gesta p. 28), während Momo, Mosezzo und Fara ihnen schon 1156 zurückgegeben worden waren (Gesta 23). Nach der Unterwerfung Mailands 1158

[1] Sehr bedeutenden Besitz am Langen See hatte Bischof Liutefred von Tortona, der dem Geschlecht der Grafen von Seprio angehörte (cf. Rusconi p. 18), so u. a. die Insula, zu Lesa, Stresa (Strisxia), Baveno, Carezzano (Cariciano), Locarno etc. (DO. III. 414). Der Bischof gab die Güter an Otto III., der sie dem Monasterium Reginae zu Pavia verlieh, und an den Herzog Otto, Vater Gregors V. (cf. Mur. Antt. 3, 741).

scheinen die mailändischen Orte jenseits des Tessins wieder an die Krone zurückgefallen zu sein, die sie zunächst direkt verwaltete. Am 9. Juni 1164 gab der Kaiser den Hof und die Gerichtsbarkeit zu Trecate (Treca), Galliate, den Hof Momo und Castelletto[1] (nordöstlich von Momo) seinem Kanzler Rainald von Dassel. Dazu kam noch der Reichsbesitz zu Tronzano südlich von Santhia (Trunciano) im Bistum Vercelli (St. 4018).

Grössere Landankäufe wie im westlichen Piemont machte Friedrich I. im Gebiete von Novara und Vercelli nicht; er kaufte nur dem Bischof Wala von Vercelli 1178 (St. 4250) die Uferrechte an Sesia und Cervo ab, für 2580 Pfund Paveser Denare, schenkte sie der Kaiserin Beatrix, die dann die Flussüberfahrt freigab. Dagegen machte der Kaiser sich einige Todesfälle ohne Erben gestorbener Vassallen zu nutze. So erwarb er aus der Erbschaft eines unbekannten Herren das im Territorium von Vercelli gelegene Val di Canal mit dem vetus und novum castrum (St. 3926).[2] Der Kaiser verlieh diese Güter dem Pfalzgrafen Konrad, der sie dem Grafen von Biandrate zu Lehen gab. Friedrich bestätigte dies im Jahre 1162. Als der Markgraf Heinrich[3] starb, belehnte Friedrich zwar 1178 (St. 4214) den Grafen Rainer von Biandrate mit dessen Gütern, doch behielt er das Orta gegenüber am Westufer des Sees gelegene Arto (Artui) mit Castell und Zubehör für sich. Wie lange das Castell Reichsgut blieb, wissen wir nicht. Auch unter den „Curiae regales in agro Mediolanensi“ sind zwei, Pallanza und Lesa (Lexia) in unserem Gebiet[4] gelegen, wahrscheinlich aus Mailander Besitz erworben (cf. p. 182 f.). Mit Pallanza belehnte Otto IV. am 15. April 1210 die Grafen von Castello, zugleich mit Cerro, gegenüber auf der Ostseite des Sees (B-F. 379. Catalogo della bibl. Nov. p. 139). Unter Friedrich II. ist es zur Bildung von Domänen im Gebiete von Novara nicht mehr gekommen.

---

[1] Vgl. die Karte Prov. Mailand p. 178.

[2] Die Lage vermögen wir nicht festzustellen.

[3] Ein marchio Henricus genannt St. Acta ined. 363. 25. Okt. 1164.

[4] Hier hatte 1185 S. Ambrogio 8 Hufen (Aresio p. 70).

XII.

PROVINZ ALESSANDRIA.

Litteratur:

Acqui: Joh. B. Moriondi, Monumenta Acquensia. Taurini 1789/90.

Alessandria: Codex qui liber crucis nuncupatur in der Bibliotheca storico-giuridica vol. 9. Roma 1889. — G. Ghilini, Annali di Alessandria. Milano 1666. — Graef, Die Gründung Alessandrias. Dresden 1887. Ital Ausgabe von Boltshauser. Alessandria 1888. — Schiavina, Annali Alessandrini in HPM. 11, SS. 4.

Asti: Codex Astensis in den Atti della R. accademia dei Lincei. Serie II. 4—7. Roma 1880 ff. — Grassi, Storia della città d'Asti. Asti 1817. — Miscellanea di storia italiana, Bd. 18 p. 123: Promis, Documenti di Asti. Bd. 27. 28: Cipolla, Di Audace vescovo di Asti. Di Brunengo vescovo di Asti.

Casale: V. de Conti, Notizie storiche della città di Casale del Monferrato. 1838/42.

Castellazzo: G. A. Boidi, Documenti sulla storia di Castellazzo Bormida olim Gamundium. Torino 1878.

Castelnuovo-Scrivia: Bertetti, Cenni storici su Castelnuovo Scrivia, seconda edizione. Tortona 1888.

Incisa: Molinari, Storia d'Incisa. Asti 1810.

Marengo: P. Oliva, Marengo antico e moderno. Alessandria 1842.

Monferrato: Benvenuto di S. Giorgio, Cronica di Monferrato. Muratori SS. Italiae Bd 23, 312 ff.

Tortona: G. A. Bottazzi, Antichità di Tortona. Alessandria 1808. — Carte inedite di Tortona. Tortona 1833. — Carnevale: Notizie per servire alla storia della chiesa di Tortona. Voghera 1844. — L. Costa, Chartarium Dertonense. Torino 1814. — Salice, Annali Tortonesi 1869/70.

Verrua: Notizie storiche di Verrua. Hofbibliothek Turin Miscell. 69 no. 7. — Claretta, Reminiscenze di Verrua im Archiv. stor. Lombardo 8, 225.

1. Gebiet von Tortona

(östlich von Tanaro-Bormida-Orba).

In der Stadt Tortona lässt sich königliches Besitztum nicht nachweisen, doch ist es möglich, dass es hier einen königlichen Hof gab, weil man die Kaiserin Judith[1] gerade hierhin verbannt hat.

Oestlich der Scrivia stossen wir auf eine Reihe königlicher Besitzungen im Gebirge und in der Ebene. Am 25. Mai 869 schenkt Ludwig II. seiner Gemahlin (B-M. 1207. Mur. Antt. 6, 27): Sesilla in Toresiano comitatu, wahrscheinlich Sezella (Commune Arquata Scrivia) im Borberathal östlich von Serravalle (oder Sisola in gleichem Thale weiter oberhalb, Commune Rocchetta Ligure) und Doveno in Tortonensi comitatu, wahrscheinlich Dovanelli (Commune Rocchetta Ligure) im obersten Teile des Borberathals. Sesilla, zu dem als Pertinenzen Vara (Varinella, westlich von Sezella) und Laucillo gehörten, wird von Irmingard 890 dem Kloster S. Sisto in Piacenza geschenkt (CL. 345).

In einer Urkunde vom 24. November 893 verleiht Kaiser Lambert dem Heurard, Vassallen des Grafen Heurard, die folgenden Höfe in der Grafschaft Tortona (Ch. 1, 48): Viguzzolo, östlich von Tortona (Vicuciolo), ein kleiner Hof, an dem an Martini ein Markt abgehalten wurde. Dazu gehörte ein Höriger (Manens) im Orte Cisiniano,[2] das vielleicht mit Cusinasco (?) südlich von Viguzzolo identisch ist, Dernice (Darnisi) im oberen Thale des Curone, gleichfalls ein kleiner Hof, und Memoriola, das nicht aufzufinden ist. Es wird DO. III. 303 als Gut des Klosters Bobbio aufgeführt.

Eine dritte bedeutende Schenkung fand im Jahre 945 statt. Hugo und Lothar gaben der Gräfin Rotrud, dem Grafen Elisiard und seiner Gattin Rotlind, der Tochter

---

[1] Nach Salice p. 102 errichtete Ludwig I. ein Kloster S. Eufemia in Tortona.

[2] Ein Ort Cisiniano wird DO. II. 243 dem Kloster Leno bestätigt.

König Hugos, die königlichen Güter in den in der Grafschaft Tortona gelegenen Orten: Garbanigo = Garbagna,[1] südlich von Tortona im Curonethal, Petranigra, wohl Pietranera, Comm. Ottone im obersten Trebbiathal und Besemuntio, das nicht festzustellen ist (CL. 575).

Hugo und Lothar schenkten ausserdem dem Martinskloster zu Tortona die Castelle auf dem Mte. Alfeo (Alferio), zwischen Godiasco und Volpedo, und zu Cagnano (Comm. Casei Gerola) am Curone, wie aus einer Urkunde Ottos IV. hervorgeht (Ughelli 4, 632, B-F. 490).

Der Hof Pontecurone, nordöstlich von Tortona, an der Bahn nach Voghera, das auch „Ad Pontem" heisst und mit dem Bypont[2] im Verzeichnis der salischen Reichshöfe (Const. 440) identisch sein dürfte, leistete zwei regalia servitia. Die Arimannie und die Gerichtsbarkeit zu Caselli de Pontecurone mit dem Territorium schenkt Agnes dem Bischof von Tortona, was Heinrich IV. 1083 bestätigt (St. 2851 a). Dazu kam noch der Hof zu Peccorara[3] mit der Villa Sicca. Ob wir es in diesem Fall mit altem Reichsgut zu thun haben, ist zweifelhaft; vielleicht handelt es sich nur um Rekuperationen Heinrichs III. Der Hof Pontecurone war nämlich ein altes Gut des Klosters Cielo d'Oro, dem er noch 20. Oktober 1041 von Heinrich III. selbst bebestätigt wurde (St. 2220).

Ausserordentlich bedeutend war der Reichsbesitz zwischen Scrivia und Bormida-Orba. Ja, wir können annehmen, dass sich bis ans Ende des 10. Jahrhunderts, zwischen den Linien Alessandria-Tortona nördlich und Capriata-Novi südlich, ein Gebiet von 20 km. Länge und ca. 15 km. Breite im Reichsbesitz befand. Das gesamte Territorium wurde der Adelheid zum Geschenk gemacht und von

---

[1] Die Gerichtsbarkeit in den Castellen Garbagna und Voghera bestätigt Otto II. dem Bistum Tortona. DO. II. 206.

[2] Const. 440 denkt an Ponti Prov. Alessandria. Wir folgen Matthäi p. 14.

[3] Gut des Klosters Bobbio DO. I. 206. Allein es giebt noch ein Peccorara mand. Pianello Prov. Piacenza.

ihr S. Salvatore zu Pavia überwiesen. Allein es ist zweifelhaft, ob die Schenkung in ihrem vollem Umfange die Anerkennung der Krone fand. Teile des Gebiets wurden vielleicht von Heinrich III. rekuperiert, gingen aber unter Heinrich IV. wieder verloren. Die einzelnen Höfe des Gebiets sind in alphabetischer Reihenfolge die folgenden:

B a s a l u z z o (Baxeregucia oder Basiligucia), westlich von Novi, unweit der Orba, im Besitz der Adelheid, wird von ihr S. Salvatore geschenkt (CL. 997. DO. II. 281. DO. III. 375). In dem Verzeichnis des 11. Jahrhunderts steht Basaluzzo unter dem Namen Basiliadus[1] mit zwei Königsdiensten verzeichnet. S. Salvatore machte noch im 13. Jahrhundert Ansprüche auf Basaluzzo und Fresonara (B-F. 13608).

B o s c o, auch in der Nähe des Orba, nördlich von Novi, als „Castello di Bosco" genannt in den die Güter Adelheids betreffenden Urkunden (CL. 997. DO. II. 281). Zu Bosco gehörten noch Pertinenzen.

F r e s o n a r a bei Basaluzzo, westlich von Novi (Frixinaria), ebenfalls von Adelheid S. Salvatore geschenkt (CL. 997. DO. II. 281. DO. III. 375).

F r u g a r o l o (Felegariolo) bei Bosco (CL. 997, DO. II. 281).

M a r e n g o,[2] mit Pertinenzen. Die Pfalz, an der Strasse von Alessandria nach Tortona, wurde nach Angabe des Lokalforschers P. Oliva (a. a. O. p. 49) von Theoderich gegründet. Sie wird als Residenz zuerst 825 erwähnt, als Lothar hier verweilte (B-M. 989, actum Marinco regio palatio). Dann war Lothar 837 wieder hier (B-M. 1024, pal. regio), Ludwig II. 851 (B-M. 1148), 860 (B-M. 1183), 872 (B-M. 1217, Marenco curte regia). Kaiser Lambert, der auch urkundlich in Marengo nachweisbar ist (Dümmler Reg. Lambert 6.9.10. und Ch. 1, 53), kam hier auf der Jagd um (Liutpr. Antapodosis 1, 40. 42). Es befand sich nach Liutprands Angaben bei Marengo ein ausserordentlich grosser und wunderschöner, zur Jagd höchst

[1] Nach Const. 440 Basiglio prov. Milano

[2] Das Material über Marengo stellt Graef, Die Gründung von Alessandria p. 26 ff. fast vollständig zusammen, doch muss es des Zusammenhangs wegen hier wiederholt werden.

geeigneter Forst, wahrscheinlich der alte Reichsforst Urbis, in dem auch die Langobardenkönige jagten. Paulus Diakonus erzählt von der „vastissima silva“, in die Alahis und Cunincpert zur Jagd auszogen (PD. 5, 37). Auch Liutprand lag in diesem Wald, der sich bis Foro am Tanaro erstreckte, dem Waidwerk ob (PD. 6, 58). Wenn es von Otto I. heisst, dass er sich 964 in den Wäldern Liguriens auf der Jagd erholte, so dürfte wohl auch an diesen Forst zu denken sein (Dümmler, Otto I. p. 367). Doch kehren wir zu Marengo zurück, das auch in diesem Wald gelegen haben muss.

Das erste Stück unseres Hofes, auf dem linken Tanaroufer gelegen, wurde 905 von Ludwig III. dem Kloster S. Maria Theodotis geschenkt. Es war die Halbinsel (insula) zwischen Tanaro und Bormida, die Horto genannt wurde, und die noch heute den Namen „Gli Orti“ trägt, nordöstlich von der Stadt Alessandria. Die Grenzen des Gebiets, das zum Hof Marengo gehörte, sind bestimmt in der einen Urkunde (CL. 414) durch Bormida, Rivo frigido und eine königliche Wiese (Rivo frigido wahrscheinlich ein Tanaroarm). In der andern Urkunde vom gleichen Tage (CL. 415) wird Orto geschenkt zwischen Rivo frigido und pratum regis, dazu die terra arabilis Anglare zwischen S. Martin, der Bormida, dem Graben von Rovoreto und dem pratum de Avi. Eine Bestätigung unter Form einer Neuschenkung fand 920 durch Berengar I. statt, in einer Urkunde, die sich im wesentlichen an CL. 415 anschliesst[1] (CL. 491).

Den noch übrigen Teil des Hofes, rechts der Bormida, verliehen Hugo und Lothar 938 der jungen Braut Lothars, der späteren Kaiserin Adelheid (CL. 552). Diese vermachte auch Marengo mit ihren anderen italienischen Gütern an S. Salvatore (CL. 997). Dabei erfahren wir, dass zu Ma-

[1] CL. 414 schenkt bloss die Insel Horto, CL. 415 ebenfalls Horto, wobei die Grenzen durcheinander geraten sind, indem das Stück „coherens Burmia — fine Anglare“ zu Horto gehört, dazu aber noch Anglare. CL. 491 bestätigt beides. Vielleicht wurde CL. 415 gefälscht, um von Berengar die Bestätigung der beiden Güter zu erwirken.

rengo auch das uns unbekannte Lacoscuro und nicht weniger als 1300 Hufen gehörten.[1]

Die Schenkung Adelheids wurde dann von Otto II. (DO. II. 281), nicht aber von Otto III. in DO. III. 375 bestätigt. Dieser gab am 22. November 1001 Hof und Castell Marengo, das Berengar und Adalbert gehabt hätten, an S. Salvatore „Reginae" oder S. Felix in Pavia (DO. III. 415. St. 1273). Marengo wurde dann S. Salvatore von Heinrich II. bestätigt (St. 1599), nicht aber von Heinrich III. Wahrscheinlich war inzwischen der Hof dem Kloster entrissen und für das Reich eingezogen worden.[2] Im Jahre 1043 urteilt der Königsbote Adalger auf dem Hofe Marengo unter der Loggia vor der Sala des Königs (Ficker 4 no. 59). In dem Verzeichnis der Königsgüter steht Marengo mit acht Königsdiensten unter dem Namen Marona verzeichnet. Heinrich III. schenkte den Hof, „Marin" genannt, seiner Gemahlin Agnes, was Heinrich IV. 1065 bestätigte (St. 2667. Ch. 1, 361). Dann scheint Marengo an S. Salvatore wieder zurückgefallen zu sein, denn am 3. April 1077 bestätigt Heinrich IV. das Gut wieder dem Kloster (St. 2799) und bestätigte in einer besonderen Urkunde noch die St. Martinskirche zu Marengo mit ihren Pertinenzen. Wahrscheinlich wurde diese Urkunde (St. 2799a), die vom gleichen Tage datiert ist, wie die allgemeine Bestätigungsurkunde, mit Rücksicht auf die frühere Revindikation ausgestellt. Freilich scheint S. Salvatore nicht mehr grossen Einfluss in Marengo gehabt zu haben, denn schon 1135 erscheint es als Commune (cfr. Graef p. 29). Die weitere Entwickelung ist in der Besprechung der staufischen Zeit zu erörtern.

N o v i (Nove).

P a s t u r a n a (Pastoriana), westlich von Novi.

---

[1] Vielleicht sind hier die zahlreichen umliegenden Höfe einbegriffen, die von Marengo abhingen.

[2] Dies scheint mir wahrscheinlicher zu sein, als ein Fortbestehen der königlichen Rechte in Marengo neben den klösterlichen, wie Graef anzunehmen scheint (a. a. O. p. 27). Wahrscheinlich hat schon Konrad II. den Hof für das Reich eingezogen. cf. Buch I p. 43.

Pozzolo (Puzzolo), nördlich von Novi. Diese drei Orte sind ebenfalls Schenkungen Adelheids an S. Salvatore (CL. 997); Pozzolo auch DO. II. 281, Pasturana DO. II. 281 und DO. III. 375 bestätigt.

Orba ist entweder Capriata d'Orba[1] oder das oberhalb gelegene Castelletto d'Orba oder Rocca Grimalda[2] am linken Ufer des Flusses Orba. In „Orba palatio regio" urkundet Ludwig II. am 5. Oktober 852 (B-M. 1153). Wido schenkt am 14. Mai 891 dem Bischof von Acqui die Kirche St. Vigil in „villa nostra Urba" (Moriondi 1, 2). 938 giebt König Hugo den Hof Orba (Urba) seiner Gemahlin Bertha (CL. 553). Dann erscheint das Gut im Besitze der Kaiserin Adelheid, die es an S. Salvatore vermachte (CL. 997. DO. II. 281). Im 11. Jahrh. gehörte Orba den Aledramiden.

Das weiter südlich gelegene Gebiet zwischen Piotta (Amporio) und Stura schenkten Hugo und Lothar 934 dem Grafen Aledram (Ch. 1, 84). Es erstreckt sich nach Ligurien in die heutige Provinz Genua hinein und ist 22 km. lang, aber nur 3—6 km. breit. Im Sturathal lag der Hof Auriola, der Mittelpunkt des Gebiets, an der Stelle des heutigen Valoria bei Rossiglione (Prov. Genua).

Staufische Zeit.

Wie wir sahen, war im 10. Jahrhundert das Reichsgut im Gebiet von Tortona fast verschwunden, dagegen waren unter den Saliern Rekuperationen begonnen worden. Diese konnten Friedrich I., dem ein Domanialbesitz an der wichtigen Strasse nach Genua passend erscheinen musste, als Anknüpfungspunkt dienen.

Auf dem ersten Römerzuge wurde Tortona vom Kaiser im Jahre 1155 erobert, das dem König bisher einen alten Jahreszins gezahlt hatte.[3] Das Gebiet der Tortonesen, die als Reichsverräter gebannt waren, wurde wahrscheinlich für den Fiskus eingezogen, doch hatte dies

---

[1] Nach Amati 2, 382.

[2] Nach Matthäi p. 9. Moriondi 1 p. 3 Anm. 4.

[3] Vgl. Matthäi p. 23 f.

nur vorübergehende Bedeutung, da die Stadt kurz nach der Zerstörung wieder aufgebaut wurde. 1164 wurde Tortona für eine grosse Summe den Pavesen zur Zerstörung überlassen, nebst den Regalien (Gesta Frid. p. 56. St. 4024). Doch das Gebiet scheint im Besitz des Kaisers geblieben zu sein. In der Reconcilatio von 1183 verspricht Friedrich die Stadt nicht zu verschenken, ihr ihre Geldzahlung zu erlassen, und seinen Castellanen — ein Wort das nach Matthäi[1] an dieser Stelle Burgbewohner bedeutet — zu erlauben der Stadt zu gehorchen. Es handelt sich dabei um folgende 35 (39) Orte, die zum Gebiet von Tortona gehörten:[2] (Castellani qui in montibus habitant). Pozzolo (Putolo), Monte Marsino südöstlich von Tortona, Vipecullo, Bagnara, Monleale, (Montelegali) am Curone, Bellegnano, Fabrica, Grimiasco, Montacuto, Dernice, Montebore, alle im oberen Curonegebiet, Merlasino, Bolego, Brusamonico, Liprando, Mongiardino, Savegnona, Grondona im Gebiet der Borbera, Perce, Publeto, Montalto, Arquata, (Archata) bei Serravalle, Moncucco, Presipiano, Serravalle an der Scrivia, Cassano, Stazzano bei Serravalle, Briunti, Novi, Bosco, Villa, Avolasca, Sarzano, Castello nuovo, Pontecurone. Dazu kommen noch Copara, Azzano, Bagnolo und Mons Jarus (in einer anderen Handschrift der Urkunde).

Ausserdem aber blieben noch Domänen im Gebiet von Tortona im Reichsbesitz. Es sind dies Güter in Castelnuovo Scrivia nördlich von Tortona und zu Villa Aurea, wo Heinrich VI. 1193 dem Bischof Land mit Weinbergen schenkt. (St. 4755 a. Acta ined. no. 407).[3]

Im Zusammenhang mit der Zerstörung Tortonas stand auch wahrscheinlich die Unterwerfung Marengos: der Ort wurde von Lothar oder Konrad zwischen 1135 und 1145 dem Markgrafen von Montferrat als Reichslehen übertragen (vgl. Graef p. 29). Doch scheint Friedrich I. ihn

---

[1] Vgl Matthäi p. 23 f.

[2] St. 4353. Acta ined. no. 410. Const. 284. 286.

[3] „terram laboratoriam cum vineis“.

zurückgefordert zu haben. 1158 erscheinen die Leute von Marengo im kaiserlichen Lager (vgl. Gesta Frid. p. 30. 68), und im Frühjahr 1159 hält sich Friedrich selbst zu Marengo auf, das Rahewin ausdrücklich eine „villa regia“ nennt (4, 26), und empfängt hier die Gesandtschaft der Mailänder. Auch urkundlich lässt sich der Aufenthalt hier beweisen (St. 3842—3846). 1164 belehnt freilich Friedrich I. den Markgrafen von Montferrat mit einer grossen Anzahl von Orten unseres Gebiets, worunter Marengo, Frugarolo, Pozzolo, Novi, Orba, Tagliolo (St. 4031). Doch diese Herrlichkeit dauerte nicht lange, da 1167 die Leute von Marengo mit denen von Gamondo am eifrigsten sich an der Gründung Alessandrias beteiligten. Zwar gab Heinrich VI., das noch als Reichsgut betrachtete Marengo 1191 dem Markgrafen Bonifaz von Montferrat (St. 4729), doch diese Verleihung war wohl nur nominell. Durch die Entstehung einer Stadt wie Alessandria war einem Domanialbesitz in dieser Gegend ein für alle Mal ein Ende gemacht.

Dagegen gelang Friedrich die Erwerbung einer anderen sehr wichtigen Besitzung noch nach der Gründung von Alessandria, die finanziell den Schaden wieder aufwog, nämlich der die Strasse nach Genua beherrschenden Burg G a v i, südlich von Novi. Die Burg war im Besitz eines Adelsgeschlechts, von dem ein Herr Albert 1130 genannt wird. (Ch. 2, 168). Nach der Mitte des 12. Jahrhunderts scheinen die Herren von Gavi den Titel Markgrafen angenommen zu haben. Im Vertrage Friedrichs I. mit Pisa von 1162 (Const. 205) werden Markgrafen von Gavi genannt. 1172 schliessen dieselben einen Vertrag mit der Stadt Alessandria, die vom Zolle von Gavi befreit wird.[1] (Lib. crucis no. 62 p. 73). 1175 und 1181 werden Markgrafen zu Gavi erwähnt (Costa p. 20. 25). In den folgenden Jahren scheint es indes, weil die Markgrafen dem Strassenraub oblagen, zum Konflikt und wahrscheinlich — wie bei den Grafen von Incisa — zur Ächtung und Konfiskation ihrer Güter gekommen zu sein. Am 7. April 1185 fällte der

[1] Vgl. Bresslau, Konrad II. Bd. 1, 423.

Kaiser einen Spruch, dass die Markgrafen der Gemeinde Tortona bis zum Palmsonntag (14. April) den Raub herausgeben, und Kaufleute durch das Syrpiathal und über Gavi frei ziehen lassen sollten (Costa p. 37). Wahrscheinlich folgten die Markgrafen dem Spruche nicht und hierauf erfolgte vermutlich die Einziehung der Burg für den Fiskus.[1] Der Kaiser selbst urkundet zu Gavi (in Castro Gavio) am 8. Dezember 1185 (St. 4439). Im April 1190 verwaltet der kaiserliche Castellan Siegfried, nach Fickers Ansicht Siegfried von Lautern, die Burg, der als kaiserlicher Delegierter in einem Streite zwischen Novara und Vercelli richtet (Ch. 1, 633). Wie so vieles andere gab Heinrich VI. am 30. Oktober 1191 auch Gavi, und zwar an die Genuesen, zu Lehen für deren Hülfe auf dem sizilischen Zuge (Const. 337. St. 4701). Zu Gavi gehörten die Burgen Montaldo (westlich von Gavi), Tassarolo, Pasturana (nördlich) und Amelium (Lib. cruc. no. 38). Die Burg blieb von 1191 ab in genuesischem Besitz trotz eines Versuchs des Markgrafen sich seines Stammsitzes wieder zu bemächtigen (Ficker 2, 286). Am 9. September 1198 verzichtet Markgraf Wilhelm von Gavi auf alle Anprüche auf die Burg (B-F. 12170), ein Verzicht, der am 16. September 1202 wiederholt wird mit Ausnahme des Hauptturms (domignoni), den sie dem Kaiser überliefert hätten (B-F. 12253). Friedrich II. bestätigte Genua den Besitz von Gavi im Jahre 1220 (B-F. 1179).

2. Gebiet von Acqui

(zwischen Tanaro, Bormida und Orba).

In der Stadt Acqui kennen wir die Verhältnisse bis ans Ende des 10. Jahrhunderts nicht. Vielleicht ist die corte Aquis, in der Berengar I. 30. November 896 urkundet (Mur. Antt. 5, 635), unser Acqui, obwohl es nicht wahrscheinlich ist, da bis 898 sich Berengar sonst nur östlich

[1] Bereits 1178 verweilte die Kaiserin und Heinrich VI. zu Gavi (Ficker 2, 207). Doch braucht die Burg deshalb nicht königlich gewesen zu sein. Das entscheidende ist erst der kaiserliche Castellan.

der Adda aufhielt. Später wissen wir von königlichem Besitz in und um Acqui nichts.

Im Gebiete von Acqui sind vor allem drei grosse Schenkungen zu erwähnen: an Bertha, Hugos Gattin, an Adelheid, und die grosse Schenkung an Aledram.

Am 12. Dezember 938 erhielt Bertha von Hugo und Lothar die folgenden Höfe:

1. Gamondo,[1] heute Castellazzo (Durandi Piem. cisp. 234), wurde am 22. November 1001 mit Corvetula, das nicht festzustellen ist, zusammen an S. Felix in Pavia geschenkt, (St. 1273. DO. III. 415). Wahrscheinlich wurde Gamondo von Heinrich III. zurückgefordert und wieder Reichsdomäne. Er schenkte den Ort seiner Gattin Agnes, der derselbe 1065 von Heinrich IV. bestätigt wurde (St. 2666). In dem Verzeichnis der Pfalzgüter steht Gamundio mit 4 Königsdiensten verzeichnet. 1106 erscheint Gamondo als Gemeinde, die einen Teil von Sezze als Geschenk entgegen nimmt. (Lib. crucis p. 38). Es ist vom populus Gamundiensis die Rede. Wenn Lothar 1136 Gamondo bekriegte und unterwarf (cfr. Giesebrecht 4, 127), so hängt es wohl damit zusammen, dass der Ort de iure noch als Reichsgut betrachtet wurde.[2] Im Februar 1146 schliesst Gamondo einen Vertrag mit Genua ab und bekommt 1152 den grössten Teil der markgräflich Boscoischen Güter geschenkt (Lib. crucis 14. 38). Die weitere Entwicklung ist unten zu verfolgen.

2. Das Castell zu Retorto (Rivotorto) an der Orba. Von diesem Orte ist eine Schenkung in der ottonischen Zeit nicht nachweisbar. Es hat sich hier vielleicht ununterbrochen Reichsbesitz bis in die salische Zeit erhalten. In dem Verzeichnis der Pfalzgüter erscheint Retor mit 2 servitia. Am 1. April 1065 schenkt dann Heinrich IV. (St. 2658. Guichenon 2, 76) den Ort Retorto (Rivum Tortum) mit allem Zubehör in der Grafschaft Acqui an das Kloster Fruttuaria.

[1] Vgl. Graef a. a. O. p. 31 ff.

[2] Von Lothar bekam vielleicht der Markgraf von Montferrat Gamondo als Lehen. cf. Matthäi p. 20.

3. Den Hof Sezze (Setiacum), im Verzeichnis der curiae als Zeca mit 3 servitia genannt. 1020 gründen die Aledramiden hier ein Kloster (Muletti 1, 345).[1] Schon am Anfang des 12. Jahrhunderts erscheinen zu Sezze Markgrafen, die sich vermutlich in den Besitz der Reste des dortigen Domanialbesitzes gesetzt hatten. Heinrich IV. zerstörte Sezze, das aber von den Markgrafen wieder aufgebaut wurde.[2] Sie verfügen 1106 über Teile von Sezze zu Gunsten der Gemeinde Gamondo (Lib. crucis p. 38).

Nicht so bedeutend sind die Güter, die Adelheid links der Orba besass. Es sind (CL. 997): Rivo Cervino, vermutlich nach dem Bach Cervino genannt, der Sezze gegenüber in die Bormida mündet, und Bionzi (com. Castigliole d'Asti), vermutlich identisch mit Blundi. Vielleicht gehört auch Centasco in diese Gegend. Die drei Orte wurden von Otto II. (DO. II. 281) und Rivo Cervino auch von Otto III. (DO. III. 375) S. Salvatore bestätigt.

Weit umfassender ist die Schenkung Ottos des Grossen an Aledram vom 23. März 967 (St. 419. DO. I. 339. Ch. 1, 130), in der freilich eine Reihe von Ortsnamen sich nicht genau bestimmen lassen. In dieser Urkunde schenkt Otto dem Markgrafen die Höfe in den wüsten Gegenden zwischen Tanaro, Orba und der Meeresküste. Der Kaiser verschenkt nicht etwa alles Land sondern eben nur seine Güter in demselben, womit dann freilich der Reichsbesitz in den genannten Grenzen sein Ende fand. Es handelt sich um folgende Höfe:[3]

Gobangiasco = Bagnasco am oberen Tanaro, Prov. Cuneo; Balangio = Biangero bei Asti Com. Castignano (cfr. Cipolla Misc. 27, 275); Salescedo = Saliceto an der oberen Bormida, Prov. Cuneo; Lecesi = Lesio im oberen

[1] Vgl. Bresslau, Konrad II. 1, 394 ff.

[2] Bresslau a. a. O. p. 395.

[3] Interpolationen sind, wie Sickel bemerkt, nicht ausgeschlossen und daher kann für den einzelnen Ort die Eigenschaft als Reichsgut nicht mit Sicherheit behauptet werden. Auch ist die Identifizierung der Ortsnamen unsicher. cf. Durandi, Cisp. p. 190 ff.

Tanarothal, Prov. Cuneo; Salsole = Sassello am Giovo (Prov. Genua, nahe der Grenze unserer Provinz); Niolia = Mioglia bei Sassello, ebenfalls Prov. Genua, doch an der Grenze der Prov. Alessandria; Pulcione = Ponzone (?), südlich von Acqui; Grualia = Grilli am rechten Ufer der Bormida, gegenüber von Bubbio; Pruneto am rechten Ufer der Bormida, Prov. Cuneo; Altesino unbekannt; Cortemiglia an der Bormida, Prov. Cuneo; Montoneso nicht zu bestimmen; Nosceto = Nucetto am Tanaro bei Ceva, Prov. Cuneo; Masionti = Masio am rechten Tanaroufer, östlich von Asti (?); Arche bei Acqui nach Muletti 1, 291.[1]

Ein Hof Bellamium in comitatu aqinensi wird 898 S. Christina geschenkt (CL. 391). Ob darunter die Grafschaft Acqui zu verstehen ist, ist freilich zweifelhaft.

Es erübrigt noch das Gebiet zwischen Bormida und Tanaro, insbesondere die Verhältnisse auf dem Boden des heutigen Alessandria (das ja „fisci circumdatur agris". Gottfr. Viterb. 5, 844), zu besprechen, wobei wir um den Zusammenhang zu wahren, auch auf das linke Ufer des Tanaro übergreifen müssen.

Villa del Foro, westlich von Alessandria am rechten Tanaroufer, in der Nähe des Waldes Urbis nach Paulus Diakonus (6, 58). Hugo und Lothar verliehen dem Grafen Aledram 935 den Foro genannten Hof in der Grafschaft Acqui am Tanaro mit allem Zubehör vom Tanaro bis zur Bormida, und von Barcile (?) bis Carpaneto östlich von Acqui. In Ronco erhielt Aledram kein Gut, sondern nur die Grafschaftsrechte. (Mur. SS. 23, 321). Allein von Heinrich III. wurde mit anderen Orten auch Foro zurückerworben, ob mit Geld oder mit Gewalt wissen wir nicht, und Agnes übertragen („ad matrem meam et ad me pertinentibus"). Heinrich IV. schenkte den Hof mit Zubehör am 16. Juni 1070 dem Kloster Fruttuaria (Ch. 1, 367. St. 2735).

[1] Die plebs zu Cortemiglia sowie die Zehnten zu Ponciano und Saliceto bestätigt Otto III. 27. Mai 998 (DO. III. 292), die plebs zu Leese, Saleceto und Salsole am 9. Sept. 999 dem Bistum Savona (DO. III. 328).

Oviglio am linken Belboufer, an der Bahn Alessandria — Alba, wird von Otto I. DO. I. 241 Cielo d'Oro in Pavia bestätigt, das den Ort vielleicht aus königlicher Schenkung erworben hatte.

Rovoreto (vgl. Graef p. 40)[1] auf dem rechten Tanaroufer, der Hauptteil des heutigen Alessandria. In Rovoreto am Tanaro tauscht 793 der königliche Gastalde Sonderulf von Asti Grundstücke mit dem Kleriker Augustin. (Leider ist die Urkunde Ch. 1, 14 sehr verstümmelt). Die Grundstücke am Tanaro grenzen auf allen Seiten an Königsland, das Sonderulf vom König zu Lehen trug. Das Feld, das Sonderulf gab, grenzt an Königsland und Land der „homines regis". Von den Stücken lagen nun einige am Tanaro am Orte Rovoreto. Auch in den Urkunden für S. Maria Theodotis (CL. 415. 491), die die „Orti" (s. o.) betreffen, wird Königsland bei Rovoreto erwähnt. Im 10. Jahrhundert ging Rovoreto mit Oviglio und Pavone (s. u.) in den Besitz des Klosters Cielo d'Oro über. Die mansi in Rovorri, die in der Urkunde Ottos I. von 962 (St. 309. DO. I. 241) erwähnt werden, liegen wahrscheinlich in Rovoreto. Konrad II. bestätigt dem Kloster Cielo d'Oro ausdrücklich den sog. Hof „corte regia" in Roboreto (St. Acta no. 245. St. 1927).

Gegenüber auf dem linken Tanaroufer, ebenfalls ein Stadtteil von Alessandria, liegt Bergoglio, das, wie Graef nachgewiesen hat (p. 24), dem Erzbistum Mailand gehörte. Ein Aufenthalt Heinrichs V. im Jahre 1116 (St. 3147) lässt sich als Zeugnis dafür, das Bergoglio einmal Krongut war, nicht ins Feld führen, und auch die Nachbarschaft anderer Domänen kann dies nicht beweisen.[2]

Dagegen lassen sich in dem unterhalb, gegenüber der Bormidamündung gelegenen Pavone königliche Besitzungen nachweisen. Im September 919 wird in Pavone eine Örtlichkeit „pratum regium" genannt (CL. 485). 922 wird eine curtis regia zu Pavone erwähnt (CL. 496) und das pratum regis, und 928 ist wieder vom pratum regis die

---

[1] Der hier nicht vollständig ist.

[2] cfr. Matthäi p. 19.

Rede. (CL. 526). Otto I. bestätigt den Hof Pavone 962 dem Kloster Cielo d'Oro, den ihm ein „honorabilis vir" geschenkt habe (DO. I. 241). Pavone ging also bestimmt nicht von der Krone an Cielo d'Oro über, was um so mehr auffällt, da gerade hier besonders viele königliche Güter lagen.

Solero, westlich von Alessandria am linken Ufer des Tanaro, war ebenfalls ursprünglich fiskalischer Besitz, doch schon Karl der Grosse schenkte 774 die villa Solario mit Zubehör den Mönchen von S. Martin in Tours (CL. 52. B-M. 163). Noch im 12. Jahrhundert wurden die Rechte von St. Martin hier anerkannt (vgl. Graef p. 46). Am 15. Juli 904 urkundet Berengar in curte S. Martini in Solaria (Dümmler Reg. Ber. 44. Ch. 1, 64).

Es bleiben noch zwei im Verzeichnis der Curiae genannte Orte, die vielleicht in unserem Gebiet gelegen sind, übrig, über die wir indes wenig wissen:

Canelli am Belbo, das mit 8 servitia als Civitas verzeichnet steht, und Viguila[1] nobilis curia, das möglicherweise mit Vigliano zwischen Mombercelli und Asti identisch ist. —

In der staufischen Zeit spielen die Bestrebungen einen Domanialbesitz zu schaffen, im Bezirk von Acqui keine grosse Rolle. Es hängt dies mit der ganzen Art der Domanialpolitik Friedrichs I. zusammen, dem es wesentlich darauf ankam, strategisch wichtige Punkte zur Beherrschung des Landes und der grossen Handelsstrassen zu gewinnen, und nur für ihre Verproviantierung auch für einen ausreichenden Landbesitz zu sorgen. Nun zog die Strasse von Turin nach Genua am linken Tanaroufer entlang, die Strasse von Mailand nach Genua durchzog das Gebiet von Tortona. Ausserdem konnte Friedrich nicht daran denken, den mit ihm befreundeten aledramidischen Markgrafen Land abzugewinnen, und selbständige Communen gab es ausser Gamondo, das unter montferratscher Oberhoheit stand, in diesem Gebiete nicht. Die Leute von Gamondo zogen zwar mit

[1] Nach unserer Vermutung ist es mit Vigevano identisch.

Friedrich in den Kampf (Gesta Frid. p. 30), doch hieraus kann man noch nicht auf die Zugehörigkeit zum Reichsgut schliessen. 1164 wurde der Markgraf von Montferrat (St. 4031) in unserem Gebiete mit Villa del Foro, Gamondo, Retorto, Sezze, Rocca Grimalda, Castelnuovo, Carpeneto, Montaldo, Mombaruzzo und Visone belehnt.

Auf diesen Reichslehen, die dem Markgrafen von Montferrat zustanden, nicht auf unmittelbarem Reichsgut, entstand Alessandria. In der Reconciliatio Alessandriae am 14. März 1183 erscheint der Kaiser als Gründer der Stadt. Darnach gingen die Bewohner derselben hinaus, und ein kaiserlicher Gesandter führte sie hinein. Der Kaiser gründet, wie es in der denkwürdigen Urkunde heisst (Const. 292. St. 4357) die Stadt aus den 7 Orten Gamundio, Marinco, Bergolio, Roboreto, Solerio, Foro, Oviliis und 40 Familien von Quargnenti und teilt ihr den Namen „Cesaria" zu. Der Anspruch des Kaisers gründete sich eben auf die Reichslehnbarkeit der Orte Marengo, Gamondo und Foro. Auch behielt der Kaiser den Brückenzoll über den Tanaro, ebenso wie ihm auch ein Teil vom Zoll zu Basaluzzo gehörte (Lib. cruc. p. 17). Auch die Regalien und Besitzungen ausserhalb der Stadt, die Reichslehen der Markgrafen waren, erhielt Friedrich zurück. Ferner versprach der Kaiser der Stadt, sie nicht zu veräussern, ein Beweis, dass sie als Reichsbesitz angesehen wurde. Über die Orte Marengo und Gamondo verfügte Heinrich VI. am 8. Dezember 1191 (St. 4729) zu Gunsten des Markgrafen Bonifaz von Montferrat und bestätigte gleichzeitig den Ort Foro. Zwei Jahre später gab Heinrich VI., trotz des entgegenstehenden Versprechens seines Vaters, den Ort Caesarea dem gleichen Markgrafen zu Lehen (St. 4839).

Im Jahre 1191 war noch einmal Gelegenheit zur Erwerbung von Krongütern in grösserem Umfang gegeben. Wie die Markgrafen von Gavi, trieben auch die am Belbo und an der Bormida begüterten Markgrafen von Incisa Strassenraub. Sie wurden deshalb gebannt, und ihre Güter wegen Hochverrats konfisziert. Doch während noch Friedrich Gavi fürs Reich eingezogen hatte, gab Heinrich die konfiszierten Güter dem Markgrafen Bonifaz von Montferrat zu Lehen (St. 4676). Es sind die Orte Montaldo (östlich von Acqui), Rochetta (Rocca Grimalda?), Incisa am Belbo, Castelnuovo an der Bormida, Cerrano, Bergamasco am Belbo, Cereto, Retorto, Cassine an der Bormida und Carpeneto. (Moriondi 1, 94).

Später sind südlich vom Tanaro keine Rechte der Krone mehr geltend gemacht worden; nur in Acqui erscheint 1240 Opizo von Revello als kaiserlicher Kapitan (Ficker 2, 497).

3. Gebiet von Asti und Montferrat (zwischen Tanaro und Po).

Im Mittelalter war Asti der bei weitem bedeutendste Ort im südlichen Piemont. In langobardischer Zeit war es Sitz eines Herzogtums, das zur Zeit Agilulfs der Bruder Theudelindens Gundwald inne hatte (PD. 4, 40), dessen Sohn Aripert I. 653 den Königsthron bestieg (4, 48). Vielleicht wurde das Herzogtum nicht wieder besetzt, die herzoglichen Güter wurden königlich, und in Asti ein Gastaldat errichtet, das wir freilich erst 793 nachzuweisen vermögen. Damals trug der Gastalde Sonderulf Güter vom König zu Lehen (Ch. 1, 14). Die „Curtis Ducati“ wurde in Asti Stätte des Gerichts, an der 880 der Vicegraf Batericus an Stelle des Grafen Suppo (in mallo publico in curte ducati Ch. 1, 36) und 940 Graf Ubert (in locus ubi olim curte ducati Ch. 1, 88) Gericht abhielten.

In der Stadt gab es in der karolingischen Zeit ansehnlichen königlichen Besitz, der sich namentlich um das alte Castell konzentrierte. Bei einem Tausch zwischen dem Bischof der Stadt und dem Priester Giseprand grenzt ein Grundstück in der Stadt bei der St. Martinskirche an Königsland im Jahre 886 (Ch. 1, 42). Ein anderes Grundstück, das Archipresbyter Peter dem Diakon Staurax in Tausch giebt, ebenfalls in der Stadt, grenzt im Jahr 886 (Juni) an Land des Kaisers (Ch. 1, 43). Im Jahr 924 schenkte König Rudolf seinem Getreuen Otbert das alte Castell zu Asti mit der St. Ambrosiuskirche und den Pertinenzen, zwischen der grossen Strasse auf der einen, der Strasse nach St. Lorenz auf der anderen, dem Land des Presbyters Helperand und von S. Maria auf der dritten, und dem Graben von St. Angelo auf der vierten Seite. Dazu schenkte der König 6 männliche und 1 weibliche zum Fiskus in Asti gehörige Unfreie mit Weibern und Kindern (Ch. 1, 73).

Sei es nun, dass beim Tode Otberts das Castell zurückfiel, sei es, dass Hugo und Lothar die Urkunde Rudolfs nicht anerkannten, das königliche Castell kam wieder an die Krone zurück, bis es endlich von den letztgenannten Königen 938 dem Bischof Bruning geschenkt wurde. Zu dem Castell erhielt derselbe noch eine Wiese und eine brayda ausserhalb der Stadt am Flusse Verza (der heutigen Versa, die wenig östlich von Asti in den Tanaro mündet), am Orte Madingo, und 6 Häuser mit den darin wohnenden Unfreien (Ch. 1, 87). Diese namentlich genannten Unfreien sind z. T. dieselben, wie die von Rudolf verschenkten:

Ch. 1, 73	Ch. 1, 87
Cunimundus	Oddo
Astisanus	Astisianus
Georgius	Georgius
Walfusus	Erimald
Lubedeus	Lubedeo
Lusimundus	Jussimundus
Raperga [1]	

Auffallen muss es, dass noch in einer Tauschurkunde vom Dezember 939 (Jahr 14 Hugos, Jahr 9 Lothars), ein Grundstück beim alten Castell an Königsland grenzt (Ch. 1, 88).

---

[1] Cipolla Misc. 27, p. 182—188 nimmt eine andere Entwicklung an, als die im Text gegebene, indem er sich auf Ch. 1, 86 vom November 937 stützt, in der Bischof Bruning ein Stück „prope ecclesia . . . posita infra castello sita civitate Astense“ verpachtet. Doch die Urkunde ist ausserordentlich verstümmelt. Cipolla meint, Otberts Nachfolger Graf Anscar hätte das Castell der Kirche Asti geschenkt und Hugo und Lothar hätten es nur bestätigt, was wir auch für möglich halten.

Es ist dies die letzte Urkunde, die noch von Königsland in der Stadt berichtet. Bischof Bruning verlegte seine Residenz dann auf die Burg.[1]

Die Orte des Bezirks betrachten wir in alphabetischer Reihenfolge, wobei wir die Entwicklung bis 1152 führen.

Annone, östlich von Asti am linken Ufer des Tanaro, vielleicht identisch mit der curtis regia Naones, in der Berengar I. am 5. Mai 897 (Dümmler Reg. Berengarii no. 19) urkundet. Dann kam Annone an die Markgrafen von Ivrea.[2] Markgraf Anscar urkundet hier 933 (Ch. 1, 83); hierauf kam die Burg an Berengar von Ivrea, den Bruder Anscars.[3] Am 9. September 952 schenken Berengar II. und Adalbert dem Kloster S. Bartholomeo zu Azzano das Tanaroufer in der Breite von 12 Fuss landeinwärts, das zum Hofe Annone (Nonis) gehört, besonders an der Stelle, wo der Rivus Leprosorum mit dem Tanaro zusammenfliesst, um dort einen Hafen anzulegen, und die Hafengelder (Guichenon 1, no. 100. Mur. Antt. 1, 909). Das Kloster Azzano wurde von Otto I. dem Bistum Asti verliehen (vgl. Misc. 11. p. 123 ff.). Annone kam dann, wie es scheint, an die Grafen von Turin, die 1021 im Schlosse auftreten (Ch. 1, 251). Vielleicht durch Bertha, vielleicht durch Rekuperation Konrads II. oder Heinrichs III. kam die Burg an den König zurück und erscheint so im Verzeichnis der Curiae regales unter dem Namen Naum mit 10 Königsdiensten.[4] Während des Investiturstreits scheint sich der Bischof der Burg bemächtigt zu haben, denn am 28. März 1095 belehnt Bischof Oddo die Consuln der Stadt Asti mit der Burg Annone, mit Gebäuden und Kapelle (Cod. Astensis no. 635, p. 651). 1123 verfügen die Consuln von Asti über Stücke des Forstes von Annone (Ch. 1, 457). Die weitere Entwicklung Annones, das in der staufischen Zeit eine hochbedeutsame Rolle spielte, wird unten zu erörtern sein.

[1] Cipolla Misc. 28, 300. 368 f.
[2] Vgl. Bresslau, Konrad II. Bd. 1, 368 Anm. 8.
[3] Cipolla Misc. 27, 218.
[4] Doch könnte auch None Prov. Turin gemeint sein (Const. 440).

Antignano bei S. Damiano, nördlich von Alba, identisch mit Attiniacum in comitatu Dianensi (Grafschaft Alba), das Ludwig II. 866 der Angilberga schenkt (B-M. 1201).[1]

Burio bei Vigliano, südöstlich von Asti, am rechten Tanaroufer nach der Ansicht Cipollas (Di Audace vescovo d'Asti, p. 275), oder Ivero bei S. Damiano d'Asti, westlich von Asti, identisch mit dem Hofe Eburlas, den Lothar am 4. Mai 839 seinem Getreuen Erembert verleiht (B-M. 1026).

Calliano, 13 km. nordostnördlich von Asti. Daselbst findet Dezember 886 ein Tausch statt zwischen Amandalone und der Kirche S. Pietro zu Calliano. Ein Grundstück das bei der Fontana fredda liegt, grenzt auf einer Seite von Königsland (Ch. 2, 5); zu welchem Hofe dasselbe gehörte und wann es abhanden kam, ist nicht anzugeben. In späteren Urkunden aus Calliano, aus dem 10. Jahrhundert, sind Angaben über Königsland nicht mehr enthalten.

Camerano, 12 km. nordwestlich von Asti bei Montechiaro. In der leider sehr verstümmelten Urkunde von 793 (Ch. 1, 14) wird Camerano genannt, doch scheinen die in der Urkunde vertauschten Grundstücke bei Roboreto am Tanaro gelegen zu haben.

Casale am Po, angeblich von Liutprand dem Evasienstift geschenkt (cfr. Troya no. 560. De Conti 1, p. 72). Von Heinrich IV. wird 1070 Casale mit der arimannia und dem servitium dem Bistum Vercelli verliehen (St. 2737. Ch. 1, 368). Vielleicht war auch Casale von Heinrich III. rekuperiert worden.

Cinaglio, 11 km. nordwestlich von Asti, wahrscheinlich identisch mit „Cinisio in comitatu Astensi“ (Durandi cisp. p. 296), das Ludwig II. 868 seiner Gemahlin Angilberga gab (B-M. 1207).

Cocconato in Montferrat, ist ein Gut der Adelheid, das diese an San Salvatore in Pavia verschenkte (CL. 997. DO. II. 281 „Cauconate“).

Felizzano, am linken Tanaroufer unterhalb Annone,

---

[1] Nach Mühlbacher soll Attiniacum = Dignano in Istrien sein.

wird 942 von Hugo und Lothar dem St. Ambrosiuskloster in Mailand verliehen. Die Könige sagen, sie seien durch Erbrecht von ihrer Mutter[1] in den Besitz von Felizzano gekommen (CL. 570). Otto I. bestätigte die Schenkung am 10. Oktober 951 (DO. I. 138).

Gabiano am Po, westlich von Casale, angeblich von Karl dem Grossen mit 1000 Hufen dem Kloster Novalese verliehen (B-M. 162)[2].

Gaja com. Capriglio bei Montafia, nordwestlich von Asti, von Adelheid an S. Salvatore überwiesen (CL. 997).

Lavezzole bei S. Damiano d'Asti, südwestlich von Asti im Borborethal. Heinrich IV. schenkt dem Bischof Otto von Asti (1091—93?) die Hälfte der Burg Laveggio (St. 2992a), die mit Lavezzole identisch ist. Wahrscheinlich hatte Heinrich die Burg aus der Erbschaft der Adelheid überkommen.

Mirabello an der Südseite des Granathals, südlich von Occimiano, scheint auch durch Rekuperation Heinrichs III. an die Krone gekommen zu sein. Der Ort wird am 3. Januar 1069 mit Pecetto, südlich von Valenza, und den sonstigen königlichen Besitzungen in Montferrat dem Bischof von Vercelli geschenkt (St. 2721). Im Juli 1083 bestätigt Heinrich die Schenkung der beiden Castelle (St. 2852).

Montiglio 20 km. nördlich von Asti, wahrscheinlich identisch mit dem in der Liste der Pfalzgüter genannten Montilin, das eine nobilis curia war. Im Jahre 988 wird von Otto III. Montiglio curtis dem Grafen Mainfred bestätigt (Ch. 1, 160. DO. III. 50). Arduin urkundet hier (castro Montigio St. 1841—43) März 1002. Es ist möglich, dass Heinrich II. Montiglio eingezogen hat.

Occimiano (Aucimianum)[3] an der Nordseite des Valle

---

[1] Die Mutter Hugos war Bertha, Tochter Lothars II. und der Waldrada. Wahrscheinlich besass Lothar Güter in Italien.

[2] Über die unglaubwürdige Urkunde s. o. Provinz Turin, Stupinigi. Gabiano wird von Otto III. dem Kloster Breme bestätigt (DO. III. 101).

[3] Nicht identisch mit Ausimum — Osimo MG. Dipl. 2, p. 929. Index.

della Grana, wurde 882 von Karl III. (B-M. 1592) dem Bistum Vercolli zurückerstattet, nach DO. III. 323 demselben von Karl geschenkt.

Odalengo, östlich von Montiglio bei Villadeati, wird 1070 von Heinrich IV. dem Bischof von Vercelli verliehen, vielleicht ein Teil des Hofes Montiglio (Ch. 1, 368).

Pasigliano liegt südlich von Casale an der Strasse nach Turuggia (De Conti 1, 245), von Karl III. dem Bischof von Vercelli zurückerstattet, wurde dann aber von Hugo und Lothar mit Felizzano zusammen 942 dem Kloster S. Ambrogio verliehen (CL. 570), falls nicht in dieser Urkunde ein Ort im Mailändischen gemeint ist. Otto I. bestätigt die Schenkung (DO. I. 138). Zu Pasigliano verweilt Heinrich V. im Juni 1116 (St. 3142—3144).

Pecetto s. Mirabello.

Pontestura = Pons Notingi, das 882 Vercelli bestätigt wurde (B-M. 1592) cfr. Durandi p. 323.

Redena bei Pecetto vielleicht identisch mit Redengo, das Heinrich IV. 1070 dem Bistum Vercelli verleiht (Ch. 1, 368).[1]

Ruvignano (Rubiniacum) in dem Verzeichnis der Pfalzgüter mit 1 Servitium genannt. Die Lage des Ortes ist zweifelhaft. Ein Pons Ruvignani wird 1143 bei Asti erwähnt (Miscell. 11, 349).

S. Salvatore bei Valenza. Nach der in der Atti der Turin Acad. Bd. 26, p. 670 ff. edierten Notiz schenkte Karl III. die Kirche S. Salvatore jenseits des Po dem Bistum Vercelli, womit auch DO. III. 323 übereinstimmt.

Torcello westlich von Casale am Po, wurde laut Urkunde Ottos III. von 999 von Liutprand dem Bistum Vercelli verliehen (St. 1190. DO. III. 323). Torcello dürfte identisch sein mit dem im Verzeichnis der Curiae genannten Tarcul.

Viarigi 16 km. nordöstlich von Asti, identisch mit „Vaccaricas in Astensi comitatu“, das 868 Ludwig II. der Angilberga verleiht (B-M. 1207).

---

[1] Ein Redengo bei Asti erwähnt Ch. 1, 149.

Staufische Zeit.

Nirgends waren soviel Anknüpfungspunkte für die Bildung eines Kronguts gegeben, wie gerade im Gebiet von Asti. Hier hatten noch Heinrich III. und IV. bedeutende Besitzungen gehabt, und die grossen Strassen am Tanaro und Po, die das Gebiet durchzogen, sicherten demselben eine grosse militärische und kommerzielle Bedeutung.

Im Jahre 1155 traf der Zorn des Kaisers die mächtigste der Communen im Tanarothal, die Stadt Asti. Unter den Besitzungen derselben ragte besonders die am Tanaro liegende Burg Annone[1] hervor, die 1095 der Bischof der Stadt geschenkt hatte. Da die Burg ein altes Reichsgut war, so ist es nur natürlich, dass sie Friedrich eingezogen hat. Doch in dem Vertrag, den der Kaiser am 15. Februar 1159 mit Asti schloss, (St. 3844), übergab er neben den anderen Besitzungen das an besonderer Stelle genannte Castell zu Annone (praeterea castrum Nonii) gegen einen jährlich zu St. Martin zu entrichtenden Zins von 50 Mk. Silbers den Rectoren der Stadt. Die Pertinenzen sollten diesen Pachtzins aufbringen. Indes im Jahre 1164 bestätigte der Kaiser Annone mit dem benachbarten Felizzano dem Markgrafen von Montferrat (St. 4031), und am 27. Januar 1167 belehnte er den Getreuen Arnold von Dorstadt, einen niedersächsischen Ministerialen, mit dem Beinamen Barbavaria,[2] mit der Burg und dem Orte Annone, ihn und seine Erben, weibliche und männliche, nach deutschem Recht mit Zoll, Weiderecht, Forsten etc., und gestattete dem Arnold Befestigungen nach Belieben anzulegen, verbot aber eine Veräusserung oder Afterbelehnung. Als Lehnszins forderte der Kaiser jährlich einen guten Falken (St. 4080). Da sich Asti dem Lombardenbund anschloss, so ging Annone für das Reich verloren.

---

[1] Das meiste über Annone zusammengestellt bei Ficker 2, 207 ff.

[2] Er war 1163 Podesta von Piacenza (Const. 218) und hatte auch Güter daselbst gehabt (Const. 247). Im Jahre 1170 erscheint er in einer Osnabrücker Bischofsurkunde. Osnabr. Urkundenbuch no. 326.

Als der Kaiser 1174 Asti unterwarf, wurde ihm Annone zurückgestellt. Am 6. November 1175 (St. 4179), 20. November 1176 (St. 4185) und 3. 4. Juli 1185 hielt sich Friedrich (St. 4423 24) selbst in der Burg auf. Am 7. Juli 1178 schloss er mit Asti einen neuen Vertrag ab (St. 4251. Const. 276). Die Consuln und die Credenza von Asti und andere Männer, die der Kaiser aussuchte, schworen ihm, weder ihm noch seinem Sohne Heinrich noch einem deutschen Boten, den sie zum Castellan daselbst bestellen würden, die Burg abwendig zu machen. Ferner versprachen die Astenser weder diesen Castellan noch die Leute von Annone zu verletzen. Streitigkeiten zwischen den Leuten der Reichsdomäne und den Astensern sollten gütlich ohne Fehde entschieden werden. Dagegen versprach Kaiser Friedrich für sich und seinen Sohn die Burg keinem anderen zu übergeben, weder als Geschenk noch als Lehen noch zur Bewachung, als den Bürgern von Asti. Sollte der Castellan sterben, so sollen die Leute von Annone die Burg hüten, bis ein deutscher Castellan hinkommen wird. Will der Kaiser die Burg nicht mehr selbst verwalten, so wird er sie Asti übergeben. Der Castellan und die Astenser leisten sich gegenseitig Eide, sich nicht zu befehden. In Kriegen gegen Asti verspricht der Castellan neutral zu bleiben. In Notfällen dürfen die Astenser nach Annone unter den kaiserlichen Schutz flüchten. Dieser im Kaiserpalast zu Turin geschlossene Vertrag sollte fünf Jahre in Geltung bleiben.

Der Castellan wurde später in der Person des Thomas de None bestellt, der von 1185—1197 in Oberitalien eine grosse Wirksamkeit entfaltet hat (vgl. Ficker a. a. O. Töche p. 167 Anm. 2). Das Gebiet, das er beherrschte, umfasste neben Burg und Ort Annone vor allem Refrancore, Quattordio, Cerro, den Forst (Foresto), wahrscheinlich auch die Grafschaft Serralonga (s. u. Cod. Astensis no. 639 p. 655). Vom Kaiser hatte indes noch Heinrich von Quattordio, ein angesehener Mann der Gegend, in Annone Lehen (Cod. Ast. p. 646).

Nach dem Tode Heinrichs VI. rückten die Astenser vor die Burg. Am 29. November 1197 urkundet der Podesta Albert von Fontana „in obsidione Noni“ (Cod. Astensis p. 616 no. 596). Am 4. Dezember 1197 schliesst derselbe mit den Consuln von Annone, unter denen auch Heinrich von Quattordio genannt wird, eine Convention ab. Die Burg wird der Stadt Asti übergeben, der Podesta gewährt aber der Castellanin Elena und ihren Kindern freien Abzug, ebenso allen von auswärts stammenden Verteidigern der Festung und gewährt den Einwohnern von Annone Amnestie. Die von dem Castellan gekauften Grundstücke werden ihm zurückerstattet, die Erträge der Burg bis zum nächsten Michaeli gewährt (Cod. Ast. no. 638 p. 653). Am 12. Dezember ergreift der Podesta Besitz vom Castrum Nono, dem burgus, der villa und von Refrancore (Rivo franchoris), Cerro und Foresto mit dem Zoll und allen Pertinenzen, soweit sie Friedrich und Heinrich VI. gehört hatten. Die Orte dürfen ohne Genehmigung der Gemeinde Asti nicht veräussert werden (Cod. Ast. no. 639 pag. 655). Am 7. Dezember wurde mit dem oben genannten Heinrich von Quattordio ein Vertrag geschlossen, in dem der Podesta denselben mit einem Dritteil von Quattordio bei Annone belehnt, das er vom Kaiser Friedrich und Heinrich zu Lehen gehabt hatte, dazu noch mit den Lehen der Kaiser zu Annone (Cod. Ast. no. 630 p. 646).

Ausserdem hatte der Kaiser dem Heinrich von Quattordio in Annone und Cerro Land geschenkt, das dieser seinerseits den Johannitern verlieh, die es wiederum 1198 dem Podesta von Asti übergaben. (Cod. Ast. 632—633 p. 649 f.) Heinrich bekam die Güter als Lehen der Commune zurück (Cod. Ast. 634 p. 650).

1199 fordert Bonifaz von Montferrat Annone mit dem Hofe zurück, doch ohne Erfolg (Cod. Ast. no. 996). Dagegen gelang es Otto IV. die usurpierte Reichsburg zurück zu gewinnen. Am 14. Juni 1210 schloss er mit der Stadt Asti einen Vertrag ab, in dem er dieselbe vom Bann löste und ihr die für den langjährigen Genuss der Erträge von Annone verwirkte Busse nachliess, da sie ihm das Castell zurückgestellt hätte (B-F. 418). 1211 und 1212 wird ein Castellan Konrad zu Annone erwähnt, den Otto daselbst eingesetzt hatte (Ficker 2, 210). Friedrich II. schlug indes die Freundschaft und besonders das Geld von Asti höher an als den Besitz der Burg. Am 3. März 1214 — die Urkunde ist freilich vordatiert (cfr. B.-F. 723) — verlieh er der Commune Asti wegen ihrer Verdienste um das Reich die Burg; worin diese Verdienste bestanden haben, erfahren wir aus einem Diplom vom 22. November 1214 (B-F. 754), nach welchem die obige Urkunde unter absichtlicher Vordatierung ausgestellt wurde. Die Commune Asti lieh nämlich Friedrich 1000 Mark Silbers und erhielt dafür als Pfand das Castell und das Gut zu Annone, die Bewachung und die Einkünfte. Doch hatte es Friedrich mit der Herausgabe von Annone keineswegs eilig, ja in der Urkunde vom Februar 1219 (B-F. 989) nahm er ausdrücklich Annone aus, und erst am 25. November 1220 gab er gegen ein neues Darlehen von 800 Mark den Bürgern von Asti die Bewachung des Castells auf 10 Jahre, in welcher Zeit er sich anheischig machte, die Burg nicht auszulösen. Nach Ablauf der Frist sollte die Auslösung gestattet sein (B-F. 1224). Zugleich befahl er dem Berthold von None, der als Castellan die Burg verwaltete, sie ohne Zögern bei Strafe des Verlustes der kaiserlichen Gnade dem Podesta von Asti zu übergeben (B-F. 1225). Damit kam die Burg dauernd in den Besitz von Asti.

Obwohl über unsere Zeit hinausgehend, mag doch erwähnt werden, dass Innocenz IV. Wilhelm von Holland bat, den Thomas von Savoyen mit Annone zu belehnen,[1] und dass Heinrich VII. 1310 das Castell dem Ritter Ralvengo übertrug, der es 3 Jahre hatte und dann dem Grafen Werner, Statthalter des Kaisers, übergeben musste. Dieser verkaufte das Castell an Wilhelm Vacca, der es auf kaiserlichen Befehl an den Grafen Amadeus von Savoyen auslieferte, den Heinrich mit der Grafschaft Asti belehnt hatte.

---

[1] Carutti, Regesta comitum Sabaudiae no. 901.

(Della Chiesa, Descrizione del Piemonte 5, 99 ff. Univ. bibl. zu Turin.)

Ausser Annone forderte indes Friedrich I. noch mehrere Besitzungen in Montferrat für das Reich zurück, die er allerdings zum grössten Teile 1164 dem Markgrafen von Montferrat verlieh, so unter anderem Mirabello, S. Giorgio, Torcello, Montiglio, Cocconato; als ältere Lehen wurden betrachtet Ponte Stura, Gabiano, Brusasco, Valenza, Lù (St. 4031). In einer besonderen Urkunde schenkte er am 3. Dezember 1164 den Markgrafen das Castell Cavagnolo bei Brusasco und Vesterna. Besondere Beachtung verdienen die drei von Friedrich rekuperierten Burgen Serralonga,[1] Lù im Valgrana und Verrua am rechten Poufer gegenüber der Dorabalteamündung, von denen Rahewin erzählt, dass Friedrich für ihre Befestigung und Besetzung gesorgt habe.

Lù war eine alte Besitzung des Klosters Savigliano und wurde 1164 dem Markgrafen von Montferrat bestätigt.

Serralonga wurde am 23. September 1074 (St. 2780) dem Kloster Fruttuaria von Heinrich IV. mit dem Castellum Langobardorum bestätigt.[2] Ausserdem treten noch Herren von Serralonga auf, die im Jahre 1152 ihr Recht am Castell und der Grafschaft an die Stadt Asti für 30 Pfund Astenser Denare verkaufen (Cod. Ast. no. 566 p. 566); dann wird 1159 der Kaiser Serralonga genommen haben. 1174 belehnt der Erwählte von Asti, Wilhelm die Consuln mit der Hälfte von Serralonga. Indes bei der erneuten Unterwerfung nahm der Kaiser auch Serralonga zurück, mit der dazu gehörigen Grafschaft, die vermutlich auch dem Thomas de None unterstellt war. Es gehörten dazu die Orte Musancia,

---

[1] cf. Cod. Ast. 1, p. 302. Die Lage von Serralonga ist nicht sicher. Nach den einen ist es das heutige Serralonga, nach anderen liegt es an der Stelle des heutigen Cantarana bei Baldichieri, vielleicht ist es „La Serra" bei Montafia.

[2] Noch 1175 bekam der Abt von Fruttuaria 15 Scheffel frumenti und 15 annonae in Serralonga (Hofbibl. Turin. Misc. 8, 87 p. 257). 1181 hatte Fruttuaria auch Besitz hier (Ch. 2, 1583).

Musanziola, Travazola und Dusino.[1] Am 12. Dezember 1197 nahm zusammen mit Annone der Podesta von Asti die Grafschaft Serralonga für die Stadt in Anspruch, soweit sie Friedrich I. und Heinrich besessen hätten, unter den gleichen Bedingungen wie Annone (Cod. Ast. no. 639 p. 655).

Verrua[2] war ein altes Besitztum des Bistums Vercelli, dem Otto III. den Ort bestätigt. Es wird genannt in der Urkunde Konrads II. vom 7. April 1027 (St. 1935) und in der Friedrichs I. vom 17. Oktober 1152 (St. 3646). Doch scheint Friedrich, als er nach Italien kam, die Burg fürs Reich genommen zu haben. Im Juli 1159 verweilte die Kaiserin hier (MG. 18, 612). Heinrich VI. bestätigte den Ort wieder dem Bistum (St. 4725). Im Jahre 1240 nahm Friedrich II. das Castell mit bewaffneter Hand. Im September 1248 gab er dasselbe, das wegen des Verrats des Bischofs von Vercelli mit Recht eingezogen worden sei, dem Markgrafen Bonifaz von Montferrat zu rechtem Lehen (B-F. 3744).

In dem Verzeichnis der „Curiae regales in agro Mediolanensi" (Turiner Universitätsbibliothek Cod. MXLV fol. 231, 2) sind in unserem Bezirke die Orte Casale St. Evasii und Valenza genannt. Der letztere Ort wurde 1164 Montferrat bestätigt. Casale war 1070 von Heinrich IV. dem Bistum Vercelli verliehen worden (s. o.). Friedrich hielt sich wiederholt in der Stadt auf, so z. B. Januar 1155 (St. 3703), August 1164 (St. 4026a), Mai 1178 (St. 4247), März 1186 (St. 4447/48). Am 5. März 1186 wurde die Stadt reichsunmittelbar (St. 4451). Es ist wahrscheinlich, dass schon früher der Kaiser dieselbe fürs Reich in Anspruch genommen hat. Freilich machte schon längst an Stelle des Bischofs die Stadt Vercelli Ansprüche auf Casale, das sich schon 1170 hatte unterwerfen müssen. Im Jahre 1191 bestätigte

---

[1] Musanzola bei Villafranca d'Asti an der Triversa. Die Brücke heisst noch heute la Musanza. Zwischen Dusino und Villafranca lag Travezzola (Cod. Ast. 1, 304).

[2] cfr. Hofbibl. zu Turin Miscellanea 69, 7 und Archivio storico Lombardo Bd. 8 p. 225 ff. „Reminiscenze di Verrua".

Heinrich VI den Ort Casale mit Poinseln und Pertinenzen dem Bischof von Vercelli (St. 4725). 1196 kam es zum Prozess des Bischofs gegen die Stadt, die unterlag und zur Unterwerfung unter den Bischof verurteilt wurde. (Ficker 4, no. 192).

Es erübrigt noch auf einige Massnahmen Friedrichs II. in unserem Gebiet einzugehen. Wenn diese auch nicht zur Bildung eines festen Reichsguts führten, so ist es doch angebracht dieselben kurz zu erwähnen. Wie wir sahen, verlieh der Kaiser den Astensern nach langem Zögern die Burg Annone, und ebenso gab er am 21. Februar 1219 dem Markgrafen von Montferrat die Orte Pasiliano, Torcello, und die zwei Castelle zu Cuniolo am Po mit der Pobrücke und Mühlen, doch war diese Schenkung (B-F. 981) keine Verleihung von Reichsgut, da Pasiliano thatsächlich eine zwischen Vercelli und Montferrat streitige Stadt war; Torcello, Cuniolo und Pasiliano standen 1214 im Bund mit Vercelli (cf. De Conti 2, 95 f.), und Pasiliano ging später in Casale auf (De Conti 2, 143).

Sehr energisch zeigte sich dagegen Friedrich im Jahre 1221 gegen die Stadt Asti. Der Legat des Kaisers, der Bischof von Metz und Speyer befahl den Astensern die Grafschaft Loreto, die sie sich angeeignet hatten, für das Reich zu restituieren und ebenso den Ort Castagniole, das dem Berthold de None gehörte. Der Kaiser bestätigte dies und bannte die Stadt Asti (B-F. 1338). Doch zur Einziehung der Grafschaft Loreto scheint es nicht gekommen zu sein. Im Mai 1226 fand die Lösung vom Banne statt (B-F. 1612).

Dem Markgrafen von Montferrat verlieh Friedrich April 1223 die Orte Pecetto, Ponzano, Mte. Castello, Castelletto im Val Orba, doch handelt es sich nur um Restitutionen (B-F. 1479). Im Jahre 1224 wurden dem Kaiser, der dem Markgrafen 9000 Pf. Silber Kölner Gewichts lieh, zur Eroberung des Königreichs Thessalonich, sämtliche Güter des Markgrafen verpfändet und zum Fruchtgenuss gegeben, wie auch alle Güter, die der Kaiser von den Gläubigern des Markgrafen bis zum Betrage von 7200 Pf. einlösen würde (B-F. 1524). Unter den Besitzungen des Markgrafen nennen wir S. Salvatore, Vignale, Moncalvo, Gabiano, Odalengo, Tonco, Chivasso, ½ Felizzano, ½ Sezze, ½ Retorto. Verpfändet waren: Valenza für 500 ₶, Lù für 1000 ₶, Rocca Val Orba für 1000 ₶. Der Kaiser scheint auch wirklich die Orte besessen zu haben. 1238 (?) belehnte er mehrere Edle von Pavia, die er zu Markgrafen von Occimiano ernannte, mit einer Reihe von markgräflich Montferratschen Gütern, so mit Mirabello, Pomario, S. Salvatore, Lù, Vignale, Valenza, Pecetto (B-F. 3131).[1] 1239 verzichtete dann aber der Kaiser auf alle seine Rechte an den Gütern des Markgrafen von Montferrat und belehnte ihn mit allen seinen alten Besitzungen (B-F. 2453 68). 1247 musste der Markgraf sich verpflichten dem Kapitän des Kaisers Guido Marrachus eine grosse Reihe von Burgen auszuliefern (Ch. 2, 1866. B-F. 13597). Als der Markgraf dann 1248 abfiel, rückte Friedrich in sein Gebiet ein und nahm Pasiliano, S. Giorgio und S. Salvatore (B-F. 3717 a). Doch der Markgraf unterwarf sich (B-F. 3724 b) und erhielt nicht nur alles zurück, sondern noch Verrua dazu (B-F. 3744).

XIII.

PROVINZ CUNEO (Coni).

Litteratur:

Bene: G. F. Caglieri, Racconto storico della città di Bene in Piemonte. Mondovì 1680.

Ceva: Olivero, Memorie storiche di Ceva Ceva 1852.

Cherasco: Adriani, Indice analitico e cronologico di alcuni documenti di Cherasco. Torino 1857. — Voersio, Storia die Cherasco. Mondovì 1618.

Fossano: Paserio, Notizie storiche di Fossano. Torino 1866.

Mondovì: Grassi, Memorie storiche della chiesa di Monteregale. Torino 1789.

Pagno: Manuel di S. Giovanni in Miscellanea di storia italiana Bd. 27 (1889) p. 1 ff.

Pedona: Historiae patriae monumenta 5. Praefatio. — J. Durandi, Le antiche città di Pedona etc. 1769.

Saluzzo: Muletti (s. o.) — G. della Chiesa, Chronaca di Saluzzo HPM. SS. 3.

---

[1] Die Urkunde ist nicht zuverlässig.

Savigliano: C. Novellis, Storia di Savigliano. Torino 1844
Vasto: Manuel di S. Giovanni, Dei marchesi del Vasto. Torino 1858.
Villar S. Costanzo: Meyranesio, Pedemontium sacrum 1863. 1, 13 ff.

Ueber die Verhältnisse der Provinz Cuneo in der langobardischen Zeit sind wir kaum unterrichtet, wahrscheinlich gehörte dieselbe zum Sprengel der Herzöge von Turin und Asti, von einem Gastaldat in diesen Gegenden ist nichts überliefert. Dagegen gab es in allen Teilen der Provinz nachweisbar einen sehr grossen Bestand königlicher Domänen, besonders in den Alpenthälern, die wahrscheinlich sämtlich der Krone gehörten. Doch auch in der Ebene zwischen Tanaro und Stura und in den am Apennin gelegenen Bezirken stossen wir auf zahlreiche Krongüter. Wir zerlegen die Provinz im Folgenden in die Alpenthäler, westlich von Po und Stura, und die Bezirke an Stura und Tanaro.

1. Alpenthäler
(von Norden nach Süden).

Valle del Po, beginnt am Mte. Viso, ohne einen gangbaren Passübergang nach dem Dauphiné, und daher militärisch und kommerziell weniger wichtig als die südlich gelegenen Thäler. Im oberen Thale sind königliche Güter nicht nachweisbar. Revello[1] und Barge im Val Giandone gehörten 1001 dem Markgrafen Odelrich Manfredi (DO. III. 408), 1028 dem Kloster Caramagna (Muletti 1, 154). Etwa 3 km. östlich vom Po, am Fusse des Gebirges liegt Saluzzo, wo in dem Verzeichnis der Königshöfe (Const. 440) ein Hof (Saluza) erwähnt wird mit einer Einnahme von 200 Mark. Ob der Hof hier noch eine „uralte aus langobardischer Zeit stammende fiskalische Besitzung“ darstellt, wie Matthäi[2]

[1] Const. no. 440 identifiziert „Vivel“ mit Revello. Ich würde Rivoli vorziehen.
[2] p. 13.

meint, oder aus den Gütern der Bertha von Turin stammt, ist nicht mit Sicherheit zu entscheiden. Mit den Besitzungen in den Kottischen Alpen, von denen Paulus Diakonus spricht, haben diese Güter nichts zu thun.[1] Die Urkunden, die Muletti giebt, sind, obwohl sie auch erst aus dem 11. Jahrhundert stammen, zum grossen Teil falsch oder unzuverlässig.[2] Die erste sichere Nachricht über Saluzzo giebt die Gründungsurkunde[3] der Abtei Caramagna durch den Markgrafen Odelrich Manfred und seine Gattin Bertha vom 28. Mai 1028. Das Ehepaar schenkt der Abtei den dritten Teil des Hofes Saluzzo mit Ausnahme des Castells (Ch. 1, 272). In einer Urkunde vom 11. Mai 1081 (Ch. 1. 394) schenkt Adelheid von Turin dem Kloster S. Maria in Pinerolo Grundstücke in ihrer villa Saluzzo, zusammen 5 Joch und 107 tabulae. Somit wäre mit Sicherheit festgestellt, dass die Grafen von Turin hier Besitzungen hatten und so möchten wir auch annehmen, dass ein Hof in Saluzzo von diesen auf Heinrich IV. übergegangen ist, obwohl die Möglichkeit nicht ausgeschlossen wäre, dass neben dem Grafengut noch ein Reichshof hier bestanden hat. In den Kämpfen nach Adelheids Tod haben sich dann die Aledramiden des Ortes bemächtigt.

In dem südwestlich von Saluzzo gelegenen Val Bronda erreichen wir ca. 7 km. von der Stadt den Ort Pagno. Der langobardische König Aistulf gründete hier ein Kloster, das er reich ausstattete.[4] Nach einer angeblich heute noch vorhandenen Inschrift liegt hier eine Königin (regina potens) begraben, nach den einen Gerberga, Gattin Karlmanns I., nach anderen Aistulfs Gattin Giseltrud.[5] Als Lothar I. 825 das Kloster Novalese zwang, für das neugegründete

---

[1] cf. p. 201, Anm. 1.

[2] Auch die bei Saluzzo gefundene Inschrift: „regis conductor“ von 645, die Muletti 1, 51 und Durandi, Del antico stato 26 erwähnen, möchte ich nicht für zuverlässig halten.

[3] Muletti erwähnt 1017 zwei Burgen (1, 87) und dann Schenkungen an die Abtei Cavour (1, 247. 250).

[4] Chron. Nov. 3, 26.

[5] Miscell. Bd. 27 p. 6 ff.

Hospital auf dem Mont Cenis einige Güter abzutreten, wurde Novalese durch die Einverleibung von Pagno entschädigt (B-M. 989), dem es seitdem verblieb.[1]

Valle di Varaita, vom gleichnamigen Bach durchflossen, ca. 40 km. lang, ermöglicht über den Col de Longet und den Colle de l'Autaret bei Casteldelfino den Übergang nach Embrum bezw. Barcelonette. Das Thal gehörte der Krone (iuris nostri imperii) und wurde von Otto III. dem Bistum Turin geschenkt (DO. III. 302).

Valle Maira gehörte den Grafen von Turin und wurde 1028 der Abtei Caramagna geschenkt. (Ch. 1, 272). Am Ausgang des Thales liegt bei Dronero Villar S. Costanzo am linken Ufer der Maira. Die Abtei hier soll von Aripert II. gegründet worden sein[2] an Stelle der alten Römerstadt Cannetum.

Valle della Stura ist das verkehrreichste dieser Thäler, da es durch den nur 1995 m hohen Col d'Argentera oder Col della Maddalena (auch Col de Larche) mit Barcelonette und dem Thal der Durance in Verbindung steht. Wie die Dorathäler war auch das Val Stura durch Klausen geschützt, die nach der Angabe Durandis (p. 109) bei Pontebernardo, 12 km. unterhalb des Passes lagen. Mit diesen Befestigungen (Clusiatico) wurde das Thal von Otto III. dem Bistum Turin überwiesen (DO. III. 302). Das untere Sturathal war bereits der Abtei Pedona verliehen worden, doch scheint diese Schenkung nicht ausgeführt worden zu sein (HPM. 5 praefatio).[3] Später kam das Sturathal, wahrscheinlich als Turiner Lehen, an die Aledramiden, die Markgrafen von Saluzzo.

Als Burgund mit dem Imperium vereinigt wurde, gewann das Thal wieder erhöhte Bedeutung, doch scheint

---

[1] Durandi, Piem. cisp. p. 120.

[2] Durandi, Cisp. p. 118. Meyranesio 1, 13. Agost. della Chiesa in der Descrizione del Piemonte (Manuscript der Univ.-Biblioth. Turin) 3, 447. — cf. Manuel S. Giovanni, Marchesi del Vasto p. 171.

[3] „a Sturicae clusatico usque ad locum, ubi Gessius in Sturiam influit". Vielleicht lagen auch die Clusae weiter unterhalb, als Durandi annimmt.

kein Herrscher darauf aufmerksam geworden zu sein. Erst Friedrich I., der das südliche Arelat 1178 selbst kennen lernte (cf. St. 4254—4265), erkannte die Wichtigkeit einer Verbindung Italiens mit Burgund. Nun war im Nordwesten die savoyische Macht consolodiert, und so richtete er seine Aufmerksamkeit auf das Sturathal. Eine Notlage des Markgrafen von Saluzzo benutzend, beauftragte er Heinrich VI. mit demselben zu verhandeln.[1] Im März 1187 kam ein Vertrag in Asti zu Stande, in dem der Markgraf für 1750 Mark Silber und 20½ Gold das Sturathal der Krone abtrat. Davon waren 300 Mk. Silber und das Gold sofort zahlbar, der Rest zu Michaelis und Weihnachten. Auch versprach Heinrich Centallo ohne den Consens des Markgrafen nicht zu erwerben und keinen seiner Vassallen aufzubieten.[2]

Schon zehn Jahre später war diese Erwerbung der Krone verloren. Im Dezember 1197 giebt Markgraf Bonifaz von Monferrat das Thal seinem Neffen, dem Markgrafen Bonifaz von Saluzzo zu Lehen. Verwundert sagt Gioffredo della Chiesa:[3] „Una cosa che tiene sospesi che di sopra nell' anno 1187 il marchese di Saluzzo vendete la Valle Sturiana alo imperatore . . . e pure tutte queste cose sono per instrumenty“.

Versuchen wir die Sache zu erklären. Entweder hat, da an eine Fälschung der Kaufurkunde nicht zu denken ist, Heinrich VI., wie auch anderweitig, den Markgrafen Bonifaz auch hier beschenkt, oder dieser hat sich nach dem Tode des Kaisers in den Besitz des Thales gesetzt und dann seinen Neffen mit demselben belehnt. Für uns ist die Urkunde von 1197[4] deshalb wertvoll, weil sie

---

[1] Ich vermute, dass die Verhandlungen nicht aus der Initiative Heinrichs hervorgingen, da dieser ganz entgegengesetzte Tendenzen verfolgte.

[2] Gioffr. della Chiesa, Chronaca di Saluzzo HPM SS. 3, p. 880. St. 4605. Die Urkunde war im Turiner St.-Archiv nicht aufzufinden.

[3] a. a. O. p. 883.

[4] Ital. Übersetzung bei Gioffr. della Chiesa a. a. O. p. 883. Original im Staatsarchive Turin. Marchesato di Saluzzo 5a. Categoria, Mazzo primo no. 1 Urk. vom 6. Dez. 1197.

uns über den Umfang der ehemals königlichen Güter im Thale und die Anzahl der Ortschaften in demselben Aufschluss giebt. Es sind: Rocca Sparvera (westlich von Borgo S. Dalmazzo, Roca Sparviesa), Valloriate (Valloria), S. Benedetto, Vinadio (Vinay), Mojola (Mogliola), Gajola (Gaglola), Rittana (Ritana), Pondebernardo, Pietraporzio (Peraporch), Sambuco (Sanbuch), Berzezio (Breses); nördlich vom Sturathal am Ostabhang der Alpen Vignolo und Caraglio, mit Castellen.

Pedona und Umgebung.[1] Nach einer alten Ueberlieferung des Klosters S. Dalmazzo wurde Pedona bei Cuneo, heute Borgo S. Dalmazzo zwischen Stura und Gesso, von König Agilulf gegründet. Er schenkte dazu einen grossen Teil seiner in den Seealpen gelegenen Besitzungen[2] und zwar:

1. Die Gegend abwärts von der Klause der Stura (s. o.), die Gegend von Quarto und die Ebene von Quinto, in den Bergen und im Flachland. Gemeint ist hierunter das unterste Sturathal zwischen Gajola und Cuneo.[3]

2. Der Landstrich unterhalb von Pedona, zwischen Stura und Gesso bis zum Einflus des letzteren in die Stura beim Orte Cuneo. Es ist dies ein etwa 10 km. langer, 3 km. breiter Landstrich.

3. Das Thal des Gesso bis zum Colle di Finestre. Es ist ein etwa 30 km. langes Thal mit dem Hauptort Valdieri. Der Colle di Finestre liegt an der heutigen französischen Grenze und verbindet das Flussgebiet des Gesso mit dem im französischen Departement Alpes Maritimes gelegenen Flecken St. Martin Lantosque.

4. Das Val di Vermenagna (Vallis Vermedaliae) bis zu den Spitzen der Alpen und dem Cornio oder Col di Tenda. Das Thal ist etwa 20 km. lang und durch den vielbegangenen Passübergang nach Nizza besonders wichtig. Nach einer

[1] Die Belege sämmtlich in HPM. 5, SS. 3, praefatio. B-M. 570.

[2] Ob die Schenkungen wirklich von Agilulf stammen, ist uns zweifelhaft, doch dürften die angegebenen Landstriche Krongut gewesen sein.

[3] Durandi cisp. p. 113.

späteren Urkunde Ludwigs des Frommen schenkten Perctarit und Grimoald die beiden letztgenannten Thäler. —

Cunincpert und Liutprand bestätigten dem Kloster folgende Orte, die wahrscheinlich auch, wenigstens zum Teil, aus königlicher Schenkung stammten:

Germanicia verschwundener Ort bei Caraglio in Val Grana (s. o.)[1]

Vernante (Alvernante), im Val di Vermenagna südlich von S. Dalmazzo.

Robilante (Reburento) zwischen Vernante und S. Dalmazzo.

Rivoira (Rivobrazente) } östlich von Borgo
Boves (Bovicio) } S. Dalmazzo.

Quadraginta ist bei S. Benigno an der Grana 7 km. nördlich von Cuneo zu suchen;[2] Karl der Grosse schenkte hier die „plebs". Alles zusammen bestätigte Ludwig der Fromme.

2. Gebiet des Tanaro und der unteren Stura.

Während wir in der weiten Ebene zwischen Alpen und Stura keine Krongüter nachweisen können,[3] war das Dreieck zwischen Stura, Tanaro und den Bergen ganz in königlichem Besitz. Der ganze Bezirk hier wurde durch Ludwig III. 901 dem Bistum Asti verliehen.[4] Der Kaiser schenkt dem Bischof Heilulf:

1. Den kaiserlichen Hof Bene (Baienne) zwischen Tanaro und Stura, östlich von Fossano mit 100000 Joch Land, einem Castell, Wasserleitung und Ländereien.

---

[1] Durandi, Le antiche città di Pedona § 1. Cisp. p. 133.

[2] Durandi Cispad. p. 133.

[3] Die Orte hier gehörten ursprünglich den Turiner Grafen, dann den Abteien Caramagna, S. Maria di Pinerolo, S. Pietro in Turin und Savigliano.

[4] Urkunde Ch. 1, 59. Ch. 2, 10, cfr. C. Cipolla, Di Audace d'Asti in den Miscell. 27 p. 159 ff. 210 ff. 216 ff.

2. Güter im Umkreis von S. Maria di Lequio, östlich von Bene am Tanaro (S. Maria ad Leucum titulum) mit einem von der plebs Bene abhängigen Castell mit 30 000 Joch Land, reichend von Trifolido, wahrscheinlich bei Cherasco gelegen, bis zum Pesiofluss (Besum), der sich bei Carra, 10 km. südlich von Lequio in den Tanaro ergiesst. Dazu gehörte die Abtei S. Maria di Narzole, 3 km. nördlich von Lequio und die Kirche S. Gregorio di Villette (de villa), die nordwestlich von Bene an der Stura liegt; dazu kamen Ländereien bis zur Stura.

3. Die Kirche S. Maria di Cervere (in Cervaria), die am linken Sturaufer 6 km. oberhalb Cherasco liegt, mit 600 Joch.

4. Salmour (Sarmodorium) am rechten Sturaufer 5 km. nordwestlich von Bene, mit dem ganzen Berg und dem Land um denselben mit 1070 Joch.

Hiezu kommen sämtliche Regalien in der Grafschaft Brà, der Hof Niella (Nigella) am linken Tanaroufer östlich von Mondovi, und sämtliche königliche Höfe zwischen Stura und Tanaro in der genannten Grafschaft. In einer zweiten Urkunde von 902 wurde noch die Abtei Pedona und die Canonica S. Maria hinzugefügt.

Das verschenkte Gebiet hätte — vorausgesetzt, dass die Angaben genau wären — folgende Grösse:

Bene	100 000	Joch	=	78 540	ha
Lequio	30 000	„	=	23 560	„
Cervere	600	„	=	471	„
Salmour	1 070	„	=	840	„
Sa.	131 670	Joch		103 411	ha

Wir kämen auf einen Landstrich von 1034 □km. (ca. 20 □Meilen), der etwa dem Fürstentum Waldeck (1121) oder dem Schweizer Kanton Uri (1076) entspräche und ein Siebentel der gesamten Provinz Cuneo (7136) umfassen würde. Nun ist das Gebiet zwischen dem Kamm der Seealpen, der Stura und dem Tanarothal etwa 1000 qkm. gross,[1] so dass

[1] Es ist ungefähr ein rechtwinkliges Dreieck. Die Grundlinie Colle di Finestre-Ormea von 40 km., die Höhe Ormea-Cherasco ca. 55 km.

die Grössenangaben der Urkunde sicher ungenau sind. Der Grund für die umfangreiche Schenkung ist, wie Cipolla (a. a. O. p. 162) mit Recht hervorhebt, darin zu suchen, dass Ludwig III., dessen Hauptstützpunkt die Provence bildete, die Gegend der Seealpen in sicheren Händen zu wissen wünschte und die Obhut derselben dem ihm ergebenen Bischof Eilulf übertrug. Doch ist es zweifelhaft, ob die Urkunde in dem vollen Umfang ausgeführt bezw. von Berengar I. anerkannt worden ist, zumal sie von Ludwigs Nachfolgern nie bestätigt wurde. Erst in der Urkunde Heinrichs III. (St. 2204) vom 20. Januar 1041 sind die Orte erwähnt, die sich in der genannten Gegend finden, so S. Dalmazzo, Trifoglietto, Bene, Cervaria, Nigella, Lequio, Narzole. Dabei soll nicht geleugnet werden, dass Asti thatsächlich Güter in der Gegend von Bene gehabt hat, da dies auch sonst durch Urkunden bestätigt wird. So wird von Otto dem Grossen Pedona 969 bestätigt (DO. I. 374), 973 schenkt ein gewisser Johann in Bene dem Bistum Güter in Novello am Tanaro unweit Bene (Ch. 1, 139), im Jahre 981 werden vor dem Gericht zu Savigliano die Ansprüche des Bistums auf Grundstücke in dem zwischen Tanaro und Stura unweit Cuneo gelegenen Ort Morozzo anerkannt (Ch. 1, 151), und auch für den bischöflichen Besitz in Lequio haben wir einen Beweis von 1029 (Ch. 1, 278).

Am 25. April 1093 schenkte Heinrich IV. dem Bistum Asti das Castell mit der villa und Pertinenzen zu Carassone (St. 2917) am Einfluss der Ellero in den Tanaro unweit Mondovi. Der Ort ist bereits in der Urkunde Heinrichs III. für Asti erwähnt; doch lagen hier auch Güter der Grafen von Turin,[1] und es ist wahrscheinlich, dass aus deren Erbschaft Carassone an Heinrich überging, der dann diesen unhaltbaren Besitz dem Bistum überlieferte.

Östlich vom Tanaro lagen bis in die ottonische Zeit hinein grosse Komplexe von Königshöfen, die durch

---

[1] Muletti I. 181. 225.

die Schenkung Ottos des Grossen an den Grafen Aledram übergingen (DO. I. 339).[1]

Über die Krongüter in der Bischofstadt Alba und ihrer Umgebung wissen wir gar nichts, da durch einen Einsturz des Bischofspalastes im 17. Jahrhundert sämtliche Alba betreffende Urkunden verloren sind.[2]

In der Ebene und in dem Hügelland auf der linken Seite des Tanaro kennen wir einige wenige Domänen: Cornegliano, östlich von Brà, nordwestlich von Alba scheint ein alter Königshof gewesen zu sein. Friedrich I. bestätigte 1188 ein ottonisches Privileg für die Leute des Ortes (St. 4501), nach dessen Bestimmung dieselben Zollfreiheit im Reiche genossen. Dagegen leistete jedes Haus im Mai eine Zahlung von 14 denar, gab ein Viertel der Feldfrüchte, 1 Scheffel indisches Korn (suricum), 1 Scheffel Hirse (milium), 1/3 vom Wein,[3] von den entfernten Äckern 1/7 der Feldfrüchte. Sie erhielten dazu noch das freie Weiderecht und Holznutzung, vermutlich im Reichsforst. Eine Kapelle in Cornegliano gehörte im 10. Jahrhundert dem Kloster Breme (DO. III. 101), doch ist es zweifelhaft, ob der gleiche Ort gemeint ist.

Cavallermaggiore, Bahnknotenpunkt an der Maira zwischen dem Po und Savigliano, nach Const. 440 identisch mit Cavallar in dem Verzeichnis der Königshöfe. Cavalario wird in einer Urkunde Benedicts VIII. als grosser Hof mit Appendizien (Ch. 1, 234) und in einem Diplom Konrads II. (Stumpf Acta 284) für Breme erwähnt neben S. Giorgio. 1028 hatte hier die Abtei Caramagna Besitzungen (Ch. 1, 272), die von Odelrich Manfredi gegründet wurde. Wahrscheinlich kam auch dieser Besitz durch die Grafen von Turin an Heinrich IV.

Obwohl wir selbst an der Identifizierung sehr zweifeln, möchten wir doch erwähnen, dass die beiden der Adelheid

---

[1] Über die Urkunde und die darin genannten Orte vgl. das S. 246 gesagte.

[2] Ughelli 4, 284.

[3] „ita ut nonnisi semel posita sit in torculari“.

gehörigen und von ihr S. Salvatore zu Pavia geschenkten Höfe Barla und Morancha [1] (CL. 997) vielleicht mit Barolo bei Cherasco und la Morra identisch sind. —

Da die Provinz dem grossen Verkehr entrückt war, so fanden — mit Ausnahme des Sturathales — in der Zeit Friedrichs I. hier keine Rekuperationen statt. Friedrich II. hielt sich 1238 in der Gegend von Cuneo auf und richtete hier eine umfassende Verwaltung mit Generalkapitänen in Cuneo und Fossano (Ch. 2, 1842. 1. 928) ein, doch von unmittelbarem Reichsgut war hier nicht mehr die Rede.

---

[1] Durandi p. 194. Moranca ist wahrscheinlich bei Corteolona zu suchen.

DRITTES BUCH.

DIE VERWALTUNG UND BEWIRTSCHAFTUNG DES REICHSGUTS.

VORSTAUFISCHE ZEIT BIS ZUM AUSGANG DES 11. JAHRHUNDERTS.[1]

Litteratur:[2]

Th. *Eheberg*, Agrarische Zustände in Italien Schriften des Vereins für Socialpolitik. Leipzig 1886. Bd. 29.

Handloike, Die lombardischen Städte und Communen unter der Herrschaft der Bischöfe und die Entstehung der Communen. Berlin 1883.

Hanssen, Agrarhistorische Abhandlungen. Leipzig 1880.

Hartmann, Untersuchungen zur Geschichte der byzantinischen Verwaltung in Italien. Leipzig 1889.

Hegel, Geschichte der Städteverfassung von Italien. Leipzig 1847.

K. *Th. v. Inama-Sternegg*, Deutsche Wirtschaftsgeschichte. Leipzig 1879 ff.

---

[1] Die ganze Zeit ist deshalb zusammengefasst, weil wir fortwährend zu Rückschlüssen von einer auf die andere Periode genötigt sind, und es bei dem verhältnismässig geringen Material in vielen Fällen sehr schwierig ist, die einzelnen Perioden von einander zu scheiden. Dazu blieb die langobardische Gesetzgebung auch in der späteren Zeit in Geltung. Für die langobardische Zeit ist das ganze Material aus Ober- und Mittelitalien, für die spätere Zeit im allgemeinen nur das Material aus der Lombardei und aus Piemont herangezogen.

[2] Vgl. auch die allgemeine Litteratur.

K. Lamprecht, Deutsches Wirtschaftsleben im Mittelalter. Leipzig 1886.

G. L. v. Maurer, Geschichte der Fronhöfe, der Bauernhöfe und Hofverfassung in Deutschland. Leipzig 1862 ff.

Mommsen, Die italienische Bodenteilung. Hermes XIX. 1884.

Schupfer, Degli ordini sociali e del possesso fondiario appo i Langobardi. S-B. der Wiener Academie. Hist. Klasse. 1860 p. 267 ff.

G. Waitz, Über die altdeutsche Hufe. Göttinger Gesellschaft der Wissenschaften Bd. 6, 220. 1854.[1]

I.

BEAMTE.

Über die Zentralverwaltung des Königsguts wissen wir fast gar nichts. In der langobardischen Zeit stand der Majordomus an der Spitze der Finanzverwaltung (Schupfer istituzioni p. 255), der seinen Sitz in Pavia hatte. Auch scheint dortselbst eine Zentralzahlstelle für das Reich oder einen grossen Teil desselben im 9. Jahrhundert bestanden zu haben, da wir erfahren, dass Öl vom Comersee nach Pavia gefahren wurde (CL. 126). Vielleicht leitete der Camerarius die Zentraldomänenverwaltung; 901 wird ein solcher namens Miraster in einem placitum in Pavia (Ch. 1, 58), 962 ein Camerarius Warimund als Advocatus des Kaisers ebenfalls in einer Gerichtsurkunde von Pavia erwähnt (Ch. 1, 118).

Im Übrigen ist es um unsere Kunde von der Zentralverwaltung der Finanzen in Italien ebenso schlecht bestellt wie in Deutschland (vgl. Waitz, Verfassungsgeschichte 4, 8). Erst aus der Zeit Heinrichs IV. erfahren wir, dass zu Pavia und zu Rom kaiserliche Kassen bestanden, in die die Einkünfte aus Domänen und Zöllen flossen, und aus denen

---

[1] Nachdem die Arbeit abgeschlossen war, kam mir der reichhaltige Aufsatz von Dr. G. Seregni im Heft vom 31. März 1895 des Archivio storico Lombardo (Serie 3 Bd. 3 p. 1 ff.: „La popolazione agricola della Lombardia nell'eta barbarica") zu Gesicht, den ich daher leider nur noch in den Anmerkungen berücksichtigen konnte.

dann die Kosten für die Landesverwaltung und Landesverteidigung bestritten wurden (vgl. Matthäi, Lomb. Politik p. 17).

Besser als über die Zentralverwaltung sind wir über die Provinzial-Domänenbeamten orientiert. Im langobardischen Reiche treten als solche ähnlich den fränkischen Domestici Gastalden (gastaldii, castaldii, gastaldiones) auf, die auch in Bayern und Schwaben vorkommen[1] (cf. Brunner, Rechtsgeschichte 2, 124).

Der Gastalde erscheint in der langobardischen und ersten karolingischen Zeit nur als Beamter des Königs, der halbsouveränen Herzöge von Benevent und Spoleto und der Königin (Troya 770. 985, die Lesart ist nicht ganz sicher), nicht aber als Beamter Privater. Er hat eine hohe angesehene Stellung und führt regelmässig den Titel „magnificus."[2] Er wurde vom König ernannt und war absetzbar, was sich aus dem raschen Wechsel der Gastalden in Rieti ergiebt (cf. Schupfer, istituzioni p. 313).

Häufig finden wir Gastalden im Besitze von Grundbesitz. So hatte z. B. der Gastalde Martin Güter im Gebiete von Frignano (Troya 880), der Gastalde Warnefrid von Siena Güter im Orciathal, mit denen er das von ihm gegründete St. Eugenskloster dotierte (Tr. 483), Ermuald von Treviso kaufte Besitzungen in der Umgebung der Stadt (Tr. 886. 970), und die Gattin des Gastalden von Lodi besass umfangreiche Güter (Tr. 770). Wir können daraus schliessen, dass entweder Gastalden angesehenen Grundbesitzern des Kreises entnommen wurden, oder dass der König den Gastalden Güter zum Niessbrauch als Besoldung überliess.[3] Auch Schenkungen von Königen an Gastalden

[1] Das Wort wird mit dem gothischen Worte gastaldan = besitzen, haben, erwerben, in Verbindung gebracht. Pabst, Forschungen 2, 442. MG. Ll. 4, 671 bringen Gastalde mit „stellen, gestellen" und den noch heute in Schleswig üblichen Wörtern „Staller" und „Oberstaller" in Zusammenhang. Vgl. auch Seregni a. a. O. p. 37, Anm. 1.

[2] Vgl. MG. Epistolae 3, 266 „gloriosi duces, magnifici gastaldii".

[3] Ein Fall, bekannt von 793, in welchem Jahr Sonderulf v. Asti königliche Güter zum Niessbrauch hatte („usavit").

werden erwähnt (Tr. 556. B-M. 1625). In karolingischer Zeit kam es vor, dass Gastalden aus dem Stande der Ministerialen genommen wurden (B-M. 1231). Wahrscheinlich bekamen sie in dieser Zeit Lehen vom Könige.

Während der Amtszeit war der Gastalde in seiner Erwerbsfähigkeit beschränkt. Er durfte kein Geschenk annehmen ohne besondere königliche Erlaubnis; fehlte diese, so sollte es dem Könige zufallen.[1] Zweck dieser Bestimmung war natürlich Bestechungen vorzubeugen. Erst Kaiser Lothar hob dies Gesetz auf, indem er anordnete, dass das, was die Gastalden auf rechtmässige Weise erworben hätten, ihnen bleiben sollte, falls sie sich sonst im Dienst als treu bewährt hätten.[2]

Die Kompetenz der Gastalden bezog sich in erster Linie auf die Finanzverwaltung. Dazu gehörte besonders die Oberaufsicht über die königlichen Domänen (Lex Rothari § 375). Aus den Erträgen dieser wurden sie auch wahrscheinlich bezahlt, wie sich mit ziemlicher Sicherheit aus dem Kompetenzkonflikt der Gastalden von Parma und Piacenza ergiebt (Tr. 340). Jedenfalls nahmen die Gastalden häufig mehr als ihnen zukam, und mancher von ihnen mochte sich selbst, seine Angehörigen, Freunde, Kirchen und Klöster bereichern oder königliche Schenkungen nicht ordentlich ausführen. Bitter beklagt sich König Liutprand über den Verdruss, den ihm die Unehrlichkeit seiner Beamten verursachte, und er droht die Übelthäter, ja auch ihre Erben mit dem sechzehnfachen Betrage heranzuziehen (Lex Luitpr. § 59).[3] Manches Krongut ist gewiss so durch Unterschleife der Krone verloren gegangen.

---

[1] Lex Rothari § 375: „Si gastaldius aut quicumque actor regis post susceptas aut commissas ad gubernandum curtes regis et causas regias, aliquid per gairethinx id est donationem ab alio quocumque factam conquesierit, sit illi stabilem, si per preceptionem indulgentiae regis in eum fuerit confirmatum: alioquin . . . hoc totum reg' adquirat."

[2] Capitularia ed. Boretius no. 159 c. 4. Leges 4, 553.

[3] „Si quis gastaldius vel actor curtem regiam habens ad gubernandum, ex ipsa curte alicui sine iussionem regis casa tributaria vel terram, silvam, vitis vel prata ausus fuerit donare, aut si amplius

Mit der Verwaltung der Domänen verbindet sich eine weitreichende Verwaltungs- und Polizeigewalt in dem dem Gastalden unterstellten Distrikt. In kirchliche Angelegenheiten scheint er zuweilen eingegriffen zu haben; aus Siena wird berichtet, dass der dortige Gastalde Robert die Leute des Bischofs auf alle Weise belästigte und quälte (Tr. 389), und in dem Kirchenstreit zwischen Siena und Arezzo fordert der von Liutprand entsandte Königsbote Bericht vom Gastalden Taipert (Tr. 400). Der Gastalde Guillerat mischte sich sogar direkt in den Kirchenstreit ein, indem er Geistliche der Diözese Arezzo entzog (Troya 406, § 23). Ferner hatten die Gastalden in allen Fällen einzugreifen, in denen ein Interesse des Fiskus in Frage kam, oder die Unterbeamten dazu anzuhalten, die Rechte der Krone zu wahren. So z. B. hatte der Gastalde neben dem Schultheissen die Pflicht Leichenräuber zu ergreifen und ihnen die Busse (900 sol.) für den Hof abzufordern (Lex Roth. § 15), ferner Mädchen, die sich mit Sklaven eingelassen hatten, zu fassen und sie als Sklavinnen des Königs in die Spinnstube auf dem königlichen Hofe zu führen (L. Roth. § 221).[1]

Eine Gerichtsbarkeit stand dem Gastalden in den Krongütern selbst zu, wie auch schon in römischer Zeit eine solche Hofgerichtsbarkeit bestanden hatte (Schupfer p. 316). Damit hängt es dann auch wohl zusammen, wenn in einem Capitulare Pippins von 782 (Cap. 1, p. 192 no. 91 c. 7), die Gastalden neben Grafen und Schultheissen als Richter genannt sind.

Ein wichtiges Recht der Gastalden bestand auch in der Überwachung der Herzöge. Falls nämlich der Herzog irgend einem der Bürger Recht verweigerte oder ihn ungerecht behandelte, so sollte der Gastalde die Sache in die Hand nehmen und entweder den Herzog veranlassen Gerechtig-

---

quam iussionem fuerit, dare presumpserit vel si requirere neglexerit, quod per fraudem tultum est, omnia ipse . . . in dublum actogild conponat."

[1] „. . . liciat gastaldium regis aut sculdhais ipsam in curte regis ducere et in pisele inter ancillas statuere."

keit zu üben oder die Sache dem Könige mitteilen. Das gleiche Recht stand dem Herzog gegenüber dem Gastalden zu. In karolingischer Zeit fungierten die Gastalden im Placitum sehr häufig als Scabinen (cf. Ficker 3, p. 205). Auch kommt einmal die Verbindung des Gastaldats mit dem Amt des Vicecomes vor (CL. 207).

Von einer Verwendung der Gastalden zu militärischen Funktionen ist nichts überliefert. In der „Constitutio de expeditione Beneventana“ von 866 wird der Gastalde neben dem comes als Aushebungsbeamter genannt (Cap. Bor. no. 218 c. 1). Möglich ist es, dass, wie Pabst annimmt, die Gastalden an der Spitze der Krongutsmannen mit ins Feld zogen (Forsch. 2, 451), doch beweisen lässt es sich nicht. Dagegen ist die Verwendung eines Gastalden zu einer diplomatischen Mission überliefert (Lib. pontificalis c. 93 § 11).

Die Amtssitze der Gastalden befanden sich gewöhnlich in Städten, und zwar scheint entsprechend der Teilung der herzoglichen Güter auf jedes Herzogtum und Bistum, später auf jede Grafschaft ein Gastaldat entfallen zu sein, gewöhlich aber nicht in der herzoglichen Stadt. Wurde aber ein Herzogtum konfisziert oder ging es ein, so wurde der Gastalde in dem Hauptort des Herzogtums neben dem iudex, später neben dem Grafen eingesetzt. Drittens finden wir Gastalden in Städten des nach der Teilung der herzoglichen Güter den Byzantinern entrissenen Gebiets.

In der langobardischen Zeit kennen wir folgende Gastalden:

Lombardei.

1. Gastaldat Lodi(?)[1] neben dem Herzogtum Mailand Troya 770.

2. Gastaldat Bergamo, 769 Gastalde Arigis erwähnt (Tr. 899). Hier entstand das Gastaldat nach der Einziehung des Herzogtums, wahrscheinlich nach der Besiegung des Herzogs Rothari durch Aripert II. im Jahre 701 (Paul. Diac. 6, 20).

---

[1] Das Gastadat Lodi ist nicht sicher nachzuweisen. Vgl. p. 171.

Venetien.

3. Gastaldat bei Verona, Gastalde Refol in Valpulicella bei Verona inschriftlich erwähnt (Troya 487). Der Amtssitz ist unbekannt: das Gastaldat entspricht dem Herzogtum Verona.

4. Gastaldat in Treviso (Troya 970 Gastalde Ermuald) entstand wahrscheinlich nach der Gefangennahme des Herzogs Ulfari (PD. 4, 3).

Emilia.

5. Gastaldat	Parma	(Tr. 340)	entstanden nach
6. „	Piacenza	(Tr. 340)	der Konfiskation
7. „	Reggio	(Tr. 985)	der Herzogtümer.

8. „ Citta nova bei Modena (Schupfer, istituzioni p. 311). Wahrscheinlich hatte der Tr. 880 erwähnte Gastalde Martin hier seinen Amtssitz, auf ehemals griechischem Gebiete.

Toscana.

9. Gastaldat Pistoja (Tr. 414. 415) wo der Gastalde neben dem Herzog von Lucca erscheint. Das Gastaldat entsprach wahrscheinlich diesem Herzogtum.

10. Gastaldat Siena (Troya 400. 483) entsprach dem Herzogtum Chiusi.[1]

11. Gastaldat Castro Felicità (Jaffé Bibliotheca 4, 196) entsprach dem Herzogtum Perugia.

12. Gastaldat Toscanella (Lib. pont. 93 § 11).

13. Gastaldat Volterra (Tr. 367).

Umbrien.

14. Gastaldat Rieti neben dem Herzogtum Spoleto, später herzogliches Gastaldat.

Die Gastaldate im Herzogtum Benevent, sind sämtlich herzoglich (Radelgisi et Sindulfi divisio § 9 Leges 4).

Aus der karolingischen Zeit, in der die Domänenverwaltung im Wesentlichen unverändert blieb, kennen wir

---

[1] Das Gastaldat Arezzo ist nur angenommen von Schupfer p. 313, doch nicht sicher.

folgende Gastaldate, wobei bemerkt sein möge, dass die Liste nur für Piemont und die Lombardei Vollständigkeit erstrebt. Wahrscheinlich sind es zum grössten Teil nur Fortbildungen von langobardischen Gastaldaten, doch mögen auch einige Neubildungen darunter sein. Wahrscheinlich entsprach ein Gastaldat jeder Grafschaft.

Piemont.

1. Gastaldat Asti. Im Jahre 793 ein Gastalde Sinderulf erwähnt (Ch. 1. 14), der königliche Güter in Niessbrauch hatte. Das Gastaldat ist wahrscheinlich langobardischen Ursprungs.

Lombardei.

2. Gastaldat Mailand wahrscheinlich karolingisch. Wir kennen den Gastalden Walderich, der in verschiedenen Urkunden (CL. 146. 156. 190. 207. 229. 234) von 842 865 vorkommt, besonders als Schöffe. Walderich bekleidete auch das Amt des Vicegrafen („gastaldius et vicecomes ipsius civitatis" CL. 207). Er war ein sehr angesehener Mann, der selbst mehrere Vassallen hatte, die hinter ihm als Zeugen eine Urkunde unterschrieben (CL. 190). Sein Sohn Amalricus war 870 vicecomes von Mailand (CL. 247. 267), doch nicht mehr Gastalde. Wahrscheinlich wurden die beiden Funktionen mit einander vereinigt (s. u.). Ausser Walderich, der die wichtigste Rolle unter den mailändischen Gastalden spielte, wird 822 ein Gastalde Gausarius (CL. 98) im Mailänder Gericht erwähnt, der vielleicht mit dem 835 in Limonta erwähnten Gastalden Gausus (CL. 126) identisch ist. Nicht sicher unterzubringen ist der 844 in Mailand genannte Walcharius (CL. 154) und der in einer bei Locate ausgestellten Urkunde 823 genannte Gastalde Menulf (CL. 102).

3. Gastaldat Seprio entsprechend der Grafschaft Seprio. 842 wird ein Rothenus hier als Gastalde genannt (CL. 156 gastaldio sepriensi).

4. Gastaldat Como. Im Gericht zu Como fungiert 865 ein Gastalde Apo (CL. 236), 880 wirkt der Gastalde von Como Herenbert im Placitum zu Limonta mit (CL. 296 gastaldio Comensis).

5. Gastaldat Lodi. Gastalde Dido als missus des Königs 879 genannt (CL. 286), vielleicht Gastalde von Lodi.

6. Gastaldat Monza. Gastalde Gauspert fungiert 941 als missus des Königs (CL. 565). Es ist der letzte in unserem Gebiet als höherer Beamter genannte Gastalde. Ob sein Amtssitz Monza war, ist zweifelhaft.

7. Gastaldat Murgula. Gastalde Johann von Murgula im Jahre 883 erwähnt (B-M. 1625). Das Gastaldat ist wahrscheinlich eine Fortbildung des alten Gastaldats Bergamo, da Murgula zu Bergamo gehört.

8. Gastaldat Sospiro. In einer Urkunde von 852 wird ein „Landebertus gastaldio de Sexpilas" erwähnt (CL. 180). Das Gastaldat ist wahrscheinlich langobardisch, auf byzantinischem Gebiet entstanden. In dem Placitum wird noch ein Gastalde Goderam genannt, dessen Amtssitz unbekannt ist.

9. Gastaldat Mantua(?). Wahrscheinlich ist der im Placitum von Ostiglia 827 anwesende Gastalde Erhard Gastalde von Mantua (oder Verona) (CL. 108). In diesem Placitum erscheint auch der ehemalige Gastalde Gaibert.

Venetien.

10. Gastaldat Treviso (B-M. 232).

11. Gastaldat Verona. Ficker Ital. Forsch. 4, no. 6 im Jahre 806.

Emilia.

12. Gastaldat Bismantova bei Reggio (Mur. Antt. 1, 279) im Jahre 890.

13. Gastaldat Piacenza (Zeitschrift f. deutsche Rechtsgesch. Bd. 14, Hübner no. 762).

Toscana.

14. Gastaldat Pistoja (Mur. Antt. 1, 974) im Jahre 806.

15. Gastaldat Lucca (Mur. Antt. 1, 527. 529; 3, 167) 847. 853.

16. Gastaldat Pisa 796 (Ficker 4, no. 3 p. 4).

17. Gastaldat Chiusi (Ficker 4, 19) a. 903.

18. Gastaldat Soana (Ficker 1. 16. nicht Savona cf. Ficker 4. 601. Soana liegt in der Provinz Grosseto).

19. Gastaldat Quarezzano (Prov. Massa e Carrara). Hübner a. a. O. no. 664.

Doch das Amt verlor in karolingischer Zeit mehr und mehr an Bedeutung, der Gastalde wurde allmählich auch Privatgutsverwalter. Nicht nur die Königin hatte Gastalden, was ja auch in langobardischer Zeit vorgekommen war (vgl. Gastalde Martin der Angilberga CL. 273), auch die Bischöfe und Äbte begannen sich Gastalden zu halten. Ob der 824 erwähnte „gastaldius per ecclesiam“ wirklich schon ein solcher kirchlicher Gastalde gewesen ist, sei dahingestellt (Ficker 4. no. 9), jedenfalls gab es schon 861 Gastalden des Klosters Bobbio (B-M. 1183. Ch. 1. 30). 967 des Klosters Cielo d'Oro (CL. 702), 996 das Bistums Bergamo (CL. 904): später im 11. und 12. Jahrhundert hat gastaldius geradezu die Bedeutung von villicus. Weltliche und geistliche Herrn, später auch die Städte hielten sich Gastalden, so die Gräfin Adelheid (Muletti 1. 261) in Susa, der Bischof von Lodi im Castiglione (Vignati Codex dipl. Laud. 1. no. 86), die Gräfin Beatrix in Pegognaga (D'Arco, Mantova p. 26), die Klöster Arona (Ch. 1, 733), und Breme (Ch. 2, 703), und die Stadt Vercelli (Ch. 1, 745).

Was trat nun aber in der königlichen Domänenverwaltung an die Stelle des Gastaldats? In dieser Hinsicht steht es in Italien ähnlich wie in Deutschland, von der Mitte des 10. Jahrhunderts an werden eigentliche Finanzbeamten kaum noch erwähnt bis in das 12. Jahrhundert hinein (cf. Waitz 8, 222). Doch wir glauben, dass der Hauptgrund nicht der Mangel an Nachrichten ist, sondern dass es eben keine Finanzbeamte gab. Unter dem fränkischen Einfluss schwand in Italien die Verwaltung der Domänen durch eigene Domänenbeamte mehr und mehr, indem viele Domänen zu Lehen gegeben wurden. Vermutlich wurden die in den Urkunden des 9. Jahrhunderts ausserordentlich zahlreich auftretenden vassi regii mit Domänen dotiert. Zugleich geben uns aber die Verhältnisse in Mailand einen Fingerzeig für die Fortbildung der Finanzverwaltung. Dieselbe wurde anscheinend häufig mit der allgemeinen Landesverwaltung, mit der Grafschaft und Vicegrafschaft vereinigt, d. h. der Graf oder Vicegraf bekam die Aufsicht über die Domänen, womit freilich der Bock zum Gärtner bestellt wurde. Auch ist es in mehreren Fällen ausdrücklich bezeugt, dass Grafen königliche Höfe inne hatten oder zu Lehen besassen.[1] So hatte z. B. 860 Graf Bernhard den Königshof Garda (Ch. 1, 30), Graf Liutfred 879 Kirchengut als Lehen des Königs (CL. 289), Graf Radald behauptete 915 den Hof Barbada als Königslehen zu haben (CL. 459), Graf Amizo hatte Lehen in Chiavenna zur Zeit Otto's III. (St. 1047. DO. III. 175.) Auch lernen wir Güter kennen, die direkt Pertinenzen der Grafschaft waren, so z. B. in der Grafschaft Stazona (CL. 362), in der Grafschaft Lodi (CL. 583) u. a. sonst. Von Karl dem Grossen wurde gesetzlich den Grafen und Ministerialen verboten königliche Besitzungen zu verschenken bei Strafe der Infidelität (Lib. Pap. 121 Leges 4, p. 509).

Fraglich ist es, ob die Vögte (advocati) auch Verwaltungskompetenzen erlangten. Das dürftige Material erlaubt nicht hierüber etwas Näheres anzugeben. Soweit wir sie kennen, sind sie Vertreter des Fiskus vor Gericht, (cf. Ficker § 222. 223 und § 441). In der Lombardei kennen wir Vögte von Auce und Castenedolo (CL. 439) und Sospiro in den Jahren 852, 891 und 910 (CL. 180. 349. 438). Über andere als gerichtliche Kompetenzen der Vögte ist nichts bekannt, doch läge es nahe anzunehmen, dass auf sie die juristischen Kompetenzen der Gastalden übergegangen wären.

Als Unterbeamte, d. h. als Verwalter einzelner Königshöfe oder Güterkomplexe lernen wir in der langobardischen Zeit die sogenannten „actores“ oder actionarii kennen. Die Actores sind nicht wie die Gastalden dem Langobardenreiche eigentümliche Beamte, wir lernen sie im

---

[1] Nach Brunner 2, 124 waren diese Lehen eine Dotation der Grafen.

römischen Reich als Verwalter der Staats- und kaiserlichen Hausgüter kennen (Codex Justinianus ed. Krüger 11, 72 „de conductoribus et procuratoribus sive actoribus praediorum fiscalium et domus Augustae“), und auch als Verwalter der Güter des Bistums Fermo und der Mailänder Kirche im 6. Jahrhundert (Troya 174. 257). Auch im Frankenreiche, bei den Westgothen und Burgundern war das Amt vorhanden (vgl. Brunner 2, 123). Der langobardische Name für actor ist scario[1], für den Verwalter eines Komplexes ovescario. Der Actor ist der Vertreter des Königs auf einem Wirtschaftshofe; er ging aus kleinen Leuten, vielleicht den Bauern des Königs selbst hervor und konnte auch ein Unfreier sein. Doch sollte wenn er getödtet würde, für ihn wie für einen freien Mann das Wergeld gezahlt werden (Lex Roth. § 374).[2] Wie der Gastalde durfte auch der Actor in seiner Amtszeit nichts erwerben ohne Erlaubnis des Königs (Lex Roth. § 375), und ebenso wie dieser scheint sich auch der Actor oft Betrügereien haben zu Schulden kommen lassen. Liutprand ordnete daher für die actores einen Eid an: „Was zu meiner Kenntnis gekommen ist, das gegen das Recht genommen ist, werde ich dem Könige mitteilen, dass der Schaden wieder gut gemacht wird.“ Dabei sollte er sich weder durch Freunde noch durch Verwandte noch durch eine Belohnung bestechen lassen („Notitia de actoribus“ § 1). Zugleich soll der Actor streng darüber wachen, dass kein Sklave oder Aldio sich herausnehme etwas vom Königsgut zu verschenken. Sollte

---

[1] Dies ergiebt sich einmal aus Lex Aistulf § 20 „Si quis cum curte regis causam habuerit . . . si maior causa fuerit, per sacramentum ovescarioni cum actoribus finiatur, si minor . . . . actor de loco cum actoribus . . . sacramentum persolvant“ und dann aus den Verhältnissen in Limonta, wo der Scario beschwört, wieviel Einkünfte das Gut hat (CL. 126). In der Urkunde CL. 131 steht ein Eid eines Gutsverwalters „custodire et governare, ut decet bonus actor et scario“. Dass Scario auch Scherge bedeuten kann, soll damit nicht geleugnet werden. cf. Seregni p. 48.

[2] „Si quis . . . . actorem regis occiderit . . . . adpretietur pro libero hominem“.

der Actor zu einer solchen Handlung seine Zustimmung geben, so sollte er alle seine Habe verlieren (Notitia § 5).

Die Kompetenz des actor bezog sich auf die ganze niedere Finanzverwaltung. Er treibt die Bussen ein (Lex Roth. § 200. 272 u. sonst), wobei er oft willkürlich verfuhr (Notitia § 3 „qui de singulis tollebant unde 10 sol. unde 6 unde amplius"), zieht die Erbschaftsquoten ein, (Notit. § 5), erhebt Hafen- und Wegezölle (Tr. 480).

Auf den königlichen Gütern hatten die actores eine Art Patrimonialgerichtsbarkeit in causae minores. Sie hatten das Recht Schiedssprüche abzugeben (treuvas ferre), wie die indices (Lex Liutpr. § 42). Auch bei der Aushebung wirkte der Actor mit. Sollte er sich hierbei bestechen lassen, so wird ihm Strafe angedroht (Lex Aist. § 7).[1]

Rechtlich war der Actor Vertreter des Königs in Vormundschaftssachen über Leute, die im mundium des Königs standen (cf. Tr. 937), und vor Gericht musste in kleinen Sachen der Actor, in grösseren der Ovescario mit den actores den Eid für den Fiskus leisten (Lex Aist. § 20). Dann führte der Actor die königlichen Schenkungen aus (Tr. 566. 602) und vertrat seinen Herrn in Tauschgeschäften (Tr. 685).

Die Amtssitze der Actoren befanden sich natürlich auf den Königshöfen. Ovescariones kennen wir auf den Königshöfen zu Pisa (Tr. 687 § 49) und zu Soana im Bezirke Viterbo (Tr. 662 § 15). Königliche Actoren kennen wir in Locate am Lambro (Tr. 937), in Sesciano bei Siena (Tr. 406 „scario regis de curte Sesciano"), in Lucca (Troya 685), dann in karolingischer Zeit in der Domäne Limonta am Comer See (CL. 126). Später werden in der Lombardei und in Piemont keine Unterbeamten der Domänen mehr erwähnt, wahrscheinlich weil die Gastaldatssprengel kleiner wurden, und der Gastalde das Amt des Actors nunmehr versah.[2] Vielleicht übertrug man die Verwaltung des Einzelhofes

[1] „qui homines potentes dimittunt ad casa seu de exercitu".
[2] So wurde aus einem Ovescario in Soana ein Gastalde s. o.

einem der Hörigen, der dann keinen Titel führte und für die rechtzeitige Ablieferung der Erträge verantwortlich gemacht werden konnte. Die Aufseher, die wir später auf den Klosterhöfen kennen lernen, hatten als Entgelt gewöhnlich eine Hufe, die aber andere Bauern für sie bestellten (cf. CL. 419).

Eine besondere Verwaltung hatten die königlichen Forsten. Sie standen unter silvani (Troya 610), gualdatores (Tr. 706), Waldmännern (Tr. 962), saltarii (Schupfer istit. 326), oder forestiarii (unter Otto III. St. 915. DO. III. 46 im Gebiet von Verona), die auch mit der Vermessung der Grundstücke betraut wurden. In karolingischer Zeit werden venatores (B-M. 1502. Ch. 1. 91. Leges Bor. 211 no. 103, c. 10) erwähnt.

Als Burgbeamte werden schon zur Zeit Karl des Grossen Castellani (Codex Carol. ed. Jaffé p. 196), als Festungs- und Grenzbeamte an den Klausen Clusarii erwähnt (Lex Ratchis § 13. Lex Aist. § 5).

Alle Beamten des königlichen Fiskus werden zusammengefasst als Palatini und zum Gehorsam aufgefordert ohne Beraubung des Königs, und zur Zufriedenheit mit ihrer Bezahlung (Ch. 1, 46. Capitulation Wido's).

Es wird jedem auffallen, wie wenig über die Verhältnisse der königlichen Domänenverwaltung im 10. und 11. Jahrhundert bekannt ist. Bis zum Ende des 9. Jahrhunderts bestand, wenn auch schon durch das Lehenswesen stark beeinflusst, die alte langobardische Domänenverwaltung fort, von da ab scheint langsam die Organisation verschwunden zu sein, und zwar so, dass die mangelnde Organisation das rasche Dahinschwinden des Reichsguts und das Dahinschwinden des Reichguts wieder das Abkommen der Organisation beschleunigt hat. Als dann unter den Saliern das Reichsgut erneuert wurde, hat man an Stelle der früheren Leistungen nach dem Ertrage zu festen Leistungen bezw. zu Geldzahlungen gegriffen; damit war eine Controlle des Ertrags und ein Wirtschaftsbeamter auf dem Hofe selbst überflüssig. Anstatt dessen wurde wahrscheinlich auf dem Hofe eine Organisation geschaffen, die für den fixierten Betrag haftete, die aber aus den Bewohnern des Hofes selbst geschaffen wurde und den Verkehr mit dem König vermittelte. So glauben wir den Anfang der aus grundherrlichen Besitzungen hervorgegangenen Communen am besten erklären zu können.

II.

GATTUNGEN DES KÖNIGLICHEN GRUNDBESITZES.

Im Mittelalter machte man einen Unterschied zwischen villa und palatium, wobei ersteres ein nur zu landwirtschaftlichen Zwecken dienendes Gut bedeutete, während palatium ein für die Beherbergung des königlichen Hofs eingerichteter Platz war. (Vergl. Maurer, Frohnhöfe 2, 212). Doch damit sind die zu machenden Unterscheidungen keineswegs erschöpft. Wir unterscheiden:

1. Städtischen Grundbesitz, insbesondere Pfalzen.

2. Grundbesitz der Landesverteidigung dienend, insbes. Burgen.

3. Grundbesitz zu den Regalien gehörig: Bergwerke, Salinen, Zollhäuser, Märkte, Hafenbaulichkeiten, Flussläufe, von uns nicht zu behandeln.

4. Forsten.

5. Höfe (Curtes) werden in einem speziellen Teil noch näher zu behandeln sein.

1. Der städtische Grundbesitz. In den meisten grossen Städten des Langobardenreichs existierten königliche Pfalzen, die z. T. aus römischer, z. T. aus ostgothischer Zeit stammten. Zuerst hatten die langobardischen Herrscher noch keine feste Residenz.[1] Alboin z. B. residierte im Palast zu Verona und fand daselbst seinen Tod. (PD. 2, 28). Die Wahl Klefs fand in Pavia statt (PD. 2, 31), doch ist uns nicht überliefert, wo er residierte. Authari hielt dann auch zeitweilig in dem Königspalast Theoderichs zu Verona Hof. Auch seine Hochzeit wurde bei Verona

[1] Vgl. Crivellucci in der Studi storici Bd. 1, Heft 1. 1893.

gefeiert. (PD. 3, 30). Dagegen starb Authari bei Pavia (PD. 3, 35). Agilulf regierte dann gewöhnlich in Mailand, wo seine Erhebung zum König stattfand (PD. 3, 35). Hier empfing er auch die Gesandten des Avarenchan (PD. 4, 12), von hier zog er zum Krieg gegen die Griechen aus (PD. 4,28), hier fand die Schilderhebung Adaloalds statt, hier wurde der Friede mit den Franken geschlossen (PD. 4, 30). Dagegen brachte Agilulf den dem Herzog von Bergamo abgenommenen Schatz nach Pavia (PD. 4, 3), wahrscheinlich, weil diese Stadt die stärkste Festung Oberitaliens war, wie denn auch Pavia den Franken widerstanden hatte, die Mailand und Verona erobert hatten (PD. 3, 31). Nach Agilulfs Tode wurde Pavia die regelmässige Residenz der langobardischen Herrscher, die „urbs regia", wie es in manchen Urkunden heisst (vgl. Tr. 967). Nur noch einmal, als 661 das Reich geteilt wurde, wurde Perctarits Residenz Mailand, während der andere Bruder Godepert in Pavia blieb (PD. 4, 51). In der Folgezeit ist Pavia die ständige Residenz der Könige geblieben. Weitaus die meisten Urkunden der langobardischen Könige sind hier ausgestellt.

Doch gab es Pfalzen auch in einer Reihe von Städten des Reiches, die in karolingischer Zeit öfters genannt werden, und wohl zum grössten Teil auf langobardischen Ursprung zurückgehen.[1]

In Piemont kennen wir eine Pfalz in Turin (Ch. 1, 79), in der Lombardei zu Mailand, Brescia und Mantua, in Venetien zu Treviso, Padua[2] und Verona, in Tuszien zu Lucca. Ländliche oft besuchte Königshöfe in unserem Gebiet sind: Marengo (B-M. 989. 1024. 1148. 1183. 1217. Reg. Lamb. 6. 9. 10). Olona (B-M. 983a. 991. 1166. Reg. Ber. 2. 48. 90), Sospiro (B-M. 1015. 1149), Monza (Reg. Ber. 38. 40. 89), Murgula (B-M. 1625. 1647), Senna Lodigiana (B-M. 1155. Reg. Ber. 63. 77. 79. 83) und Corana (Reg. Ber. 73. 78. CL. 576). Andere als Residenz nachweisbare Höfe sind:

---

[1] Genaueres über die einzelnen Pfalzen findet sich im territorialen Teil.

[2] B-M. 1199 Abtei S. Peter in palatio.

Gardino (palatium publicum, B-M. 1000), Carisiano (B-M. 1146), Orba (B-M. 1153), Nogarole (B-M. 1178), Orco (B-M. 1192), Cortenuova (B-M. 1483) und Redengo (Reg. Ber. 59).

Diese Pfalzen blieben zum Teil lange im Besitz der Könige. Marengo und Turin sind noch in staufischer Zeit Residenzen gewesen. Eine Reihe von Städten, wie Pavia, Cremona, Mantua, Lucca erhielten teilweise durch Gewalt, teilweise durch Privileg die Genehmigung, dass die Pfalz ausserhalb der Stadt aufgebaut würde. (vgl. Handloike, Lombardische Städte p. 24). Diese Vergünstigungen wurden indes erst im 11. und im Beginn des 12. Jahrhunderts gewährt.

In den Palatia befanden sich wahrscheinlich die königlichen Domänenverwaltungen, da nach ihnen die Erträge der Güter abgeliefert zu werden pflegten. (Vgl. Beispiel in Treviso B-M. 232). Auch wurde in den Pfalzen häufig Gericht gehalten (z. B. in Pavia, Marengo), besonders in den Loggien. An die Pfalz schloss sich ein Garten an (viridarium in Pavia). und gewöhnlich eine Schlosskapelle. Liutprand soll der erste christliche König gewesen sein, der eine solche erbaute. Zur Pfalz gehörten in der Stadt Grundstücke, mitunter wohl auch ein landwirtschaftlich benutztes Gut. In manchen Städten, z. B. in Vercelli (Ch. 1, 93), Parma (B-M. 1501), und Piacenza (Tr. 340)[1] scheint nur ein Königshof, dagegen keine Pfalz bestanden zu haben.

Ausser den Pfalzen gab es in den Städten auch öffentliche Gebäude, die dem König gehörten. Lothar ordnete 832 an, die missi sollten in den einzelnen Städten fragen, wo von alters her Paläste oder Staatshäuser (publicae domus) bestanden hätten, und für ihre Restauration sorgen (Cap. Bor. no. 202, 7). Im Capitulare Papiense von 850 befahl Ludwig II. ebenfalls die Restauration der verfallenen und verkommenen publicae domus, um bei seiner und fremder Gesandten Aufnahme ein würdiges Aussehen zu bieten. (Cap. Bor. no. 213, 7). Zu den öffentlichen Gebäuden gehören die Münzen, Gefängnisse, Gerichtshallen, in Vicenza ein Theater (DO. III. 349). In Mailand besass

[1] Grundstücke in Piacenza verschenkt Ludwig II. B-M. 1649.

der Fiskus Gebäude, in denen sich Läden befanden (St. 207. DO. I. 145), in manchen Städten gab es industrielle Anlagen, die dem König gehörten, und in denen königliche Sklaven beschäftigt wurden. Dahin sind die Schiffsbaumeister zu rechen, die Agilulf dem Avarenchan sandte (PD. 4, 20), und die königliche Seifenfabrik, die in Piacenza bestanden zu haben scheint, aus der der König jährlich 30 Pfund Seife erhielt, die er grossmütig dem Bischof der Stadt überwies, damit sich die Armen davon die Füsse waschen könnten (Troya 566).[1] Öfters werden königliche Mühlen erwähnt, so z. B. in Rieti (Tr. 556), in Brescia vor dem Thore (Troya 878), in Pavia an der Carona (CL. 575), in Parma (B-M. 1500) u. s. w.

2. Ebenfalls im königlichen Eigentum standen die Befestigungsanlagen der Städte. Das Recht Befestigungen anzulegen ist ein königliches,[2] und wurde erst nach dem grossen Ungarneinfall um die Wende des 10. Jahrhunderts, dann aber auch ziemlich häufig, Privaten, besonders Bischöfen und Klöstern verliehen, zugleich mit den bestehenden Festungsanlagen, die auch schon früher verschenkt wurden. (Vgl. Handloike p. 19 ff.). Meist waren die Städte mit Mauern und Thürmen umgeben, von denen die Könige dann Teile mit dem dazu gehörigen Vorland, mit 6 oder 12 Fuss oder mehr, verschenkten; so z. B. vergabte Ludwig II. Stücke der Stadtmauer zu Piacenza (B-M. 1233), Karl der Kahle ein Stück an der Mauer in Arezzo (Mur. Antt. 5, 199), Wido 23 tabulae mit Thürmen in Mailand (CL. 342), Rudolf 25 tabulae von der Mauer von Pavia (CL. 513), Ludwig III. 2 Thürme in Cremona (CL. 399), Berengar I. 91 Fuss der Mauer von Pavia (CL. 452), Hugo und Lothar und Otto II. Stücke der Mauer in Como (MIÖG. 5, 392. DO. II. 312), Otto III. Land

---

[1] Auch Schupffer p. 376 fasst die Stelle in diesem Sinne auf. Auch eine einfache Abgabe wäre denkbar.

[2] Vgl. auch Waitz, Verfassungsgeschichte 8, p. 203. Bresslau, Konrad II., Bd. 2 p. 197. Karl der Kahle verbot noch 864 Burgen zu bauen „sine verbo nostro". Maurer, Frohnhöfe 2, 153.

an der Mauer von Verona (DO. III. 299), Heinrich V. Mauern und Thürme zu Novara (Morbio, Novara 332) u. s. w. In einzelnen Städten, wie z. B. in Bergamo (CL. 411) und in Asti (Ch. 1, 73), gab es besondere Castelle auf Höhen über der Stadt, die im 10. Jahrhundert auch den Bischöfen zufielen. In den meisten Städten gehörten diesen die Befestigungsanlagen schon in der ottonischen Periode. —

Eine wenn auch bis zum Ungarneinfall wahrscheinlich nicht grosse Zahl von Burgen lag im Land zerstreut, teilweise der Landesverteidigung dienend, z. T. auch um die Strassen leichter sperren zu können und so die Einziehung des Zolles zu erleichtern.

Schon von der Römerzeit her war besonders die Nordgrenze durch Festungsanlagen gedeckt, die sich in der langobardischen Zeit zum grössten Teile in der Hand des Königs befanden. Am Col di Tenda kennen wir keine Befestigungen, wohl aber in dem durch den Col de Larche mit dem Durancethal in Verbindung stehenden Val Stura, in dem ein „Clusaticum" erwähnt wird.[1] Bekannter sind die Clusae im Thale der Dora Riparia, bei S. Michele della Chiusa. Auf fränkischem Gebiet lagen zur Deckung von Mt. Genèvre und Montcenis di Castelle Diobia im Thal von Bardonnêche (B-M. 1088) und Bard bei Novalese (Chron. Nov. 3, 26), die die Karolinger dem Kloster Novalese schenkten. Das Thal der Dora Baltea wurde durch Clusae verteidigt, die an der Stelle lagen, wo heute das auch durch die Napoleonischen Feldzüge berühmt gewordene Sperrfort Bard das enge Thal beherrscht (cfr. Misc. 16. 650 üb. den Ursprung).[2] Im Sesiathal waren des unübersteigbaren Monterosa wegen Befestigungen nicht notwendig,

---

[1] Über die Einzelheiten vgl. die betreffenden Abschnitte in Buch II.

[2] Die zollpolitische Bedeutung dieser Clusae muss gross gewesen sein, wenn man bedenkt, dass 1283 durch Bard im Jahr 2324 Pferde kamen (Cibrario, Economia politica del medio evo 3, 169). Wenn auch der Handelsverkehr im 8. und 9. Jahrhundert geringer war, so muss durchs Aostathal immerhin ein bedeutender Verkehr

dagegen lag im Tocethal an der Einmündung des Val d'Anzasca, d. h. an der Trennung vom Mte. Moro vom Simplon und Griesspassweg das Castell Vergonte.

Die vom Tessin ausgehenden Pässe, insbesondere den Bernhardin und Lukmanier deckte das Castell Bilitio, heute Bellinzona, das schon im 6. Jahrhundert genannt wird (cf. PD. 3,31), und das im Mittelalter ausserordentliche strategische Bedeutung hatte.[1] Arduin schenkte das Castell dem Bistum Como (St. 1842). Den Splügen, Septimer und Maloja schützten die Clausen und das Castell von Chiavenna, nach der Angabe des Localforschers Crollalanza (Storia di Chiavenna p. 34) römischen Ursprungs. Hier waren auch die Zollrechte sehr wichtig. Die Thäler der Adda und des Oglio, Veltlin und Val Camonica gehörten in der langobardischen Zeit zum Krongut, doch kennen wir die Befestigungen nicht. Am Gardasee waren Castelle zu Garda und Sermione im Besitz des Fiskus.

Im Inneren des Landes gab es ausser den schon zur Römerzeit ummauerten Städten bis ans Ende des 9. Jahrhunderts wahrscheinlich wenige Burgen. Erst von den Ungarneinfällen an, begann man damit auch kleinere Plätze, Kirchen, Klöster und Höfe zu ummauern oder für den Fall der Gefahr auf Anhöhen Zufluchtsstätten zu bauen. Die Beispiele, dass auf Höfen zugleich Castra od. Castella erwähnt werden, sind im 10. und 11. Jahrhundert sehr häufig. Vor dieser Zeit kamen meistens Burgen in besonders fester Lage vor, die in Zeiten der Not Sicherheit bieten konnten, so z. B. das Castell S. Giulio (Insula St. Julani) auf einer Insel im Ortasee und die Comacina im Comersee, letztere eine byzantinische Festung. Dann gab es noch Castelle zur Sicherung der Strassen beziehungsweise zur Erhebung der

---

gegangen sein. Dies ergiebt sich klar aus dem Zolltarif von 960 (Besson, Mémoires pour l'histoire ecclésiastique des diocèses de Genève etc. p. 479). Darnach gab es Handelsverkehr in Purpur, Waffen, Tinte, Blei, Erz, Eisen, Affen („quamvis sit ridiculosus animal"), Fellen, Salz. Das einfache Pferd zahlte schon 4 Denar.

[1] S. p. 88. Vgl. über die Wichtigkeit von Bellinzona insbesondere einen Brief von 1242 (B-F. 13422).

Zölle, wie z. B. das von Liutprand angelegte Città nuova zwischen Modena und Reggio (Tr. 497). Ähnlichen Zwecken diente auch wohl das Castell Gabello im Apennin von Modena (Tr. 562). Vom 10. Jahrhundert an hatten sehr viele Höfe ein castrum, so z. B. Bene Vagienne (Ch. 1, 59), Desiana (St. 1847), Orco (St. 1846. Der Hof Orco änderte seinen Namen in Castrum S. Georgii), Caresana (Ch. 1, 180), Bosco (CL. 997): Otto III. verschenkte 1001 geradezu „cortes sive castella“ Marengo, Gamondo u. Corvetula (DO. III. 415. St. 1273).

3. Grundbesitz zu den Regalien gehörig, d. h. Märkte, Zollhäuser, Flussläufe mit Inseln,[1] Fischerei und Goldwäscherei, Bergwerke, Brücken, Münzen, Hafenanlagen, ist hier von uns nur zu erwähnen, indes nicht ausführlicher zu besprechen, da dieser Grundbesitz im Zusammenhang mit den Regalien behandelt werden muss.[2] Erwähnt mag nur werden, dass die hier genannten Rechte im Laufe des 10. Jahrhunderts von Berengar bis auf Arduin zum grössten Teile in die Hände der Bischöfe kamen. (Vgl. auch Handloike p. 25).

4. Die Forsten. Während heute aus der lombardischen Ebene und selbst aus den angrenzenden Gebirgen die Forsten zum grossen Teile verschwunden sind,[3] gab es im frühen Mittelalter in den Gebirgen und auch in der Ebene viel Wald und selbst einige umfangreiche Forsten, die man mit den grossen deutschen Reichsforsten vergleichen könnte.

Der bedeutendste Forst, in dem die Könige des 8. und 9. Jahrhunderts zu jagen pflegten, war der Königsforst Urbis, der sich an Tanaro und Orba zwischen Villa del Foro, Marengo und Rocca Grimalda ausdehnte (vgl. Cipolla, Appunti p. 240). Nach der Angabe Bertettis (Cenni

[1] Vgl. Bresslau, Konrad II. Bd. 2 p. 198.

[2] Vgl. Einleitung.

[3] Die Lombardei hat nach Eheberg heute 15,70, Piemont 15,76 Prozent Wald, wovon indes auf die ebenen Teile nur sehr wenig entfallen dürfte. Ausserdem versteht die italienischen Statistik unter Wald auch Gestrüpp (cf. Nissen, Italienische Landeskunde, 1, 430).

storici su Castelnuovo Scrivia) hatten die dortigen Forsten eine viel grössere Ausdehnung und reichten vom Po bis zum Apennin, vom Tanaro zur Scrivia. Die Ortsnamen Gazzola, Gazzora, Bosco, Marengo, Silvano, Rovoreto u. a. sollen auf den Wald hinweisen.[1] Am Ende des 10. Jahrhunderts finden wir an Stelle des alten Forstes eine Anzahl von Höfen (CL. 997).

Ein zweiter grosser Königsforst lag in der Lomellina, westlich von Pavia. Hier scheint sich der Waldbestand länger erhalten zu haben, als am Tanaro; vielleicht weil in diesem Pavia näher gelegenen Gebiet die Herrscher es vorzogen zu jagen. Die Chronik von Novalese erzählt von dem Dunkel und der Dichtigkeit der dortigen Wälder, in denen noch in der Mitte des 10. Jahrhunderts Wölfe hausten (Chron. Nov. 5, 14).[2] Die späteren Königshöfe Lomello, Trumello, Vigevano etc., sind auf diesem Boden erwachsen. Ein Teil dieses Forstes war vielleicht der nahe am Tessin westlich von Pavia gelegene Forst Carbonaria (vgl. CL. 119. 192 u. s. f.).

Ein dritter grosser Forst lag zwischen Etsch, Po und Mincio in der Provinz Mantua, Ostiglia genannt, den Nonantula vom König bekam (vgl. CL. 95), ein vierter Montelongo wurde von Karl dem Grossen an Kloster Bobbio geschenkt (B-M. 161). Er lag im Apennin und reichte bis zum Meere. Sehr grosse Wälder lagen auch nördlich von Reggio bei den Ortschaften Migliarina, Novellara, Campagnola und Fabrico (Troya 962).

Kleinere königliche Wälder kennen wir in grösserer Anzahl, so z. B. in Piemont und der Lombardei:

im Gebiet von Vercelli: die Forsten Roasenda (B-M. 1592), Mortigliengo (DO. III. 384), den Forst zwischen Bona und Stura (DO. III. 384) und den umfangreichen Wald von Caresana (Ch. 1, 180).

---

[1] Vgl. auch Matthäi p. 9, der noch grössere Waldkomplexe für wahrscheinlich hält.

[2] S. oben.

im Gebiet von Mantua: den Forst Flesso südlich vom Po (Ficker 4, 9);

im Gebiet von Bobbio bedeutende Waldungen (Troya 610);

im Gebiet zwischen Oglio und Lara: Wald Cavallara (B-M. 1502);

im Gebiet von Brescia: Wald Lugana am Gardasee (B-M. 1494).

im Gebiet von Lodi: Wald Meletto an der unteren Adda (B-M. 1504).

Die grossen Forsten standen, wie wir sahen, unter einer eigenen, von der der Höfe getrennten Verwaltung, unter silvani oder gualdatores, während die kleineren Waldungen der Hofverwaltung unterstanden. Die Abgrenzung der Forsten war eine ziemlich genaue. Wir kennen in der Gegend von Bobbio die Bezeichnung mit Kreuzen (cf. Tr. 610. Ch. 1, 12), dann die Durchbohrung von Bäumen und Bezeichnung der Schläge mit griechischen Buchstaben („ω" in Migliarina Troya 962). Als Waldbäume sind vorwiegend Steineichen erwähnt (rovere), nach denen die zahlreichen Orte Rovere und Rovereto heissen.

Die Waldnutzung erfolgte auf viererlei Weise:

a) die Jagd wurde häufig von den Königen selbst ausgeübt. Jagdbare Tiere waren Raubtiere, Hirsche (Lex Rothari § 316), die auf 6 solidi, Reiher und Kraniche (Lex Roth. 317) die ebenfalls auf 6 sol. geschätzt wurden, und Eber (Liutpr. Antap. 1, 42). Die Jagd erfolgte vielfach mit Falken, deren Raub im Königsforst mit 12 sol. Busse belegt war (Lex Roth. § 320).

b) Bienenzucht. Das Fortnehmen von Bienen und Honig, das sonst als „ius naturale" von nicht gezeichneten Bäumen erlaubt war, wurde im königlichen Forst mit Strafe belegt (Lex Roth. § 319).

c) Holzschlagen. Nähere Nachrichten über die Forstwirtschaft im engeren Sinne fehlen völlig. Das Recht im königlichen Forst Holz zu sammeln, wurde auch anderen

Personen verliehen, z. B. den Nonnen von S. Maria Theodotis (B-M. 1011) und dem Cluny unterstellten Majoluskloster (Recueil des Chartes de Cluny 4, 173), in dem Walde Carbonaria bei Pavia. Beim Holzschlagen mussten die Domänenbauern mitwirken. Als Aistulf einen Bauern an S. Lorenzo schenkte (Tr. 693) befreite er ihn von allen Lasten bis auf diese Forstfrohnden (cesus faciendum). Eine ähnliche Art von Frohnden werden wir in Limonta zu erwähnen haben. Das gewonnene Holz wurde dann in königlichen Werkstätten durch Carpentarii verarbeitet, z. B. im Val Antelamo und in Bizozzero (CL. 529).

d) die Eichelmast der Schweine[1]. Die Grösse des Waldes wurde geradezu durch die Menge der Schweine bestimmt, die in ihm gemästet werden konnten (cf. CL. no. 419 p. 710 silva ad incrassandum porcos XX, ebenso p. 712. p. 713, porcos III). Dies Mastrecht konnte auch Privaten verliehen werden, gegen eine Abgabe, die „scaticum" hiess, oder ohne eine solche. So gab Liutprand den Bewohnern von S. Lorenzo das Recht im Königswald Flesso die Schweine ohne Abgabe zu mästen (Ficker 4, no. 9).

5. Die Königshöfe sind im folgenden genauer zu betrachten.

Hauptquellen für die Beschaffenheit der Höfe sind für die frühere Zeit die Urkunden von Limonta, von Guastalla und das Inventar von S. Giulia zu Brescia, für die spätere Zeit das Verzeichnis der Curiae (Böhmer, Fontes 3, 397. Const. 440). Daneben giebt es noch zerstreute Bemerkungen über einzelne Höfe. Im grossen und ganzen ist indes das Material für die Kenntnis der Bewirtschaftung der Königshöfe sehr dürftig, wir sind vielfach genötigt Material von Klostergütern heranzuziehen. Hier kann zudem nicht auf alle wirtschaftlichen Verhältnisse auf dem Lande vom 6. bis 11. Jahrhundert eingegangen werden, insbesondere

---

[1] Auch in Frankreich wichtig, wo die Abgabe pasnagium hiess. Nach Lamprecht, Beiträge zur Geschichte des französischen Wirtschaftslebens im 11. Jahrhundert, Leipzig 1878, S. 12 ff. legte man auf das Mastservitut den grössten Nachdruck.

lassen wir die Technik der Landwirtschaft ganz ausser acht, wir müssen es vielfach mit Andeutungen genug sein lassen und uns aufs notwendigste beschränken.[1]

III.

BESCHREIBUNG DER HÖFE.

Den bedeutendsten Teil des königlichen Grundbesitzes machten die königlichen Höfe aus, die, wie wir im zweiten Buche gesehen haben, durch alle Teile des Reiches zerstreut lagen. Der gewöhnliche Name für Hof ist curtis oder villa. Doch kommen in fränkischer Zeit auch die Ausdrücke fiscus bei Treviso (B-M. 232), Ajalta bei Arezzo (Antt. 1, 581), Corana (Antt. 2, 47. 48), Limonta (CL. 125. B-M. 1017), später auch camera (vgl. Cibrario, Chieri 2, 101), und curia (St. 2336 und im Verz. Cur. reg.) vor.

Unter den Curtes sind einige als „Curtes magnae" ausgezeichnet, z. B. Biella und Corteregia (B-M. 1592) bei Ivrea, die wahrscheinlich Mittelpunkte von umfangreichen Komplexen waren. Überhaupt war die Grösse der Curtis ausserordentlich verschieden, wie die nachfolgende Tabelle zeigt: So gehörten zum Hofe:

Elisiena	11000	mansi	(Bresslau, Konrad II. Bd. 2, 189).
(999) zu Marengo	1300	mansi[2]	(CL. 997)
Gabiano in Montferat	1000	„	(B-M. 162)
Pinto (Grfsch. Pistoja)	500	„	(CL. 553)
(938) Marengo Corana Olona zusammen	1000	„	(CL. 552)
zu 5 Höfen zusammen	1000	„	(CL. 553)
Agullia (Grfsch. Luni)	100	„	„
Impori (Empoli)	70	„	„

[1] Was Grössenangaben in modernen Massen anlangt, so möchte ich vorweg bemerken, dass sie nur approximativ sind, und dass die Schätzungen, welche vorgenommen sind, nur relativen Werth beanspruchen.

[2] Wahrscheinlich sind hier alle Hufen der benachbarten Höfe (Bosco, Pozzolo, Fresonara, Orba etc.) hinzugerechnet, die zum Verwaltungssprengel von Marengo gehörten.

Blentena (Toscana)	60	mansi	(CL. 553)
Advena (Toscana)	60	"	"
Stupinigi (Piemont)	57	"	(B-M. 162)
Notiana (Toscana)	40	"	(CL. 553)
S. Quirico (Toscana)	40	"	"
Longiana (Toscana)	30	"	"
Barazzola (Piemont)	23	"	(St. 309)
Petronella	22	"	(Antt. 5, 231)
Agrate (Piemont)	17	"	(St. 309)
Hof am Oglio	14	"	(B-M. 1502).

Im Inventar von S. Giulia treffen wir:[1]

zu Iseo 18 sortes integrae, 2 mit liberis besetzte, 3 absentes zus. 23.

Brescia	zusammen	14	sortes
Porzano	"	27	"
Magonvico	"	27	"
Miliarina	"	30 1/2	"

15 mansi sind etwa für eine Curtis die unterste Grenze. Höfe mit 15 oder weniger mansi, wie Evoriano mit 15 (B-M. 1663), Marnate mit 12, Mojade mit 7, Rodeni mit 14 werden „Curticellae“ genannt (CL. 354, anno 892).

Auf die Zahl der Bewohner eines Hofes kann man aus der Zahl der mansi nicht mit Sicherheit schliessen. Es gab mansi, die nicht besetzt waren (mansi absentes), mehrere mansi konnten in der Hand einer Familie sein, andererseits konnten aber auch mehrere Familien auf einer Hufe leben. Dazu kam auch die Bevölkerung auf dem Herrenhof, die im Inventar von S. Giulia bis auf 49 Köpfe steigt (Alfiano CL. 419). Im grossen und ganzen können wir aber auf den mansus 5 Personen rechnen, so dass wir Höfe von 75 bis 6500 Bewohnern bekämen, während die curticella nur 20—75 Bewohner hatte. Von einigen Höfen haben wir auch Nachrichten über den Personenbestand. So z. B. zählte der Hof Limonta 6 Familien mit 32 Köpfen (B-M. 1017. CL. 125), Cortenuova in der Provinz Bergamo 19 Familien mit 85

[1] Gewöhnlich sind hier die Bewohner gezählt, nicht die Hufen. Ausserdem war hier das Salland sehr bedeutend. S. u.

Köpfen (CL. 464. vgl. p. 112). Von den Höfen, die S. Giulia in Brescia gehörten (CL. 419), nennen wir Griliano mit 36 prebendarii[1] und 28 manentes (Familienhäuptern), d. h. ca. 176 Köpfen, Timoline mit 129, Canella mit 125, Iseo mit 303, Cicognara mit 184, Alfiano mit 119, eine curticella mit 25 Köpfen.

Schwieriger als die Berechnung der Bewohner ist die des Flächeninhalts der Höfe. Ein mansus, den Berengar 896 verschenkt, hat 30 Joch[2] = 23,56 ha. (Mur. Antt. 5, 633).[3] Legen wir diese Zahl zu Grunde, so kommen wir, das Salland, das verschieden gross sein konnte, abgerechnet, bei Marengo auf 30620 ha. = 306 qkm. Gabiano wäre 235 qkm. gross gewesen (Canton Zug 239 □km.), die kleineren Höfe wie Mojade und Marnate dagegen nur 282 bis 164 ha. Von einigen Höfen haben wir indes auch in den Quellen Angaben der Fläche. So z. B. war der Hof Bene, den Ludwig III. dem Bistum Asti schenkte, 100000 Joch = 78541 ha. oder 785 □km. gross (Ch. 1, 59), doch scheint es sich hierbei auch um einen Mittelpunkt eines Komplexes zu handeln, zu dem noch zahlreiche andere Höfe gehörten, von denen einige, die wir kennen, 1325 und 470 ha. umfassten. Das am 7. Oktober 760 verschenkte Piscilesse war dagegen nur 314,2 ha. gross (400 Joch Tr. 747), Caresana in der Grafschaft Vercelli 8000 Joch oder ca. 6120 ha. Bei anderen Höfen haben wir im territorialen Teil versucht die Ausdehnung zu berechnen. So fanden wir bei Cortenuova im Gebiet von Bergamo (CL. 464) 2250 ha. oder 3064 1/2 Joch, bei Melara im Gebiet von Mantua 6000 Joch = 4700 ha., beim Hofe Guastalla einen

[1] Bei diesen sind regelmässig die Köpfe gezählt (Männer, Frauen und Kinder).

[2] 1 Joch = 7854,12 Quadratmeter nach CL. col 205.

[3] Diese Zahl ist auch sonst die Normalzahl für die Hufe, wenn auch 20 und 40 Joch vorkommen (cfr. Hanssen, Agrarhist. Abhandl. 2, 181 ff. Brunner 1, 198. Waitz in d. Gött. Ges. 1853/55 Bd. 6 p. 202 ff.). Die kleinste Hufe ist nach Ll. 2 no. 60 Cap. Papiense 12 Joch. Zur Königshufe, die in der Trevisaner Mark unter Otto III. erwähnt wird (DO. III. 154), gehörten 90 Joch: „ad nostram hobam pertinent 90 iugera, et si non inveniantur, adimpleantur“.

Durchmesser von 23 km., bei Sospiro von über 20 km.[1] Einen Durchschnittssatz festzustellen, ist bei dieser weitgehenden Verschiedenheit kaum möglich. Wenn Lamprecht (Deutsches Wirtschaftsleben im Mittelalter 1, 714) Fisci im Moselland von 5–6 □Meilen d. h. über 300 □ km. oder 30000 ha. erwähnt, und etwa 1 1/2 □Meilen d. h. ca. 80 □km. (p. 718) oder ca. 10000 Joch als Durchschnittssatz aufstellt, so sind diese Ziffern für Italien zu hoch gegriffen. Die gewöhnlichen Höfe waren viel kleiner. Ein Hof von 30–60 mansi, von 900–1800 Joch, von 700–1400 ha. mag den Durchschnitt gebildet haben, wobei wir aber das Salland zurechnen müssen. Höfe wie Bene, Marengo oder selbst Melara werden zu den Ausnahmen gehört haben.[2]

Noch schwieriger ist natürlich die Wertberechnung.[3] Ein mansus entsprach in langobardischer Zeit dem Wergeld, das 150 sol. betrug. Der Wert eines Joches betrug nun 761 (Tr. 770) in:

	Isella bei Lodi	11,56	sol.	
	Beccalzu	10,7	„	
	Auriate (Weinland)	19,0	„	
	bei Lodi	30,0	„	
	Briocche	7,14	„	
	Roverica	12,0	„	
	am Lambro Wald	18,88	„	
	Surbano	2,86	„	
	Paterno	8,33	„	
	durchschnittl. bei Lodi	11,19	sol.	
980	Redengo bei Asti	4,0	„	(Ch. 1, 149)
	Celle b. Asti	11,4	„	(Ch. 1, 150)
984	Vespolate (Novara)	25,0	„	(Ch. 1, 167)

[1] Doch braucht nicht alles Land in diesem Gebiet fiskalisch gewesen zu sein, da wahrscheinlich die Hufen nicht einen Komplex darstellten, sondern im Streubesitz lagen.

[2] Auf Grund dieser Berechnung haben wir in der Einleitung eine Übersicht über das Territorium des gesamten Kronguts zu geben versucht.

[3] cf. Seregni p. 44.

1003	bei Asti	20,0	sol.	(Ch. 1, 205)
858	bei Mailand ca.	10,0	„	(CL. 204)
898	Varese	12,12	„	(CL. 380)
910	bei Bergamo	9,60	„	(CL. 437)

Ferner muss noch bemerkt werden, dass Besitzer von mehr als 40 Joch zu Pferde dienen mussten (Lex. Aist. § 2), ebenso wie ein Besitzer von mehr als sieben Bauernhäusern.

Wie sah nun ein solcher Hof aus? Für die deutschen Königshöfe pflegt die Beschreibung nach dem Capitulare de villis (B-M. 458) gemacht zu werden. (Vgl. Inama-Sternegg 1, 321 ff. Maurer, Frohnhöfe, 1, 329 ff. Waitz 4, 141 ff.). Doch wir wissen nicht, ob das Capitulare überhaupt in Italien zur Anwendung kam, und wieweit es durchgeführt wurde. Wir sehen deshalb von dem Capitulare de villis, das auch schon oft erläutert ist, ab und beschränken uns ganz auf die italienischen Quellen.

Darnach herrschte im oberen Italien schon in sehr früher Zeit das Villicationssystem. Im Mittelpunkte des Hofes befand sich das Herrenhaus (casa domnicata B-M. 1012 in Limonta und Muratori Antt. 5, 553 in Biella. Sala in Marengo Ficker 4 no. 59). In demselben wohnte der König, falls er den Hof besuchte, oder sein Vertreter, vielleicht auch der Actor des Hofes. An das Herrenhaus, das auf einigen Höfen ein Palast war, z. B. in Marengo und Olona, schloss sich die Kapelle an, die wir auf den meisten Höfen finden. Sie bekam den üblichen Zehnten (nur diesen in Limonta CL. 126), gewöhnlich aber gehörte zu ihr Land, das von dem anderen abgezweigt war. (Vgl. Inventar von S. Giulia in Brescia CL. 419. Capelle in Timoline mit Land von 8 Scheffel Aussaat, in Porzano mit Land von 35 Scheffel und 15 prebendarii, Marcharegia mit 40 Scheffel etc.). In manchen Höfen befand sich, besonders nach den Ungarnkriegen, ein befestigter Platz, ein sog. Castrum, in das sich die Hofbewohner in Zeiten der Gefahr flüchten konnten. Das Castrum war mit Mauer und Graben umgeben und war in Caresana (Ch. 1, 180). 1 Joch gross. An das Herrenhaus schlossen sich dann die Wirtschaftsgebäude und die Gebäude der Hofbewohner an. Nach dem Inventar von S. Giulia (CL 419) gab es auf den Höfen dieses Klosters 1—10 Häuser (col. 720 Migliarina), von denen aber nicht alle Feuerstellen hatten. In Barbada (col. 725) gab es ein zweistöckiges Haus (casa insolarita), 5 einstöckige (casae terrenae) und 3 Feuerstellen. Um die Herrschaftsgebäude herum lag vermutlich das Salland (s. u.) das fast auf jedem Hofe vorhanden war. Von demselben hingen dann die Hufen ab, die oft sehr entlegen waren. So gab es in Cisiniano einen von Viguzzolo abhängenden mansus (Ch. 1, 48), in Goretta einen zu Corteregia gehörigen mansus (Ch. 1, 61), in dem vom Haupthofe weit entfernt liegenden Vigonzone 3 zu Olona gehörige mansi (MIÖG. 7, 444). Auch kam es vor, dass in Dörfern nur ein oder einige mansi dem Könige gehörten, vielleicht durch Erb- oder Konfiskationsrecht. So z. B. verschenkt Berengar I in Cornaredo bei Rho 894 einen Mansus (CL. 362), 898 an Ermenulf 3 Knechte und 1 Magd zu Lugano (CL. 377), Hugo und Lothar 936 eine zum Hofe Buscate gehörige Magd mit 5 Kindern (CL. 546).

Die Abgrenzung der Höfe besorgten die Förster durch Einschlagen von Nägeln in Bäume und durch Setzen von Grenzsteinen. Verletzungen der Grenzmarken wurden nach langobardischem Gesetze sehr hart bestraft, bei Freien mit 80 sol. bei Knechten mit dem Tode (Lex Roth. § 236 bis 239). Auch Schneisen (snaida) wurden als Grenze benutzt (Lex Roth. § 240 f.).

In der langobardischen Zeit war der Boden Italiens wahrscheinlich weitaus zum grössten Teil und ziemlich intensiv angebaut. Grössere Strecken unbebauten Landes erwähnen die Urkunden nur im südlichen Gebiet von Vercelli, wo in der Nähe der Stura „terra inculta“ lag (Tr. 377). Vielleicht wurde dann im 10. Jahrhundert durch die Ungarn und in Piemont besonders durch die Sarazeneneinfälle das Land verwüstet. Die Landschaft zwischen Tanaro und Orba wird geradezu als „deserta loca“ bezeichnet (DO. I. 339).

Über die grossen Forsten haben wir schon oben gesprochen. Kleinere Waldungen gehörten indes zu vielen

Höfen, scheinen aber überall dem Grundherrn gehört zu haben. Inwieweit den Hufeninhabern Nutzungsrechte am Wald zustanden, vermögen wir nicht anzugeben. In Miliarina wurde ein Census für die Waldnutzung erhoben (CL. col. 722), während dieselbe in Flesso den Bauern ohne Abgabe von König Liutprand freigegeben war („omnibus consortibus vestris habitantibus pleve S. Laurentii. Dedimus vobis licentiam iuxta vestram postulationem, ut peculia vestra pabulum habeant in silva nostra . . et porci vestri similiter ibi inter eam vadant absque omni scatico vel datione“ Ficker 4, no. 9), eines der wenigen Beispiele von Allmenden in unserem Gebiete.[1] Ebenso hatten die Einwohner von Cornegliano bei Alba die Waldnutzung durch ein ottonisches Privileg (Böhmer acta 158). In Caresana waren 4000 Joch Wald und Gebüsch (Ch. 1, 180). Die Verletzung von Waldbäumen wurde mit $^2/_3$ sol. Busse bestraft (L. Roth. § 300), während die Beschädigung von Kastanien-, Nuss-, Birn- und Apfelbäumen mit 1 sol. bestraft wurde (§ 301). Eine bevorzugte Stellung unter den Wäldern hatten die Olivenwaldungen (Oliveta), die wir in unserem Gebiet besonders am Südrand der Alpen antreffen.[2] Die deutschen Klöster bekamen gerade deshalb an den italienischen Seen Güter geschenkt, um ihr Öl selbst gewinnen zu können (so hatten Reichenau und St. Gallen Güter an den Seen). Die Olivenkultur spielte eine besondere Rolle am Comosee in der Domäne Limonta, die 60 Pfd. Öl produzierte. Zu Limonta gehörten Olivenwaldungen zu Cornula, die prebendarii bearbeiteten, die dafür vom Kloster S. Ambrogio genährt und gekleidet wurden, und zu Olcio und Onno (CL. 125. 126); ferner war Olivenkultur am Gardasee (Mur. Antt. 2, 217), am Luganer See (CL. 542) und am Iseosee (CL. 419) heimisch, wo sich auch eine Ölmühle (torcularis) befand, die 12 Pfd. Öl lieferte, während die dortigen Bäume nur 1 Pfd. Öl einbrachten. In der Ebene finden wir auch am Oglio Olivenkultur (CL. 321). Im übrigen wird damals wie heute das

[1] Vgl. Seregni p. 34 ff.
[2] Vgl. Seregni p. 65.

kontinentale Klima der Lombardischen Ebene der Olive wenig zuträglich gewesen sein. Der Baum war sehr hoch geschätzt, seine Beschädigung wurde mit 3 sol. bestraft (L. Roth. § 302).

Allgemein im ganzen Land war der Weinbau,[1] zu dessen Schutz sich in der langobardischen Gesetzgebung weitgehende Bestimmungen finden (L. Roth. §§ 292—296). Das Weinland war weit wertvoller als gewöhnliches Ackerland. 1 Joch Weinland an der Celera bei Lodi war zu 30 sol. abgeschätzt (Tr. 770), und 1800 Reben kosteten 999 in Rovoreto (Alessandria) 1200 (240 × 5) Denare (CL. 960).

In der Viehzucht, die auch auf jedem Hof betrieben wurde, nahm die Schweinezucht den ersten Platz ein. In dem Inventar von S. Giulia in Brescia sind in der Ebene die Schweine fast überall vorherrschend, der Archiporcarius war der oberste der Hirten (Tr. 602), der wohl mit dem „magister porcariorum" identisch ist, der ein Wergeld von 50 sol., d. h. soviel wie ein Ministerial hatte, sofern ihm mehr als 2 Hirten unterstanden, während der gewöhnliche Schweinehirt auf 25 sol. geschätzt war. Dagegen bekam der Herr des Rinder- oder Ziegenhirts nur 20, für junge Hirten nur 16 solidi (cf. Lex Roth. §§ 132—136). Auch in der Lex Roth. §§ 349—353 ist vorwiegend von porci und porcarii die Rede. Der Grund für die Bevorzugung der Schweinehirten ist wohl darin zu suchen, dass bei den Römern die Rinder-, Ziegen- und Hammelzucht, bei den Langobarden aber die Schweinezucht verbreiteter war, und so die Schweinehirten in der Mehrzahl langobardischer Abstammung waren. Die Hirten scheinen ausnahmslos Servi gewesen zu sein.

Ein Bild der Verteilung der Vieharten giebt wohl am besten die nachstehende Tabelle, die dem Inventar von S. Giulia in Brescia entnommen ist (CL. 419) und wahrscheinlich die Summe der zum Herrenhof gehörigen Tiere angiebt.[2]

[1] Vgl. Seregni p. 65.

[2] Obwohl es aus der Urkunde nicht mit Sicherheit zu entnehmen ist, so scheint es sich doch um ein Inventar, nicht um Abgabe zu handeln. Für uns ist die Frage minder wichtig, das Verhältnis der Zahlen zu einander hat bei beiden Voraussetzungen gleichen Wert.

Tabelle des Viehbestands der Höfe CL. 419.[1]

Hof.	Schafe	Rindvieh	Schweine	Ziegen	Gänse	Hühner
Timoline	12	3	16	—	4	30
Bogonago	39	5	7	—	—	20
Porzano	14	12	24	—	15	15
Audalvico	—	5	8	3	20	40
Nuvellaria[2]	60	8	28	3	11	20
Volento	40	7	16	—	11	15
Cervinica	28	8	18	1	2	16
Mariano	12	3	35	4	3	20
Magonvico[3]	18	8	30	17	14	45
Val Camonica	482	17	29	8	—	30
Sure	230	5	30	6	—	20
Clusune	172	4	20	4	—	20
Curte Tontolfi	—	4	50	—	12	30
Curte Gumolfi[4]	—	3	50	—	6	20
Riveriola	300	7	92	13	22	50
Bissarissu	—	4	43	—	15	50
Castelluna	46	4	66	—	20	40
Alfiano[5]	90	26	100	10	30	100
Cicognara	—	13	51	—	12	15
Miliarina[6]	40	6	180	—	12	20
Barbada	10	7	70	—	11	20

[1] Es ist hier wie unten unter den Höfen eine Auswahl getroffen. Einmal suchten wir die ehemaligen Königshöfe aus, zweitens bestrebten wir uns die nach irgend einer Richtung hin Charakteristisches bietenden in die Tabelle aufzunehmen.

[2] Die Zahl der Kühe fehlt hier.

[3] Dazu ein Esel (asinus).

[4] Die Zahl der vaccae ist ausgefallen, ausserdem 2 Eselinnen.

[5] Ausserdem 36 Pferde und eine Eselin, und 3 Enten (anades).

[6] Dazu 6 Esel.

Wie aus der Tabelle hervorgeht, wurde die Hammelzucht besonders in den im Gebirge gelegenen Gegenden der Bergamasca sehr eifrig betrieben. In der Ebene hielt man mehr Rindvieh und Schweine, während die Ziegen stark zurücktraten. Eine Zusammenstellung von 52 Höfen von S. Giulia ergab:

1748	Schafe
1349	Schweine
265	Rindvieh
155	Ziegen
3517	

Vereinzelt kommen auch Esel und in Alfiano auch Pferde vor. In den Alpen und im Apennin herrschte überall die Alpwirtschaft, so am Col di Tenda, im Thal von Susa, im Tessin, Veltlin, Valcamonica, und in der Gegend von Bobbio (vgl. Tr. 610 B-M. 161. 1592. CL. 419). Die Käseproduktion spielt im Inventar von S. Giulia eine wichtige Rolle. Wie es sich mit dem Eigentum und der Nutzung der Wiesen verhielt, ist schwer anzugeben, doch scheint dieselbe in den meisten Orten den Bauern zugestanden zu haben, mitunter freilich nur gegen eine „herbaticum" genannte Gebühr (cf. CL. col 718. 727). Diese wurde auch für Benützung der Alpen erhoben (CL. col. 724).

Die Geflügelzucht wird viel erwähnt, beschränkte sich aber in der Hauptsache auf Hühner und Gänse, Enten werden nur selten genannt. Eier als Abgaben kommen überall vor.

Die Fischerei wurde naturgemäss in Seen und Flüssen viel betrieben, so z. B. im Garda, Sermione, in Rivalta und Iseo. Vom letztgenannten Hofe wurden 1200 Fische an S. Giulia abgeliefert.

Den Hauptteil der ländlichen Produktion nahm der Ackerbau ein. Es ist nicht unsere Aufgabe, hier über die Technik[1] der Landwirtschaft zu berichten, doch wollen wir angeben, was in der Lombardei im früheren Mittelalter

---

[1] cf. Seregni p. 62 ff.

angebaut wurde, wofür uns auch das Inventar von S. Giulia eine treffliche Handhabe bietet. Es kommen folgende Getreidearten vor und zwar nach einer Berechnung in 52 Höfen in % der Gesamtsumme:

Roggen (sicale)[1]	2380	Scheffel ca.	40 %
Weizen (frumentum)	1230	„ „	22 „
Hafer (avena) } Gerste (ordeum) }	1027	„ „	17 „
Hirse (milium)	806	„ „	14 „
Spelt (speltum od. alaga)	187	„ „	3 „
Gemüse (legumina)	131	„ „	2 „
Andere Sorten insbes. Milaga[2] u. Fensch (pannicum) (170) (49)	117	„ „	2 „

Nähere Nachweise bietet die Tabelle, die den Ertrag vom Salland der Höfe von S. Giulia (CL. 419) in Scheffeln angiebt:

Hof.	Weizen (frumentum)	Roggen (sicale)	Gerste und Hafer (ordeum avena)	Gemüse (legumina)	Hirse (milium)	Spelt (speltum)	Fensch (pannicum)	Milaga
Timoline[3] .	4	30	3	—	—	—	—	—
Canella . .	5	40	5	1	—	—	—	—
Bogonago .	3	12	2	—	—	—	—	—
Brescia . .	10	15	10	1	—	—	—	—
Cardulina .	8	10	5	1	6	—	—	—
Porzano . .	20	53	100	7	140	—	10	—
Audalvico .	10	24	13	7	52	40	—	—
Nuvellaria .	30	25	—	2	60	8	5	—
Volento . .	10	20	—	1	15	4	4	10

[1] Über die Namen der Getreidearten vgl. v. Fischer-Benzon, Altdeutsche Gartenflora. Kiel und Leipzig 1894 p. 167.

[2] Vermag ich nicht zu identifizieren.

[3] Dazu kommen 40 mod. granum, das nach Du Cange = coccum ist. Nach Freund, Wörterbuch der lat. Sprache, 1, 809 ist coccum ein Korn vom Strauche Thymelaea. Vgl. auch Forcellini 2, 246 II.

Hof.	Weizen (frumentum)	Roggen (sicale)	Gerste und Hafer (ordeum avena)	Gemüse (legumin)	Hirse (milium)	Spelt (speltum)	Fensch (pannicum)	Milaga
Magonvico .	70	72	70	6	60	20	—	—
Valcamonica	3	5	—	—	20	—	10	—
Curte Tontolfi	120	65	35	15	—	—	—	—
Marcharegia	32	65	34	6	—	—	—	—
Riveriola .	77	217	42	2	—	—	—	—
Alfiano . .	130	516	115	10	—	—	—	—
Gatariolo .	48	142	50	10	—	—	—	—
Cicognara .	90	103	90	—	—	—	—	—
Barbada . .	47	167	140	14	170	—	—	—

Die landwirtschaftlichen Produkte wurden zum grössten Teile auch auf den Höfen verarbeitet. Auf allen grösseren Höfen gab es eine, oft mehrere Mühlen, deren Benutzung auch anderen Personen gegen Entgeld zustand. Auch für die Wein- und Ölgewinnung bediente man sich der „torcula“ oder „torculare“ genannten Maschinen. Auf einigen Höfen gab es auch Holzindustrie (s. p. 298.). Die Frauen wurden in Spinnstuben (pisile oder genitium) beschäftigt. wohin nach der Lex Roth. (§ 221) auch Mädchen gesandt wurden, die sich mit Sklaven eingelassen hätten. Auf einem Hof von S. Giulia waren 20 Weiber in einem „genitium“ angestellt (vgl. CL. col. 713). Als Produkte des weiblichen Kunstfleisses dürfen wir wohl die Tücher (panni), Bänder (fascellae) u a. ansehen, die von verschiedenen Höfen abgeliefert wurden.

Auf einigen Gütern wurde auch Eisen verarbeitet, das die Bergwerke als Steuer dem königlichen Hofe entrichten mussten (St. 2336). Hiervon machte man Pflüge (vomeres), Sicheln (falces), Heugabeln (furcae) u. a. Auf einem Hofe von S. Giulia befand sich ein Steinbruch (CL. col. 710),

---

[1] Dazu 10 Scheffel fava (Bohnen).

während in Limonta Kalkbrennerei vorkam (CL. 416 17). Von der Bienenzucht ging die Wachsverarbeitung hervor, die besonders für Kirchen und Klöster grosse Bedeutung hatte.

Auf einigen Höfen, wie z. B. in Murgula und Viguzzolo (Ch. 1, 48) fand auf dem Markte Handelsverkehr statt.

Über weitere Zweige des Handwerks und über die kulturellen Zustände der Domänen fehlen uns Nachrichten.

IV.

FORMEN DER BEWIRTSCHAFTUNG, DIE BEVÖLKERUNG UND IHRE LAGE.

Im römischen Reiche wurden die Domänen gewöhnlich in Emphyteuse gegeben, d. h. in Erbpacht gegen Entrichtung eines feststehenden Pachtschillings, des sog. Canon, gewöhnlich an grosse Kapitalisten, die ihrerseits wieder die Grundstücke im einzelnen verpachteten".[1] Der Staat hatte so eine feste Einnahme, die nicht auf die jährlich schwankenden Erträge des Grundbesitzes basiert war, hatte keine Schwierigkeiten bei der Einziehung der Abgaben und konnte mit wenigen Beamten an der Zentralstelle auskommen. Das gleiche System wandte auch die römische Kirche auf ihren Gütern an (MG. Epistolae Greg. 1, 70 p. 90). Die Nachteile des Systems bestanden darin, dass die unmittelbare Berührung zwischen dem Staate und der ländlichen Bevölkerung verloren ging, und die Bauernschaft ausgesogen wurde. Zahlreich sind die Klagen über die Bedrückung des Landvolkes im byzantinischen Italien (Epist. Greg. 1, p. 62. 324).[2]

Wie fand nun die Bewirtschaftung der Güter im einzelnen statt? Früher herrschte besonders mit Rücksicht auf Plinius die Ansicht, dass in Italien in der römischen Kaiserzeit der Grossbetrieb mit grossen meist unfreien Arbeiter-

[1] cfr. Hartmann, Byzantinische Verwaltung in Italien 1889 p. 74. — Codex Just. 11, 62.

[2] cfr. Jung, Agrarische Verhältnisse in der römischen Kaiserzeit. Hist. Zeitschrift 48 p. 44 ff.

massen bestanden habe. Dagegen behauptete Mommsen, dass diese Betriebsform äusserst selten und besonders auf Afrika beschränkt gewesen sei, wogegen in Italien der Kleinbetrieb durchaus vorgeherrscht habe.[1]

Im langobardischen Reiche fiel das römische Verpachtungssystem fort, es fehlte eben an kapitalfähigen Unternehmern, und nur in der Romagna können wir einen Fall der Emphyteuse bei einem Griechen nachweisen (Tr. 535), der drei Höfe bei Bologna inne hatte. Im übrigen aber erhielt sich, wie es scheint, das römische Wirtschaftssystem. Eine Latifundienwirtschaft scheint nirgends bestanden zu haben.

Ein Teil des Gutes (mansus indomnicatus od. domnicatus, terra salica), das sog. Salland, befand sich auf den meisten Höfen in Selbstwirtschaft (Regie) des Grundherren. Auf den Höfen von S. Giulia gehört zum Salland fast regelmässig Ackerland, Weinland, Wiesen und Wald. Ein Hof (Sumolacu) hatte nur Wein- und Olivenland in Selbstwirtschaft, während zu Turbula (col. 712) und Sure (col. 716) der ganze Hof in Eigenwirtschaft stand. Die Verwaltung leitete der Scario oder Actor, der selbst eine oder mehrere Hufen inne hatte, die er meist aber nicht selbst bewirtschaftete. Das Salland wurde von den Prebendarii bebaut, deren Zahl auf den Höfen von 2—49 schwankt, wahrscheinlich Unfreien, die ihren Unterhalt vom Herrn bekamen, die sog. praebenda, wahrscheinlich auch freie Wohnung und Kleidung.[2] Auf den meisten Höfen ist bestimmt, wieviel Korn an sie geliefert werden musste. (In Timoline z. B. 159 Scheffel d. h. 11 pro Kopf). Ausser den Preben-

[1] Hermes 19 p. 405 ff. Ed. Meyer im Handwörterbuch der Staatswissenschaften Bd. 2 p. 447 behauptet, dass in Mittel- und Unteritalien die Latifundienwirtschaft, in der Poebene der Kleinbetrieb vorgeherrscht habe. Aber gerade auf die letztere kommt es uns an.

[2] Auch in Limonta gab es solche Leute CL. 126: „et nihil reddunt predicti homines, sed excolunt prenominata oliveta et habent suos peculiares pro victu et vestitu". Vgl. auch Schröder p. 444. Seregni a. a. O. p. 29 hält die prebendarii für „laici non soggetti a celibato professanti la regola del monastero", eine Auffassung, die ich für völlig verkehrt halte.

darii zog man aber noch die manentes zu Frohnden heran, die sehr verschieden bemessen waren.

Über die Grösse und Verteilung des Sallands soll die nachstehende Tabelle einen Überblick ermöglichen.

Hof.	terra arabilis ad seminandum modios	vinea ad amforas	prata ad carradas	silva ad incrassandum porcos	Prebendarii Köpfe
Timoline .	32	60	6	—	14
Canella . .	90	30	10	—	15
Bogonago .	90	—	6	50	8
Iseo[1] . . .	17	50	10	30	13
Porzano . .	300	50	25	20	22
Nuvellaria .	270	50	20	200	16
Magonvico .	300	70	25	15	30
Val Camonica	40	23	40	—	23
Riveriola[2] .	470	70	44	560	25
Bissarissu .	450	100	20	550	16
Alfiano . .	900	100	50	700	49
Curticella .	90	20	20	—	15
Cicognara .	330	10	15	200	19
Miliarina .	540	120	50	2000	21
Barbada . .	300	70	100	800	18

Aus dieser Tabelle lassen sich auch Schlüsse über die Grösse des Sallandes ziehen. Nehmen wir an, dass bei der primitiven Technik der Landwirtschaft trotz des vorzüglichen Bodens etwa das fünffache der Aussaat geerntet wurde, so erhalten wir einen Ertrag:[3]

[1] Dazu Olivenwald.

[2] Dazu terra infructuosa quae ad seminandum non est.

[3] Wir wählen im folgenden nur Beispiele aus jeder Grössenklasse.

zu Iseo	85 modii[1]	=	127 hl.	(85)
Timoline	160 „	=	240 „	(160)
Barbada	1500 „	=	2250 „	(1500)
Alfiano	4500 „	=	6750 „	(4500)

Nehmen wir nun weiter an, dass auf den ha. 6 hl., geerntet wurden[2], so erhalten wir in

Iseo	21 ha	Ackerland	(ca. 1 Hufe)
Timoline	40 „	„	(ca. 2 Hufen)
Barbada	365 „	„	
Alfiano	1125 „	„	

Das Weinland vermögen wir nach Seregnis[3] Angaben ebenfalls zu berechnen. Nach ihm beträgt das Weinland für 1 amfora Ertrag etwa 5 Ar. Demnach beträgt dasselbe in:

Cicognara	50 ar	=	0,5 ha
Canella	150 „	=	1,5 „
Iseo	300 „	=	3,0 „
Alfiano	500 „	=	5,0 „
Miliarina	600 „	=	6,0 „

Das Wiesen- und Waldland vermögen wir nicht auszurechnen. Ölland kommt bis zum Ertrag von 600 Pfd. vor, was heute etwa 8 ha. entsprechen würde.

Der grösste Teil des Grundbesitzes war aber in der Regel in Hufen (mansi oder sortes) zerlegt und an Bauern zu sehr verschiedenen Bedingungen ausgethan, die sich nach dem Stand der Bauern, der Beschaffenheit der Parzelle und wohl auch nach der Lage des Arbeitsmarktes richteten. Soweit als möglich zog man natürlich die eigenen Leute,

---

[1] modius = 1,462 hl nach CL. col. 205. Wir runden auf $1^1/_2$ ab. Da Dreifelderwirtschaft herrschte, muss ein Drittel abgezogen werden, doch ist dies für unsere weitere Berechnung unwesentlich. Ich gebe deshalb die wirkliche Ertragszahl in Klammer.

[2] Heute wird in Italien etwa das 5—7 fache der Aussaat gewonnen (cf. Eheberg p. 18). Man erntet auf dem Hectar in der Provinz Cuneo 7,9 hl, in Novara 14,0, in der Lombardei 11—14,6 hl. (Eheberg p. 19. 22).

[3] a. a. O. p. 41.

Unfreie und Aldien heran, als diese aber — die Vermehrung der unfreien Bevölkerung ist zu allen Zeiten sehr gering gewesen — nicht mehr ausreichten, sah man sich genötigt auch Land an Freie zu verpachten,[1] die in römischer Zeit die Mehrheit gebildet hatten.[2] Gewisse mansi, die mansi vestiti waren regelmässig mit Bauern (manentes) besetzt, während andere, die mansi absi oder absentes ohne festen Inhaber waren,[3] gewiss dem Herren zur Verfügung standen, und von ihm entweder selbst bewirtschaftet oder verpachtet wurden. Häufig wurde auch ein mansus unter mehrere Bauern ausgeteilt, seltener hatte ein Bauer mehrere sortes, wie nachstehende Tabelle beweist (CL. 419):

Griliano	17 sortes absentes	28 manentes
Iseo	18 sortes integrae	58 „
Glociano	1 sors integra	6 servi
Sumolacu	3 sortes integrae	15 „
Cardena	2 „	6 liberi
Audalvico	4 „	4 libellarii
Porzano	1 sors	8 manentes
	13 sortes	13 „
	3 sortes integri	3 servi
Valcamonica	53 sortes	83 „
Alfiano	40 „	14 manentes
	(darunter der Canevarius und 8 Maurer).	

Betrachten wir zuerst die auch schon damals in Italien häufigen kontraktlichen Verhältnisse, in denen eine grosse Anzahl von Bauern stand.

Unter den Kontraktarten[4] der Bebauung unterscheiden wir die folgenden:

1) Pacht gegen ein Fixum.

a. Reine Geldpacht ist verhältnismässig sehr selten, wie sie ja auch noch heute in Italien eine untergeordnete

[1] cfr. Brunner 1, 208 f.

[2] Hermes 19, 412. Freie Bauern sind auch in unserer Zeit ausserordentlich häufig und kommen überall vor.

[3] cfr. Waitz, Die altdeutsche Hufe. Göttinger Gesellschaft der Wissenschaften Bd. 6, 220.

[4] Vgl. Seregni a. a. O. p. 52 ff.

Rolle spielt. Sie kommt gewöhnlich höhergestellten Personen gegenüber in Anwendung, da die einfachen Bauern nicht im Stande waren eine Geldsumme aufzubringen. So z. B. verpachtete im Jahre 915 die Äbtissin von S. Sisto dem Franken Elmerich die Besitztümer einer Kirche und zwei Bauernhufen für 3 solidi jährlich (CL. 462), der Abt von Nonantola 930 einem Grafen einen Hof in der Grafschaft Brescia auf 29 Jahre gegen die allerdings sehr niedrige Summe von 3 solidi (CL. 535) „libellario nomine" (ebenso CL. 536 an einen Kleriker).[1] Regelmässig war die Geldpacht bei dem burgundischen Kloster St. Maurice im Wallis (Ch. 2, 47. 49. 50. 51. 52. 56. 63. 64 von 6 denar bis 3 solidi). Auf den Gütern von S. Giulia giebt ein Scario in Griliano (CL. col. 707) 5 solidi Pacht, ein manens in Rivalta (col. 720). 8 solidi. Auch bei Unfreien kommt zuweilen, wenn auch sehr selten Geldpacht vor, so z. B. in Limonta, wo „servi" für die „terra absens" 4 solidi, und wo 2 Aldiones ebenfalls 4 solidi zahlen. Bei den letzteren handelt es sich aber um einen Kopfzins (CL. 126).

b. Pacht, bei der ein Fixum von Naturalien gezahlt wird, ist nicht selten und kommt besonders auf den Gütern von S. Giulia viel vor, oft auch in Mischung mit Geldabgaben, so z. B.[2] (CL. 419):

Col. 706 geben 3 manentes als „Fictum" (Pachtzins) 15 Scheffel Korn, 3 Anforae Wein, 8 Hühner, 11 Eier, ein vierter 1 Scheffel Korn und 2 Anf. Wein.

Col. 707 „liber homo" in Timoline giebt als Pacht (Fictum) 10 Scheffel Korn, 3 denar, 3 Hühner.

Col. 707 verschiedene libellarii und commendati geben als Fictum 38 Scheffel Korn, 63 denar, 16 Hühner, 80 Eier.

Col. 708 zwei Freie in Iseo geben 5 Krüge Wein, 2 Schweine, 1 Widder, 6 Hühner, 30 Eier, 3 Scheffel Kastanien.

---

[1] Der Zins dient hier mehr als Recognitionszins. cfr. Seregni p. 26.

[2] Es handelt sich für uns nur darum Beispiele zu geben, nicht alle Fälle der sehr häufigen und mannigfaltigen Form aufzuzählen. Wir nehmen hier nur wirkliche Pachtverhältnisse auf.

Col. 711. 1 „libellarius" in Audalvico giebt 2 Krüge und 1 Urne Wein, 15 Pfund Oel, 2 Hühner und 10 Eier.

Col. 712. 8 montenarii in Casivico geben alle 3 Jahre 2 sol., 6 Pfund Öl, 7 Fische, 2 Käse.

Col. 713. 2 libellarii auf einer Hufe zu Volento geben 6 Scheffel Korn, 1/2 Wein (cf. unten), 1 Schwein, 4 Hühner, 20 Eier und 34 denar.

Col. 716. 2 sortes im Valcamonica geben als Pachtzins 5 Krüge Wein, 8 Widder, 10 Käse.

Col. 725. 3 libellarii iu Barbada geben 31 Scheffel Korn, 17 denar, 6 Hühner, 30 Eier.

Col. 726. in Genua geben 5 freie Leute 240 Pfund Käse.

in Ivrea (Eporeia) geben 2 Freie 50 Pfund Honig.

2) Häufiger als die Pachtverträge gegen ein Fixum waren die Quotallohn- oder Quotalpachtverträge, Vorläufer des noch heute in Italien sehr verbreiteten Teilbaus oder der mezzadria.[1] Hierbei kamen die mannigfachsten Kombinationen, auch in Verbindung mit fixen Geld-, Naturalquoten und Frohnden vor. Die Quotalverträge sind in den Urkunden seit dem 8. Jahrhundert in ganz Ober- und Mittelitalien nachweisbar. Auf den Gütern von S. Giulia war die Abgabe von der Hälfte des Weins besonders gewöhnlich, doch auch beim Korn und Öl kommen Quoten vor so z. B.:[2]

Col. 710. 4 libellarii geben vom Öl die Hälfte, 12 Pfund Käse, 5 Pfund Lichter und Fische.

---

[1] Ohne hier auf die Controvere über die Entstehung der Mezzadria eingehen zu wollen, möchte ich doch behaupten, dass dieselbe römischen Ursprungs ist (vgl. Waser, Die colonia parciaria im römischen Reich 1885. — Dietzel in der Tübinger Zeitschrift für Staatswissenschaften 1884—1885). Auch im Merovingerreich kommt die colonia parciaria im 7. Jahrhundert vor. Vgl. MG. Formulae ed. Zeumer p. 14 no. 30 (Formulae Andegavenses).

[2] Auch hier beschränken wir uns auf wirkliche Pachtverhältnisse (libellarii).

libellarius (in Olco) giebt vom Wein die Hälfte, 14 Scheffel Korn, Hühner und Eier.

Col. 713 gaben in Volento 2 libellarii ausser fixen Abgaben die Hälfte vom Wein.

Col. 717. Ein Freier in Marcharegia giebt 1/4 vom Korn, 1/3 vom Wein, 8 denar, 2 Hühner, 10 Eier.

Col. 725. Libellarii in Barbada. Einer giebt 1/3 Korn, 1/2 Wein, 2 Hühner, 10 Eier, 1 solidus, ein anderer das gleiche, doch nur 2 den. und ein dritter 6 denar.[1]

Gehen wir noch auf einige solcher Verträge, die für uns besonders wichtig sind, da sie kaiserliche Güter betreffen und im Namen der Kaiserin abgeschlossen sind, des näheren ein. Es sind zwei Contracte von 877 und 885 (CL. 273. 334),[2] die der Gastalde der Kaiserin Angilberga in Guastalla abschloss. Die Bestimmungen sind die folgenden:

1) Verpächter ist die Kaiserin Angilberga, Pächter sind Manifret und Rimpert, homines liberi in der ersten, Leo, ein freier Mann, in der zweiten Urkunde.

2) Gegenstand des Vertrags: man pachtet („firmo libellario nomine") Häuser und Sachen (casaes vel rebus), im ganzen 25 (CL. 334: 20) Joch.[3]

3) Zeitdauer: 29 Jahre (die gewöhnliche Dauer der damaligen Kontrakte wegen der dreissigjähren Verjährungsfrist, doch auch 10 Jahre kommen vor).

4) Die Pacht erstreckt sich auch auf die Erben („firmo te vel tuis heredibus").

5) Verpflichtung, das Grundstück zu bearbeiten und daselbst zu wohnen („ut vos vel vestris heredibus

[1] Vgl. unten die Tabelle, und auch Pertile Bd. 4 p. 595 Anm. 2, wo einige Beispiele angeführt werden.

[2] Vgl. Seregni p. 57. Der von ihm oft angeführte Aufsatz von Cipolla in den Atti dell'accademia d'agricoltura di Verona 1891 p. 102 ff. war mir leider nicht zugänglich.

[3] Im ersten Kontrakt hatte der Vater Manifrets das Grundstück vorher in Pacht gehabt.

super ipsis rebus resedere et laborare adque meliorare debeatis sine fraude vel nelicto")[1]; die Verpflichtung ist ganz analog den heutigen Teilbaubestimmungen.

6) Pachtsumme.

a) in Guastalla abzuliefern vom siligo,[2] Roggen (sigale) und Gerste (ordeo) ein Drittel, vom anderen ein Viertel, vom Wein ein Drittel.

b) eine jährliche fixe Zahlung („exenium") und zwar am Prospertag (Tag des Schutzheiligen der Diözese Reggio): 2 Hühner, 10 Eier (wohl ova zu lesen statt oves). Wie man sieht ist dies exenium sehr gering und die Quotalpacht bei weitem das wichtigste.

7. Arbeit: 23 Tage auf dem Hofe Guastalla, die Hälfte mit den Ochsen, die Hälfte mit der Hand (manuvelis) (in CL. 334 ein Tag im Monat, aber in Piacenza), eine angaria (Fuhrfrohnde) von 6 Scheffeln bis zum Hof (ad curte vel loco).

8) Bei Poüberschwemmung ist freies Fortgehen gestattet („et si exportati Pado venerit, ut ipso loco dilierit, ut ibi vivere non posatis, exiatis inde foris sine omnem culomnia").

9) Für eine Wiese und Garten sind noch 2 Scheffel 4 Sester und 11 Rüben zu zahlen (et abetis prado, modia dua sextaria quatuor, et orto, et rapas undecim redatis; in CL. 334: unde non redatis, da die Wiese nur ½ Joch gross war). Noch heute ist die Wiese gewöhnlich besonders verpachtet,[3] da sie sich nicht zur Quotalpacht eignet.

10) Die abzuliefernde Menge ist auszudreschen (battere), zu fahren (vegere) und auf dem Hofe anzuzeigen (consignare)

---

[1] Zu lesen für relicto. Auch CL. 334 hat nelicto.

[2] Nach v. Fischer-Benzon p. 163 geringe Weizenart, von geringem Gewicht, die auf Sumpfboden wächst, doch gutes Brod liefert. Später ist siligo = Winterweizen. Vgl. auch Seregni p. 62.

[3] Ein Herr schrieb mir aus Edolo (Prov. di Brescia): „Se nel podere vi sono prati, per questi il mezzadro paga un affitto fisso in danaro e restano quindi esclusi della mezzadria".

auf Kosten des Colonen („cum vestro dispendio"), ebenso wie heute.[1]

11. Nach Ablauf der Frist darf der Colon von dannen ziehen (expletis annis exiatis foris) mit der Hälfte der Mobilien, in CL. 334 mit $^2/_3$;[2] die andere Hälfte blieb dem Herren: „in loco cispite dimitatis". Das Betriebskapital scheint dem Colonen gehört zu haben.

12. Strafe für beide Teile, auch für die Kaiserin, 20 solidi. Es wurden nach CL. 334 zwei Exemplare des Vertrags verfertigt.

Aus anderen Teilbauverträgen, allerdings nicht von kaiserlichen Gütern, entnehmen wir noch folgende Züge. So wird 882 (CL. 313) ein Gut in Iseo verpachtet, von dem die Hälfte des Weins zu zahlen ist. Auch hier muss der Wein zum Hofe gefahren werden (vegere aput ipsa curte Iseis). Ebenso musste auf den Gütern von S. Maria di Varese die Hälfte des Weins abgeliefert werden.[3] In zwei Urkunden CL. 445 und 545, in denen auch die Hälfte des Weins abgeliefert werden musste, wird die Benachrichtigung nach der Ernte ausdrücklich hervorgehoben. (in Bergamo: „et quod tempus vindimie vobis vel ad misso vestro sire et fas quando faciamus et hoc ipso redito vos seniores vel vestro misso in predicto vico recipere debeatis" CL. 445 anno 912, und „et tempore vindimie nos vortire[4] faciamus, ut vos aut misso vestro super ipsa vinea ad mustum (Most) ipsum recipiendum". Dieser Vertrag aus Monza CL. 545 lief nur auf 12 Jahre). Ebenso heisst es in einem Vertrag von 854 CL. 186 aus Campione am Luganer See: „et debeamus de presenti vinea ordinabiliter plantare . . . et persolvamus vinum medietatem per vindimias ad torclo et pro tempore vindimie vos aut misso vestro superesse debeas et ad nostra dispensa recipiamus et vos scire faciamus et ipso vino cum nostro evegio per-

[1] cfr. Pertile 4, 596.

[2] Dazu gehörten, wie wir CL. 302 entnehmen: „boves, animalia seu utensilia" (vgl. Seregni p. 51). Die gleiche Bestimmung finden wir auch in einem Colonenvertrag aus dem 8. Jahrh. aus Toscana (Troya 510).

[3] Mail. Staatsarchiv, Carte di S. Maria di Varese XI sec.

[4] = avvertire.

ducamus usque ad ripa de Lago Luano, consignato vobis vel ad misso vestro"[1]

Während diese Verträge meist auf freiem Abschluss beruhen, war die Mehrzahl der ländlichen Bevölkerung gebunden, obwohl häufig ihre Abgaben und Leistungen weder quantitativ noch qualitativ sehr erheblich von denen der auf freiem Abschluss beruhenden abwichen.[2] Natürlich hing dies von der Lage des Arbeitsmarkts ab. War ein grosser Mangel an Arbeitern vorhanden, so liess sich der freie Bauer keine Frohnden in grösserem Umfang auferlegen, während er zu anderen Zeiten froh sein musste überhaupt ein Unterkommen finden zu können.

Die Abgaben der Unfreien und Aldionen sowie der „liberi commendati" sind somit nicht wesentlich von den oben besprochenen verschieden. Auch sie zahlen, wie wir besonders auf den Gütern von S. Giulia nachweisen können, bald eine fixe Summe in Geld oder Naturalien (so auch in Limonta) oder Quoten des Rohertrags. Zwischen den Servi und Aldiones scheint der Unterschied nicht gross gewesen zu sein. Fast überall waren die Abgaben und Leistungen gemessen, und auch eine willkürliche Behandlung war, wie das Beispiel von Limonta[3] zeigt, schon im 10. Jahrhundert nicht mehr möglich. Der Abt wollte den Unfreien (servi) beliebige Lasten auferlegen, eben mit der Begründung, dass sie ja Servi seien, ihnen die Haare abschneiden lassen etc., doch das Mailänder Gericht anerkannte das Herkommen auch als eine für die Sklaven massgebende Rechtsnorm (CL. 417). Eine Veräusserung von angesiedelten Unfreien ohne das Grundstück kam wahrscheinlich nicht mehr vor.

Die Frohnden, die übrigens auch bei freien Verträgen häufig sind, waren ausserordentlich verschieden.

[1] Vgl die untenstehende Tabelle. Verhältnismässig selten, wie auch noch heute, war die Quotalpacht in Piemont.

[2] Vgl. die Tabelle. Eine Aufzählung wäre unnütz, da die Abgaben mit den oben besprochenen zusammenfallen.

[3] Vgl. auch Seregni p. 60 ff., der von den Limontinern sagt, sie wären bis in die Zeiten Marco Viscontis ein unruhiges Volk gewesen („fan capolino").

Ungemessen waren sie im Valcamonica (CL. 419 col. 716), wo die manentes „faciunt opera, quantum mandat illorum magister". Im übrigen sind 5 Tage in der Woche die höchste Ziffer (so CL. 419 col. 718), dann 4 (so in Nuvellaria col. 712 unusquisque facit dies IV per ebdomata, in Volento col. 713, in Cervinica col. 713 ebenso), dann kommen 3, 2, 1 Tag pro Woche vor (vgl. die Tabelle), 15 Tage im Jahr, 1 Tag im Monat, bis 5 Tage im Jahr (von „liberi, qui se commendaverunt cum eorum proprio" in Nuvellaria col. 713). —

Dazu kommen noch andere Leistungen, so z. B. das Auspressen des Öls, Fuhrfrohnden (in Limonta), handwerksmässige Beschäftigung, Tragen von Briefen (so in Canella: „Aldius, qui tantum vias et epistolas portat, ubi necessitas est", col. 707, in Bogonago col. 708, Porzano col. 711, in Barbada col. 726 u. s. w.), Fischereifrohnden (col. 708 „piscant in dominica piscacione"), Arbeit im Steinbruch (s. o.). Die Frauen wurden, wie wir oben sahen, im genitium beschäftigt.

Über die Einzelheiten des Lebens der ländlichen Bevölkerung, ihre materielle und kulturelle Lage, ihre Bildung, Wohnung, Kleidung und Nahrung wissen wir nichts,[1] doch glauben wir aus den Quellen schliessen zu können, dass die Lage der Bauern keine allzu schlechte gewesen ist.[2]

---

[1] Auf die rechtlichen Verhältnisse der Stände gehen wir nicht ein. Vgl. den Aufsatz von Seregni, der diesen Punkt ausführlich behandelt.

[2] cf. Seregni p. 71, der die Lage „povera non misera" nennt.

I. Tabelle der Abgaben nach CL. 419.

Hof	Anzahl der sortes	Anzahl der Bauern	Quote in Bruch sonst Krüge Wein	Quote in Bruch sonst Scheffel Korn	berbices Widder	formatici Käse	pulli Hühner	ova Eier	Geldabgaben solidi	Geldabgaben denar	Kastanien mod. Scheffel	Schweine	Holz-Karren	facellae. Bretter	pisces Fische	Sonstiges
Timoline .	?	23	1/2	—	—	—	33	160	5	4	—	—	—	—	—	2250 Tage Arbeit.
Canella [1] .	?	22	30	33	12	—	34	165	—	20	2	5[2] bez. 3	—	—	—	1/2 der Zeit.
Iseo . .	18	58	31	50	—	100	16	80	7	4	2	16	4	—	2000	jeder 3 Tage pro Woche Fischereifrohnden
Porzano .	13	13	5	60	4	—	26	130	—	20	—	2	—	—	—	9 arbeiten 1 Tag pro Woche.
Nuvellaria	4	servi manentes 15	1/2	26	2	—	59	280	—	–	10	6	6	100	—	jed. 4 Tage pro Woche.
Valcamonica	53	servi 83	60	—	75	86	—	—	6£ 11	6	—	—	30	—	—	Eisen, Handwerkssachen, Arbeit.
Marcharegia	?	8	1/3	1/4	—	—	16	80	—	52	—	—	—	—	—	14 Tage pro Woche.
Riveriola .	?	12	1/3	1/4	—	—	24	120	9	—	—	—	—	—	—	24 Tage pro Woche.
Rivalta .	9	13	1/2	1/5	—	—	26	130	—	—	—	—	—	—	—	20 Tage pro Woche.
Alfiano .	40	14[3]	1/2	1/3	20	—	70	—	—	10	—	20	—	—	—	90 Tage pro Woche.
Cicognara .	10	23	1/3	1/4	8	—	2	10	—	—	—	8	—	—	—	jed. 3 Tage pro Woche
Miliarina .	30½	44	1/3	1/5-1/4	42	—	2	10	—	88	—	44	—	—	—	jed. 1 Tag pro Woche und Karrenfrohnden.
Barbada .	?	17	1/2	1/3	—	—	—	—	—	—	—	5	—	—	—	2 arbeiten 3 Tage pro Woche.

Wo nichts besonders bemerkt ist, sind die Bauern manentes. Die Abgaben beziehen sich auf die Gesamtheit derselben.

[1] Abgabe als fictum. — [2] Oder 10 solidi. — [3] Die Zahl ist vielleicht nicht richtig.

II. Tabelle der Frohnden CL. 419.

Hof	Stand	Tage pro Jahr	Tage pro Woche
Valcamonica . .	manentes	quantum mandat magister.	
Cubola	„	260	5
Nuvellaria und andere Höfe . .	servi	208	4
Iseo, Umbiligo und andere Höfe . .	„	156	3
Barbada	liber commend.	156	3
Mariano	liber	104—156	2—3
Tevoncio	manentes	104	2
Griliano	„	102	2
Timoline	„	98	2
Canella	„	87	1¾
Miliarina	aldius	52	1
Castaneto . . .	servus	52	1
Porzano	liber	52	1
Barbada	libellarius	52	1
Bogonago . . .	manens	40	¾
Cardena	liber	30	—
Cabriana	„	15	—
Cardulina . . .	„	10	—
Rivalta	liber commend.	6	—
Nuvellaria . . .	„	5	—

III. Tabelle von anderen Höfen.

Ort	Jahr	Quelle	Stand des Arbeiters	Korn Scheffel oder Quote	Wein-Quote oder Anforae	Geldabgaben		Hühner	Eier	Arbeitstage per		Bemerkungen
						sol.	den.			Woche	Jahr	
Oulx . . .	7. Jahrh.	Troya 321	Coloni	1 mod.	1/2	—	2/3	1	10	quod illi commendatur		—
Lucca . .	759	Troya 738	?	—	1/2	1	—	—	—	quantum utilitas fuerit		—
Brescia . .	822	CL. 96	libellarius auf 29 Jahre	1/3	1/2	—	1	3	15	ca. 1	48	1/4 Lein
Limonta[1] .	835	CL. 126	5 manentes	36 mod.	12 anf.	—	—	60	300	?	?	12 porci 18 arietes
Ostiglia . .	837	CL. 129	libellarius 29 Jahre	1/3—1/4	1/4	—	—	—	—	—	6	—
Campione .	854	CL. 186	libellarius 25 Jahre	5 mod.	1/2	—	10	1	10	—	—	—
Guastalla .	855	CL. 188	libellarius 29 Jahre	1/3—1/4	1/3	—	—	2	10	ca. 1/2	20	—
Asti . . .	875	Ch. 1, 33	libellarius 10 Jahre	—	—	—	—	—	—	2	104	—
Guastalla .	885	CL. 334	libellarius 29 Jahre	1/3—1/4	1/3	—	—	2	10(?)	—	12	—
Limonta[1] .	905	CL. 416/17	34 servi	12 sest.	—	70	—	30	300	Frohnde bei der Oelernte		100 Pfd. Eisen 30 Pfd. Käse
Asti . . .	963	Ch. 1, 121	libellarius	—	-	—	6	—	—	—	—	—
Cornegliano	10-12. Jh.	Acta sel. 158	Bauern	1/4—1/7	1/3	—	14	—	—	—	—	—
Varese . .	12. Jahrh.	Mail. Staatsarchiv.	libellarii	4 mod.	—	—	26	4	—	-	—	—
Insula Fulcherii . .	12. Jahrh.	Antt. 2, 79	?	1/3	1/2-1/4	—	—	—	—	—	—	—

[1] Die Abgaben hier beziehen sich auf die manentes insgesamt.

V.

DIE EINKÜNFTE.

Aus diesen mannigfachen Abgaben der Bauern, Natural- und Geldlieferungen, und den Erträgen des Sallands setzte sich der Ertrag eines Gutes zusammen. Ziffernmässig können wir die Einkünfte eines Gutes nicht berechnen, geschweige denn die Erträge des gesamten Krongutes. Doch wir wollen versuchen wenigstens einige Anhaltspunkte zu bieten.

Für den Ertrag eines mansus haben wir Angaben aus einigen Gütern von S. Giulia. Danach stellte sich das an den Herren abgelieferte Quantum:

in Iseo auf $1^2/_3$ Anf. Wein, $2^7/_9$ mod. Korn, 1 Huhn, 5 Eier, ca. $^4/_9$ sol., 1 Schwein.

in Brescia auf $4^1/_2$ Anf. Wein, $7^1/_2$ mod. Korn, 3 Hühner, 15 Eier, 2 sol.

in Porzano auf $^5/_{13}$ Anf. Wein, ca. 5 mod. Korn, 2 Hühner, 10 Eier, $1^7/_{13}$ denar.

Zahlenmässig kennen wir den Gesamtertrag[1] von Limonta vom Jahre 835:

36 Scheffel (ca. 50 hl.) Korn, ca. 12 Krüge Wein, 12 Schweine à 20 den., 18 Widder à 5 den., 60 Hühner, 300 Eier, 60 Pfd. Öl, und 9 solidi. Dazu kam der Ertrag der mansio domnicata, der nicht verzeichnet ist (CL. 126).

Dies System der Individualisierung bot die grössten Schwierigkeiten. Die Einkünfte schwankten besonders bei dem Quotalsystem stark, der Transport der Produkte war lästig und die beständige Kontrolle erforderte ein grosses Beamtenpersonal, und ein solches war nicht vorhanden. Ausserdem war gerade bei der herrschenden Naturalwirtschaft, was nicht übersehen werden darf, die Verwertung überschüssiger Naturalabgaben äusserst schwierig; man versuchte es daher vielfach auf den königlichen Domänen

---

[1] Es handelt sich wahrscheinlich um das dem Herren abgelieferte Quantum.

mit einem neuen System. Die grossen Klöster und der Fiskus gingen frühzeitig dazu über, die Abgaben zu fixieren, womöglich vom Hof insgesamt zu verlangen und in Geld zu erhalten: das übrige mochten dann die Bauern behalten.

Schon 835 sehen wir in Limonta feste Beträge, weitaus der grösste Teil setzte sich freilich noch aus Naturalien zusammen, 905 ist er insofern schon gemindert, als die Geldabgabe bedeutend gestiegen, und auf 70 sol. normiert ist. Dazu sind 100 Pfd. Eisen gekommen, während die Zahlungen in Korn, Hühnern und Eiern sehr herabgegangen sind. 957 fand eine neue Fixierung der Zahlungen von Limonta statt (CL. 625). Vergleichsweise füge ich die Ziffern von 1078 in Klammern hinzu (Mail. Staatsarchiv, Cartae pagenses XI sc. no. 776).

Ort	sol.	Käse Pfund	formentum staria	Hühner	Eier	Anderes.
Madrunino	14 (14)	10 (—)	2 (—)	6 (?)	60 (60)	—
Selvaniade	14 (13)	10 (—)	2 (—)	6 (3)	60 (60)	—
Cantenigo	14 (14)	10 (—)	2 (—)	6 (6)	60 (60)	—
Vero . .	4	—	—	—	—	Fische (1078 nicht genannt)
Civenna .	18 (21)	—	—	12 (12)	120 (120)	—
Limonta .	(18)	—	—	—	—	—

Es ergiebt sich, wie schon in der Mitte des 10. Jahrhunderts die Geldabgaben weit überwiegen. So weit aber noch Naturalleistungen bestanden, wurden sie auch fixiert in der Form der sogenannten Servitia. Dieselben sind ursprünglich Leistungen Privater, insbesondere der Kirche für den König (vgl. Schröder, Rechtsgesch. p. 192 f. und Stumpf Acta ined. no. 467); später wird der Ausdruck auf die Leistung eines Königshofes angewandt (vgl. Waitz Verfgesch. Bd. 8 p. 231). In Italien kennen wir Servitium in diesem Sinne aus einer Urkunde Heinrichs IV. der den Ort Casale mit dem Servitium dem Bistum Vercelli schenkt (Ch. 1, 368),[1] und aus dem oft genannten Verzeichnis der Curiae. In demselben (Böhm. fontes 3, 397 f. Const. 440) figurieren die Höfe:

1. Cavallermaggiore	mit zus. 8 servitia	
2. Torcello		
3. Canella		
4. Annone	10	regalia servitia
5. Ruvignano	1	„ „
6. S. Giorgio	5	„ „
7. Gamondo	4	„ „
8. Marengo	8	„ „
9. Sezze	3	„ „
10. Retorto	2	„ „
11. Pontecurone	2	„ „
12. Basaluzzo	2	„ „
13. Vigevano	2	„ „
14. Settimo	2	„ „

Wie gross das Servitium in Italien war, wusste der Verfasser nicht. In Bayern und Franken waren es 40 Schweine, 7 Frischlinge, 5 Kühe, 50 Hühner, 50 Eier, 90 Käse, 10 Gänse, 5 Pfd. Pfeffer, 10 Pfd. Wachs, 4 Fuder Wein; in Sachsen 30 Schweine, 5 Frischlinge, 3 Kühe, 50 Hühner, 50 Eier, 90 Käse, 10 Gänse, 5 Pfd. Pfeffer, 10 Pfd. Wachs, 5 Fuder Bier und Wein aus den Kellervorräten. In Bayern bekam der König im ganzen 32, in Franken 85, in Sachsen 40 servitia. Wahrscheinlich war das Servitium in Piemont nicht sehr verschieden von dem bayrischen, vielleicht wurde mehr Wein, anstatt der vielen Schweine auch Hämmel geliefert.

---

[1] Auch bei den folgenden Orten ist das Servitium wahrscheinlich zu ergänzen.

Ein grosser Teil der Höfe war aber in Italien um die Mitte des 11. Jahrhunderts schon über diese primitiven Naturalleistungen hinaus; in 9 Höfen wurde bereits eine feste Geldabgabe an den König entrichtet und zwar in:

1.	Susa	2000 Mk.
2.	Avigliana	1000 „
3.	Chieri	600 „
4.	Piossasco	500 „
5.	Testona	500 „
6.	Rivoli	500 „
7.	Saluzzo	200 „
8.	Albenga	200 „
9.	Savona	200 „
		5700 Mk.

Leider ist nicht gesagt, wieviel 1 Mk. ist. Es ist wahrscheinlich, dass es sich um Mark Silber handelt, d. h. um ½ Pfd. Dann wäre der Gesamtbetrag der 9 Höfe 2850 Pfd. Silber gewesen. In Treviso hatte die Mark 14 sol. 2 den. (Ducange 5, 259), so dass der Betrag ca. 80000 solidi ausmachen würde.

Können wir uns so von der Grösse der Einkünfte nur ein unklares Bild machen, so wissen wir fast gar nichts über die Erhebung, Versendung und Verwendung derselben und sind zum grossen Teil auf Vermutungen angewiesen.

Die Erhebung erfolgte, so lange es actores und gastaldii gab, durch diese, in Churräthien auch durch den camerarius, der dafür Provision bezog, z. B. in Lugnetz 2 sol. (Mohr, Codex dipl. Rhätiae 1, p. 297), im Bergell 190 Widder. Die Beamten besorgten auch die Kontrolle, die bei dem vom Ertrag abhängigen Zins sehr notwendig war.

Die Domänenbauern lieferten ihren Zins an einem bestimmten Tag, gewöhnlich einmal im Jahr, meist zu St. Martin (s. o.)[1] auf dem Herrenhof ab; häufig wurde auch der Tag des Diözesanheiligen gewählt, so z. B. in Ravenna St. Vitalis

[1] Vgl. Seregni ff. 54.

(Mur. Antt. 3, 143), in Novara St. Gaudentius (Ch. 1, 124), S. Alessandro in Bergamo (CL. 109), St. Prosper in der Diözese Reggio (CL. 188). Zuweilen kommt auch der Johannistag vor (CL. 393). Bei Quotalpacht fand die Ablieferung zur Erntezeit statt. Ein grosser Teil wurde auf den Höfen selbst verbraucht, für den Verwalter und die prebendarii.

Ein Teil der Naturalien wurde dann aber weiter gesandt. Von Limonta aus wurde z. B. das Öl auf Wagen direkt nach Pavia gefahren, wobei die Bauern des benachbarten, der Kirche Missaglia gehörigen, Conno mithelfen mussten (CL. 126). Andernfalls wurden sie gepfändet. Die Leute von Limonta selbst und einigen umliegenden Orten waren nach einer Urkunde von 882 (CL. 314) verpflichtet, das Öl und Korn nach dem zwischen Mailand und Como gelegenen Hofe Desio (Deusdedit) zu fahren. Von einer Domäne in Friaul hören wir, dass ihre Erträge, 100 Scheffel Weizen und 50 Schweine, nach der königlichen Pfalz zu Treviso abgeliefert werden mussten (B-M. 232). Aus Treviso selbst wurde das Servitium im 11. Jahrhundert nach Verona befördert (St. Acta 467). Für das Eisen, das das Val Scalve in der Bergamasca lieferte, bestand eine Zahlstelle in Darfo an der Mündung dieses Thals (St. 2336). Es ist wahrscheinlich, dass sich durchs Reich zerstreut verschiedene Höfe und Pfalzen befanden, an die die Erträge abgeliefert werden mussten.

Was mit den Erträgen gemacht wurde, wissen wir nicht. Auf den V e r k a u f einiger Artikel lässt eine Stelle des Inventars von S. Giulia schliessen („ibi venundabitur" vgl. Bresslau, Konrad II., 2, 195 Anm. 5), wonach Seide in Pavia auf den Markt gebracht wurde. Vielleicht wurden auch noch andere Waren verkauft.

Ein grosser Teil der Naturalien wurde gewiss vom königlichen Hofe selbst verzehrt. Als der Hof nicht mehr regelmässig in Italien wohnte, nahm man lieber Geld, dessen Verwendung wir natürlich nicht kontrollieren können.

Es bleiben zur Besprechung noch einige Einzelheiten, die nicht direkt in unsere Ausführungen hineingehören, aber doch mit ihnen nahe zusammenhängen. Wie es scheint, konnten nämlich auch verschenkte Königshöfe noch zu Leistungen herangezogen werden (vgl. Matthäi p. 16), eine Annahme, aus der sich vielleicht manche Namen im Verzeichnis der Curiae erklären. So musste, wie schon Matthäi hervorhob, das Kloster Morimund für den Ort Fara Basiliana ein Viertel des Ertrags dem Fiskus zahlen, was Friedrich I. gegen die Zahlung eines aureus dem Kloster nachliess (St. 4172), und auf etwas ähnliches weist vielleicht die Nachricht des Chron. Novaliciense hin, dass in Canobbio am Lago maggiore der „mos regius" bewahrt würde (Chr. Nov. 5, 23 Matthäi p. 16).[1] Ganz ähnliche Verhältnisse finden wir in den Churer Kirchengütern im 11. Jahrhundert in einem Rodel, in dem ein census regius erwähnt wird. (Schweiz. Geschichtsforscher 4, p. 169 ff. Mohr 1, p. 297 ff.), der im Bergell z. B. 20 sol. betrug. Auf ähnliche Verhältnisse deutet wohl der Jahreszins von 1 Pfd. Silber in Sacco bei Treviso (B-M. 1161), die Zahlung der 1000 Pfd. Eisen aus dem Thale Scalve (St. 2336) und das mel publicum von Carezzano (Ch. 1, 198) hin.[2]

Auch Frohnden wurden von benachbarten Orten verlangt, z. B. in Limonta mussten die Leute von Conno die Oliven sammeln, auspressen und nach Pavia fahren (CL. 126). Lothar befreit die Priester von Cremona von Vorspanndiensten für die königliche Kammer (B-M. 1015).

Umgekehrt kamen auch Leistungen von Königshöfen für Private vor. So lieferte z. B. der Hof Garda dem Kloster Bobbio jährlich 10 sol. (Ch. 1, 30) seit der Zeit König Liutprands.

---

[1] Vgl. auch Waitz, Verfassungsgeschichte 4, p. 110. 8, 386.

[2] Vgl. auch B-M. 792, wonach Nonantola Reichsland gegen Zins besass, und die Abgabe von 7½ sol, die der kaiserliche Vogt vom Bistum Cremona fordert (CL. 439).

VI.

RECHTLICHE VERHÄLTNISSE.

1. Inventarisierung.

Eine Inventarisierung der Krongüter fand in langobardischer Zeit unter König Liutprand statt („quia pro cautella et futuris temporibus per omnes curtes nostras brebi facimus de omni territuria de ipsas curtes pertinentes". Notitia de actoribus § 5). Dann wurde eine Inventaraufnahme von Karl dem Grossen angeordnet (Waitz, Verfassungsgeschichte 4, 152. Brunner 2, 195), während König Pippin von Italien eine Specialinventarisierung der Güter der Königin Hildegard befahl (Capit. 1, no. 95 p. 201). Mit den Forsten speciell beschäftigt sich ein Capitulare Ludwigs des Frommen (Ll. 4, p. 538 § 47. „De forestibus ubicumque fuerint diligentissime inquirantur"). Die späteren Könige, Lothar und Ludwig II., befahlen auch ihren Sendboten, in den einzelnen Ortschaften nach Pfalzen und staatlichen Gebäuden Erkundigungen einzuziehen und sie eventuell neu herrichten zu lassen. Ferner sollten sie auch die kaiserlichen Lehen verzeichnen (Capit. 2, p. 64 no. 202 c. 7, 8). Dann wurde ihnen befohlen die villae zu inspizieren und zu sehen, in welchen Händen sie sich befänden (ebenda c. 6). Ludwig II. ordnete wiederholt die Wiederherstellung der Pfalzen und publicae domus an (Cap. 2, p. 85. 86 no. 212, 7. no. 213, 6. 7. no. 216 c. 3 p. 92. no. 217 c. 4 p. 94). Damit hören dann aber die Massnahmen dieser Art auf. Ob im 10. Jahrhundert von den königlichen Gütern ähnliche Verzeichnisse bestanden haben, wie sie uns von den Klöstern erhalten sind, wissen wir nicht. Im 11. Jahrhundert deutet auf das Vorhandensein von Inventarien das Verzeichnis der „curie que pertinent ad mensam regis Romani" hin.

2. Königsgut und Reichsgut.

Eine strenge Trennung von Staats- und Privatgut des Herrschers ist dem frühen Mittelalter fremd und läuft der germanischen Anschauung von König und Staat schnurstracks zuwider. Wie im Frankenreiche (vgl. Waitz, Verfassungsgesch. 4, p. 5 ff. p. 140. Schröder, Rechtsgeschichte p. 117. p. 194. Brunner 2, p. 68 f.) so war auch im Langobardenreich das königliche Gut vom Privatgut des Herrschers nicht getrennt (vgl. Schupfer, istituzioni p. 370).[1] Das vom Herrscher eingebrachte Gut wurde wahrscheinlich zum Reichsgut geschlagen und ging als solches auf den Nachfolger über, während unter dem betreffenden Herrscher selbst noch formell unterschieden wurde (so z. B. in Brescia unter Desiderius verschiedene als herzoglich bezeichnete Güter). Jedenfalls konnte der König mit der gleichen Freiheit über das Reichsgut wie über sein Privatgut verfügen.

Sehr dunkel ist die Frage, wie sich nach dem Tode des Herrschers die Vererbung gestaltete, ob dem König auch Verfügung von Todes wegen über seine Güter zustand. Die Quellen sind so dürftig, dass sie eine Beantwortung dieser Frage nicht zulassen. Wir wissen nur, dass die Frauen des königlichen Hauses sehr reich dotiert wurden, besonders in karolingischer und ottonischer Zeit, z. B. Irmingard, Angilberga, die jüngere Irmgard, die Gattin Widos Ageltrud, Hugos Gemahlin Bertha, Lothars Gattin Adelheid und Ottos II. Gemahlin Theophano, dann in salischer Zeit Agnes v. Poitou. Freilich wurden diese Schenkungen von den nachfolgenden Herrschern nicht immer anerkannt.[2]

In den Fällen, in denen ein Usurpator des Thrones sich bemächtigte, oder der legitime Herrscher den Usurpator verdrängte, oder das Reich von einem Fremden erobert wurde, ging jedenfalls das gesamte Privatgut des verdrängten Königs und das Reichsgut auf den Sieger über. Doch vermochten sich die Nachkommen Berengars II. und Arduins im Besitze eines Teils ihrer Güter zu behaupten.[3]

---

[1] Sohm, Fränk. Reichs- und Gerichtsverfassung p. 31 behauptet eine Scheidung.

[2] cfr. Oberrhein. Zeitschr. 7, 16 no. 2. Bresslau, Konrad II., 1. p. 63 Anm. 2. p. 215. Vgl. p. 39.

[3] S. p. 36. 42.

Während in Deutschland vom 11. Jahrhundert an allmählich das Hausgut vom Reichsgut sich trennte, konnte eine solche Entwicklung in Italien nicht Platz greifen, da es hier überhaupt kein Hausgut gab, wenn wir von der Mitgift der Bertha absehen, von der wir nichts sicheres wissen. In Italien gab es sonst nur Reichsgut (vgl. die Worte Konrads II. Bresslau 1, p. 81).

3. Privilegien der Krongüter.

Das Eigentum des Königs war in den langobardischen Gesetzen durch einige Bestimmungen besonders geschützt.

Auf Erregung von Unruhen in königlichen Pfalzen stand bei Anwesenheit des Königs Todesstrafe (L. Roth. § 36); der königliche Forst war insofern bevorzugt, als in demselben verboten war, Bienen fortzunehmen und Jagdfalken zu rauben, was anderweitig als „naturale ius" gestattet war (L. Roth. §§ 319. 320). Alle Kompositionen die für Verletzung königlichen Eigentums zu zahlen waren, wurden verdoppelt (L. Roth. § 369). Nur Bussen von 900 sol. waren hiervon ausgeschlossen. Die Massregel entsprach einer alten Gewohnheit (antiqua consuetudo). Entsprechend wurde auch die von Grimoald angesetzte Verjährungsfrist von 30 Jahren für den Erwerb königlicher Güter auf 60 festgesetzt. (Lex. Liutp. § 78). Doch diese Massregel war nicht durchführbar, da sich wenige Leute fanden, die soweit zurück denken konnten, und König Liutprand sah sich somit genötigt die Verjährung wieder auf 30 Jahre herabzusetzen (Notitia de actoribus § 2).[1]

Ueber die prozessualischen Vorrechte wissen wir aus der langobardischer Epoche nichts. Doch wurden solche für die Krongüter in karolingischer Zeit eingeführt, die näher zu verfolgen nicht unsere Aufgabe ist.

---

[1] Die Fiscalini im fränkischen Reich hatten das gleiche Wergeld wie die Liten (Brunner 1, 237). Nach der Notitia de actoribus genossen auch die königlichen Sklaven gewisse Vorrechte (§ 3) cf. Ll. Bor. p. 205 no. 98.

Insbesondere war der Fiskus dadurch begünstigt, dass er sich beliebig vertreten lassen und den Inquisitionsbeweis fordern konnte. (Vgl. Brunner 2, p. 73 f.). Damit hängt es wieder zusammen, dass nur die besten Leute der Grafschaft in fiskalischen Sachen zeugen sollten. (Leges 4, 589 Gesetz Ludwigs II.). Doch konnte der Fiskus ebensowohl klagen wie verklagt werden und zwar vor dem ordentlichen gräflichen (s. u.), wie vor dem missatischen Gericht. Freilich stand dem Fiskus stets das Reklamationsrecht zu (Ficker § 153). Eine Reihe von Prozessen, bei denen der Fiskus beteiligt war, kennen wir aus Cremona, wo 891 vor dem missus Ardengus der Vogt des fiskalischen Hofes Sospiro gegen den bischöflichen Vogt unterlag (CL. 349.). Auch die Forderung des kaiserlichen Vogtes Lupus, der die Domänen Castenedolo und Auce vertrat, auf einen Census von 7 $1/2$ sol. gegen das Bistum Cremona, wurde vor dem missatischen Gericht abgewiesen (CL. 439). Im Jahre 910 entschied das Königsgericht unter Vorsitz Berengars I. ebenfalls zu Gunsten des Bischofs gegen den Vogt Leo von Sospiro, doch handelte es sich in diesem Falle um einen Scheinprozess (CL. 438).

Aus anderen Teilen der Lombardei kennen wir einen Prozess von 818, in dem das Kloster Nonantola durch seinen Vogt den königlichen Hof zu Mantua verklagt vor dem Gericht des Grafen Oddo von Mantua (CL. 93).[1] In einem anderen Prozess vertrat ein kgl. Actor den Fiskus gegen den Erzpriester von Missaglia (CL. 126). 1001 führt der Fiskus einen Prozess, vertreten durch den iudex Lanfranc (DO. III 411). Über die Vollstreckung der gegen die Krone ergangenen Urteile haben wir keine Nachrichten.[2] —

[1] Die Urkunde ist sehr lückenhaft.

[2] Ausserhalb unseres Gebiets kennen wir folgende Prozesse (die Citate nach Zeitschrift für deutsche Rechtsgeschichte, Bd. 14. Hübner, die Gerichtsurkunden der fränkischen Zeit): No. 678 i. J. 806. Vicedominus des Klosters S. Zeno gegen den Gastalden Gaufred, der den Fiskus vertritt. Kloster siegt. No. 680 i. J. 806. Ein Graf und Gastalde für den Fiskus gegen das Bartholomäuskloster zu Pistoja. No. 687 i. J.

Sehr zweifelhaft ist es, ob die Königshöfe der ordentlichen Gerichtsbarkeit unterstanden. In der langobardischen Zeit scheinen die Gastalden und Actores dieselbe ausgeübt zu haben; in der karolingischen Epoche dagegen scheint eine Exemtion der Krongüter von der Grafschaft nicht stattgefunden zu haben. Erst vom 11. Jahrhundert an sind uns derartige Privilegien für die Leute der Reichsbesitzungen bekannt, um sich im 12. Jahrhundert weiter zu mehren (cf. Ficker § 127).

4. Vermehrung des Kronguts.

Für die Vermehrung des Kronguts war in den langobardischen Gesetzen hinlänglich gesorgt, die ja während unserer ganzen Periode in Geltung blieben.

Im langobardischen Strafrecht war mit verschiedenen Verbrechen die Strafe der Konfiskation verbunden, immer indes als Nebenstrafe. Es erfolgte dies im Anschluss ans römische Recht, in dem die Konfiskation auch als Nebenstrafe erscheint. (l. 8 § 1—4 Dig. qui testamenta 28, 1 und l. 1 Dig. de bonis damnatorum 48, 20 und Cod. Just. 9, 49). Die Fälle in denen die Konfiskation eintrat, sind folgende:

a. Mord auf den König L. Roth. § 1.

b. Flucht aus dem Lande L. Roth. § 3.

c. Landesverrat L. Roth. § 4.

d. bei Aufruhr gegen den iudex L. Liutp. 25., L. Ratchis 10.

e. im Falle der Heirat einer Nonne L. Luitpr. 30 („deveniat substantia ad potestatem palatii").

Für Auswanderung und Landesverrat ergingen noch Spezialgesetze, die auch die Aufnahme von Ausgewanderten (L. Liutpr. 18), Korrespondenz mit dem Ausland (L. Ratchis § 9), Handel mit dem Ausland ohne Wissen der Regierung

---

812 Hildepert, Abt des Bartholomäusklosters zu Pistoja gegen den Fiskus vor dem missat. Gericht. No. 723 April 838 Vertreter von S. Fridiano in Lucca gegen Adelgrim, Vertreter des Fiskus.

(L. Aist. § 4), und Spionage (L. Ratchis 13) mit Konfiskation bedrohten.[1]

Später wurde noch in weiteren Fällen die Konfiskation angedroht, die wir nicht alle erwähnen wollen, z. B. im Züricher Gesetz Heinrichs III. wegen Giftmischerei. (Vgl. Ficker 1, 91).

Mehr als die Strafbestimmungen interessieren uns die Anwendungsfälle der Konfiskation, von denen wir einige aufzählen wollen.

In langobardischer Zeit erfolgten vermutlich die Konfiskationen der herzoglichen Güter auf Grund des § 4 der Lex Rothari (wegen Landesverrats). Ausdrücklich Bezug genommen wird auf dieses Gesetz in der Urkunde des Desiderius von 773, durch die die Güter der mit den Franken im Einvernehmen stehenden Sesennius, Raidolf und Genossen dem Kloster S. Salvatore in Brescia geschenkt wurden. (Troya 985). Wegen „scandalum" im Palast verfielen die Güter des Kunimund von Sermione 765 der Konfiskation (Troya no. 838. CL. 29), unter Karl dem Grossen fanden Vermögenseinziehungen[2] langobardischer Grosser im Jahre 776 statt (vgl. MG. SS. 1, p. 154. B-M. 198. 339. 403. 429. 602), unter Arnulf Konfiskationen in Bergamo (B-M. 1842), die wegen Hochverrats erfolgten. Berengar I. zog 905 Güter wegen infidilitas ein (Mur. Antt. 3, 763), Berengar II. schenkt ein konfisziertes Gut in der Landschaft Canavese seiner Gattin Willa (CL. 640), Otto I. nahm die Güter Berengars und Willas in den Grafschaften Bergamo, Modena und Reggio in Anspruch. Auch die Konfiskation der Güter des Grafen Bernhard, des Schwiegersohns König Hugos, die wegen Hochverrats erfolgte, mag an dieser Stelle erwähnt sein (vgl. p. 37). Sehr umfassende Konfiskationen wurden bei den Unruhen in Oberitalien um die Wende des 10. und 11. Jahrhunderts von Otto III. und

[1] Scandalum im Palast wird in CL. 29. Tr. 838 mit Konfiskation bestraft. Die Lex Rothari § 36 droht Todesstrafe an, giebt aber dem König ausdrücklich das Begnadigungsrecht.

[2] Vgl. p. 19.

Heinrich II., besonders in den Grafschaften Vercelli, S. Agatha, Novara, Pavia, Como und Vicenza vorgenommen und fast vollständig dem Klerus überliefert. Die Konfiskation erfolgte wegen Hochverrats und Vergehens gegen die Person des Königs (St. 1190. 1243. 1633. 1634. 1908). Eine Konfiskation unter Heinrich II. fand wegen Schwestermord statt (St. 1597). Kurzweg von Konfiskation „secundum leges" sprechen zwei Urkunden Konrads II., die Güter um Chiavenna betreffen (Mohr 1, 84. 85). Auch die Güter einiger Cremonesen konfiszierte dieser Kaiser (vgl. Ficker § 93). Umfassendere Konfiskationen fanden dann im 12. und 13. Jahrhundert unter den staufischen Herrschern statt, unter denen Gebiete grosser Communen wie von Mailand, Crema, Asti, Chieri, Tortona und weltlicher Herren, wie der Grafen von Incisa, Savoyen und Gavi, und selbst unter Friedrich II. des Erzstifts Mailand und des Bistums Vercelli der Konfiskation verfielen (cf. Ficker §§ 99–102). Selten behielt freilich in den Fällen, die wir kennen, der Herrscher die konfiszierten Güter für sich, wenn wir auch in Anschlag bringen müssen, dass wir in der Regel nur durch Weiterverleihung von der Konfiskation etwas erfahren (vgl. Waitz 8, 251 ff.).

Civilrechtlich war die Ausdehnung des königlichen Grundbesitzes durch das Erbrecht ermöglicht, das der König in vielen Fällen hatte. Nach langobardischem Recht erhielt er, wenn keine Erben vorhanden waren, die gesamte Erbschaft (L. Roth. § 223), dann auch die Erbschaft Freigelassener, die ohne Kinder starben (L. Roth. § 224. L. Liutpr. § 77) und Quoten in verschiedenen hier nicht näher zu erörternden Fällen (L. Liutp. § 32—34. L. Roth. § 158. 159. 160. 163. Notitia de Actoribus 5. vgl. Schröder p. 191). Anwendungsfälle des königlichen Erbrechts sind, wenn auch seltener als des Konfiskationsrechts, in Urkunden nachweisbar. So verschenkten z. B. König Hugo und Lothar 943 Grundstücke in Montegaliano, die ihnen von zwei Brüdern und Schwestern zugefallen waren und ein Haus in Vercelli, das ihrem Jäger Razo gehört hatte. (Ch. 1, 91). Später nehmen die Territorialherren herrenloses Land beziehungsweise Güter ohne Erben Verstorbener an sich, so z. B. 1137 Graf Amadeus von Savoyen (Ch. 1, 478), während dem Bistum Asti das Recht an erblosen Gütern von Otto III. ausdrücklich verliehen wurde (DO. III. 99).

Durch das Recht der Eroberung kamen in dem von uns zu behandelnden Gebiete im 6. und 7. Jahrhundert einige byzantinische Gebietsteile um Cremona, Mantua und in der Alpengegend an die Krone.

Durch Schenkung erhielt der König zwar sehr bedeutende Zahlungen (vgl. Brunner 2, 69), indes von Landschenkungen kennen wir aus unserem Gebiet nur die Übertragung einiger Hufen im Gebiet von Novara durch Heribert an König Lothar (Ch. 1, 100). Ludwig II. erhielt in Toscana 861 Land geschenkt (B-M 1188 f.). —

Ebensowenig können wir vor dem 12. Jahrhundert etwas von Ankäufen berichten, die in staufischer Zeit eine bedeutende Rolle spielen. Von Heinrich III. wissen wir, dass er den Ort Foro erwarb, ob indes durch Kauf oder durch Prozess oder durch Gewalt wissen wir nicht.[1] Tauschgeschäfte, die gerade im 8.—10. Jahrhundert so überaus häufig vorkommen, wurden gewiss von der Krone auch abgeschlossen. Uns ist indes nur ein Tauschgeschäft aus Toscana aus dem 8. Jahrhundert, in dem scariones den Fiskus vertreten, mit dem Bischof von Lucca (Troya 685), dann ein Tauschgeschäft Ludwigs des Frommen (B-M. 805), in dem Hufen in Biella mit Liegenschaften bei Nymwegen vertauscht werden, und im 12. Jahrhundert ein Tausch, den Heinrich VI. mit Rainer von Biandrate abschliesst (Ch. 1, 791), bekannt.

Einen Zuwachs an Gut und Menschen erhielten die Domänen dadurch, dass Bauern freiwillig, wie es in den Urkunden heisst, „propter hostem“, ihre Freiheit aufgaben und Aldien wurden, z. B. in Limonta (CL. 126). Einen Zuwachs von Menschen erhielten die königlichen Güter durch

[1] Auch sonst wissen wir nicht, auf welche Weise sich die Rekuperationen der Salier im einzelnen vollzogen.

die Bestimmung der Lex Rothari (§ 221. L. Liutpr. §§ 24. 98. Lex Ratchis § 6), wonach Frauen, die sich mit Sklaven einliessen, dem Fiskus verfielen und unter die königlichen Spinnmädchen eingereiht werden sollten. Derartige Sklavinnen wurden z. B. S. Salvatore in Brescia (Tr. 971), dann dem Kloster Farfa (Tr. 985) und dem Bistum Piacenza (Tr. 566) verliehen.

5. Verminderung des Kronguts.

Die Verminderung des Kronguts vollzog sich wahrscheinlich oft auf unrechtmässige Weise. Auf gesetzliche Weise geschah sie gewöhnlich auf dem Wege der Schenkung, die meist urkundlich erfolgte. Im 9. Jahrhundert wurde es geradezu Rechtssatz, dass Königsgut nur durch schriftliches Präzept übereignet werden konnte (vgl. Brunner 2, 74. Bresslau, Urkundenlehre 1 p. 50). Oft mag eine Schenkung nur gegen Gegenleistungen erfolgt sein. Die Schenkungen erfolgten häufig nur zu beschränktem Eigentum, fielen sogar mitunter nach dem Tode des Beschenkten an die Krone zurück. (Vgl. Brunner 2, p. 244 ff. Schupfer, istituzioni p. 399—401). Die meisten Schenkungen, die wir aus unserem Gebiete kennen, erfolgten indes zu freiem Eigen. In manchen Urkunden sind ausdrücklich Bedingungen genannt, so z. B. in einem Diplom Karls III. (B-M. 1564), das Gut nicht weiter zu verlehnen, und in einem Diplom Ottos I. für Kloster Classe (DO. I. 349) das Gut an nicht bäuerliche Pächter auszuleihen („ne facultatem habeat ecclesia res distribuere nisi laboratoribus qui propriis manibus terram laborant").

Über die Einführung in den Besitz sind wir aus einer Urkunde von 864 unterrichtet, in der Bischof Walpert von Modena als missus Kaiser Ludwigs die Kaiserin Angilberga in den Besitz von Guastalla einführt. Der Bote verliest die Urkunde in Anwesenheit von Zeugen, revestiert den Ministerialen Petrus „per columnam" mit dem Hause (CL. 232). 879 investieren der Bischof und der Gastalde Dido von Lodi, der missus Karlmanns, „per columnam" einen Knecht des Klosters S. Sisto zu Piacenza mit einigen von Karlmann geschenkten Gütern für das Kloster (Ficker 4, no. 15 p. 20).

Verkäufe und Verpfändungen von Königsgütern sind vor dem 12. Jahrhundert nicht nachweisbar, doch mag manche Schenkung thatsächlich ein Verkauf gewesen sein. Gar nicht zu kontrollieren sind die Belehnungen, da vor dem 12. Jahrhundert aus Italien keine königlichen Belehnungsurkunden erhalten sind. Auch braucht nicht jedes Lehen ursprünglich Reichsgut gewesen zu sein, da die oblatio gewiss auch vorkam. Wir wollen hier nur versuchen aus den Anfängen der Institution die königlichen Vassallen in unserem Gebiet zusammen zu stellen, obwohl die Liste auf Vollständigkeit keinen Anspruch machen kann.

Jahr	Quelle	Ort	Bemerkungen
793	Ch. 1, 14	Asti	homines regis, können auch Sklaven sein.
812	CL. 87	Carpiano bei Mailand	Hernust vassus regis.
813	CL. 88	Lombardei	Vassi regis.
813	CL. 89	Verona	" "
827	Ch. 1, 19	Turin	" "
840	CL. 138	Mailand	Vassus imperatoris.
848	Ch. 1, 27	Novara	Vassus regis Raginbertus.
857	CL. 213	Cremona	Vassus regis Rutcher.
864	CL. 230	Veltlin	Vassus imperatoris.
864	CL. 230	"	Ministerialis imperatoris.
865	CL. 235	Balerna (Tessin)	Vassus imperatoris.
867	CL. 243	Veltlin	Vassus Gerulf, Kais. Ministerial.

Jahr	Quelle	Ort	Bemerkungen
867	CL. 246	Mailand	Vassus imperatoris.
901	Ch. 1, 58	Piemont	Vassus et missus. imper.
908	CL. 427	Pavia	Vassus regis.
910	CL. 438	Cremona	" "
915	CL. 459	Lombardei	Vassus regis als missus.
915	Ch. 1, 71	Piemont	" " " "
919	CL. 486	Lombardei	" " " "
940	Ch. 1, 88	Asti	Vassi regales.
899	CL. 384	Prov. Bergamo	Vassus regis.
912	CL. 449	Corneliano (Prov. Mail.)	" "
936	CL. 546	Lombardei	Vassus Lanfrancus.
972	CL. 727	"	Vassus et missus.

So sehen wir Vassallen des Königs auch in allen Provinzen unseres Gebiets ansässig. Wieviel von ihren Gütern Reichslehen war, ist nicht festzustellen.

STAUFISCHE ZEIT.

I. Verwaltung und Bewirtschaftung.

In der staufischen Periode ist unsere Kenntnis der Verhältnisse der königlichen Güter[1] in Italien eine wenig bessere als in der älteren Zeit. Dies liegt zum grossen Teil darin begründet, dass die staufischen Reichsgüter einen so überaus kurzen Bestand hatten. Es gab Domänenkomplexe eigentlich nur im Mailändischen und in der Insula Fulcherii, und aus diesen Gebieten besitzen wir auch nur

[1] Über die staufischen Verwaltungsbeamten gebe ich hier keine Nachweisungen, da Ficker sie sämtlich zusammen gestellt hat. Vgl. auch Buch 1.

wenige Zeugnisse, die uns von den Verhältnissen daselbst Kunde geben. Insbesondere kommt der Bericht der „Gesta Friderici in Lombardia“ in Betracht, für die Insula Fulcherii einige Urkunden.

Wie wir schon angedeutet haben, sind es in der staufischen Zeit weniger die landwirtschaftlichen Höfe als feste Plätze, die den Hauptteil des Reichsguts ausmachen. In den Städten gab es auch in staufischer Zeit noch einige Pfalzen,[1] z. B. in Turin, Ivrea, Parma. In Mailand sollte nach dem Vertrag von 1158 eine Pfalz errichtet werden; in Monza und Lodi, in Landriano und Vigentino liess der Kaiser Pfalzen aufführen. In Pavia befand sich die Pfalz ausserhalb der Stadt.

Am wichtigsten waren aber in dieser Zeit die Burgen, von denen aus auch die landwirtschaftlich benutzten Güter geleitet wurden. Ausserdem dienten sie zur Verteidigung, zur Aufbewahrung von Geldern und Schätzen, als Zollstätten und als Brückenköpfe. Unter den staufischen Burgen nennen wir als die wichtigsten[2] die Burg Garda, Trezzo an der Adda, Baradello bei Como, Belforte bei Varese, Bellinzona, Lù und Serralonga in Montferrat, Annone bei Asti, Gavi an der Strasse von Genua nach Piemont, Rivoli, Montesolo und Lanzo bei Turin. Zu manchen Burgen wie Garda, Gavi und Annone gehörten umfangreiche Gebiete. Die Burgen (castella, castra) waren nicht sehr umfangreich, oft nur ein Turm mit Mauer und erforderten wenig Besatzung. Trezzo, das als eine besonders starke Burg galt — es war auf einer Seite von der Adda umflossen – hatte eine Besatzung von 100 Mann (Gesta p. 35). Gewöhnliche Burgen wie z. B. Montesolo bei Turin, hatten 12 Mann (Ch. 1, 876), die starke savoyische Burg Montmélian 10, Bard 12, die Burg in Turin 15 (cf. Cibrario, Economia politica del medio evo 1, 347), die Burg Avigliana 16 Wächter (Wurstemberger no. 767). An der Spitze des Castells stand regelmässig 1

[1] Anderer städtischer Grundbesitz ist nicht nachzuweisen, wenn man von einem Haus in Chiavenna absieht.

[2] Über die einzelnen Burgen und ihre Geschichte vgl. Buch 2.

oder 2 Castellane. Die Bezahlung der Kosten der Burgverwaltung geschah durch das umliegende Gebiet, so z. B. bei Bellinzona und dem Monte Cenere durch die Thäler Leventina und Blegno (B-F. 3157. 3183). So brachte das Gebiet von Annone jährlich 50 Mark ein (cfr. St. 3844). In der savoyischen Burg Rivoli belief sich die Einnahme 1268 (Wurstb. no. 772) auf 326 Pfund,[1] 10 sol. 1 den., in Avigliana 1268 (Wurstb. no. 767) auf 936 Pfund, 11 sol. 11 den. (mit Überschüssen aus dem vergangenen Jahr): die Einnahmen setzten sich aus Abgaben der Bauern, Erbteilsquoten, und Gerichtsgefällen, zusammen. Die Ausgaben betrugen in Avigliana 515 Pfund 6 sol., wovon Geschenke für die Nonnen, Gehalt für Castellan und Wächter (zus. 27 Pfund), Thorverbesserung, Geschütze (Balliste in Rivoli 12 sol.), Kleidung, Arzt (43 sol.) etc. bestritten wurden. Die Überschüsse wurden in die Kasse der Curie abgeliefert, vielleicht auch die Feldfrüchte gleich verkauft (cfr. Cibrario, Economia 3, 149. Wurstemberger 3, 170 ff.).

Eine weitere Kategorie des Reichsguts bilden die reichsunmittelbaren Ortschaften und Landschaften. Es sind dies Orte oder Gebiete, die entweder auf Reichsboden entstanden sind, oder durch irgend einen Akt, z. B. Kauf oder Konfiskation de iure Reichsgüter geworden sind, später „camerae speciales“ genannt. Hierzu gehören seit dem 11. Jahrhundert eine grössere Anzahl von Städten und Gebieten. Auf Reichsboden entstanden z. B. Vigevano, Cornegliano, Monza, während Asti, Tortona, Chieri, Crema durch Konfiskation, Sermione, Val Camonica, Locarno, Casale, und Chiavenna durch kaiserliche Privilegien Reichsbesitzungen wurden.

Die Lage dieser Orte im einzelnen war je nach ihrer Macht eine sehr verschiedene. Für die meisten Orte war diese Reichsunmittelbarkeit ein Vorzug, die sie von drückender Herrschaft von Dynasten oder Kommunen frei machte. Sie hatten nur Vorteile davon, aber keine Lasten, während bei manchen Orten kleine, bei anderen drückende Leistungen

---

[1] Das Pfund 48 frcs., der solidus 2,4 frcs. nach Wurstemberger.

gefordert wurden. So musste Crema nach einem Diplom Ottos IV. von 1212 (B-F. 461) jährlich einen aureus entrichten, die Leute von Sermione (St. 3814), die namentlich aufgeführt sind, mussten einmal im Jahre drei Tage in der Michaelisoktav zum Gericht (placitum generale) kommen und zwölf Leuten einmal am Tage das Mahl bereiten („comestionem faciant"). Jeder Herd in Sermione musste dem Kaiser zu Weihnachten, Ostern und Pfingsten Fische vom Wert je eines Mailänders Denars entrichten. Nur die Kirche war ausgenommen. Bedeutend grösser waren die Lasten von Cornegliano bei Alba, die seit der ottonischen Zeit fixiert waren (St. 4501). Jedes Haus war zu einer Zahlung von 14 denar im Mai verpflichtet. Dazu musste abgeliefert werden:

$^1/_4$ der Feldfrüchte
1 Scheffel (suricum) indisches Korn
1 Scheffel (milium) Hirse
$^1/_3$ vom Wein
von entfernten Äckern nur $^1/_7$.

Die Betrachtung von Cornegliano leitet uns schon über zu den eigentlichen Königshöfen, die in dieser Zeit allerdings wenig mehr vorkommen. Auf der Insula Fulcherii z. B. befanden sich im Jahre 1188 19 (bezw. 20 Orte) im kaiserlichen, 20 im mailändischen Besitz. In den kaiserlichen Orten bekam die kaiserliche Kasse $^1/_2$ vom Wein der Bauern, $^1/_4$ von dem der Vassallen (militum)[1], vom übrigen $^1/_3$; dazu hatte der Fiskus alle Forsten und die ganze Jagd (Muratori Antt. 2, p. 79/81). In Fara bei Mailand bekam der König auch $^1/_4$ aller Früchte (St. 4172).

Auf kaiserlichen Domänen (demania) in Toskana bestand im 13. Jahrhundert eine Zahlung von gewöhnlich 26 denar pro Feuerstelle (Ficker 4, 394. 396). Dazu kamen dann

---

[1] d. h. die Bauern, die mezzadri waren (s. o.) gaben immer die Hälfte ab. Soweit sie direkt unter dem Kaiser standen, erhielt dieser die ganze Quote, soweit sie Rittern untergeben waren, teilten sich diese mit dem Kaiser in die Quote. Die Ritter haben keine Wirtschaft und liefern auch nichts ab.

noch Abgaben von Korn und Wein. Sehr gross waren die Leistungen im Mailändischen, auf die wir unten des näheren zurückkommen werden. Hier können wir sie nicht heranziehen, da sie nicht den ordentlichen Leistungen entsprochen haben können.

Gesonderte Forsten kommen in dieser Zeit nicht mehr vor.

Im Allgemeinen sind die Einnahmen aus dem königlichen Grundbesitz in staufischer Zeit kaum sehr bedeutend gewesen. Sie reichten wahrscheinlich nur dazu aus, die Unterhaltung der Burgen zu decken, so dass der Herrscher, wenn er die Burg zu Lehen gab, was ja in der Regel vorkam, kaum sehr grossen Schaden gehabt hat, obwohl die Lehen gar nichts brachten (abgesehen vom Recognitionszins, z. B. einem Falken).

An dieser Stelle wollen wir auch noch den Verkaufswert einiger Höfe und Komplexe zusammenstellen:

Herrschaft Garda mit 10 Orten für 1000 Mk. Silber 1193 von Heinrich VI. verkauft (Böhmer acta sel. no. 184).

Annone mit Gebiet und den Regalien, wird der Stadt Asti 1214 für 1000 Mk. Silber, 1220 Annone allein für 800 Mk. Silber verpfändet (B-F. 754. 1224). Die Einkünfte betrugen 1159 50 Mk., so dass die Verzinsung, von 800 gerechnet, 6,25 % betragen würde.

Die Insula Fulcherii verkauft Heinrich VI. für 2000 Pfund imperialium = 4000 Mk.

Guastalla und Luzzara verpfändet für 1000 Pfund (Töche p. 610).

Das Sturathal kauft Friedrich I. für 1750 Mk. Silber und 20½ Mk. Gold.

Hof Inverno bei Olona kauft Friedrich I. für 300 Pfund imperialium (Stumpf Acta 369).

Der Markgraf von Montferrat verpfändet seine sämtlichen Güter, die er noch hat, 1224 für 9000 Mk. Silber (B-F. 1524) (es sind 21½ castella):

Valenza	ist verpfändet für			4000	Pfund.
Lù	„	„	„	1000	„
Rocca Val Orba	„	„	„	1000	„

Über die Verwaltung der Krongüter ist, wie schon aus dem Gesagten hervorgeht, nicht viel zu berichten. Es gab kaiserliche Kassen an verschiedenen Orten, so z. B. unter Friedrich II. in Turin und in Siena (Ficker 4, no. 407). Es gab hier kaiserliche Säckelmeister („receptor et dispensator pecunie imperialis" Ficker 4, no. 407), und camerarii, die die kaiserlichen Finanzen besorgten. Auch Inventare wurden aufgenommen, so z. B. im Mailändischen (s. u.) und in der Gegend von Siena (Ficker 4, no. 394 ff.).

In den Provinzen gab es mittlere Domänenbeamte nach Art der langobardischen Gastalden seit dem 10. Jahrhundert nicht mehr. Die obere Leitung hatten die sonstigen Provinzialbeamten, unter Friedrich II. die Capitäne und Generalcapitäne[1]. In den einzelnen Domänen finden wir, soweit sie nicht zu Lehen gegeben waren, meist bezahlte Castellane. In Guastalla und Luzzara kennen wir 1187 einen kaiserlichen vicarius, Heinrich von Lautern[2] (Böhmer Acta sel. no. 895). Unter ihm steht ein villicus und ein „ministerialis curie". Diese und einige andere Leute belehnt der kaiserliche Vicar mit der Gemeindemark von Luzzara. Als Unterbeamte kommen 1244 in Toscana 2 Gastalden des Kaisers (Ficker 4, 389 B-F. 13508), und im 12. Jahrhundert in Celle bei Turin kaiserliche Gastalden vor (Tur. Archiv Prov. di Chieri 12, 1).

Über das Wirtschaftssystem haben wir keine näheren Nachrichten, doch scheint es, dass sich dasselbe in der staufischen Zeit nicht geändert hat. Noch immer wurden, wie es ja auch heute noch in Italien üblich ist, die Güter an kleine Leute ausgethan, die dafür 1/2—1/4 des Ertrags abzuliefern hatten. Selbstwirtschaft oder Grosspacht konnten

---

[1] cfr. Ficker Bd. 2 über die Provinzialverwaltung.

[2] Vgl. über ihn Ficker, Reichshofbeamte SB Wiener Akademie 1862 p. 455. 489. Er war Reichsministerial und Marschall Friedrichs I., später Schenk Heinrichs VI.

bei der Castellanenwirtschaft nicht aufkommen. Ob auf den kaiserlichen Domänen Hörige oder freie Pächter in dieser Zeit sassen, wissen wir nicht. Auch über die Frohnden sind wir nicht unterrichtet, doch es ist wahrscheinlich, dass das Salland in dieser Zeit verschwunden war, und alles Land an Bauern ausgeteilt wurde, die nur noch Abgaben leisteten.

Ganz für sich steht die Verwaltung des Mailänder Gebiets von 1162—1167, die wir nach dem Bericht des Mailänder Verfassers der Gesta Friderici, zu schildern versuchen.[1] Es ist sehr fraglich, ob die Mailänder frei oder unfrei waren. Ficker meint, sie seien unfrei gewesen und hätten auf kaiserlichem Territorium gesessen (§ 95. 109), während Tschirch annimmt, dass sie frei gewesen wären und auf eigenem Grund und Boden gesessen hätten (Beiträge zur Geschichte Mailands p. 2). Nach unserer Ansicht war das Land allerdings kaiserlich, während die Bewohner ihre persönliche Freiheit behielten.

Das Mailänder Gebiet war in verschiedene Bezirke eingeteilt:

1. Seprio und Martesana. Gozwin von Heinsberg hat diese Gebiete als Lehen (Graf war er schon früher vgl. Böhmer no. 93, wo er als Vogt von S. Remigius in Meersen erscheint). Vgl. Gesta p. 34. Rahew. 4, 58. Sein Amtssitz ist nicht bekannt.

2. Gebiet zwischen Adda und Molgora (Morgora). Amtssitz Trezzo. Verwalter zuerst Konrad de Maze und Rüdiger (Gesta 35), dann 1162 Marquard von Grumbach (Gesta 55), der auch Podesta von Brescia und Bergamo wird (MG. 18, 638). Als Marquard nach Mailand 1164 versetzt wird (Gesta 58), wird Ruinus Befehlshaber in Trezzo (MG. 18, 643).

3. Gebiet von Como. Amtssitz: Mte. Baradello. Verwalter bis 1164 Magister Paganus (Gesta 56. MG. 18, 638).

---

[1] Der Übersichtlichkeit halber ist manches, was im territorialen Teil gesagt ist, hier wiederholt.

4. Gebiet von Lodi. Amtssitz Lodi. 1163 Henricus Suevus (Gesta 55), später Lambert von Nymwegen (MG. 18, 643).

5. Burgaria. Lehnsgebiet Rainalds von Dassel seit 1164.

6. Gebiet von Mailand[1] selbst, zwischen Busto Garolfo und Legnano (nordwestlich von Mailand) und Seveso.

Oberster Beamte v. 1162—1164 Bischof Heinrich von Lüttich (Gesta p. 54).

1164—1166 Marquard von Grumbach. Amtssitz in Noceto (Gesta 58. MG. 18, 643).

1166—1167 Graf Heinrich von Dietz (Gesta 60).

Unter ihnen als Unterbeamte:

A. Unter Heinrich von Lüttich 1162 in Monza Benedict von Asia (Frisi 2, 63)[2], in Mailand:

1. Peter de Cumino 1162 (Gesta 54);
2. Fridericus Clericus, genannt „Magister scholarum" 1163 (Gesta 56);
3. Petrus Dossus 1164 (Gesta 57).

B. Unter Marquard v. Gumbach 1164 zusammen folgende 5 Beamte (Gesta 58):

1. Abt von Cielo d'Oro;
2. Heinrich von Erbesiis;
3. Jordanus Scacabarozius;
4. Anselmus de Orto;
5. Aliprandus iudex.

Die letzteren vier sind als Mailänder Verräter genannt bei Galvano Fiamma Mur. SS. 11, 640.

Es bestanden somit 2 Lehensgebiete, Seprio-Martesana und Burgaria, während das übrige, besonders das eigent-

---

[1] Ein weiterer Amtsbezirk eines Vogts ist nicht sicher zu identifizieren (Gesta 56). Er befand sich wohl in der Nähe des Comersees bei Mandello. cfr. p. 57 Anm. 2.

[2] Aus dieser Familie stammt wahrscheinlich Johannes Lilio de Asia, der 1190 „missus et camerarius" Heinrichs VI. ist. Vgl. Ficker, Reichshofbeamte p 505.

liche Domanialgebiet (6) von Beamten verwaltet wurde, die der Kaiser auch versetzen und absetzen konnte. Petrus de Cumino wurde z. B. wegen Überschreitung seiner Amtsgewalt von seinem Vorgesetzten, dem Bischof von Lüttich, abgesetzt (Gesta p. 56). Die Titel der einzelnen Beamten sind uns nicht bekannt.

Überall gewahren wir 1162 ein einheitliches Vorgehen gegen die Mailänder, das wohl auf höhere Befehle schliessen lässt. Sie wurden in allen Gebieten als kaiserliche Domänenbauern besonders herangezogen (Gesta 55). Graf Gozwin ging sogar soweit, die Schuldurkunden einziehen zu lassen zu Gunsten seiner Untergebenen in Seprio und Martesana. Der Befehlshaber in Como zog alle in seinem Sprengel gelegenen Mailänder Güter ein.

Wie stellte sich aber die Lage der Mailänder selbst? Wahrscheinlich fanden thatsächlich Überschreitungen der Amtsgewalt in grossem Umfang statt, wie es auch aus Urkunden anderer Gegenden hervorgeht z. B. aus Treviso (Ficker 4, no. 139). Der Anonymus von Lodi erzählt, die Mailänder hätten nur 1/9 ihres Ertrags behalten (MG. 18, 644). Es wurde im Jahr 1164 ein genaues Inventar der Hufen, Feuerstellen und des Viehs aufgenommen, der sog. „liber tristium“ oder „liber doloris“ (Gesta 58), den die 5 oben genannten Beamten Heinrich de Erbesiis und Genossen anlegten. Hiernach wurde die Steuer berechnet. Dieselbe betrug 3 solidi (Gesta 58) für die Hufe (der Anonymus von Lodi erzählt SS. 18, 644 drei sol. für die Feuerstelle, doch ist dies gewiss eine Verwechslung), 12 denar für die Feuerstelle, 22 imperiales für das Joch Ochsen, 24 denar für Mühlen an schiffbaren Flüssen, 3 solidi für Mühlen an nicht schiffbaren Gewässern (MG. 18, 644).

Zu diesen Lasten, die wir als ordentliche bezeichnen könnten, kamen folgende ausserordentliche Umlagen und Lasten:

Jahr	Geld Pfund	Vieh	Holz (plaustra)	Korn	Sonstige Naturalabgaben
1162/63	pro arbitrio suo		—	1/4	1/3 von Kastanien, Nüssen und Heu. 2 Teile von tertium und fictum.[1]
1163	—	—	1000	—	Balken und Lämmer.
1164 26./I.	880	—	—	—	
7./VI.	Die ordentliche		Steuer	s. o.	
1165 4./IV.	—	500 Schweine à 6 solidi	1000	—	1/2 des Zehnten, 1/10 der Schafe. Heu, Hühner u. Eier.
1164/65 Winter	—	—	—	—	1 Wagen Holz oder 12 imperiales für das Joch Ochsen.
1165 Juli	400	500 Schweine	1000	1/4	1000 Wagen Heu, Wein, Lämmer, Hühner, Eier, Pfähle (sudes), Geflechte (vimina) für Zäune, Reifen (circulos) für Fässer, Balken für Hausbau, Wagen (carrigia).
1166 Juli	1500	—	—	—	
1167 März	500	—	—	—	
	3280				

Von Frohnden auf Herrenland hören wir nichts, vermutlich weil die Gutsverfassung überhaupt nicht durchgeführt wurde. Dafür gab es drückende Fuhrfrohnden. So mussten die Bauern Rinder stellen, um Sand und Steine von

[1] Das fictum (Pachtzins) bestand in einer festen Abgabe (z. B. auf Höfen am Comersee 5 sol. pro mansus und einige staria Korn), das tertium ein Drittel des Kornertrags. (cf. Neugart-Mone, Episc. Constant. 2 p. 683. Oberrh. Zeitschr. 27, 478 ff., vgl. auch CL. 419). Duae partes vom tertium sind also $^2/_9$ oder 22 %.

der Stadt nach Noceto, und zweimal im Monat um Steine nach Monza zu fahren. (Gesta 56). Auch zu den Bauten in Vigentino und Landriano zog man die Rinder der Mailänder heran, und für die Bewohner von Pavia mussten die Mailänder Holz und Steine fahren. Die vielen Fuhren Holz, die die Machthaber brauchten, in dem kalten schneereichen Winter von 1164/65 zur Heizung des Palasts von Monza, mussten natürlich auch die Mailänder fahren. Die Jagd war ganz dem Kaiser vorbehalten. (Gesta 59). Dazu kamen nun noch die Bestechungen an Beamte bezw. die „freiwilligen Geschenke" (cf. Gesta p. 58). Endlich nahmen die Statthalter noch die Güter kinderlos Verstorbener ganz in Anspruch („Morienti sine filio succedebat" Gesta p. 55). Wahrscheinlich kam ein grosser Teil der Gelder auch in die Hände der Machthaber. Wieviel an den Kaiser abgeliefert wurde, wissen wir nicht. Die Zahlungen wurden mit grosser Härte eingetrieben; wer nicht zahlte, musste später doppelt zahlen oder der Konfiskation gewärtig sein. (Gesta p. 59). —

II. Rechtliche Verhältnisse der Domänen.

Eine Scheidung zwischen Reichs- und Hausgut konnte in dieser Zeit nicht stattfinden, da es eben nur Reichsgut gab. Es braucht hierfür nur an die Rekuperationen Ottos IV. erinnert zu werden. Über die Vermehrung des Reichsguts enthalten die Roncalischen Beschlüsse und die Constitution von Occimiano einige Bestimmungen, wonach die Güter Proskribierter oder erblos Verstorbener dem Kaiser gehören (Const. 275).[1]

Die Güter erblos Verstorbener wurden z. B. im Mailändischen eingezogen (cf. Gesta p. 55), nur dass man hier die Bestimmung sehr weit ausdehnte. Auch einige Orte im Gebiet von Vercelli nahm Friedrich I. auf Grund dieser Bestimmung in Anspruch. (St. 3926).

[1] Vgl. Suhle, Barbarossas Constitutio de regalibus. Berlin 1893 p. 5.

Weit häufiger wurde aber die Konfiskation angewandt (s. o. und Ficker §§ 99—102). Durch einen Prozess nahm Friedrich I. die Stadt Monza von Mailand zurück (Rahew. 4, 11). Ähnliche Rekuperationen fanden auch sonst statt, so von Chiavenna unter Friedrich I., und unter Otto IV.

Eine Reihe von Besitzungen gewann Kaiser Friedrich I. durch Kauf, so:

1. Inverno vom Kloster Chiaravalle für 300 Pfund (St. 4181 a).

2. Airasca Provinz Turin, (Erasco) von S. Benigno in Fruttuaria (B-F 300).

3. Sturathal von den Markgrafen von Saluzzo (St. 4605) für 1750 Pfund Silber und 20½ Gold.

4. Flussüberfahrt über Cervo und Sesia für 2580 Pfund (St. 4250).

Unter Friedrich II. kommen auch zeitweise Überlassungen von Burgen an die kaiserliche Curie vor, z. B. von Sessa, Rivoli, Lanzo und von den Gütern des Markgrafen von Montferrat.

Die Erwerbung von Vogteirechten oder von Kirchenlehen durch den Kaiser ist in Italien nur bei Nogara durch Konrad III. nachweisbar,[1] und im angrenzenden Bistum Chur durch den Sohn des Kaisers.

Von Tauschurkunden kennen wir aus unserem Gebiete nur eine zwischen Heinrich VI. und dem Grafen von Biandrate, die Niscia und Airasca betrifft (B-F. 300).

Die Verminderung des Reichsguts findet auch noch in staufischer Zeit zuweilen statt durch Schenkung. Doch diese ist viel seltener geworden. Friedrich I. machte zwar noch Schenkungen an die Johanniter, Heinrich VI. ans Bistum Tortona, doch im grossen und ganzen tritt die Schenkung durchaus hinter der Vergabung zu Lehen zurück. Diese erfolgt durch die Formel: „in beneficium dedimus“ (Konrad III. für Otto Visconti), oder „per rectum feudum investivimus“, „damus in feudum“. Sehr selten

[1] Er nahm es vom Kloster Nonantula als Lehen. s. oben p 135 und Overmann p. 55.

tritt uns eine Abgabe entgegen, die der Lehnsmann zu entrichten hat. Nur Arnold von Dorstadt (St. 4080) muss jährlich einen guten Falken geben. Dagegen ist die Veräusserung von Lehen regelmässig untersagt. In einem Falle kassiert Friedrich II. die Veräusserung eines Reichslehens, der Burg Montesolo (Ch. 1,844). Sehr häufig sind unter Friedrich I. die Belehnungen Deutscher mit italienischen Gebieten (vgl. Ficker 3, 434). Eine Behandlung des Lehenrechts gehört natürlich nicht zu unserer Aufgabe. —

Nicht selten wurden in unserer Zeit Reichsgüter verkauft oder verpfändet. Verkauft wurde unter Heinrich VI. die Insula Fulcherii und die Burg Garda, verpfändet Guastalla und Luzzara, unter Friedrich II. die Burg Annone, unter Heinrich VI. der Zoll von Turin. (40 M. pro Jahr für 300 M. insgesamt. Ch. 1,791). —

REGISTER DER ORTSNAMEN.

Vorbemerkung: Aufgenommen sind die Ortsnamen, soweit sie die Geschichte des Reichsguts betreffen. Mittelalterliche Namen sind in Cursive wiedergegeben. Sind mindestens drei Seitenzahlen bei einem Orte angegeben, so ist die Seite, auf der der betreffende Ort ausführlich besprochen wird, durch den Druck hervorgehoben. Alle Ortsnamen mit San oder Santa sind bei S. verzeichnet.

(Die Nummern bedeuten die Seitenzahlen.)

C.

N.

O.

P.

Q.

R.

[1] Unter S sind zuerst alle mit San und Santa zusammengesetzten Namen verzeichnet.

T.

U.

V.

[1] Alle mit Val zusammengesetzten Thalnamen sind an dieser Stelle hinter einander angeführt.

Y.

Z.

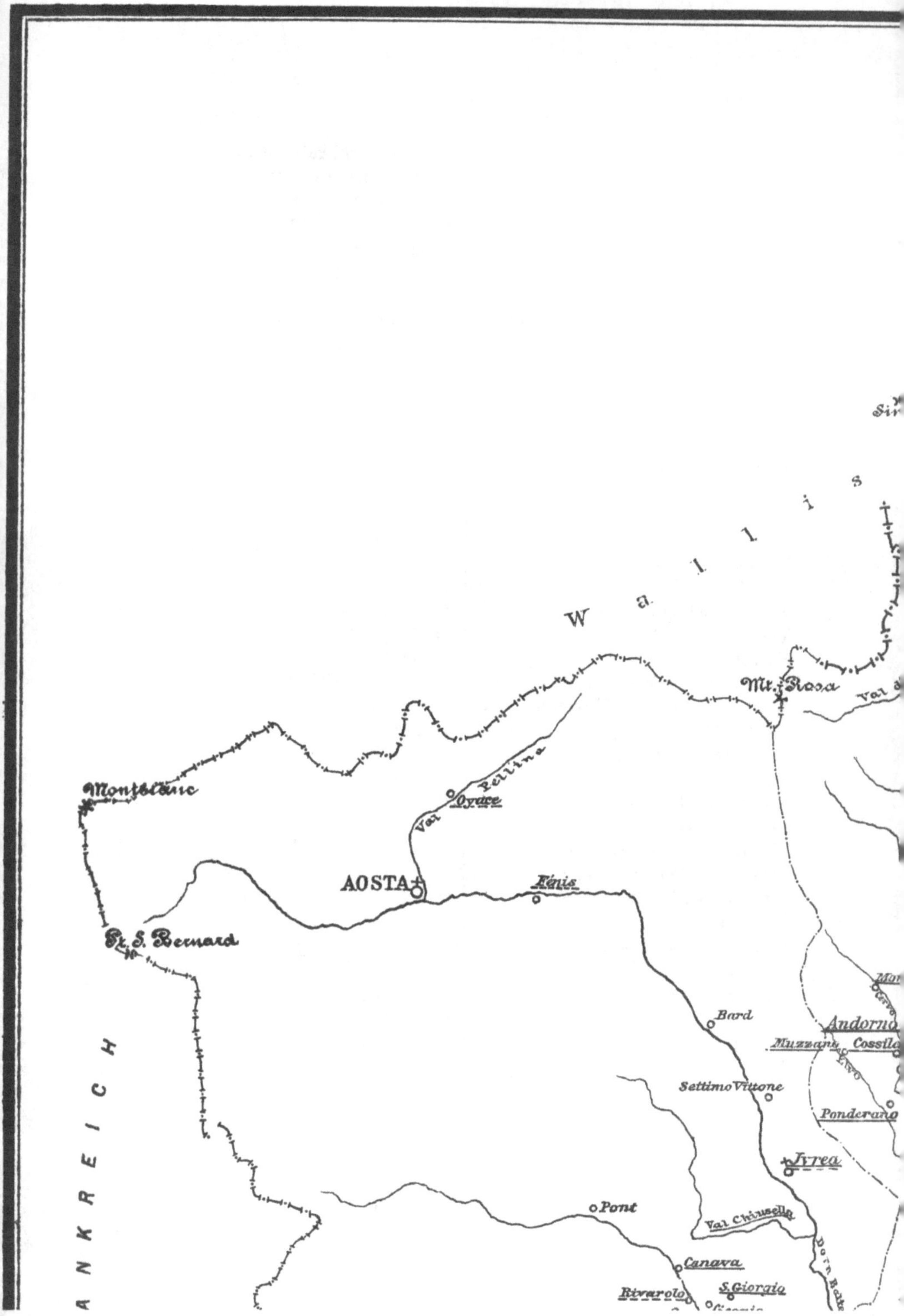

W a l l i s
Mt. Rosa
Montblanc
Val Pellina
Oyace
AOSTA
Fénis
Gr. S. Bernard
Bard
Andorno
Muzzano
Cossila
Settimo Vittone
Ponderano
Ivrea
Pont
Val Chiusella
Canava
S. Giorgio
Rivarolo
ANKREICH

St. Gotthard
Lukmanier
Val di Blegno
Bernardino
Splügen
Valle Leventina
Canton Tessin
Mesocco
Valle di Mesocco
Chiavenna
Bergell
Samolaco
Riva
Bellinzona
Locarno
Liro
Sorico
Pellio
Olonio
Gravedona
Colico
Delebio
Morbegno
M. Ceneri
Lago Maggiore
Beura
Musso
Bellano
Sonvico
Cressogno
Agnuzzo
Lugano
Canobbio
Agno
Sessa
Tremezzo
S. Fedele
Comer See
Limonta
Lavena
Comacina
Villa
Olcio
Tosa
Pallanza
Valtravaglia
Civenna
Onno
Magreglio
Carezzano
Laveno
Cabbio
Massino
Belforte
Mariaga
Arto
Lesa
Pettinasco
Varese
COMO
Orta
Bizozzero
Baradello
Bulciago
Capiate
Cremella
Geronico
Calpuno
Cologna
Mellanico
Caprino
Barzano
Baraggia
Aranco
Gola
Agrate
Mozzate
Locate
Calluxco
Bonate
Ronco
Campagnola
Cornate
Desio
Vimercate
Romagnano
Oleggio
Busto Arsizio
Marnate
Trezzo
Pallazzollo
Ornago
Momo
Monza
Cavenago
Roasenda
Castano
Bornago
Arconate
Gropello
Fara
Proh
Dulzago
Buscate
Cornaredo
Cassano
MILANO
Nibbia
Galliate
Rivolta
Vallate
Novara
Pernate
Batiracca
Vigentino
S. Nazzaro
Trecate
Albano
Oldenico
Tiglia
Nosedo
Insula Fulcherii
Collobiano
Garbagna
Sozzago
Caselle
Olcenengo
Locate
Carpiano
Gravellona
Vercelli
Piccolini
Landriano

Canton
ubündten
eptimer
Maloja
osoprano
Stilfser Joch
Bormio
Poschiavo
Tonale
D'Allegno
Oglio
ONDRIO
Tirano
Teglio
Sondrio
tlin
Adda
amona
Adamello
ÖSTERREI
Val Scalve
Val Camonica
Darfo
Oglio
Val seriana
Albino
Cene
Sorisole
Bergamo
Grena
Trescorre
Albano
Colognola
Gorlago
Tagliuno
Grumello
Calcinate
Martinengo
Cortenuova
Sarnico
Paratico
Capriolo
Iseo
Timoline
Borgonato
Riva
Sulzano
Canello
Brozzo
Lodrino
Bione
Val Trompia
BRESCIA
Rodengo
Bottecino
Brescia
Roncadelle
Treponte
Cossirano
Castenedolo
Desenzano
Lonato
Porzano
Leno
Mella
Quinzano
Soncino
Offanengo
Crema
Ripalta
Gardone
Salo
S. Felice
Manerba
Sermione
Lugana
Peschiera
Castellaro
Solferino
Volta
Verona
VERON
Garda See

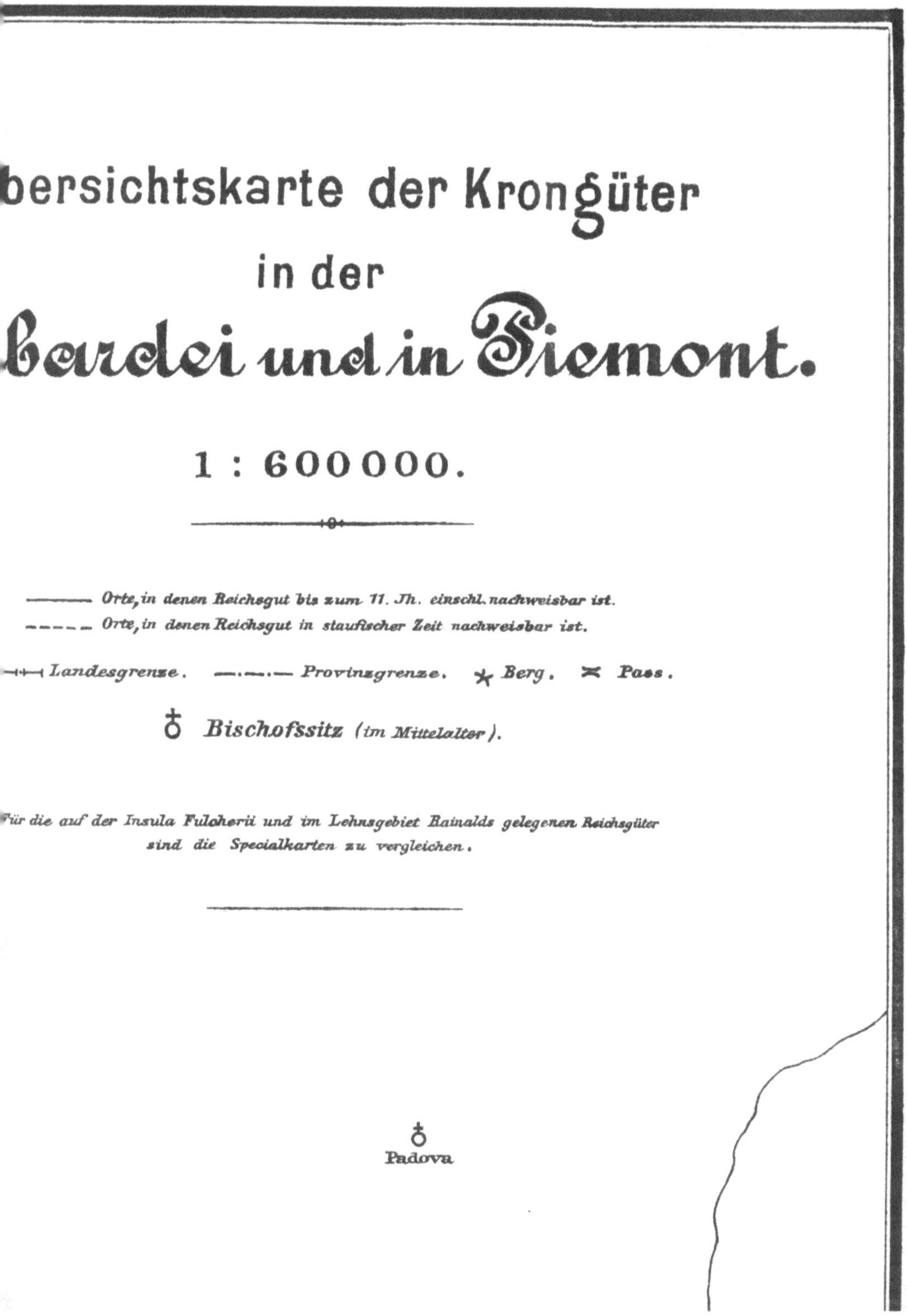
bersichtskarte der Krongüter
in der
bardei und in Piemont.
1 : 600000.
Orte, in denen Reichsgut bis zum 11. Jh. einschl. nachweisbar ist.
Orte, in denen Reichsgut in staufischer Zeit nachweisbar ist.
Landesgrenze.
Provinzgrenze.
Berg.
Pass.
Bischofssitz (im Mittelalter).
Für die auf der Insula Fulcherii und im Lehnsgebiet Rainalds gelegenen Reichsgüter sind die Specialkarten zu vergleichen.
Padova

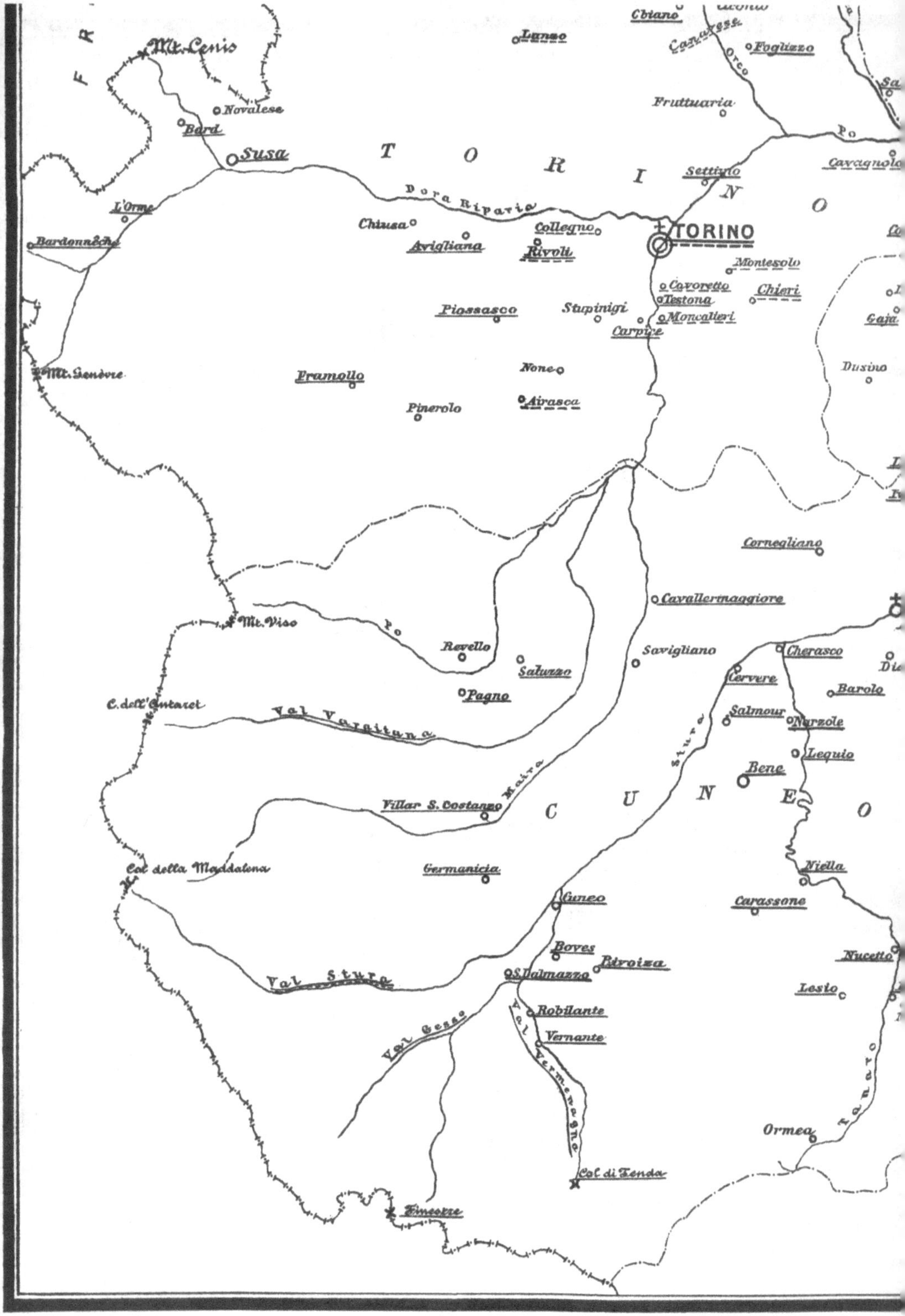

Mt. Cenis
Chiano
Lunso
Foglizzo
Novalese
Bard
Susa
Fruttuaria
Orco
Po
T O R I N O
Settimo
Cavagnolo
Dora Riparia
L'Orme
Chiusa
Collegno
TORINO
Bardonnèche
Avigliana
Rivoli
Montesolo
Cavoretto
Testona
Chieri
Piossasco
Stupinigi
Moncalieri
Carpice
Gaja
Mt. Genèvre
Fenestrelle
None
Dusino
Pinerolo
Airasca
Corneliano
Cavallermaggiore
Mt. Viso
Po
Revello
Savigliano
Saluzzo
Cherasco
Cervere
Pagno
Barolo
C. dell' Autaret
Val Varaitana
Salmour
Narzole
Lequio
Sturs
Bene
Maira
C U N E O
Villar S. Costanzo
Col della Maddalena
Germanicia
Niella
Cuneo
Carassone
Boves
Nucetto
Val Stura
S. Dalmazzo
Peiroiza
Lesio
Robilante
Val Gesso
Vernante
Val Vermenagna
Tanaro
Ormea
Col di Tenda
Finestre

Montanaro
Sesia
Vigevano
Fara
Vigonzone
Lodi
Adda
Rosasco
Fogliano
Villarasca
Buttuda
Roncaro
Monte
S. Angiolo
Ticino
S.Sofia
Villanterio
Caresana
Tromello
Pavia
Inverno
Graffignana
Trino
Gariasco
S. Colombano
Rottino
Corte Olona
Montemalo
S. Giorgio
Gropello
Carbonara
Senna
Bisone
Casale
Torcello
Pasiliano
Breme
Lomellina
Morone
Monticelli
Conzolo
Lomello
Po
Corana
Occimiano
Mirabello
Sparvera
Casei Gerola
Lu
Valenza
Cagnano
Voghera
S. Salvatore
Pecetto
Lavaggia
Castelnuovo
Viariggi
Pontecurone
Pavone
Refrancore
Orti
Viguzzolo
Solero
Alessandria
Alfeo
Felizzano
Tortona
Annone
Foro
Marengo
Peccorara
Oviglio
Bormida
Masio
Castellazzo (Gamondo)
Frugarolo
Avolasca
Scrivia
Incisa
Bosco
Pozzolo
Garbagna
Sezze
Fresonara
Dernice
Cervino
Retorto
Novi
Basaluzzo
Bobbio
Canelli
Borbera
Rocchetta Ligure
Pasturana
Sezello
Dovanelli
Trebbia
Orba
Gavi
Varinella
ACQUI
Carpeneto
Mt. Carevolo
Piotta
Gilli
Ponzone
Auriola
Stura
Aveto
Mioglia
Sassello
ALESSANDRIA
PAVIA
PIACENZA
GENOVA
SAVONA

Monasterolo
Regona
Gusnago
Roverbella
Nogarole
CREMONA
Tenchera
Pizzighettone
Pescarolo
Fregalino
Sesto
Codogno
Maleo
Meletto
Mezzano
CREMONA
Piscilesse
Vho
Piadena
Sospiro
Olza
Capriole
Fontane
Piacenza
Polesine
Rivalta
Mantova
MANTOVA
Mincio
Cizzolo
Pegognaga
Sabbioneta
Suzzara
Cavallara
Ronchi
Paladana
Gonzaga
Viadana
Luzzara
Bondeno
Guastalla
Cicognara
Brescello
REGGIO
PARMA
PARMA
Reggio

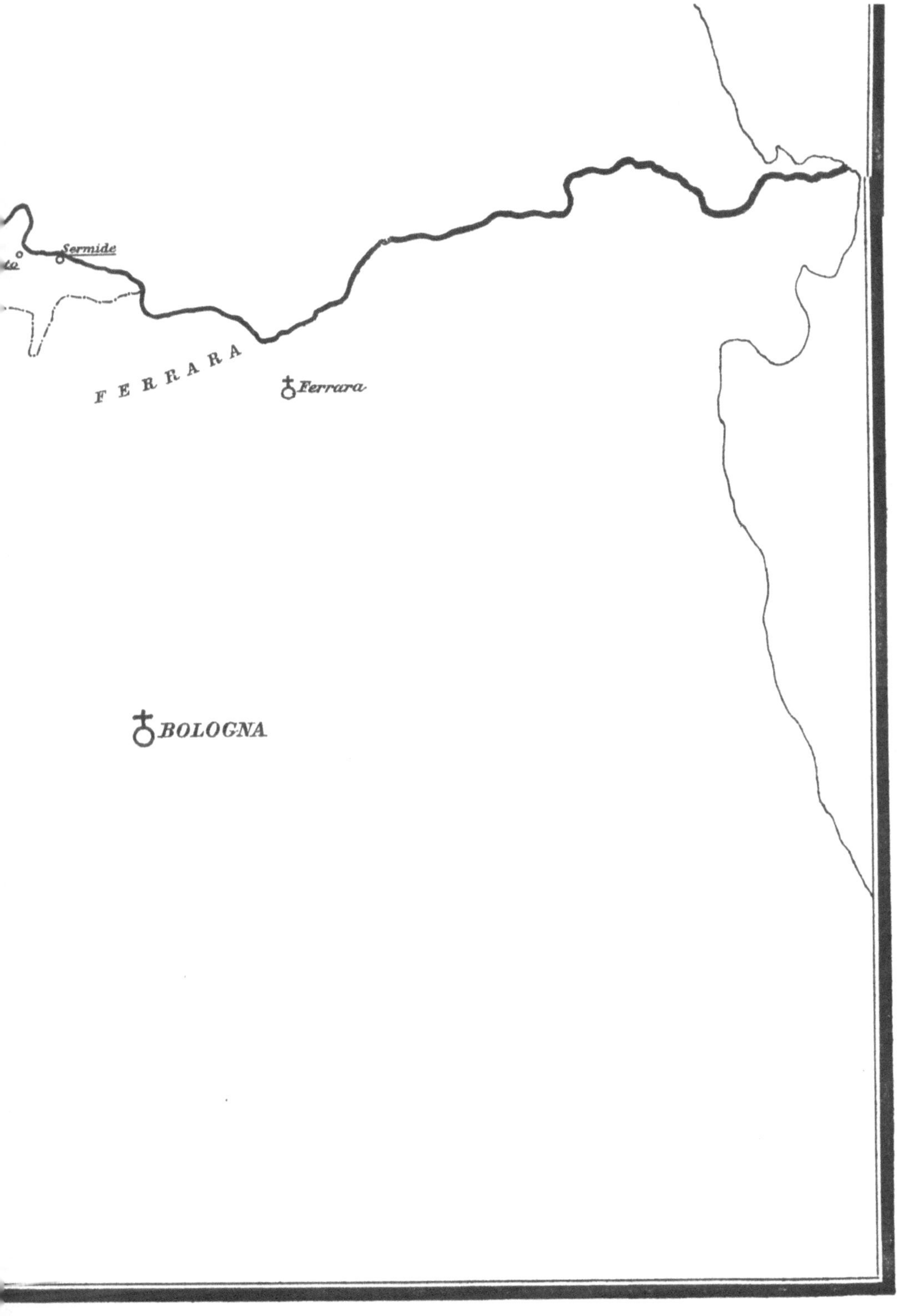
Sermide
FERRARA
Ferrara
BOLOGNA

FSC
www.fsc.org
MIX
Papier | Fördert
gute Waldnutzung
FSC® C083411

Kolibri 360 GmbH
Ferdinand-Jühlke-Straße 7
99095 Erfurt, Deutschland
produktsicherheit@kolibri360.de